Dr. rer. nat. Dieter Eberlein
und 4 Mitautoren

Lichtwellenleiter-Technik

Lichtwellenleiter-Technik

Dr. rer. nat. Dieter Eberlein

Prof. Dr.-Ing. habil. Wolfgang Glaser
Dipl.-Ing. Christian Kutza
Dr. sc. techn. Jürgen Labs
Dr.-Ing. Christina Manzke

7. Auflage

Mit 201 Bildern und 50 Tabellen

Kontakt & Studium
Band 596

Herausgeber:
Prof. Dr.-Ing. Dr.h.c. Wilfried J. Bartz
Dipl.-Ing. Elmar Wippler

Bibliografische Information Der Deutschen Bibliothek

Die Deutsche Bibliothek verzeichnet diese Publikation
in der Deutschen Nationalbibliografie;
detaillierte bibliografische Daten sind im Internet über
http://dnb.ddb.de abrufbar.

Bibliographic Information published by Die Deutsche Bibliothek

Die Deutsche Bibliothek lists this Publication
in the Deutsche Nationalbibliografie;
detailed bibliographic data is available in the Internet at
http://dnb.ddb.de .

ISBN-10: 3-8169-2696-7
ISBN-13: 978-3-8169-2696-2

7. Auflage 2007
6., neu bearbeitete und erweiterte Auflage 2006
5. Auflage 2003
4., neu bearbeitete und erweiterte Auflage 2002
3. Auflage 2001
2. Auflage 2001
1. Auflage 2000

Bei der Erstellung des Buches wurde mit großer Sorgfalt vorgegangen; trotzdem können Fehler nicht vollständig ausgeschlossen werden. Verlag und Autoren können für fehlerhafte Angaben und deren Folgen weder eine juristische Verantwortung noch irgendeine Haftung übernehmen.
Für Verbesserungsvorschläge und Hinweise auf Fehler sind Verlag und Autoren dankbar.

© 2000 by expert verlag, Wankelstr. 13, D-71272 Renningen
Tel.: +49 (0) 71 59-92 65-0, Fax: +49 (0) 71 59-92 65-20
E-Mail: expert@expertverlag.de, Internet: www.expertverlag.de
Alle Rechte vorbehalten
Printed in Germany

Das Werk einschließlich aller seiner Teile ist urheberrechtlich geschützt. Jede Verwertung außerhalb der engen Grenzen des Urheberrechtsgesetzes ist ohne Zustimmung des Verlags unzulässig und strafbar. Dies gilt insbesondere für Vervielfältigungen, Übersetzungen, Mikroverfilmungen und die Einspeicherung und Verarbeitung in elektronischen Systemen.

Herausgeber-Vorwort

Bei der Bewältigung der Zukunftsaufgaben kommt der beruflichen Weiterbildung eine Schlüsselstellung zu. Im Zuge des technischen Fortschritts und angesichts der zunehmenden Konkurrenz müssen wir nicht nur ständig neue Erkenntnisse aufnehmen, sondern auch Anregungen schneller als die Wettbewerber zu marktfähigen Produkten entwickeln.

Erstausbildung oder Studium genügen nicht mehr – lebenslanges Lernen ist gefordert! Berufliche und persönliche Weiterbildung ist eine Investition in die Zukunft:
– Sie dient dazu, Fachkenntnisse zu erweitern
  und auf den neuesten Stand zu bringen
– sie entwickelt die Fähigkeit, wissenschaftliche Ergebnisse
  in praktische Problemlösungen umzusetzen
– sie fördert die Persönlichkeitsentwicklung und die Teamfähigkeit.

Diese Ziele lassen sich am besten durch die Teilnahme an Lehrgängen und durch das Studium geeigneter Fachbücher erreichen.

Die Fachbuchreihe *Kontakt & Studium* wird in Zusammenarbeit zwischen dem expert verlag und der Technischen Akademie Esslingen herausgegeben.

Mit ca. 600 Themenbänden, verfasst von über 2.400 Experten, erfüllt sie nicht nur eine lehrgangsbegleitende Funktion. Ihre eigenständige Bedeutung als eines der kompetentesten und umfangreichsten deutschsprachigen technischen Nachschlagewerke für Studium und Praxis wird von der Fachpresse und der großen Leserschaft gleichermaßen bestätigt. Herausgeber und Verlag freuen sich über weitere kritisch-konstruktive Anregungen aus dem Leserkreis.

Möge dieser Themenband vielen Interessenten helfen und nützen.

Prof. Dr.-Ing. Dr.h.c. Wilfried J. Bartz   Dipl.-Ing. Elmar Wippler

Vorwort zur 1. Auflage

Obwohl brauchbare Lichtwellenleiter (LWL) bereits seit 1972 und zuverlässige Halbleiterlichtquellen seit 1975 zur Verfügung stehen und die LWL-Technik stets als innovativ und zukunftsträchtig galt, nimmt die praktische Umsetzung der LWL-Technik heute eine nie da gewesene rasante Entwicklung.

Hierfür gibt es mehrere Ursachen:

Im Weitverkehrsbereich wird der Lichtwellenleiter wegen seiner extrem großen Bandbreite und geringen Dämpfung schon lange vorteilhaft eingesetzt. Allerdings in der Vergangenheit mit vergleichsweise relativ geringem Volumen.

Durch die Liberalisierung des Telekom-Marktes in Deutschland drängen viele Wettbewerber auf den Markt, die ihre Netze nach dem neuesten Stand der Technik aufbauen. Das sind die regionalen (es gibt bereits mehr als 100 Citynetze in Deutschland) und die überregionalen Netzbetreiber.

Insbesondere durch das Internet wächst der Bedarf an Bandbreite rasant. Das zwingt den Anbieter der Telekommunikationsdienste, die Bandbreitenkapazität des Lichtwellenleiters immer besser auszunutzen. So geht der Trend nicht nur in Richtung höherer Datenraten durch Zeitmultiplex (2,5 Gbit/s, 10 Gbit/s) sondern auch in Richtung dichtes Wellenlängenmultiplex (DWDM).

Dieses ermöglicht eine Vervielfachung der „klassischen" Übertragungskapazität des Lichtwellenleiters. Übertragungsraten bis zu einem Tbit/s (1000 Gbit/s) über einen einzigen Singlemode-LWL wurden bereits realisiert. In Verbindung mit optischer Vermittlungstechnik (photonische Netze) eröffnen sich für die Zukunft phantastische Möglichkeiten.

Aber auch der LAN-Bereich wird wegen der Forderungen nach höherer Bandbreite (Stichwort: Gigabit-Ethernet), nach Störsicherheit und wegen fallender Preise der Komponenten zunehmend durch den Lichtwellenleiter erschlossen. Vielerorts werden die Lichtwellenleiter schon bis zum Arbeitsplatz verlegt.

Schließlich hat auch der Kunststoff-LWL seinen Siegeszug begonnen. Die erforderlichen Komponenten sind besonders preiswert und es können hohe Anforderungen hinsichtlich Störsicherheit erfüllt werden. Der Kunststoff-LWL kommt in Deutschland in PKWs und in Japan in der Heimelektronik bereits in großen Stückzahlen zum Einsatz.

Das Leistungsvermögen des Kunststoff-LWL ist jedoch bei weitem noch nicht ausgeschöpft. Sobald preiswerte Gradientenprofil-LWL auf dem Markt sind, wird der Kunststoff-LWL für viele weitere Anwendungsfelder von Interesse sein.

Das Buch gibt eine Einführung in die LWL-Technik, wobei insbesondere die für den Praktiker wichtigen Themen zur Sprache kommen. Nach einer Einführung in die Grundbegriffe der LWL-Technik wird die Verbindungstechnik besprochen. Das betrifft sowohl die lösbaren Verbindungen (Stecker) als auch die nicht lösbaren Verbindungen (Spleiße). Hier werden die modernsten Technologien vorgestellt und praktische Hinweise zu deren Umsetzung gegeben.

Die anschließend abgehandelte LWL-Messtechnik bezieht sich auf die Messverfahren, die erforderlich sind, um ein installiertes Netz zu charakterisieren. Sehr ausführlich wird die Rückstreumesstechnik behandelt und Hinweise zur Deutung der Rückstreudiagramme gegeben.

Die Darlegungen zu den optischen Übertragungssystemen veranschaulichen die Anforderungen an die Komponenten des Systems und deren Zusammenspiel im Hinblick auf die Realisierung bestimmter Systemparameter, wie Dämpfungsbudget und Bandbreite. Konkrete Systeme werden besprochen.

Abschließend wird auf einige Entwicklungsrichtungen eingegangen, die heute die optische Signalübertragung und -verarbeitung bestimmen: Die Kanalbündelung mit dichtem Wellenlängenmultiplex, die Integration von optischen und optoelektronischen Komponenten, die optische Signalverstärkung und die Möglichkeiten und Anwendungen der nichtlinearen Optik für die Übertragung und Signalverarbeitung.

Das Buch wendet sich an Ingenieure, Techniker, Fachkräfte der Nachrichten-, Daten-, Mess-, Steuerungs- und Regelungstechnik aus Forschung, Entwicklung, Planung, Konstruktion, Prüffeld und Beschaffung.

Allen Mitautoren dieses Buches gilt mein besonderer Dank für die kooperative Zusammenarbeit und für die gut verständliche und didaktische Aufbereitung ihrer Beiträge.

Dieter Eberlein

Vorwort zur 7. Auflage

Nach dem Platzen der Telekommunikationsblase Anfang dieses Jahrzehnts und dem starken Rückgang der Investitionen auch auf dem Gebiet der Lichtwellenleiter-Technik hat sich mittlerweile die Industrie konsolidiert und die Kosten stark reduziert.

Trotz dieses Einbruchs hat die Telekommunikation über einen großen Zeitraum betrachtet einen nachhaltigen Erfolg erzielt. Die Einnahmen der Telekommunikationsgesellschaften hatten über 150 Jahre hinweg einen steigenden Trend und es ist kein Ende abzusehen. In diesem Zeitraum wuchs die Transportkapazität pro Träger im Mittel pro Jahr um etwa 30 %.

Bei der letzten Überarbeitung des Buches wurden eine Reihe neuer Aspekte berücksichtigt:

- aktuelle Normen
- neue Fasertypen
- Alterung/Lebensdauer/Zuverlässigkeit von Lichtwellenleitern
- besondere Anforderungen an Lichtwellenleiter und Sender um Gigabit-Ethernet bzw. 10 Gigabit-Ethernet über Multimode-LWL zu realisieren
- Passive optische Netze
- aktuelle Trends lösbare und nichtlösbare Verbindungstechnik
- Grobes Wellenlängenmultiplex (CWDM)
- Moderne Entwicklungstrends.

Allen Mitautoren dieses Buches gilt wiederum mein besonderer Dank für die fruchtbare Zusammenarbeit.

Dieter Eberlein

Inhaltsverzeichnis

Vorwort
Vorwort zur 7. Auflage

1 Grundlagen der Lichtwellenleiter-Technik **1**
Dieter Eberlein

1.1	Physikalische Grundlagen der Lichtwellenleiter-Technik	1
1.1.1	Einleitung	1
1.1.2	Das Prinzip der optischen Informationsübertragung	1
1.1.3	Die Vorteile der Nachrichtenübertragung über Lichtwellenleiter	3
1.1.4	Das elektromagnetische Spektrum	3
1.1.5	Signalausbreitung im Lichtwellenleiter	5
1.1.6	Dämpfung im Lichtwellenleiter	8
1.1.7	Zusammenfassung	13
1.2	Lichtwellenleiter-Typen und Dispersion	14
1.2.1	Einleitung	14
1.2.2	Stufenprofil-Lichtwellenleiter und Modendispersion	14
1.2.3	Gradientenprofil-Lichtwellenleiter und Profildispersion	18
1.2.4	Parabelprofil-Lichtwellenleiter mit optimiertem Brechzahlprofil und Materialdispersion	24
1.2.5	Standard-Singlemode-Lichtwellenleiter und chromatische Dispersion	29
1.2.6	Singlemode-Lichtwellenleiter mit reduziertem Wasserpeak	38
1.2.7	Dispersionsverschobener Singlemode-Lichtwellenleiter	39
1.2.8	Cut-off shifted Lichtwellenleiter	40
1.2.9	Non-zero dispersion shifted Lichtwellenleiter	41
1.2.10	Non-zero dispersion shifted Lichtwellenleiter für erweiterten Wellenlängenbereich	43
1.2.11	Polarisationsmodendispersion (PMD)	43
1.2.12	Alterung von Lichtwellenleitern	50
1.2.13	Zusammenfassung	57
1.3	Optoelektronische Bauelemente	58
1.3.1	Einleitung	58
1.3.2	Elektrooptische Wechselwirkungen im Halbleiter	58
1.3.3	Lumineszenzdioden	60
1.3.4	Laserdioden	62
1.3.5	Empfängerdioden	71
1.3.6	Zusammenfassung	75
1.4	Literatur	76

2	**Lösbare Verbindungstechnik von Lichtwellenleitern**	**77**
	Christian Kutza	

2.1	Lösbare Verbindungstechnik in optischen Übertragungssystemen	77
2.1.1	Allgemeine Anforderungen an lösbare Koppelstellen	78
2.1.2	Optisch ideale Koppelstellen	79
2.1.3	Kopplung von Multimode-Lichtwellenleitern	79
2.1.4	Kopplung von Singlemode-Lichtwellenleitern	81
2.2	Reale Koppelstellen	81
2.2.1	Multimode-Lichtwellenleiter-Kopplung	82
2.2.2	Singlemode-Lichtwellenleiter-Kopplung	84
2.2.3	Faser-Aktivelement-Kopplung	84
2.2.4	Ursachen optischer Verluste an lösbaren Koppelstellen	87
2.2.5	Intrinsische Verluste	88
2.2.6	Extrinsische Verluste	89
2.3	Technologien für lösbare Lichtwellenleiter-Verbindungen	95
2.3.1	Übersicht der Verbindungstechnologien	96
2.3.2	Optische Steckverbinder	96
2.3.3	Stecker mit direkter Steckerstirnflächenkopplung	98
2.3.4	Stecker mit Strahlaufweitung	98
2.3.5	Mehrfasersysteme	99
2.3.6	Quasilösbare Verbindungen	101
2.4	Kenngrößen von lösbaren optischen Koppelstellen	102
2.4.1	Optische Kenngrößen der Koppelstelle	103
2.4.2	Einfügedämpfung	104
2.4.3	Reflexionsdämpfung	105
2.4.4	Mechanische und Umgebungs-Parameter	109
2.5	Steckverbinderstandards und Montagetechnologien	109
2.5.1	Standardisierung und Normung	109
2.5.2	Übersicht aktueller Steckerstandards	111
2.5.3	Neuentwicklungen	113
2.5.4	Montagetechnologien	115
2.5.5	Klebetechnologie	115
2.5.6	Crimp- & Cleave-Technologie	118
2.5.7	Lösungen für Feldmontage	119
2.6	Literatur	121

3	**Nichtlösbare Glasfaserverbindung - Fusionsspleißen**	**122**
	Christina Manzke, Jürgen Labs	

3.1	Einführung	122
3.2	Werkstoffe und Herstellungsverfahren für Lichtwellenleiter	123
3.2.1	Werkstoffe für Lichtwellenleiter	123
3.2.2	Herstellungsverfahren für Lichtwellenleiter	125
3.3	Das Fusionsspleißen	131
3.3.1	Einflussfaktoren	131
3.3.2	Spleißvorbereitung	133
3.3.3	Das Spleißen	139
3.3.4	Bestimmen der Spleißdämpfung	149

3.3.5	Zugfestigkeit	150
3.3.6	Schutz des Spleißes	153
3.4	Spezielle Spleiße	154
3.4.1	Faserbändchen	154
3.4.2	Spleißen unterschiedlicher Fasern	158
3.5	Ausblick	162
3.6	Literatur	162
4	**Lichtwellenleiter-Messtechnik**	**163**
	Dieter Eberlein	
4.1	Messung von Leistungen und Dämpfungen	163
4.1.1	Einleitung	163
4.1.2	Verfahren zur Herstellung einer Modengleichgewichtsverteilung	163
4.1.3	Leistungsmessung	165
4.1.4	Dämpfungsmessung	167
4.1.5	Zusammenfassung	176
4.2	Die Rückstreumessung als universelles Messverfahren	177
4.2.1	Einleitung	177
4.2.2	Das Prinzip der Rückstreumessung	177
4.2.3	Die Rückstreukurve als Mess-Ergebnis	179
4.2.4	Gestreute und reflektierte Leistungen	184
4.2.5	Zusammenfassung	187
4.3	Die Analyse von Rückstreudiagrammen	187
4.3.1	Einleitung	187
4.3.2	Die Interpretation der Rückstreukurve	188
4.3.3	Die Auswertung problematischer Rückstreudiagramme	192
4.3.4	Kopplung von Singlemode-Lichtwellenleitern mit unterschiedlichen Modenfelddurchmessern	196
4.3.5	Zusammenfassung	197
4.4	Interpretation der Mess-Ergebnisse	198
4.4.1	Vergleich zwischen Dämpfungs- und Rückstreukurve	198
4.4.2	Mittelung der Mess-Ergebnisse	200
4.4.3	Zusammenfassung	200
4.5	Parameter und Definitionen	201
4.5.1	Einleitung	201
4.5.2	Dynamik	201
4.5.3	Impulswiederholrate	203
4.5.4	Impulslänge und Auflösungsvermögen	204
4.5.5	Totzonen	206
4.5.6	Weitere Parameter	208
4.5.7	Zusammenfassung	208
4.6	Praktische Hinweise zur Rückstreumessung	209
4.6.1	Allgemeine Hinweise	209
4.6.2	Vor- und Nachlauf-LWL	210
4.6.3	Geisterbilder	211
4.6.4	Kurvenauswertung	214
4.6.5	Fehlanpassungen	216
4.6.6	Kriterien zur Beurteilung der Qualität der installierten Strecke	220

4.6.7	Zusammenfassung	223
4.7	Reflexionsmessungen	224
4.7.1	Einleitung	224
4.7.2	Besonderheiten	225
4.7.3	Zusammenfassung	228
4.8	LWL-Überwachungssysteme	228
4.8.1	Dunkelfasermessung	229
4.8.2	Messung der aktiven Faser	230
4.9	Messungen an DWDM-Systemen	231
4.9.1	Modifikation der herkömmlichen Messungen	231
4.9.2	Spektrale Messungen	231
4.9.3	Dispersionsmessungen	232
4.9.4	Zusammenfassung	233
4.10	Literatur	233

5 Optische Übertragungssysteme ... 234
Dieter Eberlein

5.1	Systemparameter	234
5.2	Planung des Dämpfungsbudgets	235
5.3	Systemplanung	238
5.3.1	Grundlagen	238
5.3.2	Digitale Systeme	244
5.3.3	Analoge Systeme	249
5.3.4	Zusammenfassung	250
5.4	Lichtwellenleiter-Systeme	250
5.4.1	Topologien	250
5.4.2	Industrielle Anwendungen	252
5.4.3	Systeme mit Kunststoff-Lichtwellenleitern	253
5.4.4	Gigabit-Ethernet	259
5.4.5	Optische Freiraumübertragung	267
5.4.6	Digitale Hierarchien und Netzstrukturen	273
5.4.7	Zugangsnetze	275
5.4.8	Passive Optische Netze	276
5.4.9	Citynetze	277
5.4.10	Weitverkehrsnetze	277
5.4.11	Netze mit optischen Verstärkern	278
5.4.12	Zusammenfassung	279
5.5	Literatur	280

6 Entwicklungsrichtungen ... 281
Wolfgang Glaser

6.1	Kanalbündelung in der Lichtwellenleiter-Technik	281
6.1.1	Verfahren der Kanalbündelung	281
6.1.2	Realisierung optischer Bündelungstechniken	282
6.1.3	DWDM-Systeme	284
6.1.4	CWDM-Systeme	287
6.1.5	OTDM-Systeme	289

6.2	Integration von Lichtwellenleiter-Funktionsgruppen	290
6.2.1	Entwicklung der optischen Signalverarbeitung	290
6.2.2	Integrationstechnologien	292
6.2.3	Grundstrukturen	294
6.2.4	Realisierung von Funktionsgruppen	297
6.2.5	Forschungsrichtungen	300
6.3	Optische Verstärkung	302
6.3.1	Anwendungsgebiete	302
6.3.2	Faserverstärker	304
6.3.3	Halbleiterverstärker	308
6.4	Nichtlineare Optik	310
6.4.1	Nichtlineare Effekte	310
6.4.2	Das Soliton	314
6.4.3	Soliton-Anwendung	316
6.5	Literatur	318

7 Anhang **320**
Dieter Eberlein

7.1	Abkürzungen	320
7.2	Formelzeichen und Maßeinheiten	321
7.3	Fachbegriffe	325

1 Grundlagen der Lichtwellenleiter-Technik
Dieter Eberlein

1.1 Physikalische Grundlagen der Lichtwellenleiter-Technik

1.1.1 Einleitung

In diesem Kapitel beschreiben wir die physikalischen Grundlagen der Lichtwellenleiter (LWL)-Technik. Ausgehend von dem Prinzip der optischen Informationsübertragung werden die wesentlichen Bestandteile eines solchen Systems erläutert und die wichtigsten Vorteile gegenüber herkömmlichen Übertragungssystemen herausgestellt. Auch die Ursachen für die Begrenzung der Leistungsfähigkeit von LWL-Systemen werden erwähnt.

Die Darstellung des elektromagnetischen Spektrums zeigt, wo der optische Bereich, der für die LWL-Übertragung genutzt wird, einzuordnen ist.

Das Prinzip der Signalausbreitung im Multimode-LWL wird anhand der Totalreflexion dargestellt. Um diese zu gewährleisten, müssen bestimmte Anforderungen bei der Einkopplung des Lichts in den Lichtwellenleiter erfüllt werden. So ist innerhalb eines Akzeptanzkegels einzukoppeln. Die Einführung des Begriffes der numerischen Apertur des Lichtwellenleiters zeigt, wodurch dieser Akzeptanzkegel beeinflusst wird.

Schließlich wird die Dämpfung im Lichtwellenleiter definiert, typische Dämpfungseffekte im LWL erläutert und ihre Auswirkungen auf den spektralen Dämpfungsverlauf des Lichtwellenleiters aufgezeigt [1.1].

1.1.2 Das Prinzip der optischen Informationsübertragung

Die optische Informationsübertragung ist mit Hilfe von Lichtwellenleitern oder über die Freiraumausbreitung möglich. Die nachfolgenden Betrachtungen beziehen sich auf die Übertragung mit Lichtwellenleitern. Kurze Entfernungen können unter gewissen Bedingungen auch mit der optischen Freiraumübertragung überbrückt werden (vergleiche Abschnitt 5.4.5).

Ein elektrisches Signal moduliert in einem Sendemodul einen optischen Träger und erzeugt damit ein optisches Signal. Die Modulation kann analog oder digital erfolgen. Als Sender kommen Lumineszenzdioden oder Laserdioden zum Einsatz (vergleiche Abschnitt 1.3). Das optische Signal der Senderdiode wird in den Lichtwellenleiter eingekoppelt. Es ist auf eine hohe Qualität der Einkopplung zu achten, um die Koppelverluste möglichst gering zu halten. Das Prinzip der optischen Informationsübertragung wird in Bild 1.1 dargestellt.

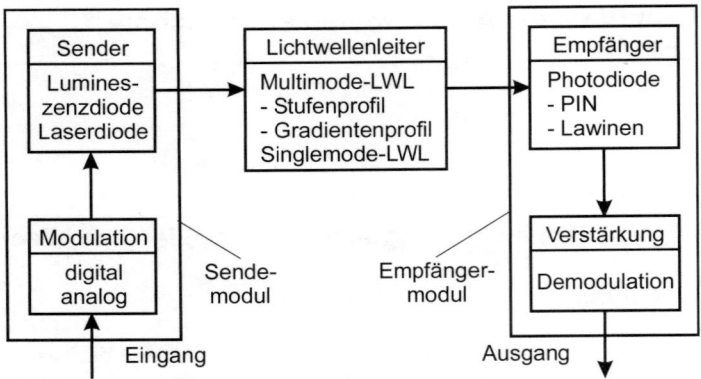

Bild 1.1: Das Prinzip der optischen Informationsübertragung

Der Lichtwellenleiter kann für geringe Anforderungen ein Multimode-Stufenprofil-LWL, beispielsweise ein Kunststoff-LWL oder ein PCF (Polymer Cladding Fiber) sein. Für höhere Anforderungen kommt der Gradientenprofil-LWL zum Einsatz. Höchste Anforderungen bezüglich Dämpfung und Dispersion erfüllen Singlemode-LWL (vergleiche Abschnitt 1.2.5).

Am Ende der Übertragungsstrecke wird das optische Signal mit Hilfe des Empfängers in ein elektrisches Signal gewandelt und gegebenenfalls verstärkt und demoduliert. Die optisch-elektrische Wandlung übernimmt eine PIN- bzw. Lawinen-Photodiode (vergleiche Abschnitt 1.3.5).

Das Übertragungssystem kann dämpfungsbegrenzt oder dispersionsbegrenzt sein. Dämpfungsbegrenzung heißt, dass die maximal realisierbare Streckenlänge durch die Dämpfung im System begrenzt wird. Genauer gesagt: Die am Empfänger ankommende Leistung darf einen bestimmten Wert nicht unterschreiten, damit das Signal noch fehlerfrei oder mit einer noch zulässigen Fehlerrate detektiert werden kann.

So wird die Dämpfungsbegrenzung nicht nur durch eine hohe LWL-Dämpfung oder eine lange zu überbrückende Strecke verursacht, auch die Höhe der eingekoppelten Leistung und die Empfindlichkeit des Empfängers spielt eine wichtige Rolle. Die Empfängerempfindlichkeit nimmt mit wachsender Bandbreite ab.

Dispersionsbegrenzung heißt, dass die maximal realisierbare Streckenlänge durch die Dispersion im System begrenzt wird. Dabei verstehen wir unter Dispersion eine Impulsverbreiterung während der Ausbreitung entlang des Lichtwellenleiters (vergleiche Bild 1.10).

Die Auswahl der geeigneten Komponenten (Typ des Senders, des Lichtwellenleiters und des Empfängers) wird durch die jeweiligen Anforderungen an das Übertragungssystem bestimmt. Dabei ist es sinnlos, einen hohen Aufwand zur Reduktion der

Dämpfung zu treiben, wenn das System dispersionsbegrenzt ist und umgekehrt. Bei der Erfüllung der beiden Forderungen sollte man optimieren (vergleiche Abschnitt 5.3).

1.1.3 Die Vorteile der Nachrichtenübertragung über Lichtwellenleiter

LWL-Nachrichtenübertragungs-Systeme haben im Vergleich zu konventionellen, also auf Kupferkabeln basierenden Systemen eine Reihe gravierender Vorteile. Mit elektrischen Multiplexverfahren werden heute 2,5 Gbit/s- bzw. 10 Gbit/s-Signale erzeugt. Mit optischen Multiplexverfahren können diese Signale erneut gebündelt werden, so dass bereits Übertragungskapazitäten von über 1 Tbit/s auf einem einzigen Lichtwellenleiter realisiert werden können (vergleiche Abschnitt 6.1.3).

Auch die geringen Verluste der Lichtwellenleiter erschließen bisher ungeahnte Möglichkeiten: So kann man ohne Verstärkung Signale über Strecken von mehr als 100 km übertragen. In Verbindung mit optischen Verstärkern ist es heute möglich, mehrere 1000 km über einen Lichtwellenleiter ohne den traditionellen Repeater, das heißt ohne Zwischenwandlung in elektrische Signale, zu überbrücken (vergleiche Abschnitt 6.3).

Aber auch in Systemen, die an die Bitraten und Streckenlängen nur geringe Anforderungen stellen, wird der Kupferleiter zunehmend durch den Lichtwellenleiter ersetzt. Insbesondere in Umgebungen mit starken Störstrahlungen (Kraftwerke, Produktionsbetriebe) kommt die Unempfindlichkeit des Lichtwellenleiters gegenüber elektrischer Störstrahlung vorteilhaft zur Geltung. Selbst im PKW wird der Kunststoff-LWL zur Vermeidung möglicher Störbeeinflussungen zunehmend eingesetzt (vergleiche Abschnitt 5.4.3).

Die Tatsache, dass Lichtwellenleiter keine Signale abstrahlen, hat den Vorteil, dass LWL-Systeme prinzipiell abhörsicher sind. Vorteilhaft ist auch, dass bei LWL-Einsatz im Vergleich zu Kupfer wesentlich weniger Material erforderlich ist.

Die Nachteile der LWL-Technik ergeben sich aus den erhöhten technologischen Anforderungen und einer aufwändigeren Messtechnik. Die erhöhten technologischen Anforderungen ergeben sind vor allem durch die geringen Abmessungen des Lichtwellenleiters. Werden zwei Lichtwellenleiter miteinander verbunden, müssen die LWL-Kerne exakt zueinander positioniert werden.

Wegen der sehr kleinen Kerndurchmesser (Multimode-LWL: Kerndurchmesser typisch 50 µm oder 62,5 µm; Singlemode-LWL: Kerndurchmesser typisch 8 µm) ist das eine sehr anspruchsvolle Aufgabe. Daraus ergeben sich besondere Anforderungen an die lösbare Verbindungstechnik (Steckerkonfektionierung: vergleiche Kapitel 2) bzw. an die nichtlösbare Verbindungstechnik (Spleißtechnik: vergleiche Kapitel 3).

1.1.4 Das elektromagnetische Spektrum

Das elektromagnetische Spektrum überstreicht hinsichtlich Frequenz bzw. Wellenlänge 24 Zehnerpotenzen, beginnend vom niederfrequenten Bereich über die Rundfunkwellen, die optische Strahlung, die Röntgen- und γ-Strahlung bis zu den hochenergetischen kosmischen Strahlen. Man beachte die logarithmische Darstellung!

In diesem riesigen Bereich nimmt das sichtbare Licht nur sehr wenig Raum ein: Das ist der Wellenlängenbereich von 380 nm (violett) bis 780 nm (rot). Daran schließt sich zu kleineren Wellenlängen hin die ultraviolette Strahlung und zu größeren Wellenlängen hin die infrarote Strahlung an.

Während die Übertragung mit Kunststoff-LWL vorzugsweise bei 570 nm bzw. 650 nm, also im sichtbaren Bereich erfolgt, liegen die Übertragungswellenlängen insbesondere bei Anwendungen für die Telekommunikation bei 850 nm, 1300 nm und 1550 nm, also im nahen Infrarotbereich und sind deshalb unsichtbar. Einen Überblick über das Spektrum der elektromagnetischen Wellen gibt Bild 1.2.

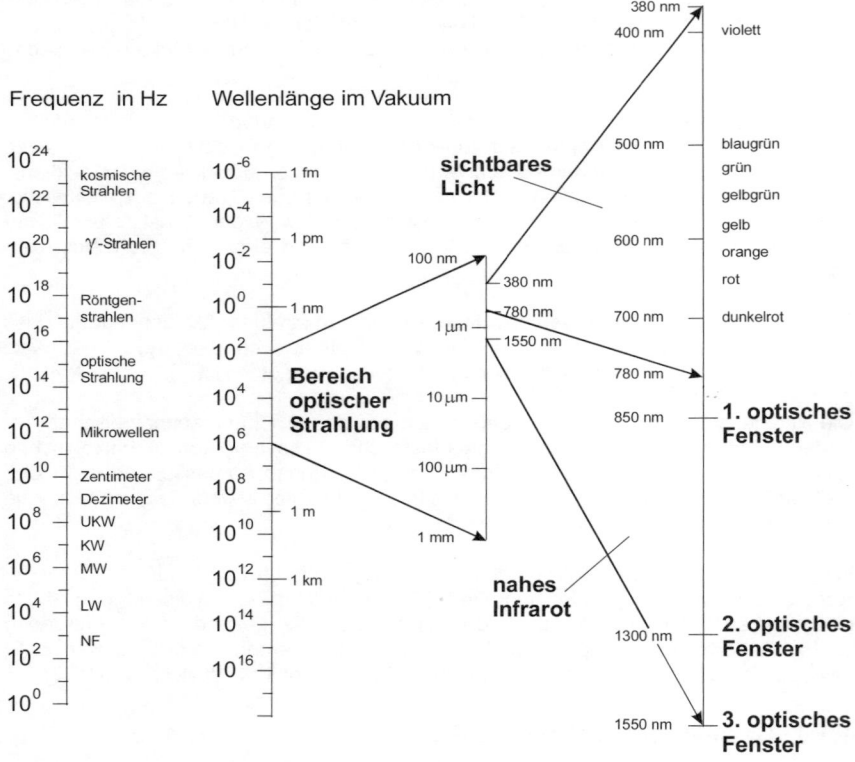

Bild 1.2: Das Spektrum der elektromagnetischen Wellen

Die jeweiligen Übertragungswellenlängen ergeben sich aus den (bei modernen Lichtwellenleitern allerdings kaum noch bemerkbaren) Dämpfungsminima der Lichtwellenleiter und werden optische Fenster des Lichtwellenleiters genannt.

1.1.5 Signalausbreitung im Lichtwellenleiter

Der Lichtwellenleiter besteht aus einem Kern mit dem Radius r_K und einem Mantel mit dem Radius r_M (Bild 1.3). Unmittelbar nach dem Ziehen des Lichtwellenleiters wird eine Schutzschicht auf den Mantel aufgebracht. Diese sogenannte Primärbeschichtung oder Primärcoating soll das Eindringen von OH-Ionen in den Lichtwellenleiter verhindern, was zu einer Dämpfungserhöhung führen würde.

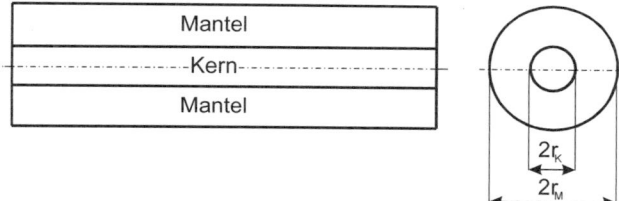

Bild 1.3: Grundstruktur des Lichtwellenleiters

Dabei handelt es sich um eine zweischichtig aufgebaute Kunststoffhülle, die die Festigkeit des Lichtwellenleiters verbessert, nach innen Mikrokrümmungen verhindert und nach außen eine einfachere Handhabung ermöglicht.

Bild 1.4: Aufbau einer LWL-Faser

Das Grundprinzip der Signalausbreitung im Stufenprofil-LWL beruht auf der Totalreflexion. Fällt ein Lichtstrahl auf eine Grenzfläche zwischen einem optisch dichteren Medium mit der Brechzahl n_1 und einem optisch dünneren Medium mit der Brechzahl n_2, so wird dieser Strahl in Abhängigkeit von seinem Einfallswinkel gebrochen oder reflektiert (Bild 1.5).

Dabei bedeutet optisch dichteres Medium eine höhere Brechzahl und optisch dünneres Medium eine geringere Brechzahl, also $n_1 > n_2$. Unter dem Einfallswinkel versteht man den Winkel zwischen dem Lot auf die Grenzfläche und dem einfallenden Strahl. Beim Übergang vom optisch dichteren zum optisch dünneren Medium wird der Strahl vom Lot weg gebrochen (vergleiche Strahl 1 in Bild 1.5). Der gebrochene Strahl kann gegen das Lot maximal einen Winkel von 90° annehmen (vergleiche Strahl 2).

Wird dieser Winkel überschritten, geht die Brechung in eine Totalreflexion über (Strahl 3). Der Zusammenhang zwischen dem Einfallswinkel α_1 und dem Austrittswinkel α_2 wird durch das Snelliussche Brechungsgesetz beschrieben:

$$n_1 \sin\alpha_1 = n_2 \sin\alpha_2 \tag{1.1}$$

Da $n_2 < n_1$ ist, muss entsprechend Gleichung (1.1) $\alpha_2 > \alpha_1$ sein, der Strahl wird vom Lot weg gebrochen. Falls $\alpha_2 = 90°$ folgt für den Grenzwinkel der Totalreflexion aus (1.1):

$$\alpha_{Grenz} = \arcsin\left(\frac{n_2}{n_1}\right) \tag{1.2}$$

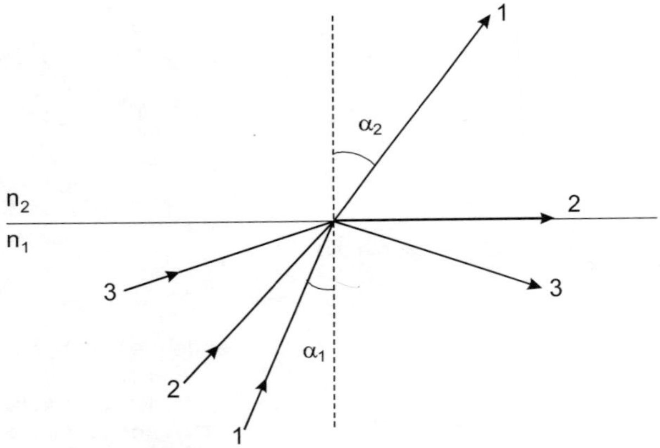

Bild 1.5: Änderung der Strahlrichtung zwischen zwei Medien

Die Totalreflexion wird im Lichtwellenleiter realisiert, indem man auf das optisch dichtere Kernmaterial mit der Brechzahl n_1 einen optisch dünneren Mantel mit der Brechzahl n_2 aufbringt (Bild 1.6). Das heißt, die Brechzahl des Kerns ist stets höher als die des Mantels.

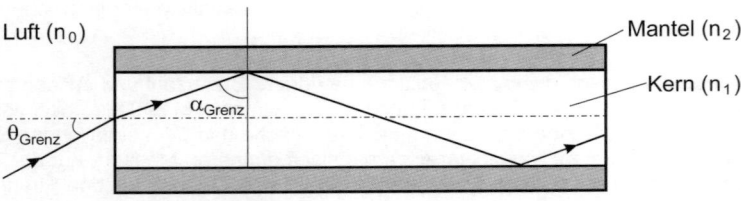

Bild 1.6: Totalreflexion im Stufenprofil-LWL

Damit der Grenzwinkel der Totalreflexion im LWL α_{Grenz} nicht unterschritten wird, darf der Einfallswinkel θ_{Grenz} (Akzeptanzwinkel) für die Strahlen, die auf die LWL-Stirnfläche treffen, nicht überschritten werden.

Durch nochmalige Anwendung des Brechungsgesetzes auf die Stirnfläche und unter Berücksichtigung der Winkelverhältnisse entsprechend Bild 1.6 gilt:

$$n_0 \sin\theta_{Grenz} = n_1 \sin(90° - \alpha_{Grenz}) \tag{1.3}$$

Unter Berücksichtigung von $n_0=1$ (Luft) und Gleichung (1.2) erhält man:

$$\sin\theta_{Grenz} = n_1 \cos\alpha_{Grenz} = n_1 \cos\left[\arcsin\left(\frac{n_2}{n_1}\right)\right] = n_1 \cos\left(\arccos\sqrt{1-\frac{n_2^2}{n_1^2}}\right) = \sqrt{n_1^2 - n_2^2} \tag{1.4}$$

Als numerische Apertur NA des Lichtwellenleiters wird der Sinus des Grenzwinkels θ_{Grenz} definiert. Sie ist also ein Maß dafür, wie groß der maximale Einfallswinkel auf die Stirnfläche sein darf, so dass das Licht im Lichtwellenleiter noch geführt wird.

$$NA = \sin\theta_{Grenz} = \sqrt{n_1^2 - n_2^2} \tag{1.5}$$

Strahlen, die unter einem zu großen Winkel auf die LWL-Stirnfläche auftreffen, werden im Lichtwellenleiter nicht totalreflektiert, sondern werden in den Mantel hinein gebrochen. Das Licht gelangt zur Primärbeschichtung (diese hat eine größere Brechzahl als die des Mantels) und werden stark gedämpft. Um diese Mantelmoden zu vermeiden, muss das Licht innerhalb des sogenannten Akzeptanzkegels eingekoppelt werden (Bild 1.7).

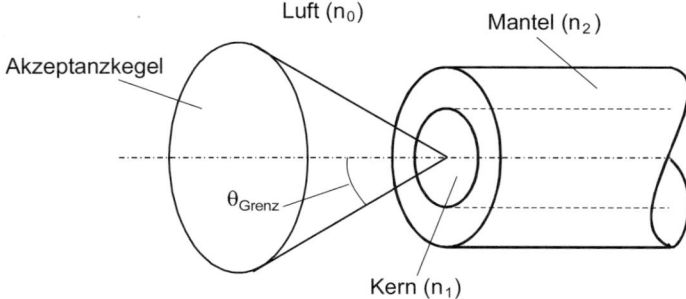

Bild 1.7: Akzeptanzkegel des Stufenprofil-LWL

Mit der Definition für die relative Brechzahldifferenz

$$\Delta = \frac{n_1^2 - n_2^2}{2n_1^2} \approx \frac{n_1 - n_2}{n_1} \tag{1.6}$$

7

kann man die numerische Apertur auch folgendermaßen darstellen:

$$NA = n_1\sqrt{2\Delta} \tag{1.7}$$

Die numerische Apertur ist eine entscheidende Größe bei der Einkopplung von Licht in den Lichtwellenleiter und bei Kopplung von Lichtwellenleitern miteinander. Sie wird durch die Unterschiede zwischen den Brechzahlen von Kern und Mantel beeinflusst.

Das Prinzip der Totalreflexion, wie in Bild 1.6 dargestellt, funktioniert prinzipiell auch unter Verzicht auf den Glasmantel, da ja Luft eine deutlich kleinere Brechzahl ($\approx$ 1) als Glas hat und folglich die Funktion des Glasmantels übernehmen kann. Jede Berührung des Glases würde aber an dieser Stelle den Effekt zerstören und einen Lichtverlust verursachen. Außerdem wäre wegen des großen Brechzahlunterschiedes zwischen Kern und „Mantel" die numerische Apertur und damit die Dispersion groß (vergleiche Abschnitt 1.2.2).

1.1.6 Dämpfung im Lichtwellenleiter

Definition der Dämpfung

Die in den Lichtwellenleiter eingekoppelte Leistung P_0 fällt entlang des Lichtwellenleiters exponentiell ab:

$$P(L) = P_0 e^{-a'(L)} \tag{1.8}$$

Dabei ist a' die Dämpfung als dimensionslose Größe (in Neper) und L die durchlaufene Länge des Lichtwellenleiters. Die Dämpfung ergibt sich aus einem Leistungsverhältnis. Gebräuchlich ist die Definition in Dezibel (dB):

$$a/dB = 10\lg\frac{P_0}{P(L)} \Leftrightarrow P(L) = P_0 10^{-\frac{a(L)}{10dB}} \tag{1.9}$$

Diese Darstellung unterscheidet sich von Gleichung (1.8). Man beachte also, ob die Dämpfung in Dezibel oder Neper angegeben wird, wobei heute Neper kaum noch gebräuchlich ist. Durch Vergleich zwischen (1.8) und (1.9) ergibt sich folgender Zusammenhang:

$$a/dB = 10\lg e^{a'} = 10a'\lg e = 4{,}34 a' / Neper \tag{1.10}$$

Der Dämpfungskoeffizient oder Dämpfungsbelag α ist die auf die LWL-Länge bezogene Dämpfung. Ist dieser entlang des LWL konstant, so kann man schreiben:

$$\alpha = \frac{a}{L} \tag{1.11}$$

Die Maßeinheit ist analog zu oben dB/km oder 1/km, je nachdem, ob a oder a' im Zähler steht. Auch hier beachte man wieder die Umrechnung zwischen diesen beiden Angaben! In Tabelle 1.1 wurden typische Dämpfungskoeffizienten verschiedener Medien zusammengestellt.

Medium	Dämpfungskoeffizient	Abfall auf die Hälfte nach
Fensterglas	50.000 dB/km	0,00006 km
optisches Glas	3.000 dB/km	0,001 km
LWL um 1966	1.000 dB/km	0,003 km
dichter Nebel	500 dB/km	0,006 km
LWL um 1970	20 dB/km	0,15 km
Atmosphäre im Stadtgebiet	10 dB/km	0,3 km
MM-LWL, 850 nm	(2,5...3) dB/km	(1...1,2) km
MM-LWL, 1300 nm	(0,5...1) dB/km	(3...6) km
SM-LWL, 1310 nm	0,36 dB/km	8,3 km
SM-LWL, 1550 nm	0,23 dB/km	13 km
Weltrekord SM-LWL, 1568 nm	0,151 dB/km	19,9 km

Tabelle 1.1: Beispiele für Dämpfungskoeffizienten

Während der Dämpfungskoeffizient von Fensterglas bei 50.000 dB/km liegt (Abfall auf die Hälfte nach 6 mm), beträgt der beste Dämpfungskoeffizient des Lichtwellenleiters 0,151 dB/km (Abfall auf die Hälfte nach 19,9 km). Dieser Wert ist mehr als fünf Größenordnungen geringer! Hieraus wird ersichtlich, welch große technologische Herausforderung es ist, ein derart reines Glas zu fertigen.

Aus der Definition entsprechend Gleichung (1.9) ergeben sich folgende Zusammenhänge zwischen der linearen und der logarithmischen Darstellung:

Beispiele: -30 dB = 1000
              -20 dB = 100
              -10 dB = 10
                0 dB = 1
               10 dB = 0,1
               20 dB = 0,01
               30 dB = 0,001

Aus obigen Beispielen erkennt man, dass Dämpfungen üblicherweise als positive dB-Werte und Verstärkungen als negative dB-Werte definiert werden.

Neben den oben angegebenen Werten ist es wünschenswert, auch für Zwischenwerte einen plausiblen Zusammenhang abzuleiten. Hier hilft uns folgender Zusammenhang: $10 \cdot \lg 2 = 3{,}0103$. Das heißt, ein Signalabfall auf die Hälfte ($P_0/P(L) = 2$), entspricht in guter Näherung 3 dB. Eine nochmalige Halbierung entspricht dann 6 dB und so weiter:

Beispiele: 3 dB ≈ 0,5
              6 dB ≈ 0,25
              9 dB ≈ 0,125

$$12 \text{ dB} \approx 0{,}0625 \quad \Rightarrow \quad 2 \text{ dB} \approx 0{,}625$$
$$15 \text{ dB} \approx 0{,}03125 \quad \Rightarrow \quad 5 \text{ dB} \approx 0{,}3125$$

Beträgt die Dämpfung 10 dB (also Abfall auf ein Zehntel) und man verdoppelt den Wert (also Abfall auf ein Fünftel), so sind 3dB zu subtrahieren:

Beispiele:
$$10 \text{ dB} \approx 0{,}1$$
$$7 \text{ dB} \approx 0{,}2$$
$$4 \text{ dB} \approx 0{,}4$$
$$1 \text{ dB} \approx 0{,}8$$
$$-2 \text{ dB} \approx 1{,}6 \quad \Rightarrow \quad 8 \text{ dB} \approx 0{,}16$$

Durch diese einfachen Überlegungen kann man sich plausible Näherungen für jeden einzelnen dB-Wert ableiten.

Eine logarithmische Darstellung der Dämpfung ist sinnvoll, da die Leistung viele Zehnerpotenzen überstreichen kann. Auch Leistungen werden logarithmisch definiert, indem sie auf 1 mW bezogen werden:

$$P/\text{dBm} = 10 \lg \frac{P}{1 \text{ mW}} \tag{1.12}$$

Entsprechend dieser Definition gelten die folgenden Zusammenhänge:

$$20 \text{ dBm} = 100 \text{ mW}$$
$$0 \text{ dBm} = 1 \text{ mW}$$
$$-30 \text{ dBm} = 1 \text{ }\mu\text{W}$$
$$-60 \text{ dBm} = 1 \text{ nW}$$

Leistungen kleiner als 1 mW haben negative und Leistungen größer als 1 mW positive dBm-Werte. So wird es möglich, Leistungsverhältnisse als Differenzen darzustellen (ergibt sich aus den Logarithmengesetzen) und auf einfache Weise die Dämpfung zu berechnen:

$$a/\text{dB} = P_0/\text{dBm} - P(L)/\text{dBm} \tag{1.13}$$

Hierzu betrachten wir folgendes Beispiel: Ein Sender habe eine Ausgangsleistung von 1 mW (entspricht 0 dBm), der Empfänger misst eine Leistung von 1 µW (entspricht -30 dBm). Dann berechnet man die Dämpfung des Systems mit Gleichung (1.13) folgendermaßen:

$$a/\text{dB} = 0 \text{ dBm} - (-30 \text{ dBm}) = 30 \text{ dB}.$$

Dämpfungseffekte im LWL

Die LWL-Dämpfung begrenzt die Leistungsfähigkeit optischer Nachrichtenübertragungssysteme. Deshalb ist das Verständnis der Ursachen für die Dämpfung wichtig, um leistungsfähige Systeme zu entwickeln. Die Dämpfung wird durch Absorption, Streuung und Strahlungsverluste infolge Modenkonversion verursacht.

Absorptionsverluste haben mehrere Ursachen. Verunreinigungen durch Ionen der Metalle Cu, Fe, Ni, V, Cr, Mn können Absorptionen bei bestimmten Wellenlängen bewirken. Mit den heutigen technischen Möglichkeiten liegen die relativen Gewichtsanteile dieser Verunreinigungen unter 10^{-9}, so dass die dadurch verursachten Absorptionen nicht mehr stören.

Problematischer sind die Verunreinigungen durch Hydroxyl-Ionen, das heißt durch Wasser und dessen OH-Radikal. Dadurch steigt die Absorption insbesondere bei folgenden Wellenlängen stark an: 0,945 µm, 1,24 µm und 1,38 µm (vergleiche Bild 1.8).

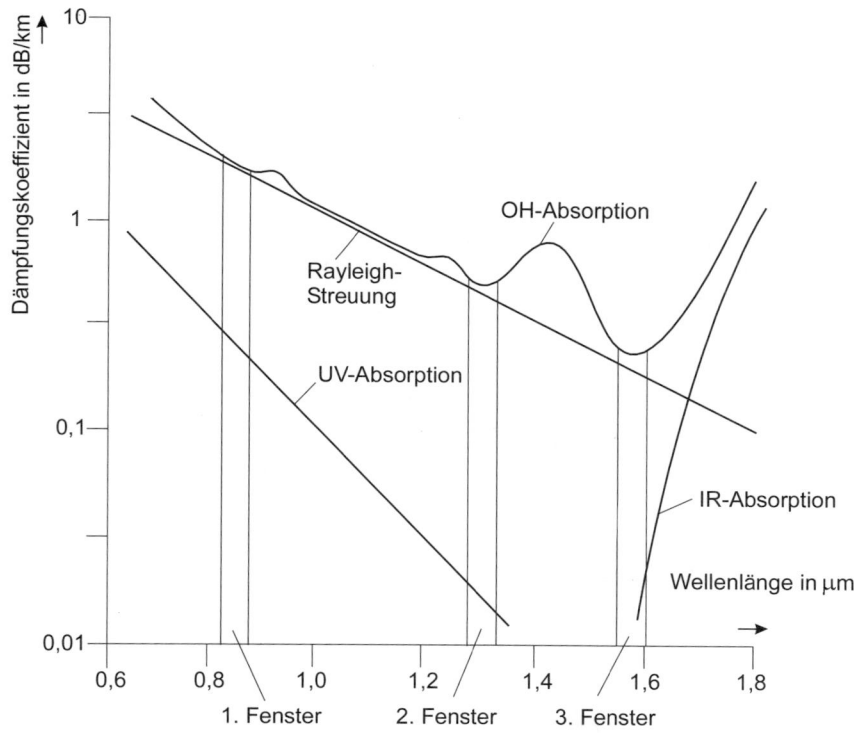

Bild 1.8: Dämpfungskoeffizient des Lichtwellenleiters als Funktion der Wellenlänge und typische Dämpfungseffekte

Da die Dämpfungsspitzen eine endliche Breite besitzen, werden auch benachbarte Wellenlängenbereiche beeinflusst. Deshalb müssen die für die optische Übertragung genutzten optischen Fenster einen möglichst großen Abstand von diesen Dämpfungsmaxima haben.

Außer diesen mehr oder weniger diskreten Störungen bewirken Molekülschwingungen Eigenabsorptionen des LWL-Materials im ultravioletten und im längerwelligen Infrarotbereich. Letztere begrenzen den nutzbaren Wellenlängenbereich nach oben (vergleiche Bild 1.8).

Während die bisher behandelten Dämpfungseffekte infolge Absorption durch Verbesserung der Technologie zunehmend unterdrückt werden können, kann man die Verluste durch Streueffekte mit technologischen Maßnahmen nur bis zu einer physikalisch bedingten Grenze reduzieren.

Nichtlineare Streueffekte (Raman- oder Brillouinstreuung) treten bei sehr hohen Strahldichten im Lichtwellenleiter auf (beispielsweise in Wellenlängenmultiplex-Systemen) und sollen hier nicht weiter betrachtet werden.

Allgegenwärtig ist jedoch die Rayleighstreuung, die durch Brechzahl- und Dichtefluktuationen im Glas hervorgerufen wird (vergleiche Kapitel 4). Sie wächst mit zunehmender Dotierung des Quarzglases mit Fremdatomen an, tritt jedoch auch im undotierten Quarzglas auf.

Bemerkenswert ist die starke Wellenlängenabhängigkeit der Rayleighstreuung: Sie fällt mit der 4. Potenz der Wellenlänge ab. Da in einem guten Lichtwellenleiter die Dämpfung im Wesentlichen durch die Rayleighstreuung bewirkt wird, nimmt die Dämpfung des Lichtwellenleiters vom ersten (850 nm) bis zum dritten (1550 nm) optischen Fenster stark ab.

Bild 1.8 zeigt den Dämpfungskoeffizienten des LWL als Funktion der Übertragungswellenlänge sowie die oben besprochenen dämpfungserhöhenden Effekte. Man beachte, dass der Dämpfungskoeffizient logarithmisch dargestellt wurde. Dadurch wird die Rayleighstreu-Kurve eine Gerade. Deutlich sind die lokalen Minima für die drei optischen Fenster (850 nm, 1300 nm, 1550 nm) zu erkennen.

Prinzipiell vermeidbar sind die Strahlungsverluste durch Modenwandlungsprozesse. Hier unterscheidet man Makro- und Mikrokrümmungsverluste.

Makrokrümmungsverluste treten bei einer Biegung des Lichtwellenleiters mit einem über eine größere Länge (sehr viele Lichtwellenlängen) konstanten Krümmungsradius auf.

Generell sind durch sorgfältige Verlegung und Installation zu enge Krümmungsradien zu vermeiden. Die Dämpfungen sind im Singlemode-LWL besonders hoch. Sie wachsen mit zunehmender Übertragungswellenlänge an.

Die primärgeschützte Faser darf einen Krümmungsradius von 30 mm nicht unterschreiten. Das wird durch geeignete Abmessungen der Spleißkassetten gewährleistet.

Auch wenn Dämpfungen durch Makrokrümmungen im Multimode-LWL erst bei wesentlich geringeren Krümmungsradien auftreten, darf auch dieser den Krümmungsradius von 30 mm nicht unterschreiten. Kleinere Krümmungsradien können längerfristig zu Mikrorissen und damit zum Faserbruch führen (vergleiche Abschnitt 1.2.12).

Das bedeutet, dass der Multimode-LWL mit der gleichen Sorgfalt wie der Singlemode-LWL verlegt werden muss. Während man zu geringe Krümmungsradien beim Singlemode-LWL an erhöhten Dämpfungen erkennt, ist dieser Installationsmangel beim Multimode-LWL durch eine Messung nicht nachweisbar. Es kann es passieren, dass die Faser, insbesondere bei Einwirkung von Feuchtigkeit, noch nach Jahren bricht. Deshalb ist im Vorfeld unbedingt auf die Einhaltung der zulässigen Krümmungsradien hinzuweisen.

Mikrokrümmungsverluste werden durch Krümmungen verursacht, die sich entlang des Lichtwellenleiters periodisch oder statistisch verteilt, laufend ändern. Typische Krümmungsamplituden liegen bei 1 µm. Sie können durch die Rauhigkeit der Kunststoffhüllen um den Lichtwellenleiter hervorgerufen werden und sind folglich durch technologische Mängel im Herstellungsprozess bedingt. Im Allgemeinen wird heute die Technik zur Herstellung der Fasern zu gut beherrscht, dass Mikrokrümmungsverluste keine Rolle mehr spielen.

Neuerdings reicht der Wellenlängenbereich, der durch die optischen Fenster zur Verfügung gestellt wird, nicht mehr aus. Die Wellenlängen-Multiplex-Technologien (vergleiche Abschnitt 6.1.3) benötigen einen wachsenden Wellenlängenbereich, um immer größere Bandbreiten realisieren zu können. Das betrifft insbesondere den Wellenlängenbereich zwischen dem zweiten und dritten optischen Fenster.

Hier stört das Anwachsen des Dämpfungskoeffizienten infolge der OH-Absorptionen. Durch Modifikation des Herstellungsprozesses gelingt es, diesen Effekt zu vermeiden und den OH-Peak zwischen dem zweiten und dritten optischen Fenster stark zu unterdrücken. Diese neue Faserfamilie trägt den Namen Low-Water-Peak-Faser (LWP)-Faser (vergleiche Abschnitt 1.2.6).

1.1.7 Zusammenfassung

Wir fassen die wesentlichen Erkenntnisse zu den physikalischen Grundlagen der LWL-Technik folgendermaßen zusammen:

- Die optische Nachrichtenübertragung wird realisiert durch die Wandlung eines elektrischen in ein optisches Signal mittels einer Lumineszenzdiode oder einer Laserdiode, durch Übertragung des optischen Signals über einen Lichtwellenleiter oder durch den freien Raum und eine abschließende optisch-elektrische Wandlung mit einer PIN- oder Lawinen-Photodiode. Dabei wird die Auswahl der Komponenten durch die jeweiligen Anforderungen an das System insbesondere bezüglich der Bitrate und der Streckenlänge festgelegt.
- Die Vorteile der LWL-Technik ergeben sich aus den hohen übertragbaren Bitraten, den großen überbrückbaren Streckenlängen und der Unempfindlichkeit gegenüber elektromagnetischen Störstrahlungen. Die Nachteile sind im Wesentlichen durch eine schwierigere Handhabbarkeit des Lichtwellenleiters im Vergleich zum Kupfer-

leiter bedingt. Insbesondere die Realisierung lösbarer und nicht lösbarer Verbindungen gestaltet sich komplizierter.
- Das elektromagnetische Spektrum umfasst einen Frequenz- bzw. Wellenlängenbereich von 24 Zehnerpotenzen. Die optische Nachrichtenübertragung nutzt davon nur einen sehr kleinen Anteil, das nahe Infrarot und den Bereich des sichtbaren Lichts.
- Das Grundprinzip der Signalausbreitung im Multimode-LWL beruht auf der Totalreflexion. Die Parameter Kerndurchmesser und numerische Apertur beeinflussen die einkoppelbare Leistung in den Lichtwellenleiter und seine Übertragungseigenschaften.
- Die Dämpfung ist ein Maß für die Verminderung der optischen Signalleistung im Lichtwellenleiter. Der Dämpfungskoeffizient ergibt sich aus der auf die Länge des Lichtwellenleiters bezogenen Dämpfung.
- Der Dämpfungskoeffizient des Lichtwellenleiters hängt sehr stark von der Wellenlänge ab. Die lokalen Minima des Dämpfungsverlaufs werden für die optische Übertragung genutzt und als optische Fenster bezeichnet. Prinzipiell unvermeidbar ist die Dämpfung infolge Rayleighstreuung. Absorptions- und Mikrokrümmungsverluste lassen sich bei Beherrschung der LWL-Technologie stark reduzieren. Makrokrümmungsverluste kann man durch sorgfältige Verlegung des Lichtwellenleiters vermeiden.

1.2 Lichtwellenleiter-Typen und Dispersion

1.2.1 Einleitung

Warum gibt es überhaupt verschiedene LWL-Typen? Diese Frage kann man nur beantworten, wenn man die Dispersionseigenschaften des Lichtwellenleiters betrachtet.

Unter Dispersion in der Physik versteht man im Allgemeinen die Abhängigkeit der Brechzahl eines Mediums von der Wellenlänge. In der LWL-Technik steht Dispersion für all diejenigen Effekte, die zu einer Impulsverbreiterung im Lichtwellenleiter führen. Durch die Dispersion wird letztlich die Übertragungsbandbreite des Lichtwellenleiters begrenzt, und somit ist diese neben der Dämpfung ein entscheidender Parameter.

Die Entwicklungsarbeiten zur Reduktion der Dispersion führten ausgehend vom Stufenprofil-LWL zur Entwicklung neuer LWL-Typen. Dies wird im Folgenden nachvollzogen, und die LWL-Typen werden stets in Verbindung mit ihren Dispersionseigenschaften diskutiert.

1.2.2 Stufenprofil-Lichtwellenleiter und Modendispersion

Strahlausbreitung im Stufenprofil-LWL

Zur Gewährleistung der Totalreflexion (vergleiche Abschnitt 1.1.5) hat der LWL-Kern eine höhere Brechzahl als der LWL-Mantel. Sie ist über den Kernquerschnitt konstant und fällt stufenförmig an der Kern-Mantel-Grenze ab. Daraus ergibt sich der Name Stufenprofil-LWL. In Bild 1.9 (b) wird der Brechzahlverlauf dargestellt.

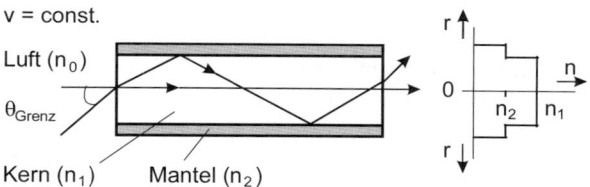

Bild 1.9: (a) Stufenprofil-LWL und (b) Brechzahlprofil

Bild 1.9 (a) zeigt den Strahlenverlauf im Stufenprofil-LWL. Auf die LWL-Stirnfläche auftreffendes Licht wird im Lichtwellenleiter geführt, sofern es in den Kernbereich eingekoppelt wird und innerhalb des Akzeptanzkegels liegt.

Das Licht breitet sich nur unter bestimmten Winkeln innerhalb des LWL-Kerns aus. Das wird verständlich, wenn man den Wellencharakter des Lichts berücksichtigt: Die Winkel der möglichen Ausbreitungsrichtungen der Lichtstrahlen werden dadurch bestimmt, dass sich die beteiligten Lichtwellen konstruktiv überlagern.

Sie müssen einen definierten Phasenunterschied aufweisen, andernfalls erfolgt Auslöschung. Die ausbreitungsfähigen Lichtwellen werden Moden (Eigenwellen) genannt. Sie lassen sich mit Hilfe der Maxwellschen Gleichungen berechnen.

Die Moden unterscheiden sich durch ihre Neigungswinkel zur optischen Achse, durch ihren Ort sowie durch eine azimutale Komponente, die immer dann vorhanden ist, wenn das Licht schräg in den Kern eingekoppelt wird. Schräg eingekoppelte Strahlen breiten sich schraubenförmig im Lichtwellenleiter aus.

Die Anzahl der ausbreitungsfähigen Moden beträgt im Stufenprofil-LWL einige Hundert bis einige Millionen. Sie ist abhängig vom Kerndurchmesser, der numerischen Apertur, dem Brechzahlprofil und der Übertragungswellenlänge.

Das gibt dem Lichtwellenleiter den zweiten Teil seines Namens, nämlich Multimode-LWL. Exakt spricht man also vom Multimode-Stufenprofil-Lichtwellenleiter. Anstelle Multimode-LWL verwendet man seltener die Bezeichnung Mehrmoden-LWL oder Vielmoden-LWL.

Dispersion im Stufenprofil-LWL

Die Eigenschaft der Multimodigkeit bewirkt den gravierendsten Dispersionseffekt, die Modendispersion: In Bild 1.9 (a) wurden mögliche Strahlwege dargestellt. Der Axialstrahl verläuft entlang der optischen Achse, legt den kürzesten Weg zurück und hat damit die geringste Laufzeit.

Der Strahl mit maximalem Neigungswinkel gegen die optische Achse, der durch die numerische Apertur begrenzt wird, muss infolge der Zick-Zack-Ausbreitung einen wesentlich längeren Weg zurücklegen und benötigt dafür eine längere Zeit, da die Ausbreitungsgeschwindigkeit beider Strahlen gleich groß ist.

Die im Lichtwellenleiter geführte Leistung ist über die Moden mehr oder weniger gleichförmig verteilt. Die Leistungsanteile jeder einzelnen Mode treffen zu unterschiedlichen Zeitpunkten am Empfänger ein. Dieser registriert einen zeitlich verbreiterten Impuls. In Bild 1.10 wurde dieses Verhalten schematisch dargestellt.

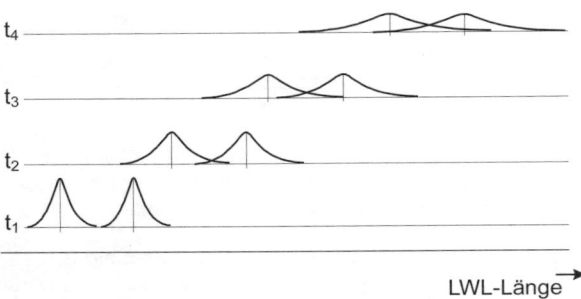

Bild 1.10: Impulsverbreiterung und -überlappung entlang des Lichtwellenleiters zu verschiedenen Zeiten

Man erkennt eine Verbreiterung des Einzelimpulses entlang des Lichtwellenleiters. Das ist zunächst kein Problem. Da man aber nicht nur einen einzelnen Impuls, sondern eine Impulsfolge übertragen, das heißt eine bestimmte Bitrate realisieren möchte, folgen viele Impulse hintereinander.

So kommt es zur zunehmenden Überlappung benachbarter Impulse. Zum Zeitpunkt t_4 ist die Überlappung so stark, dass der Empfänger die beiden Einzelimpulse nicht mehr trennen kann.

Der Empfänger bildet die Summe aus den beiden Impulsen und registriert einen Anstieg, ein Plateau und einen Abfall: Es erscheint nur noch ein einzelner Impuls. Durch die Dispersion wird die realisierbare Streckenlänge begrenzt.

Nun ist es naheliegend, den Abstand zwischen den beiden benachbarten Impulsen zu vergrößern. Dann kann man größere Streckenlängen realisieren, ehe es zu einer störenden Überlappung von benachbarten Impulsen kommt.

Ein größerer zeitlicher Abstand zwischen benachbarten Impulsen entspricht jedoch einer geringeren Bitrate bzw. Bandbreite.

Man erkennt also folgenden Kompromiss: Große Bandbreiten sind über geringere Streckenlängen und geringe Bandbreiten über größere Streckenlängen realisierbar. Das heißt die beiden Größen Bandbreite und Streckenlänge sind näherungsweise umgekehrt proportional zueinander.

Das bedeutet wiederum, dass das Produkt aus Bandbreite und Streckenlänge annähernd konstant ist. Das führt zur Definition eines Bandbreite-Längen-Produktes

(BLP$_{MOD}$), wobei der Index „MOD" kennzeichnet, dass es sich hier um das Bandbreite-Längen-Produkt infolge Modendispersion handelt:

$$B_{MOD} \cdot L = BLP_{MOD} \qquad (1.14)$$

Der Lichtwellenleiter verhält sich wie ein Tiefpass: Höhere Übertragungsfrequenzen werden reduziert. Als Bandbreite wird diejenige Frequenz definiert, bei der die optische Leistung des am Empfänger eintreffenden Signals im Vergleich zur Übertragungsfrequenz Null auf die Hälfte abgefallen ist. Zwischen der Impulsverbreiterung ΔT und der Bandbreite, die durch Modendispersion begrenzt wird, gilt folgender Zusammenhang: (Der jeweilige Faktor im Zähler hängt von der Impulsform ab.)

$$B_{MOD} \approx \frac{0{,}4}{\Delta T} \qquad (1.15)$$

Der Effekt der Impulsverbreiterung durch die unterschiedlichen Laufzeiten der einzelnen Moden wird als Modendispersion bezeichnet. Die Modendispersion ist der gravierendste Dispersionseffekt im Lichtwellenleiter.

Typen von Stufenprofil-LWL

Infolge der hohen Dispersion und damit des geringen Bandbreite-Längen-Produktes kommen Stufenprofil-LWL für Anwendungen in der Telekommunikation nicht in Frage. Bevorzugte Einsatzfelder sind die Sensor- und Medizintechnik. Aber auch lokale Netzwerke können mit Stufenprofil-LWL aufgebaut werden, beispielsweise in der Büro- oder Computervernetzung.

Die Norm „Fachgrundspezifikation: Lichtwellenleiter" DIN EN 60793-2, VDE 0888 Teil 1-300 legt eine Einteilung der LWL-Typen in verschiedene Klassen fest, die im Folgenden verwendet wird. Danach unterscheidet man verschiedene Klassen von Stufenprofil-LWL (A2, A3, A4). Stufenprofil-LWL mit (dotiertem) Quarzglas-Kern und Quarzglas-Mantel (Klasse A2) kommen kaum noch zum Einsatz.

PCF (Polymer Cladding Fiber)-LWL (Klasse A3) bestehen aus einem reinen Quarzglas-Kern und einem harten polymeren Mantel, der mit dem Kern chemisch gebunden ist. Dieser Mantel bewirkt die Totalreflexion und verleiht dem Lichtwellenleiter gute mechanische Eigenschaften. Zum Schutz des Mantels vor chemischen und mechanischen Einflüssen sind die Lichtwellenleiter mit einem Buffer aus Tefzel umhüllt.

Dämpfungskoeffizient	7 dB/km bei 660 nm				
	6 dB/km bei 820 nm				
numerische Apertur	0,37 (0,44)				
Temperaturbereich	-65 °C bis +125 °C				
Kern-/Mantel-Durchmesser in µm	110/ 125	125/ 140	200/ 230	300/ 330	400/ 430	600/ 630
Bandbreite-Längen-Produkt in MHz x km	25	22	20	15	13	9

Tabelle 1.2: Typische Parameter von PCF-LWL

PCF-LWL sind insbesondere unter dem Markennamen HCS (Hard Clad Silica) bekannt. Eine spezielle Ausführungsform mit geringem „Wassergehalt" (geringer Anteil an OH-Ionen) ist der HCP-LWL. Das ist der in der HCS-Familie am meisten verbreitete Lichtwellenleiter. Er zeichnet sich durch einen besonders geringen Dämpfungskoeffizienten aus. In Tabelle 1.2 wurden einige typische Parameter der HCP-LWL zusammengestellt.

Eine andere spezielle Ausführungsform des HCS-LWL ist der HCR-LWL. Dieser ist strahlungsresistent und für den Einsatz in Kernkraftwerken oder beim Militär geeignet.

Für Medizin, Industrie und Forschung werden darüber hinaus eine große Vielzahl von Varianten an Stufenprofil-LWL angeboten. Diese wurden beispielsweise optimiert für einen großen Temperaturbereich, einen großen Wellenlängenbereich, unterschiedliche Durchmesser und numerische Aperturen und werden mit verschiedenen Ummantelungen, außer Tefzel auch mit Silikon, Nylon, Acrylat oder Polyamid, angeboten.

Der Kunststoff (K)-LWL (optische Polymerfaser: POF) (Klasse A4) ist eine preiswerte Variante eines Stufenprofil-LWL. Mit einem Kerndurchmesser in der Größenordnung von einem Millimeter erlaubt er die Verwendung preiswerter Komponenten und Montagetechniken. Sein Nachteil ist die im Vergleich zum PCF-LWL deutlich höhere Dispersion sowie eine besonders hohe Dämpfung. In Tabelle 1.3 wurden die wichtigsten Parameter des Standard-Kunststoff-LWL zusammengestellt (vergleiche Abschnitt 5.4.3).

Material des Kerns	Polymethylmethacrylat (PMMA)
Dämpfungskoeffizient	$\geq$ 130 dB/km bei 650 nm
numerische Apertur	0,5
Temperaturbereich	-70 °C bis +70 °C
Kern-/Mantel-Durchmesser	980/1000 µm
Bitrate bei Übertragung über 100 m	125 MBit/s

Tabelle 1.3: Typische Parameter des Standard-Kunststoff-LWL

1.2.3 Gradientenprofil-Lichtwellenleiter und Profildispersion

Strahlausbreitung im Gradientenprofil-LWL

Wie wir im Abschnitt 1.2.2 gesehen haben, ist der größte Nachteil des Multimode-LWL die Impulsverbreiterung durch unterschiedliche Laufzeiten der einzelnen Moden. Wie kann man die Laufzeitunterschiede reduzieren?

Aus Bild 1.11 ist ersichtlich, dass sich nach wie vor viele Moden mit unterschiedlich langen Wegen durch den Lichtwellenleiter ausbreiten. Das heißt auch der Gradientenprofil-LWL ist ein Multimode-LWL. Um den Laufzeitunterschied zwischen den einzelnen Moden zu reduzieren, muss man deren Geschwindigkeiten beeinflussen.

Die Ausbreitungsgeschwindigkeit v in einem Medium mit der Brechzahl n berechnet sich zu:

$$v = c/n \qquad (1.16)$$

Dabei ist $c \approx 300.000$ km/s die Lichtgeschwindigkeit im Vakuum. Für die Brechzahl des Glases gilt $n \approx 1,5$. Dann erhält man für die Ausbreitungsgeschwindigkeit im Glas $v \approx 200.000$ km/s.

Aus Gleichung (1.16) ist ersichtlich, dass man die Ausbreitungsgeschwindigkeit des Lichts beeinflussen kann, indem man die Brechzahl verändert. Geringere Brechzahl (optisch „dünneres" Medium) bedeutet höhere Ausbreitungsgeschwindigkeit.

Folglich müssen die Moden, die längere Wege zurückzulegen haben, ein Medium mit geringerer Brechzahl durchlaufen. Das führte zur Idee des Gradientenprofil-LWL:

Die Brechzahl nimmt mit zunehmendem Abstand von der optischen Achse ab (vergleiche Bild 1.11 (b)). Dadurch wird das Licht zunehmend schneller. Wenn sich das Licht in Richtung optischer Achse bewegt, wird es wieder langsamer.

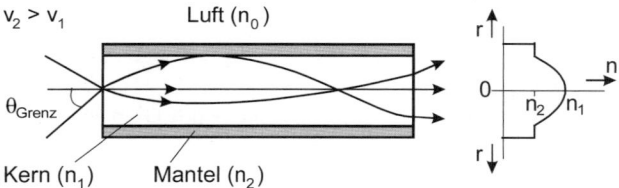

Bild 1.11: (a) Gradientenprofil-LWL und (b) Brechzahlprofil

Untersuchungen haben gezeigt, dass man ein Brechzahlprofil finden kann, welches den Laufzeitunterschied zwischen allen Moden minimiert. Das ist das sogenannte Parabelprofil.

Das heißt, der Brechzahlverlauf in Bild 1.11 (b) hat annähernd die Gestalt einer Parabel. Allgemeiner ist es in der LWL-Technik üblich, ein Potenzprofil zu definieren:

$$\begin{aligned} n^2(r) &= n_1^2 - (n_1^2 - n_2^2)(\frac{r}{r_K})^g \qquad \text{für} \quad r < r_K \\ n^2(r) &= n_2^2 = \text{const.} \qquad \text{für} \quad r \geq r_K \end{aligned} \qquad (1.17)$$

Dabei ist n_1 die Brechzahl auf der optischen Achse ($r = 0$), n_2 die Brechzahl an der Kern-Mantel-Grenze ($r = r_K$) und g ein Profilexponent. Bild 1.12 zeigt den Verlauf unterschiedlicher Potenzprofile.

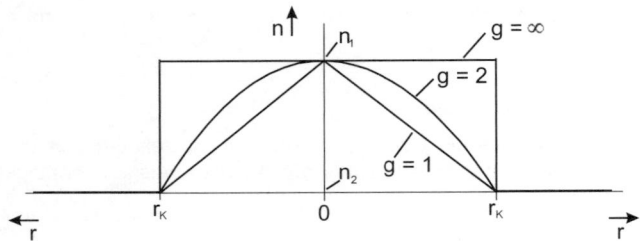

Bild 1.12: Potenzprofile

Klasse	Material	Typ	Profilexponent
A1	Glaskern/Glasmantel	Gradientenindex-LWL	$1 \leq g < 3$
A2	Glaskern/Glasmantel	Quasistufenindex-LWL	$3 \leq g < \infty$
A3	Glaskern/Kunststoffmantel	Stufenindex-LWL	$10 \leq g < \infty$
A4	Kunststoffkern/Kunststoffmantel	Stufenindex-LWL	$10 \leq g < \infty$

Tabelle 1.4: Klassifikationen Multimode-LWL nach DIN EN 60793-2 VDE 0888 Teil 300

Die größte Bedeutung von den in Tabelle 1.4 genannten Lichtwellenleitern hat der Parabelprofil-LWL ($g \approx 2$), als eine spezielle Variante des Gradientenprofil-LWL.

Oft spricht man vom Gradientenprofil-LWL und meint aber damit den am häufigsten verwendeten Parabelprofil-LWL.

Dispersion im Gradientenprofil-LWL

Genauere Untersuchungen zeigen, dass für eine Minimierung der Laufzeitunterschiede der optimale Profilexponent lautet:

$$g = 2 - \Delta \qquad (1.18)$$

Dabei ist Δ die relative Brechzahldifferenz entsprechend (1.6). Diese hängt von den Brechzahlen n_1 und n_2 und die Brechzahlen wiederum von der Wellenlänge des Senders ab.

Auch wenn diese Abhängigkeiten schwach sind, so erkennt man doch, dass man den Profilexponenten nie exakt einstellen kann, da sich der optimale Wert in Abhängigkeit von den spektralen Eigenschaften der Quelle verändert (vergleiche Abschnitt 1.2.4). Außerdem gibt es technologisch bedingt ohnehin stets Abweichungen vom idealen Brechzahlverlauf (vergleiche Bild 3.9).

So kann man davon ausgehen, dass der realisierbare optimierte Profilexponent nahe bei 2 liegt. Dann ist die Modendispersion minimal. Den verbleibenden Rest nennt man Profildispersion. Insbesondere Abweichungen vom idealen Brechzahlprofil, beispielsweise durch den Brechzahleinbruch (Mittendip) (vergleiche Bild 3.9), tragen zur Profildispersion bei und führen zur Verringerung der Bandbreite.

Numerische Apertur im Gradientenprofil-LWL

Der sinusförmige Strahlenverlauf in Bild 1.11 wird plausibel, wenn man sich den Lichtwellenleiter aus vielen konzentrischen Schichten, mit unterschiedlichen Brechzahlen aufgebaut, vorstellt. Bild 1.13 zeigt einen radialen Schnitt eines solchen LWL.

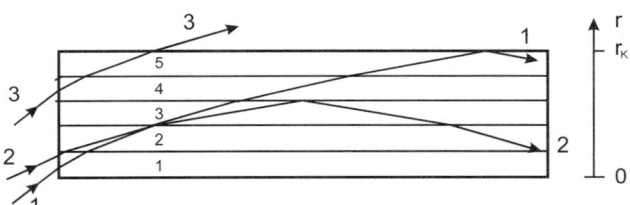

Bild 1.13: Strahlenverlauf im Gradientenprofil-LWL

Das Medium bestehe aus den Schichten 1 bis 5 mit den Brechzahlen $n_1 > n_2 > n_3 > n_4 > n_5$. (Die Vorform des Gradientenprofil-LWL, aus der der Lichtwellenleiter gezogen wird, besteht tatsächlich aus vielen diskreten Schichten mit geringfügig unterschiedlichen Brechzahlen: vergleiche Abschnitt 3.2.2.)

Beim Übergang von Medium 1 zu 2, von 2 zu 3 usw. wird der Strahl jeweils vom Lot weg gebrochen. Der Strahl wird immer flacher, bis er total reflektiert wird. Dabei wird ein Strahl mit einem kleineren Einfallswinkel auf die Stirnfläche des Lichtwellenleiters (Strahl 2) eher totalreflektiert als ein Strahl mit größerem Einfallswinkel (Strahl 1).

Eine weitere wichtige Eigenschaft ist ebenfalls aus Bild 1.13 ersichtlich: Es habe die Schicht 1 die Brechzahl der LWL-Achse. (Man muss sich die Schichten 2 bis 5 in Bild 1.13 symmetrisch nach unten fortgesetzt denken.) Der Strahl 1 fällt mit maximal zulässigem Einfallswinkel ein, um noch vom Lichtwellenleiter geführt zu werden.

Fällt ein Strahl mit dem gleichen Einfallswinkel weiter außen auf den Lichtwellenleiter (Strahl 3) an eine Stelle mit geringerer Brechzahl, so wird dieser Strahl nicht mehr totalreflektiert, sondern er tritt aus dem LWL-Kern aus und wird im Lichtwellenleiter nicht mehr geführt. Mit anderen Worten: Beim Gradientenprofil-LWL hängt der jeweils maximal zulässige Einfallswinkel, das heißt die numerische Apertur, vom Ort der Einkopplung auf der Stirnfläche ab. Dieser berechnet sich mit Gleichung (1.5) und (1.17) zu:

$$NA(r) = \sin\theta(r) = \sqrt{n^2(r) - n_2^2} = NA(r=0) \cdot \sqrt{1 - \left(\frac{r}{a}\right)^g} \qquad (1.19)$$

Bild 1.14 veranschaulicht qualitativ die Verringerung des Akzeptanzkegels mit wachsendem Radius. Die Kreise auf der Stirnfläche verbinden Punkte mit gleichem Akzeptanzkegel.

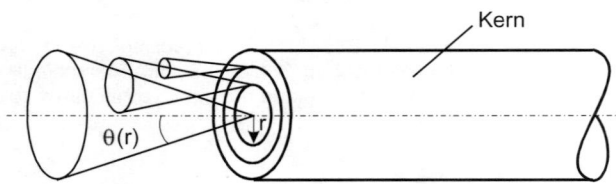

Bild 1.14: Verringerung des Akzeptanzkegels mit wachsendem Radius beim Gradientenprofil-LWL

Typen von Gradientenprofil-LWL

Die Gradientenprofil-LWL wurden in dem Standard DIN EN 60793-2-10, VDE 0888 Teil 1-321 spezifiziert. Es sind Lichtwellenleiter mit annähernd parabelförmigem Brechzahlprofil (Klasse A1: $g \approx 2$) mit dotiertem Quarzglas-Kern und meist undotiertem Quarzglas-Mantel.

Der Einsatz erfolgt vorzugsweise in Datennetzen. Die typischen Übertragungswellenlängen sind 850 nm und 1300 nm. Es gilt die Klassifikation entsprechend Tabelle 1.5.

Klasse	A1a	A1b	A1d
Kern-/Mantel-Durchmesser in μm	$50 \pm 3/125 \pm 2$	$62{,}5 \pm 3/125 \pm 2$	$100 \pm 5/140 \pm 4$

Tabelle 1.5: Klassifikation des Gradientenprofil-LWL

Praktische Bedeutung besitzen nur die beiden zuerst genannten Klassen. Die Klasse A1b hat nicht nur einen höheren Kerndurchmesser als Klasse A1a, sondern auch eine höhere numerische Apertur.

Deshalb ist die Dispersion in diesem Lichtwellenleiter höher. Andererseits wird durch eine höhere numerische Apertur und einen höheren Kerndurchmesser die Einkopplung vereinfacht und es kann eine höhere Sendeleistung eingekoppelt werden.

Eine Erhöhung der numerischen Apertur erzielt man durch Erhöhung der Brechzahl im LWL-Kern (vergleiche Formel (1.5)). Dies wird durch eine erhöhte Dotierung mit Fremdatomen, vorzugsweise Germaniumoxid, erreicht.

Eine stärkere Dotierung erhöht die Rayleighstreuung und damit die Dämpfung des Lichtwellenleiters.

Deshalb sind Lichtwellenleiter der Klasse A1b sowohl bezüglich Dämpfung als auch bezüglich Dispersion schlechter als Lichtwellenleiter der Klasse A1a. In den folgenden Tabellen wurden die wichtigsten Parameter dieser beiden LWL-Klassen zusammengestellt:

Parameter	Werte	Werte	Einheit
Wellenlänge	850	1300	nm
Dämpfung (Höchstwert)	2,4...3,5	0,7...1,5	dB/km
Bandbreite-Längen-Produkt (Tiefstwert)	200...800	200...1200	MHz x km
numerische Apertur	0,20 ± 0,02 oder 0,23 ± 0,02		

Tabelle 1.6: Wichtigste Parameter des 50µm-LWL entsprechend DIN EN 60793-2-10 Klasse A1a

Parameter	Werte	Werte	Einheit
Wellenlänge	850	1300	nm
Dämpfung (Höchstwert)	2,8...3,5	0,7...1,5	dB/km
Bandbreite-Längen-Produkt (Tiefstwert)	100...800	200...1000	MHz x km
numerische Apertur	0,275 ± 0,015		

Tabelle 1.7: Wichtigste Parameter des 62,5µm-LWL entsprechend DIN EN 60793-2-10 Klasse A1b

Die Unterschiede in der Dämpfung und im Bandbreite-Längen-Produkt (BLP) zwischen den beiden Klassen kommen bei der Wellenlänge 850 nm zum Tragen. Besonders deutlich ist der 62,5 µm-LWL hinsichtlich des Bandbreite-Längen-Produkts dem 50 µm-LWL unterlegen. Deshalb sollte insbesondere bei Anwendungen mit höheren Bitraten der 50 µm-LWL dem 62,5 µm-LWL vorgezogen werden (vergleiche Abschnitt 5.4.4).

Da der optimale Profilexponent von der Brechzahl (vergleiche Gleichung 1.18) und diese wiederum von der Wellenlänge abhängt (vergleiche nächsten Abschnitt), kann der Parabelprofil-LWL bezüglich seiner Bandbreite nur für eine Wellenlänge, zumindest aber nur für ein optisches Fenster optimiert werden, entweder für das erste oder zweite optische Fenster.

Deshalb ist es praktisch unmöglich, Lichtwellenleiter mit sehr hohen Bandbreiten für beide optische Fenster herzustellen. Folglich werden in den Tabellen 1.6 und 1.7 große Bereiche für das Bandbreite-Längen-Produkt angegeben. Bei der Auswahl eines passenden Lichtwellenleiters beachte man die konkreten Anforderungen und ziehe die Datenblätter der LWL-Anbieter zu Rate.

Neben den Klassen A1a und A1b erlangen zunehmend auch Kunststoff-LWL mit Gradientenprofil Bedeutung (vergleiche Abschnitt 5.4.3). Diese können bei erhöhtem Bandbreitenbedarf eingesetzt werden, beispielsweise im LAN-Bereich.

1.2.4 Parabelprofil-LWL mit optimiertem Brechzahlprofil und Materialdispersion

Parabelprofil-Lichtwellenleiter mit optimiertem Brechzahlprofil

Der Schritt vom Stufenprofil-LWL zum Parabelprofil-LWL brachte eine wesentliche Erhöhung des Bandbreite-Längen-Produktes und ermöglichte den breiten Einsatz des Parabelprofil-LWL in lokalen Netzen.

Neuerdings steigen hier die Anforderungen an die Bandbreite rasant (vergleiche Abschnitt 5.4.4). Zunehmend werden Gigabit- bzw. 10 Gigabit-Ethernet-Netze realisiert. Herkömmliche Parabelprofil-LWL stoßen bereits bei kurzen Übertragungslängen an ihre Kapazitätsgrenzen.

Deshalb sucht man nach Lösungen, diese hohen Bandbreiten auch über größere Streckenlängen zu übertragen. Die einfachste Möglichkeit ist der Einsatz des Singlemode-LWL (vergleiche Abschnitt 1.2.5). In diesem breitet sich nur noch eine einzige Mode aus. Effekte wie Modendispersion bzw. Profildispersion spielen keine Rolle mehr.

Aus Kostengründen versucht man aber am Parabelprofil-LWL festzuhalten. Eine Möglichkeit zur Erhöhung der Bandbreite ist eine außermittige Einkopplung in den Kern des Multimode-LWL mit Hilfe eines Lasers. Auf diese Weise wird ein begrenztes Phasenraumvolumen angeregt, das heißt es wird nur ein Teil des Kernes innerhalb eines begrenzten Winkelbereiches beleuchtet.

Mit dieser Maßnahme möchte man erreichen, dass ein fehlerhafter Brechzahlverlauf (beispielsweise durch einen Brechzahleinbruch im Zentrum des Lichtwellenleiters) ausgespart bleibt. Auf diese Weise erscheint eine Verdopplung des Bandbreite-Längen-Produktes möglich.

Allerdings muss man beachten, dass es durch geringe LWL-Krümmungen entlang der Strecke zu Modenwandlungs- und -mischungsprozessen kommt (vergleiche Abschnitt 4.1.2), die nach und nach zu einer Vollanregung des Lichtwellenleiters führen.

Somit ist das erzielbare Bandbreite-Längen-Produkt nicht reproduzierbar und damit schwierig zu definieren. Dennoch hat diese Methode ihre Berechtigung, wenn es um die Aufrüstung vorhandener Parabelprofil-LWL-Strecken mit nicht optimiertem Brechzahlprofil geht. Die außermittige Einkopplung kann mit Hilfe eines Singlemode-LWL erfolgen, der in einer Ferrule mit einem Offset von 20 µm bis 30 µm liegt.

Von den Normungsgremien wird jedoch ein anderer Weg favorisiert: Optimierung des Brechzahlprofils. Durch Verbesserung des Herstellungsprozesses werden Brechzahleinbrüche und Unregelmäßigkeiten vermieden. Man versucht eine Annäherung an den idealen Brechzahlverlauf. Insbesondere geht es jetzt darum, die Anzahl der Schichten, die das Brechzahlprofil bilden, wesentlich zu erhöhen.

Das Ergebnis sind Lichtwellenleiter mit deutlich größeren Bandbreite-Längen-Produkten (2000 MHz·km und größer). Diese Lichtwellenleiter tragen folgende Markennamen: GigaLine (Kerpen), HiCap bzw. MaxCap (Draka Comteq), InfiniCor (Corning), LaserWave (OFS).

Materialdispersion

Der Begriff der Materialdispersion war bisher in der LWL-Technik wenig bekannt, da die Materialdispersion beim Multimode-LWL keine Rolle spielte und beim Singlemode-LWL immer gemeinsam mit der Wellenleiterdispersion sich zur chromatischen Dispersion (vergleiche Abschnitt 1.2.5) addiert, das heißt als einzelner Effekt gar nicht auftritt.

Bisher war die Materialdispersion im Parabelprofil-LWL meist deutlich kleiner als die Profildispersion und konnte deshalb vernachlässigt werden. Durch die starke Reduktion der Modendispersion bzw. Profildispersion kann jedoch die Materialdispersion im Multimode-LWL störend werden. Das hat weitreichende Konsequenzen, die beim Systementwurf zu beachten sind. Das soll im Folgenden gezeigt werden:

Zunächst müssen wir uns den Unterschied zwischen Phasengeschwindigkeit v_{ph} und Gruppengeschwindigkeit v_{gr} verdeutlichen. Die Phasengeschwindigkeit beschreibt die Ausbreitungsgeschwindigkeit der Wellenfront einer einzelnen Mode. Maßgebend für die Signalfortpflanzung im Lichtwellenleiter ist jedoch die Gruppengeschwindigkeit.

Sie ist die Ausbreitungsgeschwindigkeit des Schwerpunktes eines Wellenpaketes entlang des Lichtwellenleiters, welches aus einem zeitlich modulierten Signal gebildet wird, das Lichtwellen mit verschiedenen Wellenlängen beinhaltet. Es besitzt also räumlich und spektral eine endliche Ausdehnung.

Das heißt, die Gruppengeschwindigkeit ist die Geschwindigkeit der Ausbreitung der Energie des Lichtimpulses im Lichtwellenleiter und somit verantwortlich für die Materialdispersion. Entsprechend (1.16) gilt für die Phasenbrechzahl n_{ph}:

$$n_{ph}(\lambda) = c/v_{ph}(\lambda) \tag{1.20}$$

wobei in dieser Darstellung die Wellenlängenabhängigkeit der Brechzahl berücksichtigt wurde. Die Gruppenbrechzahl n_{gr} wird folgendermaßen definiert:

$$n_{gr}(\lambda) = \frac{c}{v_{gr}(\lambda)} = n_{ph}(\lambda) - \lambda \frac{dn_{ph}(\lambda)}{d\lambda} \tag{1.21}$$

Sie berechnet sich aus der Phasenbrechzahl, enthält aber noch einen Summanden, der die Brechzahländerung mit der Wellenlänge beschreibt.

Ursache für die Materialdispersion ist die Abhängigkeit der Gruppenbrechzahl und damit der Gruppenlaufzeit von der Wellenlänge. Da jeder optische Sender prinzipiell eine endliche spektrale Breite aufweist, verteilt sich die Leistung auf die einzelnen Wellenlängenanteile. Jeder spektrale Anteil transportiert einen kleinen Leistungsanteil mit unterschiedlichen Geschwindigkeiten durch den Lichtwellenleiter.

Als Folge treffen die verschiedenen Wellenlängenanteile zu verschiedenen Zeiten auf den Empfänger (Bild 1.15).

Der resultierende Ausgangsimpuls, der sich aus der Summation der einzelnen spektralen Anteile ergibt erscheint verbreitert. Das kann zur Überlappung mit dem benachbarten Impuls und damit zu Störungen führen.

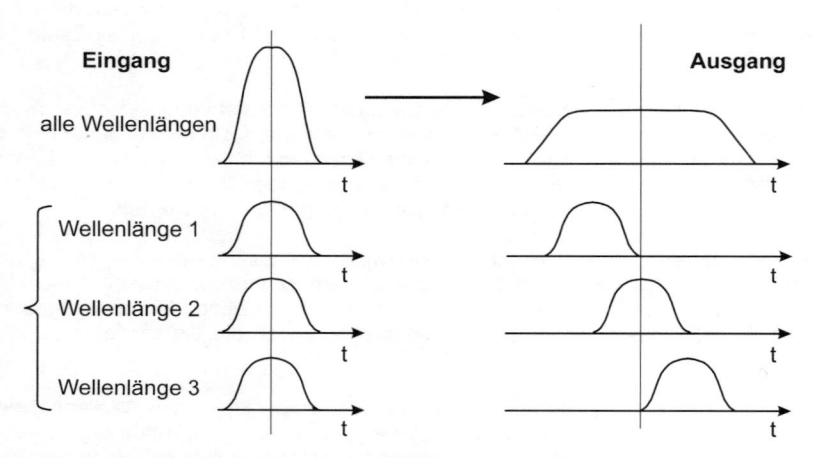

Bild 1.15: Impulsverbreiterung durch Materialdispersion

In Bild 1.16 ist die Gruppenbrechzahl von Quarzglas als Funktion der Wellenlänge dargestellt.

Bemerkenswert ist, dass die Gruppenbrechzahl etwa bei einer Wellenlänge von 1,3 μm ein Minimum durchläuft, das heißt dort sind die Änderungen der Gruppenbrechzahl bei Änderungen der Wellenlänge minimal und somit die Dispersion gering.

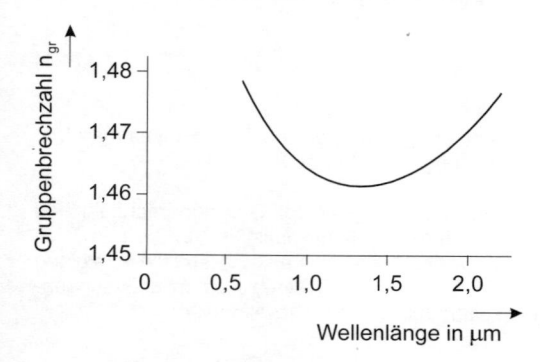

Bild 1.16: Spektraler Verlauf der Gruppenbrechzahl von Quarzglas

Der Koeffizient der Materialdispersion ist ein Maß für die Änderung der Gruppenbrechzahl mit der Wellenlänge. Er berechnet sich bis auf einen Faktor 1/c aus deren erster Ableitung:

$$D_{MAT} = \frac{1}{c}\frac{dn_{gr}(\lambda)}{d\lambda} = -\frac{\lambda}{c}\frac{d^2n_{ph}(\lambda)}{d\lambda^2} \quad \text{in ps/nm/km} \tag{1.22}$$

In Bild 1.17 wurde der Verlauf des Koeffizienten der Materialdispersion für reines und dotiertes Quarzglas dargestellt. Entsprechend dem Minimum der Gruppenbrechzahl entsteht ein Nulldurchgang bei 1,3 µm. Die Kerndotierung bringt eine relativ schwache Beeinflussung dieses Nulldurchganges.

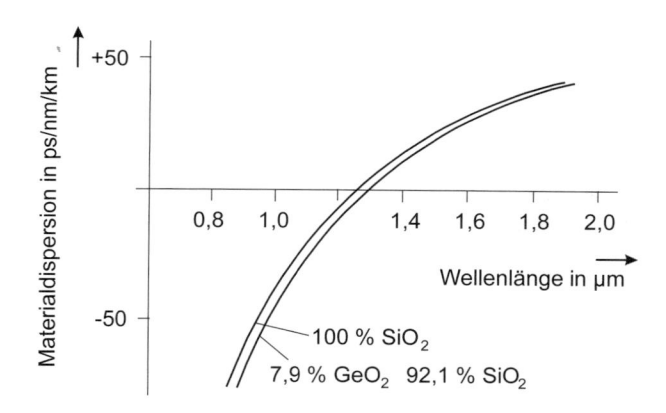

Bild 1.17: Koeffizient der Materialdispersion als Funktion der Wellenlänge für undotiertes und dotiertes Quarzglas

Während der Koeffizient der Materialdispersion im zweiten optischen Fenster meist vernachlässigbar ist, nimmt er im ersten optischen Fenster Werte bis $D_{MAT} \approx -100$ ps/nm/km an.

Die Impulsverbreiterung ΔT_{MAT} infolge Materialdispersion ist proportional zur Streckenlänge L, zur Halbwertsbreite HWB der optischen Quelle und zum Koeffizient der Materialdispersion:

$$\Delta T_{MAT} = HWB \cdot L \cdot D_{MAT} \tag{1.23}$$

Für die Bandbreite folgt aus Gleichung (1.15) und (1.23) (Impulsbreite des Senders vernachlässigt):

$$B_{MAT} \approx \frac{0,4}{\Delta T_{MAT}} = \frac{0,4}{HWB \cdot L \cdot D_{MAT}} \tag{1.24}$$

Für das Bandbreite-Längen-Produkt BLP_{MAT} folgt mit Gleichung (1.14):

$$BLP_{MAT} = B_{MAT} \cdot L \approx \frac{0,4}{HWB \cdot D_{MAT}} \tag{1.25}$$

Somit verringert sich das Bandbreite-Längen-Produkt mit wachsender Materialdispersion und mit wachsender Halbwertsbreite des Senders. Tabelle 1.8 zeigt Bandbreite-Längen-Produkte bei Einsatz von Sendern verschiedener Halbwertsbreite:

Sender	HWB	Bandbreiten-Längenprodukt BLP_{MAT}
LED	40 nm	100 MHz·km
FP-Laser	4 nm	1000 MHz·km
VCSE-Laser	0,2 nm	20000 MHz·km

Tabelle 1.8: Bandbreite-Längen-Produkt infolge Materialdispersion im ersten optischen Fenster ($D_{MAT} \approx -100$ ps/nm/km) für verschiedene optische Quellen

Die Impulsverbreiterung im Lichtwellenleiter ΔT_{LWL} wird sowohl durch die Materialdispersion ΔT_{MAT} als auch die Modendispersion ΔT_{MOD} verursacht. Beide Anteile überlagern sich folgendermaßen:

$$\Delta T_{LWL} = \sqrt{(\Delta T_{MAT})^2 + (\Delta T_{MOD})^2} \tag{1.26}$$

Das bedeutet, dass eine teilweise Auslöschung dieser beiden Anteile nie möglich ist. Durch die Quadratbildung summieren sie sich stets auf. Sinngemäß ergibt sich das Bandbreite-Längen-Produkt des Lichtwellenleiters BLP_{LWL} aus der Überlagerung der Bandbreite-Längen-Produkte infolge Materialdispersion BLP_{MAT} und Modendispersion BLP_{MOD}:

$$BLP_{LWL} = \frac{1}{\sqrt{\left(\frac{1}{BLP_{MAT}}\right)^2 + \left(\frac{1}{BLP_{MOD}}\right)^2}} \tag{1.27}$$

Während die Modendispersion allein durch die Eigenschaften des Lichtwellenleiters bestimmt wird, hängt die Materialdispersion sowohl von den LWL-Eigenschaften (D_{MAT}) als auch den Eigenschaften des Senders (HWB, $D_{MAT}(\lambda)$) ab. Das bedeutet, nur wenn die Materialdispersion gegenüber der Modendispersion vernachlässigbar ist, ist das Bandbreite-Längen-Produkt des Multimode-LWL allein von den LWL-Eigenschaften abhängig. Davon ist man in der Vergangenheit immer ausgegangen: Das Bandbreite-Längen-Produkt war ein Parameter in der LWL-Spezifikation.

Durch die Optimierung des Brechzahlprofils entsteht jedoch eine neue Situation: Die Modendispersion wird reduziert und die Materialdispersion und damit die spektralen Eigenschaften des Senders können das Bandbreite-Längen-Produkt beeinflussen.

Nun ist es wenig sinnvoll, einen hohen Aufwand in die Brechzahloptimierung zu investieren, wenn durch Materialdispersion der Vorteil wieder zunichte gemacht wird. Das heißt man muss fordern, dass das Bandbreite-Längen-Produkt infolge Materialdispersion so groß sein soll, dass das Bandbreite-Längen-Produkt des Lichtwellenleiters nicht beeinflusst wird, das heißt es sollte $BPL_{LWL} \approx BLP_{MOD}$ sein.

Sender	herkömmlicher LWL	optimierter LWL
	$BPL_{MOD} = 300$ MHz·km	$BPL_{MOD} = 2000$ MHz·km
LED	$BPL_{LWL} = 94{,}9$ MHz·km	$BPL_{LWL} = 99{,}9$ MHz·km
FP-Laser	$BPL_{LWL} = 287$ MHz·km	$BPL_{LWL} = 894$ MHz·km
VCSE-Laser	$BPL_{LWL} = 300$ MHz·km	$BPL_{LWL} = 1990$ MHz·km

Tabelle 1.9: Bandbreite-Längen-Produkte des Lichtwellenleiters BPL_{LWL} für herkömmliche und optimierte 50 μm-Lichtwellenleiter in Abhängigkeit vom Sender (1. optisches Fenster)

Aus Tabelle 1.9 ist ersichtlich, dass das relativ geringe Bandbreite-Längen-Produkt des herkömmlichen 50 μm-Multimode-LWL bei Verwendung einer Lumineszenzdiode (vergleiche Abschnitt 1.3.3) etwa nur zu einem Drittel ausgenutzt wird. Verwendet man einen Fabry-Perot (FP)-Laser (Abschnitt 1.3.4) wird annähernd das Bandbreite-Längen-Produkt der Faser erreicht.

Anders ist es bei Verwendung eines Parabelprofil-LWL mit optimiertem Brechzahlprofil. Das sehr gute Bandbreite-Längen-Produkt wird bei Verwendung eines Fabry-Perot-Lasers deutlich reduziert. Dieser hat noch eine zu hohe Halbwertsbreite. Erst der Einsatz einer oberflächenemittierenden Laserdiode (VCSEL: Abschnitt 1.3.4) mit seiner sehr geringen spektralen Halbwertsbreite bringt den gewünschten Effekt.

1.2.5 Standard-Singlemode-Lichtwellenleiter und chromatische Dispersion

Wellenausbreitung im Singlemode-LWL

Stellt man noch höhere Anforderungen an das Bandbreite-Längen-Produkt, so ist auch die Profildispersion störend. Deren Unterdrückung wird nur möglich, indem man die ausbreitungsfähigen Moden bis auf eine einzige reduziert. Ein solcher LWL heißt Singlemode-LWL (Einmoden-LWL, Monomode-LWL), in ihm ist nur noch die Grundmode ausbreitungsfähig. Bild 1.18 veranschaulicht die Unterschiede hinsichtlich Kerndurchmesser, Manteldurchmesser und numerischer Apertur zwischen den bisher besprochenen LWL-Typen.

Der Standard-Singlemode-LWL hat ein stufenförmiges Brechzahlprofil. Man kann ihn sich aus einem 50 μm-Stufenprofil-LWL entstanden denken, in dem einige Tausend Moden ausbreitungsfähig sind. Man reduziert zunehmend den Durchmesser und die Brechzahldifferenz zwischen Kern und Mantel, so dass die Stufe immer kleiner wird.

So werden immer weniger Moden ausbreitungsfähig. Schließlich kommt man zu einer Abmessung, die die Fortpflanzung nur noch einer Mode ermöglicht.

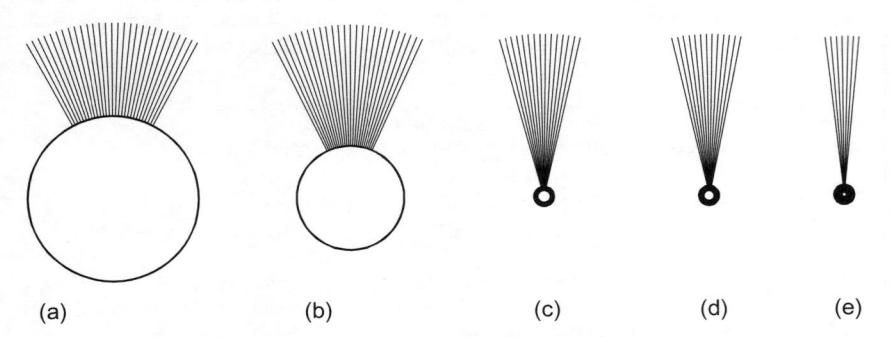

(a)   (b)   (c)   (d)   (e)

Bild 1.18: Akzeptanzwinkel, Kern- und Manteldurchmesser verschiedener LWL-Typen: (a) K-LWL, (b) PCF-LWL, (c) 62,5 µm-LWL, (d) 50 µm-LWL, (e) Singlemode-LWL

Um dies zu erreichen, ist ein Kerndurchmesser kleiner als 10 µm erforderlich. Bei derart kleinen Durchmessern ist es nicht mehr möglich, die Ausbreitung des Lichts mit Hilfe des Strahlenmodells zu beschreiben. Dieses gilt nur, solange die Abmessungen des Kerns sehr viel größer als die Wellenlänge des Lichts sind. Wegen des dualen Charakters des Lichts können bestimmte Erscheinungen nur mit dem Strahlenmodell andere hingegen nur mit dem Wellenmodell erklärt werden.

Eine exakte Beschreibung der Ausbreitung des Lichts im Singlemode-LWL ist nur mit Hilfe des Wellenmodells möglich. So können wichtige Eigenschaften des Singlemode-LWL abgeleitet werden.

Die Feldverteilung der einzelnen Mode über den Kernquerschnitt kann durch eine Gaußfunktion angenähert werden. Für die Feldamplitude E in Abhängigkeit vom Radius r gilt (w: Modenfeldradius):

$$E(r) = E(r=0) \cdot e^{-\left(\frac{r}{w}\right)^2} \tag{1.28}$$

In Bild 1.19 wurden die Verhältnisse qualitativ dargestellt. In der Darstellung wurde ein Stufenprofil gewählt. Aber auch mit anderen Profilen lässt sich eine Einmodigkeit erzielen. Die Breite des gaußförmigen Verteilung wird durch den Modenfelddurchmesser 2w charakterisiert.

Er ist der Abstand zwischen den Punkten, bei denen die Feldverteilung auf den Wert $1/e \approx 37\%$ abgefallen ist. Das Auge registriert die Intensität des Lichts, also das komplexe Betragsquadrat der Amplitude. Der Modenfelddurchmesser entspricht folglich einem Intensitätsabfall bezüglich des Maximalwertes auf $1/e^2 \approx 13,5\%$.

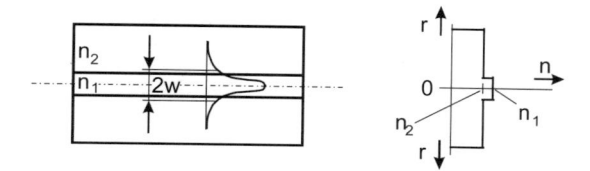

Bild 1.19: (a) Wellenausbreitung im Singlemode-LWL und (b) Brechzahlprofil

Während der Querschnitt der Mode im Multimode-LWL als punktförmig vorausgesetzt wurde, hat er tatsächlich eine endliche Ausdehnung, die wegen der sehr geringen Abmessungen im Singlemode-LWL berücksichtigt werden muss.

Im Gegensatz zum Multimode-LWL wird der Singlemode-LWL nicht mehr durch seinen Kerndurchmesser definiert. Im Datenblatt findet man anstelle dessen eine Angabe zum Modenfelddurchmesser, der im Allgemeinen größer als der Kerndurchmesser ist. Dies wird bereits aus Bild 1.19 (a) ersichtlich.

Außerdem erkennt man, dass die sich durch den Singlemode-LWL ausbreitende Welle in den Mantel hinein ragt. Das heißt ein Teil des Lichtes wird durch den Mantel geführt. Der Mantel beeinflusst das Ausbreitungsverhalten des Singlemode-LWL. Das äußert sich bei der Makrokrümmungsempfindlichkeit und bei der Wellenleiterdispersion.

Dispersion im Singlemode-LWL

Die gravierendsten Dispersionsarten, die Modendispersion bzw. Profildispersion, ist im Singlemode-LWL nicht mehr vorhanden, da nur noch eine Mode ausbreitungsfähig ist. Laufzeitunterschiede zwischen den Moden können nicht mehr auftreten.

Somit sind wesentlich größere Übertragungskapazitäten im Vergleich zum Multimode-LWL realisierbar. Dennoch ist auch der Singlemode-LWL nicht frei von Dispersion.

Die wesentlichen Dispersionseffekte sind die Materialdispersion und die Wellenleiterdispersion, die sich zur chromatischen Dispersion addieren. Die Materialdispersion wurde bereits im vorherigen Abschnitt besprochen. Die Wellenleiterdispersion ist ein typischer Effekt des Singlemode-LWL, sie kommt nachfolgend zur Sprache.

Chromatische Dispersion bedeutet, dass die Impulsverbreiterung durch die Wellenlängenabhängigkeit der Brechzahlen hervorgerufen wird. Das heißt, sie steht in engem Zusammenhang mit den spektralen Eigenschaften des Senders.

Wesentlich kleiner und deshalb von untergeordneter Bedeutung ist die Polarisationsmodendispersion: Die Grundmode im Singlemode-LWL repräsentiert ein Modenpaar mit zueinander orthogonalen Polarisationen. (Insofern ist der Singlemode-LWL ein Zweimoden-LWL.) Die Polarisationsmodendispersion erlangt in hochbitratigen Systemen eine zunehmende Bedeutung. Sie wird im Abschnitt 1.2.11 abgehandelt.

Wellenleiterdispersion

Der Modenfeldradius der Grundmode hängt von der Wellenlänge ab. Je größer die Wellenlänge, um so breiter ist das Modenfeld, um so mehr Licht wird im Mantel geführt.

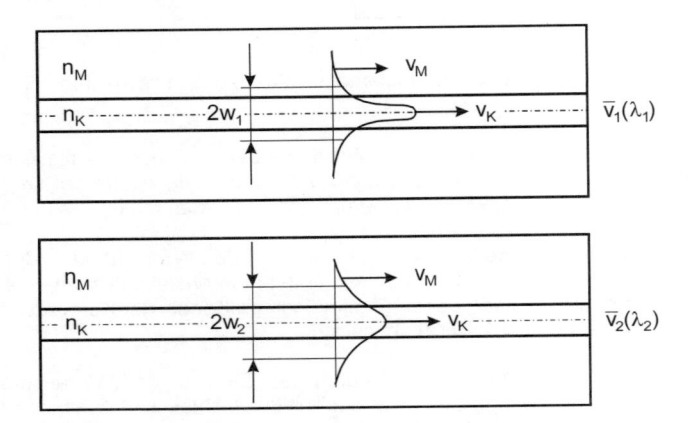

Bild 1.20: Ausbreitung der Grundmode im Singlemode-LWL bei unterschiedlichen Wellenlängen ($\lambda_1 < \lambda_2$)

Der Mantel hat eine kleinere Brechzahl ($n_M < n_K$): Die Leistungsanteile im Mantel breiten sich wegen $v = c/n$ schneller als die Leistungsanteile im Kern aus. Am Streckenende ergibt sich ein gewogener Mittelwert aus den Ausbreitungsgeschwindigkeiten der Leistungsanteile von Kern und Mantel. Dieser Mittelwert hängt aber von der Wellenlänge ab. Je größer die Wellenlänge, um so mehr Licht wird im Mantel geführt, um so größer ist der Anteil, der sich mit einer höheren Ausbreitungsgeschwindigkeit fortpflanzt: $\overline{v}_2(\lambda_2) > \overline{v}_1(\lambda_1)$ wobei $\lambda_2 > \lambda_1$.

Die Breite des Modenfeldes und damit die Wellenleiterdispersion lässt sich durch eine Modifikation des Brechzahlprofils beeinflussen.

Chromatische Dispersion

Der Koeffizient der Wellenleiterdispersion D_{WEL} ist stets negativ, und er überlagert sich mit dem Koeffizienten der Materialdispersion D_{MAT} zum Koeffizienten der chromatischen Dispersion D_{CHROM}:

$$D_{CHROM} = D_{MAT} + D_{WEL} \tag{1.29}$$

Entsprechend überlagern sich die Impulsverbreiterungen folgendermaßen:

$$\Delta T_{CHROM} = \Delta T_{MAT} + \Delta T_{WEL} \tag{1.30}$$

Diese Beziehung unterscheidet sich von Gleichung (1.26): Während sich die Beiträge von Materialdispersion und Modendispersion im Multimode-LWL stets addieren, ist im Singlemode-LWL eine gegenseitige Kompensation von Materialdispersion und Wellenleiterdispersion möglich!

Das bedeutet, man kann die resultierende chromatische Dispersion zu Null machen, obwohl die Materialdispersion und die Wellenleiterdispersion ungleich Null sind!

Beim Standard-Singlemode-LWL mit einfachem stufenförmigen Brechzahlprofil (Bild 1.19) ist die Wellenleiterdispersion gering, so dass der Nulldurchgang der Materialdispersion (Bild 1.17) nur wenig verschoben wird.

Das bedeutet, dass der Standard-Singlemode-LWL im zweiten optischen Fenster eine minimale Dispersion bewirkt (Bild 1.21). Der Koeffizient der chromatischen Dispersion für das zweite und dritte optische Fenster wurde folgendermaßen spezifiziert:

$D_{CHROM}(\lambda = 1{,}31\ \mu m) \leq 3{,}5$ ps/nm/km
$D_{CHROM}(\lambda = 1{,}55\ \mu m) \leq 18$ ps/nm/km

Der endliche Dispersionswert bei 1,31 µm ergibt sich daraus, dass man stets ein Wellenlängenfenster mit einer bestimmten spektralen Breite berücksichtigt. Während der Nulldurchgang ja nur bei einer diskreten Wellenlänge erfolgt. Im 3. optischen Fenster ist der Koeffizient der chromatischen Dispersion bereits deutlich angewachsen.

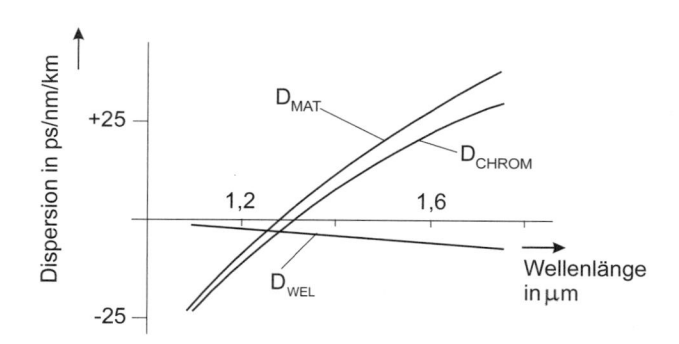

Bild 1.21: Koeffizient der chromatischen Dispersion D_{CHROM}, der Materialdispersion D_{MAT} und der Wellenleiterdispersion D_{WEL} in Abhängigkeit von der Wellenlänge

Der Standard-Singlemode-LWL hat zwar das Dispersionsminimum im 2. optischen Fenster (1,31 µm), aber das Dämpfungsminimum liegt im 3. optischen Fenster (1,55 µm). Das heißt man kann beide Vorteile des Lichtwellenleiters, nämlich geringe Dispersion und geringe Dämpfung nie gleichzeitig nutzen. Dies erreicht man mit Hilfe des dispersionsverschobenen Lichtwellenleiters (vergleiche Abschnitt 1.2.7).

Im Gegensatz zum Multimode-LWL wird der Singlemode-LWL nicht durch ein Bandbreite-Längen-Produkt spezifiziert. Anstelle dessen findet man eine Angabe zum Koeffizienten der chromatischen Dispersion im Datenblatt. Erst in Verbindung mit den spektralen Eigenschaften des Senders wird eine Angabe des Bandbreite-Längen-Produktes möglich.

Arbeitet man außerhalb des Nulldurchganges des Koeffizienten der chromatischen Dispersion, so gilt für hinreichend lange Strecken näherungsweise für die Impulsverbreiterung durch chromatische Dispersion (analog zu Gleichung (1.23)):

$$\Delta T_{CHROM} = HWB \cdot L \cdot D_{CHROM} \tag{1.31}$$

Das Bandbreite-Längen-Produkt BLP_{CHROM} ergibt sich in Analogie zu Gleichung (1.24) zu (Impulsbreite des Senders vernachlässigt):

$$BLP_{CHROM} = B_{CHROM} \cdot L \approx \frac{0{,}4}{HWB \cdot D_{CHROM}} \tag{1.32}$$

Wir betrachten folgendes Beispiel: Standard-Singlemode-LWL im 2. optischen Fenster ($D_{CHROM} \leq 3{,}5$ ps/nm/km) und multimodige Laserdiode (HWB = 3 nm). Aus Gleichung (1.32) ergibt sich ein Bandbreite-Längen-Produkt von 38 GHz x km.

Der Gewinn an Bandbreite im Vergleich zum Gradientenprofil-LWL liegt für dieses Beispiel bei einem Faktor 10 bis 100. Jedoch hängt der konkrete Wert stark von den spektralen Eigenschaften des Senders ab. Gleichung (1.31) gilt für gaußförmige Impulse und Spektren. Liegt das Spektrum unmittelbar im Bereich des Nulldurchganges des Koeffizienten der chromatischen Dispersion, muss man eine allgemeinere Beziehung benutzen, die die Steilheit im Nulldurchgang, das heißt den Anstieg des Koeffizienten der chromatischen Dispersion S_0 berücksichtigt:

$$\Delta T_{CHROM} = HWB \cdot L \cdot \sqrt{D_{CHROM}^2 + S_0^2 \frac{HWB^2}{8}} \tag{1.33}$$

Wir betrachten nochmals die Laserdiode von vorherigem Beispiel. Die Peakwellenlänge liege exakt an der Nullstelle des Koeffizienten der chromatischen Dispersion ($D_{CHROM} = 0$). Der Anstieg betrage (vergleiche Tabelle 1.11): $S_0 = 0{,}086$ ps/nm²/km. Dann ergibt sich für das Bandbreite-Längen-Produkt 1461 GHz x km.

Das ist im Vergleich zu vorherigem Beispiel nochmals ein Gewinn an Bandbreite um einen Faktor 38. Allerdings lässt sich ein System, bei dem der Dispersionsnulldurchgang des Lichtwellenleiters mit der Peakwellenlänge des Senders identisch ist, im Allgemeinen nie exakt realisieren und über längere Zeit stabil halten.

Deshalb geht man einen anderen Weg: 2,5 Gbit/s- oder 10 Gbit/s-Systeme arbeiten mit einer Laserdiode, die nur eine einzige extrem schmale Mode (HWB ≈ 0,0001 nm) emittiert. Modenverbreiterungseffekte werden durch eine externe Modulation des Lasers vermieden (vergleiche Bild 6.13). Somit kann man den ersten Faktor in Gleichung (1.33) extrem gering halten. Für D_{CHROM} wählt man einen kleinen, meist von Null verschiedenen Wert (vergleiche Abschnitt 1.2.9).

Eigenschaften des Singlemode-LWL

Infolge der geringeren Kerndotierung und der geringeren Rayleighstreuung hat der Singlemode-LWL eine geringere Dämpfung als der Multimode-LWL. Außerdem ist die Dispersion wesentlich geringer. Im Folgenden sollen einige typische Kenngrößen abgehandelt werden:

Die normierte Frequenz V macht eine Angabe darüber, ob der Lichtwellenleiter multimodig oder einmodig ist. Sie wird folgendermaßen definiert:

$$V = 2\pi \cdot NA \cdot \frac{r_K}{\lambda} \tag{1.34}$$

Die nächst höhere Mode schwingt bei der normierten Grenzfrequenz V_C an. Die Einmoden-Bedingung lautet folglich:

$$V < V_C \tag{1.35}$$

Für den Singlemode-LWL mit Stufenprofil gilt:

$$V_C = 2{,}405 \tag{1.36}$$

Damit wird die erforderliche Dimensionierung des Singlemode-LWL festgelegt. Liegt der Kernradius, die numerische Apertur und die normierte Grenzfrequenz fest, so bestimmt die Wellenlänge, ob Singlemode- oder Multimodebetrieb stattfindet.

Aus (1.34) und (1.35) folgt für die sogenannte Grenzwellenlänge λ_C (Cutoff-Wellenlänge):

$$\lambda_C = \frac{2\pi \cdot r_K \cdot NA}{V_C} \tag{1.37}$$

Für $V < V_C$ also $\lambda > \lambda_C$ ist der LWL einmodig. Liegt die normierte Frequenz nur wenig unter der normierten Grenzfrequenz, was den allgemein üblichen Betriebsbedingungen entspricht, so gilt für den Modenfeldradius die gute Näherung:

$$w \approx r_K \cdot \frac{2{,}6}{V} \tag{1.38}$$

Setzt man beispielsweise V = 2,25, so erkennt man, dass der Modenfeldradius etwa 15 % größer als der Kernradius ist. Durch Einsetzen von (1.34) in (1.38) erhält man:

$$w \approx \frac{1{,}3}{\pi} \cdot \frac{\lambda}{NA} \tag{1.39}$$

Man erkennt, wie bereits oben bei der Diskussion der Wellenleiterdispersion angesprochen, dass der Modenfeldradius mit der Wellenlänge wächst und mit der numerischen Apertur sinkt. Dieser Zusammenhang hat nicht nur Konsequenzen hinsichtlich der Wellenleiterdispersion sondern auch auf die Krümmungsempfindlichkeit des Lichtwellenleiters.

Der typische Modenfelddurchmesser des Standard-Singlemode-LWL liegt bei einer Übertragungswellenlänge von 1,31 µm bei 9,2 µm und wächst auf etwa 10,5 µm an, wenn die Übertragung im dritten optischen Fenster (1,55 µm) erfolgt. Das Modenfeld wird flacher und breiter. Etwa 15 % weniger Leistung wird im Kern und entsprechend mehr Leistung im Mantel geführt. Im Mantel geführtes Licht reagiert empfindlicher auf Krümmungen des Lichtwellenleiters, als das Kernlicht. Folglich wächst die Empfindlichkeit bezüglich Makrokrümmungen mit wachsender Wellenlänge.

Das bedeutet zum einen, dass man besonders sorgfältig installieren muss, wenn die Übertragung bei 1,55 µm oder gar 1,625 µm erfolgt. (Die primärgeschützte Faser darf einen Krümmungsradius von 30 mm nicht unterschreiten.) Zum anderen kann man sich den Effekt aber auch zu Nutze machen, indem man bei zwei verschiedenen Wellenlängen misst und die Messergebnisse vergleicht. Auf diese Weise kann man Installationsmängel erkennen (vergleiche Abschnitte 4.6.6 und 4.8.1).

An dieser Stelle sei nochmals darauf hingewiesen, dass die wachsende Makrokrümmungsempfindlichkeit des Lichtwellenleiters mit wachsender Wellenlänge ein typischer Effekt des Singlemode-LWL ist, jedoch nicht beim Multimode-LWL auftritt. Durch Messung des Multimode-LWL bei 850 nm und 1300 nm und Vergleich der Messwerte kann man nicht auf Installationsmängel schließen.

In Bild 1.22 wurden einige typische Parameter des Singlemode-LWL in Abhängigkeit von der Wellenlänge grafisch dargestellt.

	Modenfelddurchmesser	
kleiner ←		→ größer
größer ←	normierte Frequenz	→ kleiner
fällt ←	Krümmungsempfindlichkeit	→ wächst

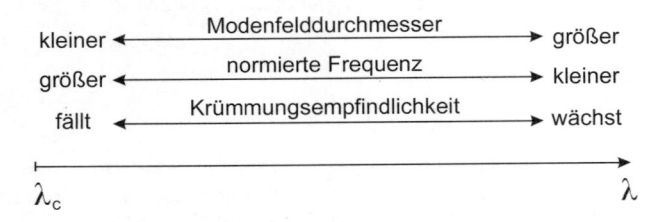

λ_c — λ

Bild 1.22: Spektrale Eigenschaften des Singlemode-LWL

Singlemode-LWL-Typen und Parameter

Die Norm DIN EN 60793-2, VDE 0888 Teil 1-300 teilt den Singlemode-LWL in verschiedene Klassen ein (Tabelle 1.10). Die Klasse B 1.1 entspricht dem besprochenen Standard-Singlemode-LWL.

Klasse	Eigenschaft	Nulldispersions-wellenlänge	spezifizierte Wellenlänge
B 1.1	dispersionsunverschoben	1310nm	1310nm
B 1.2	dämpfungsminimiert	1310nm	1550nm
B 1.3	Bandbreite erweitert	1310 nm	1310 nm 1360 nm bis 1530 nm
B 2	dispersionsverschoben	1550nm	1550nm
B 4	von Null verschiedene verschobene Dispersion	außerhalb 1530 nm bis 1565 nm	1530 nm bis 1565 nm

Tabelle 1.10: Klassifizierung der Singlemode-LWL

ITU-T G.65X klassifiziert folgende Fasertypen:
- ITU-T G.652: Characteristics of a singlemode optical fiber and cable (vergleiche Abschnitt 1.2.5).
- ITU-T G.653: Characteristics of dispersion-shifted singlemode optical fiber and cable (vergleiche Abschnitt 1.2.7).
- ITU-T G. 654: Characteristics of a cut-off shifted singlemode optical fiber cable (vergleiche Abschnitt 1.2.8).
- ITU-T G.655: Characteristics of a non-zero dispersion-shifted singlemode optical fiber (vergleiche Abschnitt 1.2.9).
- ITU-T G.656: Characteristics of a fiber and cable with Non-Zero Dispersion for Wideband Optical Transport (vergleiche Abschnitt 1.2.10).

Es gelten folgende Zusammenhänge zwischen den Normen:
- Klasse B 1.1 entspricht ITU-T G.652.A&B.
- Klasse B 1.2 entspricht ITU-T G.654.
- Klasse B 1.3 entspricht ITU-T G.652.C&D.
- Klasse B 2 entspricht ITU-T G.653.
- Klasse B 4 entspricht ITU-T G.655.

Für einen modernen Standard-Singlemode-LWL gelten folgende **typische** Parameter:

Dämpfungskoeffizient	$\alpha \approx 0{,}33$ dB/km bei 1310 nm $\alpha \approx 0{,}20$ dB/km bei 1550nm $\alpha \approx 0{,}21$ dB/km bei 1625nm
Grenzwellenlänge	$\lambda_C \leq 1260$ nm
Manteldurchmesser	$2r_M \approx 125$ µm
Modenfelddurchmesser bei 1,31 µm	$2w \approx 9{,}2$ µm
Modenfelddurchmesser bei 1,55 µm	$2w \approx 10{,}5$ µm
Koeffizient der chromatischen Dispersion	$D_{CHROM}(\lambda = 1310$ nm$) \approx 0$ ps/nm/km $D_{CHROM}(\lambda = 1550$ nm$) \approx 17$ ps/nm/km
Nulldispersionswellenlänge	1300 nm $\leq \lambda_0 \leq 1324$ nm
Anstieg der Dispersion bei λ_0	$S_0 \approx 0{,}086$ ps/nm²/km

Tabelle 1.11: Wichtigste Parameter des Standard-Singlemode-LWL

Der tatsächliche Wert für die Grenzwellenlänge ist zwischen Anwender und Hersteller so zu vereinbaren, dass die Grenzwellenlänge des verkabelten Lichtwellenleiters unterhalb der Betriebswellenlänge liegt. Damit wird gewährleistet, dass sich tatsächlich nur eine Mode im Lichtwellenleiter ausbreitet.

Der Koeffizient der chromatischen Dispersion hängt von der Nulldispersionswellenlänge und dem Anstieg des Koeffizienten der chromatischen Dispersion ab:

$$\frac{\lambda \cdot S_{0max}}{4}\left[1-\left(\frac{\lambda_{0max}}{\lambda}\right)^4\right] \leq D_{CHROM}(\lambda) \leq \frac{\lambda \cdot S_{0max}}{4}\left[1-\left(\frac{\lambda_{0min}}{\lambda}\right)^4\right] \qquad (1.40)$$

Dabei gilt: S_{0max} = 0,093 ps/nm²/km; λ_{0min} = 1300 nm und λ_{0max} = 1324 nm.

Neben den oben beschriebenen Singlemode-LWL, die für die Telekommunikation dimensioniert wurden, sind auch Lichtwellenleiter verfügbar, die bereits im sichtbaren Bereich einmodig arbeiten. Sie kommen in der Sensorik, zur Ankopplung an Wellenleiter, für faseroptische Verstärker und Gyroskope bzw. für spezielle Anwendungen in der Forschung zum Einsatz.

Die Modenfelddurchmesser überstreichen einen Bereich von 3,4 µm (λ = 488 nm) bis 10,5 µm (λ = 1550 nm). Typische numerische Aperturen (auch für Telekommunikationsanwendungen) liegen im Bereich 0,11 bis 0,13.

Singlemode-LWL für Sensorzwecke sind auch mit erhöhter numerischer Apertur lieferbar (bis 0,2). Diese Lichtwellenleiter haben dann entsprechend (1.39) einen sehr kleinen Modenfelddurchmesser.

1.2.6 Singlemode-Lichtwellenleiter mit reduziertem Wasserpeak

Der Trend geht dahin, den nutzbaren Wellenlängenbereich zu vergrößern. Nach der Erschließung des C-Bandes (C wie Conventional) (1530 nm bis 1560 nm) und des L-Bandes (L wie Long) (1565 nm bis 1625 nm) bleibt noch der Wellenlängenbereich zwischen dem zweiten und dritten optischen Fenster: E-Band (1360 nm bis 1460 nm), S-Band (1460 nm bis 1530 nm).

Eine sinnvolle Nutzung des Wellenlängenbereiches zwischen dem zweiten und dritten optischen Fenster wurde bisher dadurch verhindert, dass die Dämpfung des Lichtwellenleiters bis auf 1 dB/km anwachsen kann. Durch ein neues Herstellungsverfahren (vergleiche Abschnitt 1.1.6) gelingt es, den sogenannten Wasserpeak zu unterdrücken (Bild 1.23).

Diese sogenannten Low-Water-Peak (LWP)-Fasern wurden in der ITU-T G.652.C und ITU-T G.652.D bzw. in DIN EN 60793-2-50, VDE 0888 Teil 325, Klasse 1.3 standardisiert. Die Fasern haben die gleichen Eigenschaften wie die Standard-Singlemode-LWL (gleicher Koefizient der chromatischen Dispersion, gleicher Modenfelddurchmesser) aber eben eine geringere Dämpfung im Wellenlängenbereich zwischen dem zweiten und dritten optischen Fenster.

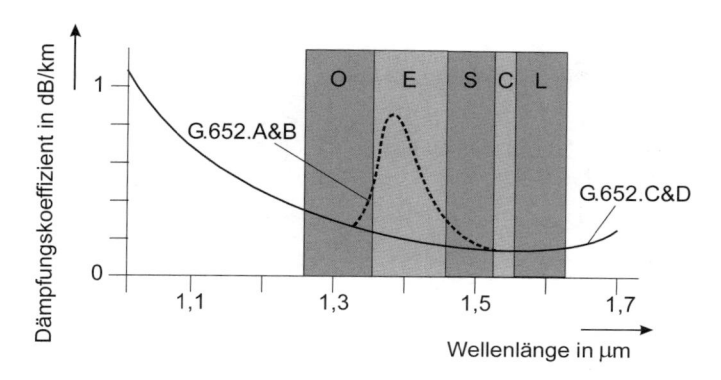

Bild 1.23: Optische Fenster des Singlemode-LWL und Dämpfungsverlauf des konventioneller G.652-LWL und des Lichtwellenleiters mit reduziertem Wasserpeak G.652.C&D (Low-Water-Peak-Faser: durchgezogene Kurve)

Anbieter	Markenname	maximaler Dämpfungskoeffizient im OH-Peak
OFS	AllWave™	≤ 0,31 dB/km bei 1383nm
Corning	SMF-28e™	≤ 0,35 dB/km bei 1383nm
Alcatel	E-SMF	≤ 0,33 dB/km bei 1383nm
Draka	FullBright	≤ 0,40 dB/km bei 1383nm
Dätwyler	DFO	≤ 0,35 dB/km bei 1383nm

Tabelle 1.12: Dämpfungskoeffizienten von Low-Water-Peak-Fasern nach Wasserstoff-Alterung

1.2.7 Dispersionsverschobener Singlemode-Lichtwellenleiter

Der Standard-Singlemode-LWL hat den Nachteil, dass er im dritten optischen Fenster einen relativ großen Koeffizient der chromatischen Dispersion hat. Das kann bei Bitraten ab 10 Gbit/s zu Problemen führen: Bei direkt modulierten Lasern liegt die Längenbegrenzung durch chromatische Dispersion bei 5 km, bei extern modulierten Lasern bei 60 km.

Deshalb hat man bereits vor längerer Zeit den dispersionsverschobenen Lichtwellenleiter (Dispersion-shifted fiber: DSF) entwickelt und in der Norm ITU-T G.653 bzw. in DIN EN 60793-2-50, VDE 0888 Teil 325, Klasse B 2 standardisiert. Bei diesem LWL-Typ liegt der Nulldurchgang der chromatischen Dispersion bei 1550 nm (Bild 1.24).

Durch Veränderung des Brechzahlprofils des Lichtwellenleiters wird der Koeffizient der Wellenleiterdispersion und damit auch der Koeffizient der chromatischen Dispersion verändert. Das führt zur Verschiebung des Nulldurchganges. Einige nationale Telekom-Gesellschaften haben diesen LWL-Typ eingeführt.

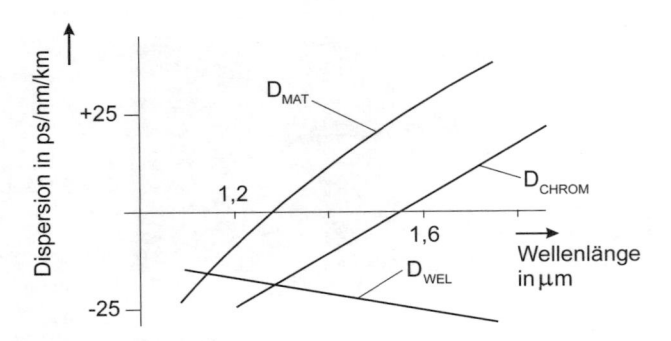

Bild 1.24: Koeffizient der chromatischen Dispersion D_{CHROM}, der Materialdispersion D_{MAT} und der Wellenleiterdispersion D_{WEL} als Funktion der Wellenlänge des dispersionsverschobenen Lichtwellenleiters

Die Besonderheit des G.653-LWL liegt darin, dass beide Vorteile des Lichtwellenleiters, nämlich minimale Dispersion und minimale Dämpfung in einem einzigen optischen Fenster (bei 1550 nm) vereinigt sind.

Während mit dem Standard-Singlemode-LWL (vergleiche Abschnitt 1.2.5) immer nur einer dieser Vorteile genutzt werden konnte (im zweiten optischen Fenster die minimale Dispersion, im dritten optischen Fenster die minimale Dämpfung) kann man mit dem dispersionsverschobenem Lichtwellenleiter beide Vorteile nutzen, wenn man bei 1550 nm arbeitet.

1.2.8 Cut-off shifted Lichtwellenleiter

Der Cut-off shifted Lichtwellenleiter wurde speziell für die Langstreckenübertragung entwickelt (beispielsweise Unterwasseranwendungen) und in der ITU-T G.654 genormt.

Dieser Lichtwellenleiter hat eine besonders geringe Dämpfung im 1550 nm-Band. Dies erreicht man durch Verwendung von reinem Silizium im LWL-Kern. Dadurch ist die Rayleighstreuung geringer und Dämpfungskoeffizienten von 0,15 dB/km bis 0,19 dB/km werden möglich (vergleiche Tabelle 1.1 letzte Zeile). Um dennoch zu gewährleisten, dass der Kern eine höhere Brechzahl als der Mantel hat, wird der Mantel mit einem Material dotiert, welches die Brechzahl absenkt (F oder B_2O_3).

Weitere wichtige Eigenschaften:

- Erhöhte Grenzwellenlänge ($\leq$ 1530 nm): Die Faser ist für den Betrieb im zweiten optischen Fenster nicht geeignet (Übertragung würde multimodig).
- Großer Kerndurchmesser, großer Modenfelddurchmesser ($\geq$ 10,5 μm): Es können höhere Leistungen übertragen werden, ehe nichtlineare Effekte störend werden.
- Großer Koeffizient der chromatischen Dispersion bei 1550 nm ($\approx$ 20 ps/nm/km).

1.2.9 Non-zero dispersion shifted Lichtwellenleiter

Da der dispersionsverschobene Lichtwellenleiter im dritten optischen Fenster sowohl eine minimale Dämpfung als auch Dispersion hat, erscheint er besonders prädestiniert für moderne Anwendungen. Allerdings stellte sich heraus, dass es in vielkanaligen (DWDM-)Systemen bei Einsatz eines derartigen Lichtwellenleiters zu Problemen kommen kann.

Durch die Überlagerung der Leistungen vieler Laser in einem Lichtwellenleiter, ergeben sich sehr hohe Leistungen (bis zu einigen 100 mW). Da die Fläche des Modenfeldes sehr klein ist, ergeben sich extrem hohe Intensitäten (Leistungsdichten) im LWL-Kern.

Wenn die Intensität einen Schwellwert erreicht, werden die Eigenschaften des Glases nichtlinear. Es kommt zu einer Wechselwirkungen zwischen Licht und Materie, die nur mit den Gesetzen der nicht linearen Optik erklärt werden können. Besonders störend ist die Vierwellenmischung: Es entstehen neue Lichtfrequenzen, die die Originalfrequenzen stören können.

Dieser Effekt ist besonders stark, wenn der Koeffizient der chromatischen Dispersion Null ist. Das war aber gerade bei Einsatz des dispersionsverschobenen Lichtwellenleiters der Fall. Man sucht nun nach einem Kompromiss: Zum einen soll der Koeffizient der chromatischen Dispersion bei 1550 nm nicht zu groß sein (wie beim G.652-LWL). Andererseits darf der Koeffizient der chromatischen Dispersion auch nicht Null werden (wie beim G.653-LWL).

Der Non-zero dispersion shifted Lichtwellenleiter (NZDSF) realisiert diesen Kompromiss. Er ist ein Lichtwellenleiter mit verschobener Dispersionskurve, wobei der Nulldurchgang außerhalb des Bereiches der Betriebswellenlängen (C-Band) liegt.

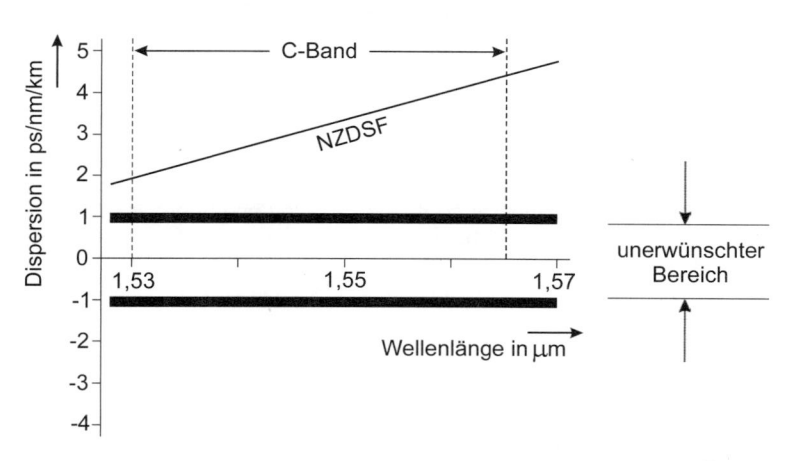

Bild 1.25: Typischer Verlauf des Koeffizienten der chromatischen Dispersion in einem NZDS-LWL

Innerhalb dieses Bereiches darf der Koeffizient der chromatischen Dispersion einen bestimmten Wert nicht unterschreiten (Bild 1.25). Der zulässige Bereich für den Koeffizienten der chromatischen Dispersion wird in der Norm ITU-T G.655 für den Wellenlängenbereich des C-Bandes (1530 nm bis 1565 nm) spezifiziert. Es gilt 0,1 ps/nm/km $\leq |D_{CHROM}(\lambda)| \leq$ 6,0 ps/nm/km für die Klasse G.655.A. Die später spezifizierten Klassen ITU-T G.655.B&C verbieten einen größeren Bereich um den Nulldurchgang: 1 ps/nm/·km $\leq |D_{CHROM}(\lambda)| \leq$ 10 ps/nm/km.

Ansonsten lässt die Norm G.655 viel Spielraum bei der konkreten Dimensionierung des Lichtwellenleiters. Für den Modenfelddurchmesser wird beispielsweise ein relativ großer Bereich erlaubt: 8 µm bis 11 µm im dritten optischen Fenster. Das führte dazu, dass die verschiedene Anbieter ihren G.655-LWL unter sehr unterschiedlichen Prämissen optimieren und diese Lichtwellenleiter abweichende Parameter haben.

Die Optimierung erfolgt unter dem Gesichtspunkt einer großen effektiven Fläche (Corning: LEAF), unter dem Gesichtspunkt einer relativ geringen Abhängigkeit des Dispersionskoeffizienten von der Wellenlänge (OFS: TrueWave RS) bzw. unter dem Gesichtspunkt einer Optimierung zwischen der effektiven Fläche, dem Wellenlängengang des Dispersionskoeffizienten und dem Absolutwert des Dispersionskoeffizienten (Alcatel: TeraLight). In Tabelle 1.13 wurden einige wichtige Parameter verschiedener LWL-Typen zusammengestellt.

LWL-Typ	Modenfelddurchmesser		Gruppen-
	Toleranzbereich	Nennwert	brechzahl
Standard-SM-LWL	9,5 µm…11,5 µm	10,5 µm	1,4681
TeraLight	8,7 µm… 9,7 µm	9,2 µm	1,470
PureGuide	8,7 µm… 9,7 µm	9,2 µm	1,470
LEAF	9,2 µm…10,0 µm	9,6 µm	1,468
FreeLight	9,2 µm…10,0 µm	9,6 µm	1,470
TrueWave RS	7,8 µm… 9,0 µm	8,4 µm	1,470

Tabelle 1.13: Vergleich wichtiger Parameter verschiedener NZDS-LWL (G.655) mit dem Standard-Singlemode-LWL (G.652) für die Wellenlänge 1,55 µm

Wenn verschiedene LWL-Typen miteinander gekoppelt werden, führen die unterschiedliche Modenfelddurchmesser zu Koppelverlusten und Stufen im Rückstreudiagramm. Dies ist bei der Ausmessung derartiger Strecken zu berücksichtigen (vergleiche Abschnitt 4.3.4). Die unterschiedlichen Brechzahlen können zu geringen Reflexionen führen.

Die maximale Grenzwellenlänge wird für den G.655-LWL mit 1470 nm festgelegt. Es ist also möglich, dass der NZDS-LWL im 2. optischen Fenster nicht mehr einmodig ist. Somit ist es nicht sinnvoll, einen derartigen Lichtwellenleiter für Anwendungen bei 1310 nm einzusetzen bzw. zu messen. Werden G.655-LWL mit größerer Grenzwellenlänge mit G.652-LWL gemischt, ist ebenfalls das zweite optische Fenster nicht mehr nutzbar.

1.2.10 Non-zero dispersion shifted Lichtwellenleiter für erweiterten Wellenlängenbereich

Dieser Lichtwellenleiter wurde in der Norm ITU-T G.656 standardisiert. Dabei wird die Tatsache berücksichtigt, dass Wellenlängenmultiplex nicht nur im C-Band erfolgt, sondern zunehmend auch im L-Band bzw. S-Band. Auch in diesen Wellenlängenbereichen muss gewährleistet sein, dass der Koeffizient der chromatischen Dispersion keinen Nulldurchgang hat. Die Spezifikation der Parameter erfolgt jetzt für einen erweiterten Wellenlängenbereich: 1460 nm bis 1625 nm.

Weiterhin wurde spezifiziert:

- Modenfelddurchmesser bei 1550 nm: 7 µm bis 11 µm.
- Grenzwellenlänge des Kabels: $\leq$ 1450 nm.
- Koeffizient der chromatischen Dispersion im Wellenlängenbereich 1460 nm bis 1625 nm: 2 ps/nm/km $\leq D_{CHROM}(\lambda) \leq$ 14 ps/nm/km.

1.2.11 Polarisationsmodendispersion (PMD)

Einleitung

Die dominierende Dispersionsart im Singlemode-LWL ist die chromatische Dispersion (vergleiche Abschnitt 1.2.5). Zur Realisierung einer hochbitratigen Übertragung (2,5 Gbit/s, 10 Gbit/s, 40 Gbit/s) über große Streckenlängen ist es erforderlich, die Impulsverbreiterung infolge chromatischer Dispersion im Singlemode-LWL zu reduzieren.

Das wird unter Verwendung eines LWL möglich, dessen Koeffizient der chromatischen Dispersion klein ist. Entscheidend sind aber die spektralen Eigenschaften des Senders. Nur unter Verwendung eines extrem schmalbandigen Lasers gelingt es, große Bandbreiten-Längen-Produkte in Singlemode-Übertragungssystemen zu realisieren.

Hierfür kommt beispielsweise ein Distributed Feedback Laser (DFB-Laser) mit einer einzigen dominierenden Mode zum Einsatz, dessen Halbwertsbreite in der Größenordnung von 10^{-4} nm liegt und deren Seitenmoden stark unterdrückt sind. Derartige Laser werden insbesondere in DWDM-Systemen genutzt.

In DWDM-Systemen gibt es noch einen weiteren Grund, das Spektrum des Senders extrem schmal zu machen: Die Wellenlängen der einzelnen Sender im DWDM-System haben einen sehr geringen Abstand voneinander (typisch $\approx$ 0,8 nm) und dürfen sich gegenseitig nicht beeinflussen. Nur unter dieser Bedingungen kann die Polarisationsmodendispersion (PMD) eine Rolle spielen. In allen anderen Einsatzfällen ist die Polarisationsmodendispersion deutlich kleiner als die chromatischer Dispersion und folglich vernachlässigbar.

Beim Verständnis der Polarisationsmodendispersion herrschen teilweise noch Unklarheiten. Das hat zum einen etwas damit zu tun, dass die Polarisationsmodendispersion ein statistischer Effekt ist und deshalb auch nur statistisch beschrieben werden kann. Zum anderen handelt es sich um einen Effekt, der durch unsere Sinnesorgane nicht wahrgenommen werden kann:

Das Licht schwingt senkrecht zu seiner Ausbreitungsrichtung (Transversalwelle). Der Schwingungsvektor beschreibt in einer Ebene senkrecht zur Ausbreitungsrichtung unterschiedliche Bahnen, beispielsweise eine Gerade (linear polarisiertes Licht), einen Kreis (zirkular polarisiertes Licht), eine Ellipse (elliptisch polarisiertes Licht) oder regellos (unpolarisiertes Licht).

Dieser Schwingungszustand wird durch eine komplexe Amplitude, die sich aus einer reellen Amplitude und einer imaginären Phase zusammensetzt, beschrieben. Unser Auge registriert nur das Betragsquadrat dieser komplexen Amplitude, nämlich die Intensität.

Das heißt die Phaseninformationen werden unterdrückt. Wir können also nicht erkennen welchen Schwingungszustand das Licht hat. Auch eine normale Empfängerdiode registriert nur Lichtintensitäten.

Es wird vermutet, dass der Mensch prinzipiell die Eigenschaft besitzt, den Polarisationszustand des Lichtes zu erkennen, aber offensichtlich wird diese Information im Gehirn unterdrückt. Es gibt einige Lebewesen (Tintenfisch) die tatsächlich in der Lage sind, den Polarisationszustand des Lichts zu registrieren.

Polarisationsmodendispersion im Lichtwellenleiter

Die Polarisationsmodendispersion führt in digitalen Systemen zu Impulsverzerrungen und damit zu einer Erhöhung der Bitfehlerrate. Die Wirkung der Polarisationsmodendispersion auf analoge Systeme ist wesentlich komplizierter als bei digitalen Systemen. Hier können Intermodulationsprodukte zu Kanal-Nebensprechen und damit zu Qualitätseinbußen führen. Wegen der größeren Bedeutung liegt im Folgenden das Schwergewicht auf der Untersuchung von digitalen Systemen.

Im Singlemode-LWL entstehen Schwankungen der Ausbreitungsgeschwindigkeit v(L) infolge von Brechzahlfluktuationen n(L) entlang des Lichtwellenleiters (v(L) = c/n(L)). Diese Brechzahlfluktuationen wirken auch quer zur Ausbreitungsrichtung, die Brechzahlen sind also über dem Querschnitt inhomogen.

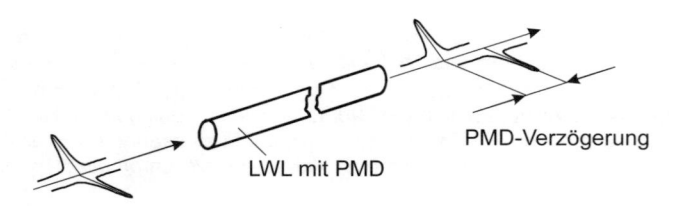

Bild 1.26: Laufzeitdifferenz zweier orthogonal schwingender Moden nach dem Durchlaufen eines Singlemode-LWL

Die Grundmode, die senkrecht zur Ausbreitungsrichtung schwingt, erleidet folglich in ihren beiden zueinander senkrechten Schwingungsrichtungen unterschiedliche Ausbreitungsgeschwindigkeiten (Doppelbrechung) und damit einen Laufzeitunterschied (Bild 1.26).

In einem theoretisch perfekten Lichtwellenleiter, das heißt absolut rotationssymmetrisch und frei von mechanischen Spannungen, gibt es keine Laufzeitunterschiede. Wegen geometrischer Asymmetrien und fotoelastischer Effekte ist die PMD-Verzögerung jedoch immer vorhanden, zeigt aber nur auf langen Strecken und bei hohen Bitraten deutliche Auswirkungen.

In der Praxis entsteht zum einen eine durch die Herstellung bedingte (intrinsische) Doppelbrechung, hervorgerufen durch Geometriefehler oder innere Spannungen und zum anderen eine durch die Verkabelung/Verlegung bedingte (extrinsische) Doppelbrechung, beispielsweise durch äußere Spannung, Biegung, Torsion oder Dehnung.

Die Mechanismen variieren entlang des Lichtwellenleiters. Sie sind lokal verschieden. Entsprechend ändern sich ständig die Ausbreitungsgeschwindigkeiten der beiden Moden. Die eine Mode kann zunächst vorauseilen, dann kann die andere Mode wieder aufholen usw.

Deshalb erfolgt im Gegensatz zu allen bisher besprochenen Dispersionsarten die Impulsverbreiterung nicht stetig und proportional zur Länge, sondern sie ist statistisch und hängt schwächer von der Länge ab. Prinzipiell denkbar ist auch, dass die Laufzeitunterschiede am Streckenende Null sind. Dann ist keine Laufzeitunterschied vorhanden.

Außerdem zeigen die Lichtwellenleiter im Allgemeinen eine starke Kopplung zwischen den Polarisationsmoden. Modenkoppelstellen entstehen an Spleißen, Spannungen im Glas, Faserüberkreuzungen usw. So kommt es zwischen den Moden zu einer weiteren Reduktion des Laufzeitunterschieds.

Der Laufzeitunterschied zwischen den beiden Teilmoden wird als Gruppenlaufzeitdifferenz (Differential Group Delay: DGD) bezeichnet, die von der Wellenlänge und der Zeit abhängt. Sie hat wegen des völlig regellosen Zusammenhangs zwischen Faserort und Brechzahl statistischen Charakter (Maxwell-Verteilung).

Die PMD-Verzögerung (PMD-Delay: $\langle\Delta\tau\rangle$ in ps) ist der über einen bestimmten Wellenlängenbereich und eine endliche Messzeit gemittelte Wert der differentiellen Gruppenlaufzeit.

Der als Faserparameter definierte PMD-Koeffizient (PMD-Delay-Koeffizient) PMD_1 hat die Maßeinheit $ps/\sqrt{km}$. Das heißt die PMD wächst nicht linear sondern nur mit der Wurzel der Streckenlänge (Gleichung (1.41)). Der Index „1" veranschaulicht, dass es sich hier um die PMD erster Ordnung handelt. Die PMD zweiter Ordnung ist im Allgemeinen vernachlässigbar.

$$\langle\Delta\tau\rangle = \sqrt{L} \cdot PMD_1 \qquad (1.41)$$

Bei digitaler Übertragung darf unter gewissen Voraussetzungen die maximal zulässige PMD-Verzögerung ein Zehntel der Bitlänge T_{bit} betragen:

$$\langle \Delta\tau_{max} \rangle \leq \frac{T_{bit}}{10} \qquad (1.42)$$

Setzt man $T_{bit} = 1/R$, wobei R die Bitrate bezeichnet, erhält man aus Gleichung (1.41) und (1.42) eine Relation zwischen der realisierbaren Streckenlänge, der Bitrate und dem PMD-Koeffizient:

$$L \leq \frac{1}{100 \cdot R^2 \cdot PMD_1^2} \qquad (1.43)$$

Hieraus ergeben sich folgende Zusammenhänge zwischen Bitrate, Bitlänge, PMD-Verzögerung und PMD-Koeffizient (Tabelle 1.14):

Bitrate in Gbit/s	Bitlänge in ps	maximal zulässige PMD-Verzögerung in ps	zulässiger PMD-Koeffizient bei 100 km Länge in $ps/\sqrt{km}$
2,5	400	40	4
10	100	10	1
40	25	2,5	0,25

Tabelle 1.14: Maximal zulässige PMD-Verzögerungen und PMD-Koeffizienten einer 100 km langen Strecke für unterschiedliche Bitraten

Aus Gleichung (1.43) ist ersichtlich, dass sich die überbrückbare Streckenlänge umgekehrt proportional zum Quadrat der Bitrate verringert. Eine Vervierfachung der Bitrate bewirkt eine Reduktion der realisierbaren Streckenlänge durch PMD-Effekte auf 1/16! So kann beim Übergang von 2,5 Gbit/s zu 10 Gbit/s die Polarisationsmodendispersion störend werden.

Der PMD-Koeffizient

Die gleiche starke Abhängigkeit besteht zwischen Streckenlänge und PMD-Koeffizient. Dieser ist der entscheidende Parameter. Der PMD-Koeffizient wurde etwa vor zehn Jahren zur Spezifikation der Lichtwellenleiter eingeführt. Bei älteren Lichtwellenleitern ist der PMD-Koeffizient nicht bekannt und er kann vergleichsweise große Werte annehmen. Außerdem unterliegt er starken Schwankungen.

An Fasern der Deutschen Telekom wurden folgende mittlere PMD-Koeffizienten gemessen:

- Fasern verlegt bis 1991:   0,32 $ps/\sqrt{km}$
- Fasern verlegt bis 1998:   0,13 $ps/\sqrt{km}$
- Fasern verlegt ab 1999: 0,052 $ps/\sqrt{km}$

Häufigkeit	99,7 %	98,5 %	91,6 %	86,8 %	71,6 %	53,7 %
PMD_Q in $ps/\sqrt{km}$ ≤	2,0	1,26	0,5	0,316	0,125	0,079
Längenbegrenzung bei 10 Gbit/s	25	100	400	1000	6400	16.000
Längenbegrenzung bei 40 Gbit/s	1,56	6,25	25	62,5	400	1.000

Tabelle 1.15: Gemessene PMD-Koeffizienten und berechnete realisierbare Streckenlängen in Abhängigkeit von der Häufigkeit. (Quelle: Hans-Jürgen Tessmann, T-Systems)

Tabelle 1.15 zeigt die Häufigkeiten der gemessenen PMD-Koeffizienten. Es ist ersichtlich, dass 1,5 % der gemessenen Fasern einen PMD-Koeffizient größer als 1,26 $ps/\sqrt{km}$ haben. Eine 10 Gbit/s-Übertragung ist nur bis 100 km möglich. Das bedeutet, dass man an älteren Fasern unbedingt eine PMD-Messung durchführen muss, wenn Bitraten von 10 Gbit/s oder höher übertragen werden sollen. Dabei ist es nicht ausreichend, einzelne Fasern innerhalb des Kabels stichprobenartig auszumessen, da die PMD-Koeffizienten zwischen den Fasern eines Kabels sehr stark schwanken können.

Aus Tabelle 1.15 ist aber auch ersichtlich, dass immerhin 71,6 % der Fasern einen PMD-Koeffizient ≤ 0,125 $ps/\sqrt{km}$ haben. Diese ermöglichen eine 40 Gbit/s-Übertragung über mindestens 400 km.

Bei modernen Fasern minimiert man durch geeignete Herstellungsverfahren die PMD-Verzögerung. Durch Drehen der Preform bzw. der Faser während des Ziehprozesses werden Unrundheiten ausgeglichen. So wird über die geometrischen Abweichungen azimutal gemittelt und damit eine Verbesserung der Werte erreicht.

Moderne Fasern werden hinsichtlich ihres PMD-Koeffizienten spezifiziert:

- Forderung laut ITU-T G.652.A, G.652.C, G.655.A, G.655.B: PMD_Q ≤ 0,5 $ps/\sqrt{km}$.
- Forderung laut ITU-T G.652.B, G.652.D, G.655.C, G.656: PMD_Q ≤ 0,2 $ps/\sqrt{km}$.
- Typische Werte heute angebotener Kabel: 0,1 $ps/\sqrt{km}$.
- Beste Werte heute angebotener Kabel: 0,02 $ps/\sqrt{km}$.

Bitrate in Gbit/s	PMD-Koeffizient in $ps/\sqrt{km}$	maximal realisierbare Streckenlänge in km
2,5	0,5	6400
	0,1	160.000
	0,02	4.000.000
10	0,5	400
	0,1	10.000
	0,02	250.000
40	0,5	25
	0,1	625
	0,02	15.625

Tabelle 1.16: Maximal realisierbare Streckenlänge in Abhängigkeit von der Bitrate und dem PMD-Koeffizient

Die maximal realisierbare Streckenlänge kann aus Gleichung (1.43) berechnet werden. Sie ist mit der installierter Länge zu vergleichen. Ist die installierte Länge deutlich kleiner als der berechnete Wert, so ist es nach Auffassung des Autors nicht erforderlich, eine PMD-Messung durchzuführen.

Unklar ist allerdings noch, wie stark sich der PMD-Koeffizient der verlegten Strecke von dem PMD-Koeffizient unterscheidet, der durch den Hersteller spezifiziert wurde. Während die PMD-Koeffizienten alter Fasern durch die Verlegung und die Umweltbedingungen stark schwanken können, ist die Schwankungsbreite bei modernen Fasern wesentlich geringer.

Derzeit liegen noch keine ausreichenden Erfahrungen vor, um welchen Faktor sich die realisierbare Streckenlänge im Vergleich zu den berechneten Werten durch Installationsmängel und Umwelteinflüsse verringern kann. Ist dieser Faktor bekannt, kann man abschätzen, ob eine PMD-Messung erforderlich ist.

Beispiel:

Es soll eine 10 Gbit/s-Übertragung über eine Streckenlänge von 100 km realisiert werden, wobei der PMD-Koeffizient des Kabels mit $0{,}5 \text{ ps}/\sqrt{\text{km}}$ spezifiziert wurde. Entsprechend Gleichung (1.43) würde die PMD erst nach 400 km störend werden. Die theoretisch realisierbare Streckenlänge ist viermal so groß, wie die tatsächlich zu überbrückende Streckenlänge. Eine PMD-Messung sollte nicht erforderlich sein.

Einflüsse auf den PMD-Koeffizient, auch bei modernen Fasern, haben Installationsmängel, Vibrationen (beispielsweise in Kabeln, die neben der Bahnstrecke verlegt wurden), Querdruck (beispielsweise an Halteelementen zur Befestigung von LWL-Luftkabeln), Temperaturschwankungen sowie Wind (Luftkabel).

Durch verbesserte Kabeltechnologie spielen die genannten Einflüsse kaum noch eine Rolle.

Von der Kabel-PMD zur Strecken-PMD

Außer durch Umwelteinflüsse und Installationsmängel kann der PMD-Koeffizient der Strecke noch durch weitere Faktoren beeinflusst werden: Wie oben festgestellt wurde, wirkt die PMD erst bei sehr großen Streckenlängen störend. Die Strecke setzt sich im Allgemeinen aus vielen Teilstücken zusammen, da die Einziehlängen meist auf (2...6) km begrenzt sind.

Daraus ergibt sich die Frage, wie groß die PMD der Strecke ist, wenn die einzelnen Abschnitte unterschiedliche PMD-Koeffizienten haben. Untersuchungen haben gezeigt, dass die PMD-Verzögerung der Strecke $\langle \Delta\tau \rangle$ (bei starker Modenkopplung) nicht der Summe der PMD-Verzögerungen der Kabel-Abschnitte $\langle \Delta\tau_i \rangle$ entspricht, sondern sich aus der Summe der Quadrate ergibt:

$$\langle \Delta\tau \rangle = \sqrt{\sum_i \langle \Delta\tau_i \rangle^2} \qquad (1.44)$$

Aus den Gleichungen (1.41) und (1.44) folgt ein Zusammenhang zwischen dem PMD-Koeffizient der Gesamtstrecke $PMD_{1\,gesamt}$ und den PMD-Koeffizienten PMD_{1i} der Streckenabschnitte mit den Längen L_i:

$$PMD_{1\,gesamt} = \frac{\sqrt{\sum_i \left[L_i \cdot (PMD_{1i})^2\right]}}{\sqrt{L}} \quad \text{wobei} \quad \sum_i L_i = L \quad (1.45)$$

Somit kann man bei bekannten PMD-Koeffizienten und Längen der Streckenabschnitte den PMD-Koeffizient der Gesamtstrecke berechnen.

Aus dieser quadratischen Abhängigkeit entsprechend Gleichung (1.45) folgt, dass ein einzelner schlechter Kabelabschnitt den PMD-Koeffizient der Gesamtstrecke signifikant beeinflussen kann.

Beispiel: 10 Strecken gleicher Länge, 9 Strecken mit $PMD_{1\,1...9} = 0{,}2\ ps/\sqrt{km}$, eine Strecke mit $PMD_{1\,10} = 2\ ps/\sqrt{km}$. Hieraus folgt mit Gleichung (1.45): $PMD_{1\,gesamt} = 0{,}66\ ps/\sqrt{km}$. Der PMD-Koeffizient der Strecke hat den zulässigen Grenzwert überschritten. Daraus wird ersichtlich, dass bei einer Mischung von alten mit modernen Fasern unbedingt eine PMD-Messung erforderlich ist!

Polarisationsmodendispersion optischer Bauelemente

Die PMD-Verzögerung der Übertragungsstrecke wird durch alle Elemente der Strecke beeinflusst (Lichtwellenleiter, optische Bauelemente). Für eine zuverlässige PMD-Planung sind die PMD-Verzögerungen alle Streckenelemente zu berücksichtigen.

Das ist vor allem bei 40 Gbit/s-Systemen wichtig, die entsprechend Tabelle 1.14 nur eine PMD-Verzögerung von maximal 2,5 ps verkraften. Ein einzelnes schlechtes optisches Bauelement kann bereits einen beträchtlichen Beitrag bringen.

Bauelement	PMD in ps
Singlemode-LWL, ca. 1 m	≈ 0,001
Stecker: PC	< 0,05
Stecker: HRL	< 0,05
variables optisches Dämpfungsglied	≈ 0,05
optischer Isolator	< 0,3
optischer Zirkulator	< 0,1
Koppler	< 0,2
Polarisator	< 0,02
dispersionskompensierendes Modul	1

Tabelle 1.17: PMD typischer Bauelemente

Die Polarisationsmodendispersion optischer Bauelemente wird in ps angegeben (Tabelle 1.17). Die angegebenen Werte sind Beispiele. Man versucht die Bauelemente unter dem Gesichtpunkt der Minimierung der Polarisationsmodendispersion weiter zu entwickeln, so dass sich die Werte noch verringern können. Man ziehe die jeweiligen Datenblätter zu Rate.

1.2.12 Alterung von Lichtwellenleitern

Allgemein wird die Lebensdauer von Lichtwellenleitern mit mindestens 25 Jahren angegeben. Trotzdem unterliegen sie bestimmten Alterungseffekten. Im Folgenden soll untersucht werden, wodurch die Alterung und damit die Lebensdauer optischer Fasern beeinflusst wird. Außerdem werden Hinweise zur Handhabung der Faser gegeben.

Materialeigenschaften [1.2]

Neben den optischen Eigenschaften von Lichtwellenleitern sind die mechanische Zugfestigkeit und Flexibilität von erheblicher praktischer Bedeutung. Obwohl die Faser durch das Kabel geschützt wird, sind bei der Fertigung und bei der Verlegung Zugbeanspruchungen am Lichtwellenleiter unvermeidbar.

Im Vergleich zu Kupferadern, wo die Bruchdehnung über 20 % liegt, kann bei Lichtwellenleitern eine Dehnung von einem Prozent bereits zum Bruch führen. Um eine hohe Lebensdauer zu gewährleisten, müssen bedingt durch die statische Ermüdung des Glases selbst, geringe Dauerdehnungen der Faser vermieden werden. Im Unterschied zu Kupfer lässt sich Glas plastisch nicht verformen. Das bedeutet, dass Spannungen im Glas erhalten bleiben.

Reines fehlerfreies Kieselglas hat eine theoretische Festigkeit von σ_{th} = (14...30) GPa (Pa: Pascal; 1 GPa = 1 GN/m^2 = 1000 N/mm^2), womit die Festigkeit der Metalle weit übertroffen würde (Beispiel harter Stahldraht: 1 GPa). In der Praxis erreicht man bei Fasern Festigkeiten von: σ = (0,7...14) GPa. Es wirken folgende festigkeitsmindernden Effekte:

- Oberflächenfehler, im Wesentlichen Mikrorisse und Ablagerungen auf der Oberfläche.
- Ausbildung von thermischen Spannungen im Glaskörper.

Quarzglas ist eine in amorpher Form glasig erstarrte Schmelze aus Siliziumdioxid, die nur infolge hoher Viskosität (Zähigkeit) fest erscheint. Quarzglas besitzt keinen Schmelzpunkt.

Mit wachsender Temperatur wird es zunehmend weicher, teigig und verdampft bereits aus diesem Zustand heraus, ohne zwischenzeitlich in den flüssigen Zustand überzugehen.

Hochreines Quarzglas wird im Allgemeinen durch das Abscheiden von SiO_2 aus der Gasphase gefertigt (vergleiche Abschnitt 3.2.2). Durch Dotierung vorzugsweise mit GeO_2 im Bereich des Kernes werden die Brechzahl, aber auch andere Faserparameter verändert.

Wegen seines äußerst geringen linearen Temperaturausdehnungskoeffizienten ($\alpha = 5{,}5 \cdot 10^{-7}$/K) zeigt der Lichtwellenleiter eine hervorragende Temperaturwechsel-Beständigkeit.

Durchlauftest und Risswachstum

Unter idealen Bedingungen ist die Faseroberfläche völlig rein und frei von Verletzungen, die größer als die atomare „Rauheit" der Faseroberfläche ist. Kommerzielle Glasfasern kommen dieser Idealvorstellung sehr nahe, jedoch verbleiben gewisse Störungen auf der Glasoberfläche, die die Lebenserwartung der Faser herabsetzen.

Diese Fehlstellen werden durch den sogenannten Durchlauftest (Proof-Test) entfernt, wobei die Faser einer größeren Zugkraft ausgesetzt wird, als sie für den Rest ihres Lebens aushalten muss.

Beim Durchlauftest wird die gesamte Faserlänge nach der Beschichtung abschnittsweise (etwa 20 m) kurzzeitig (etwa eine Sekunde) einer bestimmten Zugspannung unterworfen, indem sie ein Zugrollensystem durchläuft.

Die Kraft wird so bemessen, dass eine bestimmte Zugspannung (typisch 100 KPSI entspricht 0,68948 GPa bzw. 0,946 % Faserdehnung) auf die Faser ausgeübt wird. Diese Zugspannung entspricht etwa dem Dreifachen der in der Praxis erwarteten Maximalbelastung.

So werden größere Störstellen, die durch statistische Methoden unerkannt bleiben würden, eliminiert. Auf diese Weise wird gewährleistet, dass für den Kabelaufbau nur Fasern mit ausreichend hoher Festigkeit verwendet werden.

Die beim Durchlauftest angewandte Zugspannung und die Ausfallwahrscheinlichkeit bezogen auf die Faserlänge sind wichtige Parameter bei der Abschätzung der Lebensdauer der Faser.

Führt man den Durchlauftest mit einer Spannung von 100 KPSI durch, bricht die Faser an all denjenigen Stellen, wo Risse tiefer als 0,9 µm sind. Nur Fasern mit kleineren Rissen überstehen den Durchlauftest.

Risse, die den Durchlauftest überleben, können mit der Zeit wachsen (statische Ermüdung). Verantwortlich hierfür sind eine geringe statische Spannung, die auf die Faser während des Betriebes einwirkt, sowie bestimmte Umwelt-, physikalische und chemische Bedingungen.

Das führt zum Faserbruch durch spannungsinduziertes Risswachstum an Defekten. Die Alterung kann auch ohne den Einfluss mechanischer Spannungen erfolgen, beispielsweise durch Einwirkung von Chemikalien oder Wasser.

Daraus wird ersichtlich, dass die Eliminierung der Schwachstellen durch den Durchlauftest allein keine Garantie für die Festigkeit der Faser während ihres Betriebes unter Feldbedingungen darstellt. Einfluss haben auch die Beanspruchungen, die die Faser während ihres Lebens erleiden muss.

Statistische Beschreibung der Ausfallwahrscheinlichkeit

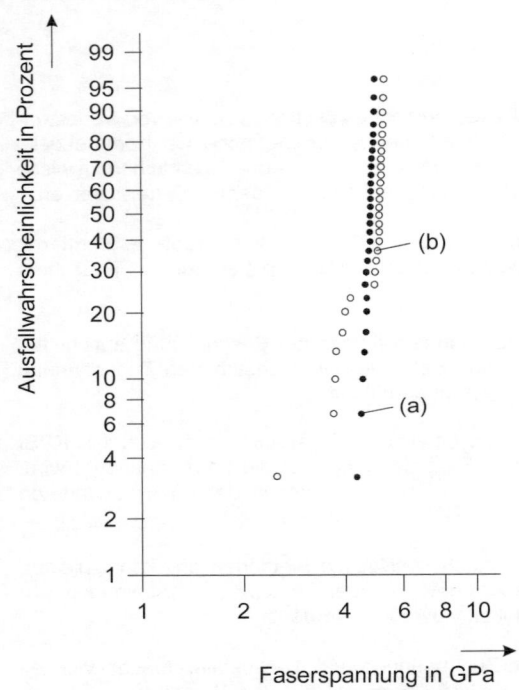

Will man nicht jedes einzelne Faserstück prüfen, müssen für die Bestimmung eines für die Praxis geeigneten Festigkeitswertes statistische Methoden angewandt werden. Eine Vielzahl von Fasern wird einer bestimmten Zugkraft ausgesetzt und es wird jeweils die Faserspannung ermittelt, bei der die Faser bricht. In einem sogenannten Weibull-Diagramm wird die Ausfallwahrscheinlichkeit als Funktion der Faserspannung dargestellt.

Bild 1.27:
Ausfallwahrscheinlichkeit als Funktion der Faserspannung für zwei unterschiedliche Fasern, dargestellt im Weibull-Diagramm

Aus der Höhe der Kurve und seinem Anstieg werden die Parameter ermittelt, die die Weibullverteilung charakterisieren: Weibull-Exponent m und die Spannungskorrosionsempfindlichkeit n. Die Spannungskorrosionsempfindlichkeit wird im Wesentlichen durch die Qualität der Primärbeschichtung bestimmt.

Abschätzung der Lebensdauer

Bisher wurde keine Methode zur Abschätzung der Lebensdauer standardisiert, obwohl mehr als 100 Millionen Kilometer Fasern weltweit installiert wurden und viel theoretische und experimentelle Arbeit in den letzten 20 Jahren erfolgte. Für die Lebensdauer-Abschätzung werden folgende Parameter zu Grunde gelegt:

- Spannung während des Durchlauftests; typisch σ_p = 100 KPSI.
- Zeit für den Durchlauftest; typisch t_p = 1 s.
- Ausfallwahrscheinlichkeit N_p während des Durchlauftests bezogen auf die Faserlänge in 1/km.
- Spannungskorrosionsempfindlichkeit, typisch n ≥ 20.
- Weibullexponent, typisch m = 3.

Die Lebensdauer wird gewöhnlich entsprechend dem Modell von Mitsunaga berechnet [1.4]. Als Ergebnis erhält man Grafiken bzw. Tabellen, die einen Zusammenhang zwischen der Lebensdauer und der Faserspannung bzw. Faserdehnung herstellen (Bild 1.28).

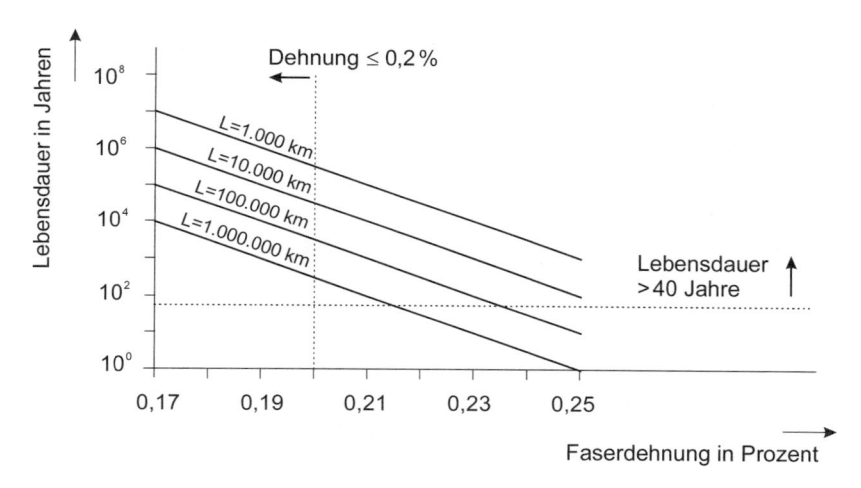

Bild 1.28: Erwartete Lebensdauer der Faser in Abhängigkeit von der Faserdehnung für verschiedene Faserlängen (Quelle: Fujikura)

Aus Bild 1.28 ist ersichtlich, dass die Lebensdauer weit über 40 Jahren liegt, wenn die Faserdehnung 0,2 % nicht überschreitet. Bezogen auf die Faserdehnung beim Durchlauftest (ca. 1 %) bedeutet das, dass die Faserdehnung während des Betriebes 20 % die Faserdehnung beim Durchlauftest nicht überschreiten darf.

Für hinreichend geringe Ausfallwahrscheinlichkeiten lassen sich die Gleichungen von Mitsunaga folgendermaßen vereinfachen:

$$\frac{\sigma_s}{\sigma_p} \approx \left(\frac{n-2}{m} \cdot \frac{F_r/L}{N_p} \cdot \frac{t_p}{t_s}\right)^{1/n} \qquad \frac{t_s}{t_p} \approx \frac{n-2}{m} \cdot \frac{F_r/L}{N_p} \cdot \left(\frac{\sigma_p}{\sigma_s}\right)^n \qquad (1.46)$$

Die Parameter haben folgende Bedeutung:

- Spannung während des Betriebes: σ_s.
- Ausfallwahrscheinlichkeit (Wahrscheinlichkeit für den Faserbruch): F_r.
- Ausfallwahrscheinlichkeit bezogen auf eine bestimmte Streckenlänge: F_r/L.
- Gesamtlänge der Faser, auf die sich die Ausfallwahrscheinlichkeit bezieht: L.
- Erwartete Lebensdauer: t_s.
- Zur Bedeutung der Parameter σ_p, n, m, N_p und t_p vergleiche vorhergehende Seite.

Die Gleichungen (1.46) stellen einen Zusammenhang her zwischen dem Verhältnis aus zulässiger Faserspannung während des Betriebes σ_s und Spannung beim Durchlauftest σ_p einerseits und dem Verhältnis der Zeit für den Durchlauftest t_p und der erwarteten Lebensdauer t_s andererseits.

Beispiel: $F_r = 0,001$; $L = 100$ km; $F_r/L = 10^{-5}$/km; $m = 3$; $N_p = 0,01$/km; $t_p = 1$ s. Aus Gleichung (1.46) ergeben sich die in Tabelle 1.18 dargestellten Ergebnisse.

σ_s/σ_p	40 Jahre	4 Stunden	eine Sekunde
n = 20	0,27	0,48	0,77
n = 23	0,32	0,53	0,81
n = 27	0,39	0,59	0,84

Tabelle 1.18: Zulässige Faserspannung σ_s im Verhältnis zur Spannung beim Durchlauftest σ_p in Abhängigkeit von der Einwirkungsdauer t_s und der Spannungskorrosionsempfindlichkeit n

Aus Tabelle 1.18 ist ersichtlich, dass die zulässige Faserspannung umso größer ist, je geringer die Einwirkungsdauer und je größer die Spannungskorrosionsempfindlichkeit ist. Dabei ist n = 20 eine typische Spannungskorrosionsempfindlichkeit und n = 27 der beste von den Faserherstellern spezifizierte Wert.

Richtlinien für zulässige Faserspannungen

In einem White Paper von Corning [1.5] wurden Richtlinien für zulässige Faserspannungen formuliert. Diese Richtlinien gelten unter der Annahme, dass keine Faserschäden nach dem Durchlauftest eingetreten sind. Die zulässige Spannung σ_s wird jeweils in einem bestimmten Verhältnis zur Spannung beim Durchlauftest σ_p angegeben.

Die auf die Faser wirkende Spannung ist die Summe aus der Spannung bedingt durch das Kabeldesign und der Spannung durch die Betriebsumgebung.

Dauer der Einwirkung	zulässige Spannung im Verhältnis zur Spannung beim Durchlauftest σ_s/σ_p	zulässige Spannung σ_s wenn $\sigma_p = 100$ KPSI
40 Jahre	1/5	20 KPSI
4 Stunden	1/3	33 KPSI
1 Sekunde	1/2	50 KPSI

Tabelle 1.19: Zulässige Spannungen für beliebige Faserlängen, Fehlerwahrscheinlichkeit Null

40 Jahre ist die angenommene Lebensdauer der Faser. Vier Stunden werden als typische Zeit für die Kabelinstallation betrachtet. Eine Sekunde ist eine Zeit, in der die Faser einer extremen Belastung unterworfen wird, beispielsweise bei der Kabelverarbeitung.

Richtlinien für zulässige Krümmungsradien

Die Krümmung der Faser bewirkt eine Dehnung und damit eine bestimmte Zugspannung im Außenbereich. Ein bestimmter Krümmungsradius entspricht einer bestimmten Faserspannung.

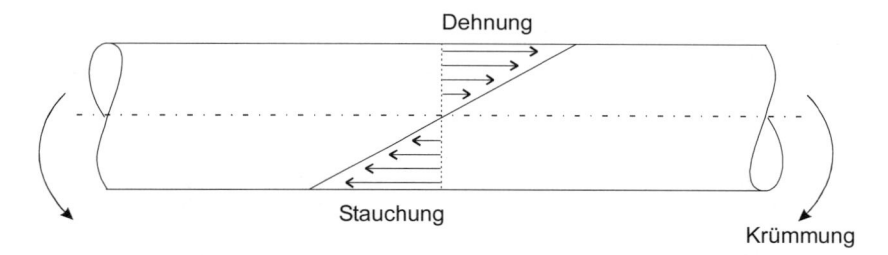

Bild 1.29: Dehnung der Faser durch Krümmung

Typische Spleißboxen ermöglichen Radien von 30 mm. Ein Faserbruch ist unwahrscheinlich. Werden die Fasern jedoch falsch in der Spleißbox abgelegt, führt das zu geringeren Radien, die insbesondere unter rauen Bedingungen zum Bruch führen können.

In einem White Paper von Corning [1.6] wurden Richtlinien für zulässige Krümmungsradien formuliert. Unter anderem gelten die Zusammenhänge entsprechend Tabelle 1.20.

(100 KPSI)	zulässiger Krümmungsradius	
Faserlänge	Dauer kleiner als eine Minute	Dauer 20 bis 40 Jahre
1 m	3 mm	6 mm
10 m	5 mm	10 mm
100 m	8 mm	17 mm

Tabelle 1.20: Einfluss der Dauer der Krümmung auf den zulässigen Krümmungsradius bei einer Faser, die einem Durchlauftest mit 100 KPSI unterzogen wurde und einer Ausfallwahrscheinlichkeit von 10^{-4}

Ein typischer Fall für einen engen Krümmungsradius, der eine kurze Zeit einwirkt, ist der Einsatz eines Spleißgerätes, das nach dem LID-Verfahren arbeitet (vergleiche Abschnitt 3.3.3) (letzte Zeile in Tabelle 1.20). Beim LID-Verfahren wird der Lichtwellenleiter um einen Dorn gewickelt, um Licht in die Faser ein- bzw. auszukoppeln. Dabei ist es relativ unwahrscheinlich, dass ein kritischer Riss in der Region der Krümmung lokalisiert ist und während des Spleißens ausfällt. Falls dort die Faser nicht bricht, wird dieser Faserabschnitt zukünftig (ungekrümmt) auch kein Zuverlässigkeitsrisiko mehr darstellen.

Die Richtlinien entsprechend der Tabellen 1.19 und 1.20 gelten für Fasern unmittelbar, nachdem sie die Fertigung verlassen haben. Nicht berücksichtigt wurden Einflüsse durch nachfolgende Handhabung.

Effekte, die die Lebensdauer der Faser herabsetzen

Moderne Lichtwellenleiter für die optische Nachrichtenübertragung sind hochbelastbar und zuverlässig, wenn sie den Produktionsprozess verlassen. Das Ziel besteht darin, diesen hohen Standard während der gesamten Lebensdauer aufrechtzuerhalten. Der Hersteller kann die Lebenserwartung der Faser durch folgende Maßnahmen erhöhen:

- Entwicklung optimierter Faserbeschichtungen
- Prozessoptimierung bei der Produktion und Qualitätsprüfung, insbesondere um nachträgliche Verletzungen der Faserbeschichtung auszuschließen.

Die Festigkeit des Lichtwellenleiters über lange Zeiträume betrachtet, ist von der Reinheit der Glasoberfläche und der Qualität und der Unversehrtheit der Faserbeschichtung abhängig.

Aus Tabelle 1.18 ist ersichtlich, dass ein Fehler pro 100.000 km Faserlänge ($F_r/L = 10^{-5}$) nach 40 Jahren auftritt, wenn die Faserspannung während des Betriebes 27 % der Spannung beim Durchlauftest nicht überschreitet. Das entspricht einer Fehlerrate von 0,029 FITs/km.

Das ist ein sehr kleiner Wert, der kaum zu Besorgnis Anlass geben sollte! Dieser Wert entspricht in etwa den Anforderungen der Telekommunikationsgesellschaften in Schweden bzw. von British Telecom.

Dennoch sind bei der Installation viele Einflüsse denkbar, die die Lebensdauer des Gesamtsystems herabsetzen:

- Faserdehnungen
- Krümmungen der Faser
- dauerhaftes Einwirken von Wasser oder Feuchte
- extreme Hitze (> 85 °C)
- kombinierte Einwirkung hoher Temperaturen und hoher Luftfeuchte
- ungeschützte Faseroberflächen an Spleißstellen

Die Technik der Handhabung der Faser hat einen wesentlichen Einfluss auf die Zuverlässigkeit. Die Kosten, die durch ungeeignete Handhabung der Faser verursacht werden, können beträchtlich sein.

Wirken die oben beschriebenen Einflüsse, ist eine Vorhersage der Lebensdauer nahezu unmöglich und kaum von der ursprünglichen Faserqualität abhängig. Eine erhebliche Herabsetzung der Lebensdauer ist in jedem Fall zu erwarten. Die weltweit beobachteten Faserbrüche ereigneten sich nicht durch langsames Risswachstum an Schwachstellen, so wie das das Modell von Mitsunaga vorsieht. In den meisten Fällen geschahen Brüche durch Erdarbeiten, Naturkatastrophen oder vorübergehende

Fertigungsfehler und Probleme. Keine Lebensdauerberechnung kann derartige Effekte berücksichtigen.

Die Fehlerrate durch Kabelschäden liegt bei 400 FITs/km. Da ist mehr als das 10.000fache im Vergleich zur Fehlerrate durch Faserbrüche infolge normaler Alterung!

1.2.13 Zusammenfassung

Wir fassen die wesentlichen Eigenschaften der Lichtwellenleiter-Typen und der Dispersion folgendermaßen zusammen:

- Der Multimode-Stufenprofil-LWL bewirkt eine starke Impulsverbreiterung durch Modendispersion und ist deshalb zur Übertragung von nur geringen Bitraten geeignet. Besondere Bedeutung hat der PCF-LWL und der Kunststoff-LWL erlangt.
- Der Parabelprofil-LWL bewirkt die wesentlich geringere Profildispersion. Er kommt in Datennetzen zum Einsatz, die keine allzu großen Anforderungen bezüglich Dämpfung und Bandbreite haben.
- Der Parabelprofil-LWL mit optimiertem Brechzahlprofil reduziert die Profildispersion so stark, dass hochbitratige Anwendungen wie Gigabit-Ethernet bzw. 10 Gigabit-Ethernet möglich werden. Dadurch kann die Materialdispersion störend werden, die bisher vernachlässigbar war. Sie wird unterdrückt, wenn der Lichtwellenleiter in Verbindung mit spektral schmalbandigen Sendern betrieben wird.
- Der Singlemode-LWL erfüllt höchste Anforderungen an die Dämpfung und Dispersion und ist für Weitverkehrssysteme zur Übertragung hoher Bitraten geeignet. In diesem Lichtwellenleiter breitet sich nur noch eine einzige Mode aus, so dass Modendispersion und Profildispersion nicht mehr auftreten.
- Im Singlemode-LWL kann die wesentlich geringere chromatische Dispersion störend werden, die sich aus Materialdispersion und Wellenleiterdispersion zusammensetzt.
- Singlemode-LWL mit reduziertem Wasserpeak haben im Vergleich zum Standard-Singlemode-LWL eine geringere Dämpfung im Wellenlängenbereich zwischen dem zweiten und dritten optischen Fenster.
- Der dispersionsverschobene Lichtwellenleiter hat einen Nulldurchgang der chromatischen Dispersion im dritten optischen Fenster.
- Der Cut-off shifted Lichtwellenleiter hat einen extrem geringen Dämpfungskoeffizient und ist für die Weitverkehrsübertragung (Unterwassersysteme) geeignet.
- Der Non-zero dispersion shifted Lichtwellenleiter wurde für den Einsatz von DWDM-Systemen im C-Band entwickelt und ist ab Bitraten von 10 Gbit/s empfehlenswert.
- Der Non-zero dispersion shifted Lichtwellenleiter für erweiterten Wellenlängenbereich wurde für den Einsatz von DWDM-Systemen im S-, C- und L-Band entwickelt.
- Die Polarisationsmodendispersion ist ein sehr geringer Dispersionseffekt, der im Allgemeinen erst ab Bitraten von 10 Gbit/s störend werden kann.
- Die Lebensdauer des Lichtwellenleiters ist im sehr hoch. Durch Handhabungsfehler, Installationsmängel und Umgebungseinflüsse kann die Lebensdauer jedoch stark herabgesetzt werden.

1.3 Optoelektronische Bauelemente

1.3.1 Einleitung

Am Anfang der Übertragungsstrecke muss das elektrische in ein optisches Signal und am Ende der Strecke muss das optische wieder in ein elektrisches Signal gewandelt werden. Hierfür kommen optoelektronische Bauelemente zum Einsatz, die speziell für die LWL-Technik entwickelt wurden.

Die Wandlung des elektrischen Signals in ein optisches Signal erfolgt mit Hilfe einer Lumineszenz- oder Laserdiode, die Wandlung des optischen Signals in ein elektrisches Signal bewerkstelligt eine PIN-Photodiode oder eine Lawinen-Photodiode. Diese Bauelemente nutzen die physikalischen Eigenschaften von Halbleitermaterialien.

Optoelektronische Bauelemente auf Halbleiterbasis sind für den Einsatz in der optischen Nachrichtentechnik besonders geeignet, da sie kleine Abmessungen und eine große Lebensdauer haben. Außerdem ermöglichen sie einen Betrieb bei Raumtemperaturen.

An die Sender werden die folgenden Anforderungen gestellt:

- hohe Zuverlässigkeit
- hohe Ausgangsleistung (Wirkungsgrad)
- kleine aktive Zone, gute Kopplung an den Lichtwellenleiter
- einfach und breitbandig modulierbar
- geringe Kosten
- schmale spektrale Emission
- gute Linearität (insbesondere bei Analogmodulation)
- Emissionswellenlänge innerhalb eines optischen Fensters

Die Lumineszenzdiode ist preiswert, erfüllt aber nicht alle genannten Kriterien. Sie kommt deshalb in Systemen mit geringeren Anforderungen zum Einsatz. Die Laserdiode ist teurer, erfüllt aber in hohem Maße die obigen Kriterien.

Die Empfänger arbeiten je nach Einsatzfall als PIN-Photodiode oder als Lawinen-Photodiode. Sie müssen folgende Eigenschaften haben:

- an die Übertragungsgeschwindigkeit angepasste Bandbreite
- kompakte und leichte Bauweise
- geringes Rauschen
- hohe Empfindlichkeit

1.3.2 Elektrooptische Wechselwirkungen im Halbleiter

Atome, Moleküle und sogenannte feste Körper (beispielsweise Halbleiterkristalle) können Energie in Form von elektromagnetischer Strahlung abgeben bzw. aufnehmen und auf diese Weise miteinander wechselwirken. Die grundsätzlichen Vorgänge, die diese Wechselwirkung bestimmen, sind die Emission und die Absorption. Sie sind eng mit der atomaren, der molekularen bzw. der Festkörperstruktur verknüpft [1.7].

Die Lichtquanten (Photonen) wechselwirken als elektromagnetisches Strahlungsfeld mit geladenen Teilchen. Diese Wechselwirkung beeinflusst insbesondere Teilchen mit geringer Masse, wie die Elektronen. Entscheidend für das Verständnis der Wechselwirkung zwischen Licht und Materie ist die Tatsache, dass den im Atom gebundenen Elektronen nur bestimmte, diskrete Energiewerte zur Verfügung stehen.

Die Emission oder Absorption von Licht ist mit dem Übergang eines Elektrons von einer Energiestufe zur nächst höheren (Absorption) bzw. der Erniedrigung der Energie unter Emission eines Photons verbunden. Das bedeutet, dass ein Atom nur Licht einer ganz bestimmten Wellenlänge absorbieren oder emittieren kann.

Sind die Atome im Molekül oder Festkörper eng miteinander gekoppelt, so führt das zu einer Auffächerung der ursprünglich scharf definierten Energieniveaus in eine Vielzahl dicht beieinander liegender Niveaus, den Energiebändern. Wegen der großen Anzahl von Atomen im Festkörper sind die möglichen Energiewerte innerhalb eines Bandes dann quasi kontinuierlich. Analog zu den Verhältnissen beim Atom sind die Bänder durch Energielücken voneinander getrennt.

Das oberste Band, in dem sich die für die Bindung der Atome und Moleküle untereinander zuständigen Elektronen aufhalten, heißt Valenzband. Das nächst höhere Band ist das Leitungsband.

Durch die Absorption eines Lichtquants in einem Halbleiter wird ein Ladungsträgerpaar erzeugt, bestehend aus einem Elektron im Leitungsband und einem Loch im Valenzband (Bild 1.30 (a)).

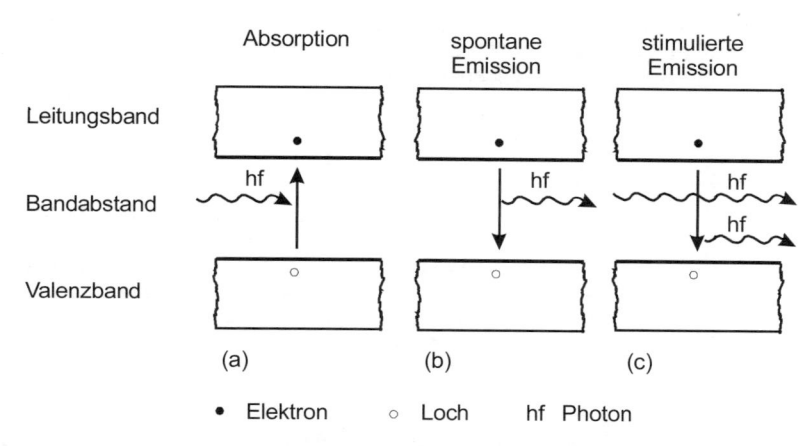

Bild 1.30: Elektrooptische Wechselwirkungen in einem Halbleiter

Der Bandabstand E_g berechnet sich aus der Differenz der Energieniveaus von Leitungsband E_L und Valenzband E_V:

$$E_g = E_L - E_V \qquad (1.47)$$

Die äquivalente Photonenenergie W_{Ph} beträgt dann:

$$E_g = W_{Ph} = hf = h \cdot \frac{v}{\lambda} \qquad (1.48)$$

Dabei ist h das Plancksche Wirkungsquantum, v die Phasengeschwindigkeit und λ die Wellenlänge der emittierten Strahlung.

Neben der Energieabgabe durch spontane Emission eines Photons (Bild 1.30 (b)) kann ein Elektron im Leitungsband mit einer gewissen Wahrscheinlichkeit zur Rekombination unter Emission eines Photons „stimuliert" werden, wenn es sich in einem elektromagnetischen Strahlungsfeld mit einer Energie befindet, die einer möglichen Übertragungsenergie entspricht.

Das stimuliert abgegebene Photon stimmt dann in Energie (Wellenlänge), Phase und Ausbreitungsrichtung des Strahlungsfeldes mit dem Photon überein, das die Emission ausgelöst hat (Bild 1.30 (c)).

Die drei Prozesse entsprechend Bild 1.30 treten immer gleichzeitig auf, wobei aber jeweils einer überwiegt und technisch genutzt wird. Das Prinzip der Absorption wird im LWL-Empfänger genutzt. Die spontane Emission ist charakteristisch für den Betrieb der Lumineszenzdiode und die stimulierte Emission für die Laserdiode.

1.3.3 Lumineszenzdioden

Die Strahlungsleistung einer Lumineszenzdiode (LED: Light Emitting Diode) wächst proportional zum Strom durch die Diode. Bei nicht zu großen Strömen ist daher eine gute Linearität zwischen abgegebener Strahlungsleistung und Durchlassstrom zu beobachten.

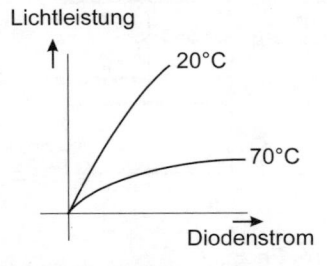

Bei einer Erhöhung der Temperatur, beispielsweise durch Selbsterwärmung der Diode bei höheren Steuerströmen, verringert sich die Wahrscheinlichkeit für eine strahlende Rekombination. Dies ist gleichbedeutend mit einer Verminderung der abgegebenen optischen Leistung. Aus diesem Grund sind mit zunehmender Leistung Abweichungen von der Linearität zu verzeichnen (Bild 1.31).

Bild 1.31: Kennlinie der LED bei verschiedenen Temperaturen

Signale, die auf die gekrümmte Kennlinie auftreffen, werden verzerrt. Es entstehen Harmonische höherer Ordnung und gegebenenfalls Intermodulationsprodukte. Deshalb werden gewöhnlich über Lumineszenzdioden nur digitale Signale übertragen. Eine Temperaturerhöhung bewirkt nicht nur ein Absinken der Kennlinie, sondern auch eine Verschiebung des Spektrums zu größeren Wellenlängen (Bild 1.32). Aus diesem Bild ist auch die relativ große Halbwertsbreite der LED ersichtlich.

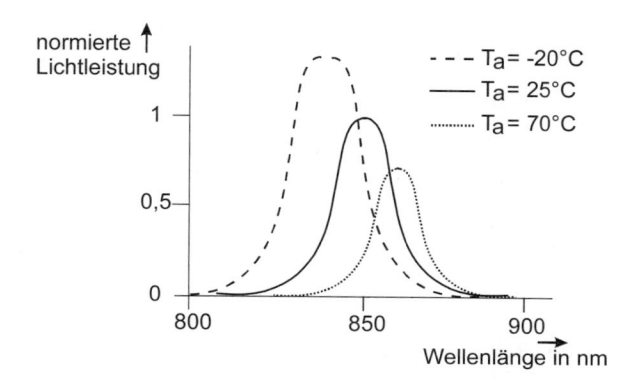

Bild 1.32: Temperaturabhängigkeit des Spektrums der LED

Die Wellenlänge der emittierten Strahlung hängt von der Größe der Bandlücke ab, während die spektrale Breite durch mehrere Faktoren, wie die Energieverteilung der Ladungsträger, die Dotierung usw. beeinflusst wird. Typische Halbwertsbreiten liegen bei 20 nm (Peakwellenlänge 650 nm) bis 100 nm (Peakwellenlänge 1550 nm). Derart große spektrale Breiten bewirken eine große chromatische Dispersion.

Die aktive Fläche von Lumineszenzdioden hat eine typische Ausdehnung von 300 µm x 300 µm und strahlt ungerichtet (Bild 1.33). Dadurch erhält man geringe Koppelwirkungsgrade, insbesondere bei Einkopplung in den Singlemode-LWL.

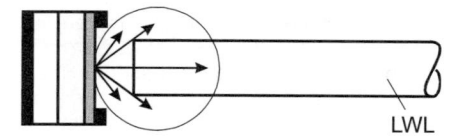

Bild 1.33: Abstrahlcharakteristik einer flächenstrahlenden Lumineszenzdiode (Lambertstrahler)

Bei Kantenstrahlern (Bild 1.34) liegt die typische Ausdehnung der aktiven Fläche bei 0,1 µm x 20 µm. Dem Vorteil der besseren Einkoppelbarkeit von Licht eines Kantenstrahlers in den Lichtwellenleiter steht der Nachteil einer höheren Temperaturabhängigkeit des Wellenlängenspektrums gegenüber. Außerdem ist die Ankopplung zwischen Lumineszenzdiode und Lichtwellenleiter kritischer.

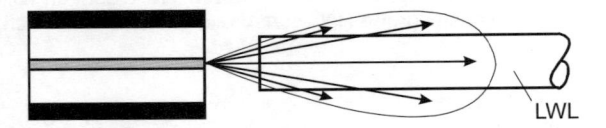

Bild 1.34: Abstrahlcharakteristik eines Kantenstrahlers

Lumineszenzdioden sind bequem über den Strom modulierbar. Die erzielte Modulationsbandbreite ist dabei prinzipiell durch die Lebensdauer der Ladungsträger begrenzt. Diese Lebensdauer hängt wiederum von der Bandstruktur der Halbleiter, von der Konzentration der Dotierung, der Anzahl der injizierten Ladungsträger und der Dicke der aktiven Schicht ab.

Die Ansteuerung der Lumineszenzdiode ist im Vergleich zur Laserdiode einfach und kostengünstig. Deshalb ist der Einsatz von Lumineszenzdioden als Senderdioden in LWL-Übertragungssystemen besonders attraktiv und unkompliziert.

1.3.4 Laserdioden

Einleitung

Die Laserdiode ist ein komplexes Halbleiterbauelement, welches kohärente Strahlung emittiert. Sie ist die am häufigsten verwendete Laserquelle. Die kleine Größe, der relativ niedrige Preis und die lange Lebensdauer machen sie zu einer Komponente mit vielfältigen Anwendungsmöglichkeiten.

Die Entwicklung der Laserdiode seit ihrer Erfindung im Jahre 1962 wurde vor allem durch das starke Wachstum auf den Gebieten der LWL-Technik und der optischen Datenspeicherung vorangetrieben. Diese und andere Bereiche haben zu wichtigen Fortschritten in der Baugröße und der Zuverlässigkeit beigetragen. Ständige Weiterentwicklungen haben zu Laserdioden mit immer höheren Wellenlängen (zunächst GaAs-Laserdioden bei 850 nm, später InGaAsP-Laserdioden für 1310 nm und 1550 nm), höheren Ausgangsleistungen und verbesserter Strahlqualität geführt.

In diesem Kapitel wird die Wirkungsweise von Laserdioden und die sich daraus ergebenden Eigenschaften beschrieben.

Das betrifft die Charakterisierung der Kennlinie, des Spektrums, der Strahlcharakteristik, des Temperaturverhaltens und anderer wichtiger Parameter.

Es werden typische Laserdioden-Typen beschrieben, wie gewinngeführte, indexgeführte und oberflächenemittierende Laser, sowie ihre Einsatzfelder. Die Handhabung der Laserdioden erfordert äußerste Sorgfalt, um sie vor Zerstörungen zu schützen. Es werden einige Hinweise zum richtigen Umgang mit den Laserdioden gegeben.

Erzeugung kohärenter Strahlung in der Laserdiode

Die Laserdiode (LD) und die artverwandte Lumineszenzdiode (LED) sind Halbleiterbauelemente mit pn-Übergängen. Während Lumineszenzdioden jedoch nur inkohärentes Licht emittieren können, senden Laserdioden oberhalb des Schwellstromes kohärentes Licht aus.

Verantwortlich dafür ist die stimulierte Emission. Das stimuliert abgegebene Photon stimmt in Energie (Wellenlänge bzw. Frequenz), Phase und Ausbreitungsrichtung des Strahlungsfeldes mit dem Photon überein, das die Emission ausgelöst hat, und ist folglich kohärent. Damit eine Lichtverstärkung durch stimulierte Emission eintreten kann, muss für den betreffenden spektralen Bereich die Wahrscheinlichkeit einer Emission der Wahrscheinlichkeit einer Absorption überwiegen.

Das wird durch „Pumpen" des Lasers erreicht: Der Halbleiter wird in einen besonderen Zustand versetzt, den Inversionszustand. Dann ist die Besetzungszahldichte im oberen Energieniveau größer als im unteren. Diese sogenannte Besetzungsinversion lässt sich durch eine extreme Dotierung des n- bzw. p-Materials erzielen. Wie bei der Lumineszenzdiode wird die Lichtemission durch Injektion von Ladungsträgern erreicht.

Die Strahlung wird durch selektive Rückkopplung mit Hilfe eines optischen Resonators kohärent, der in Form von zwei gegenüberliegenden Spiegeln realisiert werden kann (Fabry-Perot-Resonator, vergleiche Bild 1.35).

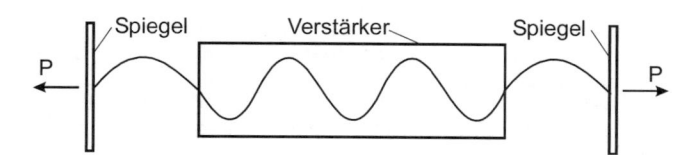

Bild 1.35: Optischer Resonator

Durch Vielfach-Reflexionen können sich im Resonator stehende Wellen für bestimmte diskrete Wellenlängen ausbilden. Als Verstärker fungiert der Halbleiter im Inversionszustand. Als Spiegel dienen die gespaltenen Endflächen des Kristalls, da an ihnen wegen des Sprungs der Brechzahl gegenüber Luft etwa 30 % der Strahlungsleistung reflektiert werden. Ein Laserbetrieb ist dann bei denjenigen Frequenzen des Resonators möglich (longitudinale Moden), für die die optische Verstärkung die Auskoppel- und Absorptionsverluste übersteigt.

Die Moden zeigen untereinander ein konkurrierendes Verhalten und fluktuieren zeitlich (Modenrauschen). Durch bestimmte Maßnahmen lässt sich erreichen, dass nur noch eine einzige longitudinale Mode unter der Verstärkungskurve liegt und verstärkt wird. Der Laser emittiert dann im Einmoden-Betrieb.

Arten von Laserdioden

Die traditionellen Laserdioden haben eine horizontale Resonatorstruktur, bei der die doppelten Heterostrukturen dazu dienen, die Laseremission vertikal in der aktiven Zone zu führen (Bild 1.36).

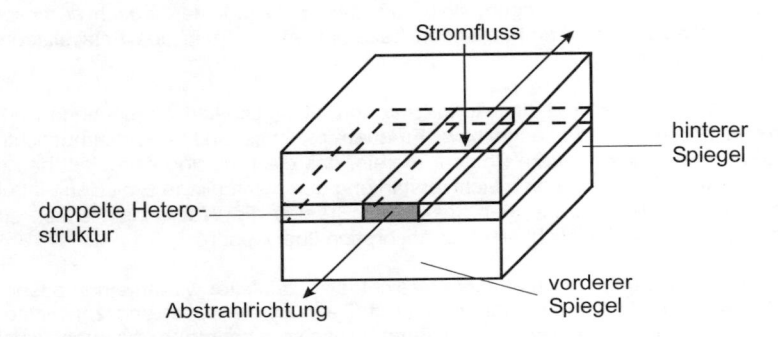

Bild 1.36: Prinzipieller Aufbau einer Laserdiode (Fabry-Perot-Typ)

Die Beschränkung der Emission in horizontaler Richtung wird entweder durch Gewinnführung oder durch Indexführung erreicht. Beide Arten führen das Licht in vertikaler Richtung, also senkrecht zu den pn-Übergängen, indem Hüllschichten mit niedrigerem Brechungsindex verwendet werden.

Indexgeführte Laser (IGL) besitzen ein zusätzlich eingebautes Brechungsindexprofil in horizontaler Richtung, welches die sich ausbreitende Lichtwelle parallel zum Übergang führt. Beim gewinngeführten Laser (GGL) geschieht die horizontale Eingrenzung durch seitliche Einengung und Konzentration des anregenden elektrischen Feldes. Gewinngeführte Laser sind einfacher herzustellen, haben somit einen niedrigeren Preis und eine höhere Zuverlässigkeit. Indexgeführte Laser haben den Vorteil einer guten Strahlqualität und eines niedrigen Schwellstromes.

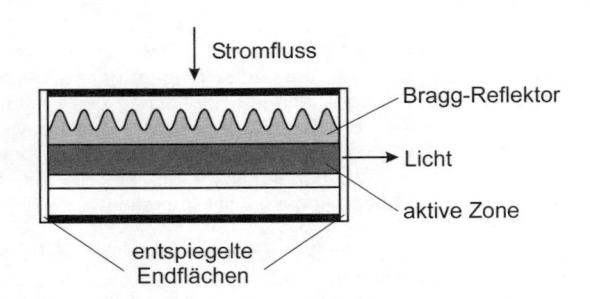

Bild 1.37: Schematischer Aufbau eines DFB-Lasers

Eine besondere Ausführungsform des indexgeführten Lasers ist der DFB-Laser (distributed feedback Bragg (reflector)). Hier bewirken nicht die ebenen Spiegel des Kristalls die Reflexion, sondern eine periodische Brechzahlstruktur über der aktiven Zone. Diese wirkt wie ein Spiegel mit hohem Reflexionsvermögen (Bild 1.37).

DFB-Laser sind in ihrer Wirkung sehr selektiv. Man spricht im Gegensatz zum Fabry-Perot-Resonator vom Bragg-Reflektor. Nur eine einzige Mode des Spektrums erfüllt die Resonanzbedingung. So wird es möglich, spektral extrem schmalbandige Laser zu realisieren, die besonders vorteilhaft in DWDM-Systemen eingesetzt werden können. Ein ähnliches Prinzip wird bei dem DBR-Laser (distributed Bragg reflector) realisiert. Die Reflektoren sind auf die Endbereiche des Kristalls aufgeteilt. Sie befinden sich also nicht über der aktiven Zone sondern davor und dahinter.

Eine weitere wichtige Laserdiodenstruktur hat die vertikal- oder oberflächenemittierende Laserdiode (VCSEL). Die Struktur benutzt einen Resonator, der rechtwinklig zu der aktiven Schicht steht. Die Emission des Lasers erfolgt an der Oberfläche. Der Resonator besteht aus mehrschichtigen Spiegeln oberhalb und unterhalb der aktiven Zone (Bild 1.38).

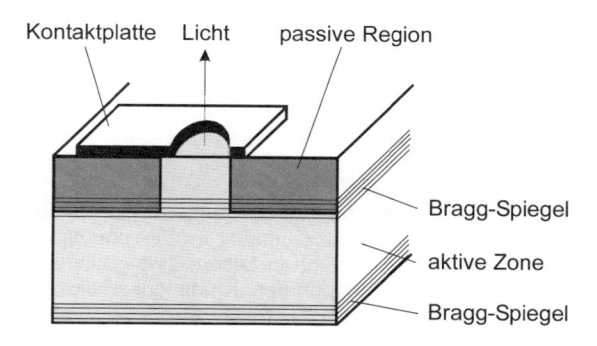

Bild 1.38: Oberflächenemittierende Laserdiode (VCSEL)

Oberflächenemittierende Laserdioden strahlen typischerweise mit relativ großen symmetrischen Aperturen. Dadurch ist der Strahl rund und mit weniger Divergenz behaftet. Bedingt durch ihren Aufbau, haben oberflächenemittierende Laserdioden im Vergleich zu herkömmlichen Dioden nur ein Strahlaustrittsfenster. Dies ist insofern nachteilig, als der zweite Strahl gewöhnlich für Regelzwecke genutzt wird, beispielsweise zur Stabilisierung der Ausgangsleistung. Das ist bei den VCSEL nicht möglich.

Meist emittiert die oberflächenemittierende Laserdiode nur eine einzige Mode mit einer typischen Halbwertsbreite von $\approx 0,2$ nm. Deshalb sind die oberflächenemittierende Laserdioden besonders in Verbindung mit hochwertigen Multimode-LWL geeignet, wenn es darum geht, die Effekte der Materialdispersion zu unterdrücken (vergleiche Abschnitt 1.2.4 und 5.4.4).

Kenngrößen und Eigenschaften von Laserdioden

Die ideale Laserdiode zeigt oberhalb eines charakteristischen Schwellstromes I_S, bei dem der Laserbetrieb einsetzt, eine lineare Kennlinie zwischen optischer Ausgangsleistung und Laserstrom. Unterhalb der Schwelle reicht die optische Verstärkung nicht aus; die Lichtemission erfolgt wie bei der Lumineszenzdiode aufgrund spontaner Rekombination. Aus Bild 1.39 ist ersichtlich, dass sich die Laserdioden-Kennlinie bei niedrigem Betriebsstrom nicht von derjenigen der Lumineszenzdiode unterscheidet.

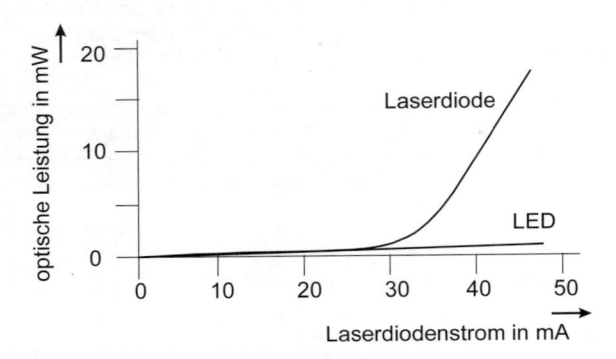

Bild 1.39: Kennlinie der LED und der Laserdiode

Wichtige Parameter der Kennlinie sind ihre Steilheit, der Schwellstrom, die Verrundung im Bereich der Schwelle und die Linearität im Laserbetrieb. Gewinngeführte Laser haben im Vergleich zu indexgeführten Lasern eine geringere Steilheit, einen höheren Schwellstrom, sowie einen größeren Krümmungsradius der Kennlinie im Bereich der Schwelle beim Übergang vom Lumineszenz- zum Laserbetrieb.

Zu hohe Leistungsdichten zerstören die Laserspiegel, wodurch die zulässigen Leistungen nach oben begrenzt werden. Typische Leistungen für LWL-gekoppelte Komponenten liegen im Milliwattbereich.

Das optische Spektrum eines Lasers mit Fabry-Perot-Resonator besteht aus einzelnen Linien im Abstand $\Delta\lambda$. Die spektrale Breite jeder Einzellinie wird durch viele Faktoren beeinflusst, insbesondere durch die Laserdiodenleistung. Das führt dazu, dass bei einer Intensitätsmodulation der Laserdiode gleichzeitig eine Änderung der Wellenlänge (Frequenz) des Lasers erfolgt (Linienverbreiterung: Chirp).

Bild 1.40 zeigt die Spektren von gewinngeführten und indexgeführten Halbleiterlasern. Beim gewinngeführten Laser ist eine Vielmodenstruktur erkennbar. Ursache im Vergleich zum indexgeführten Laser ist die viel stärkere spontane Einstrahlung.

Die Hüllkurve entspricht dem Verstärkungsprofil oberhalb der Laserschwelle. Ihre Halbwertsbreite (HWB) beträgt einige Nanometer.

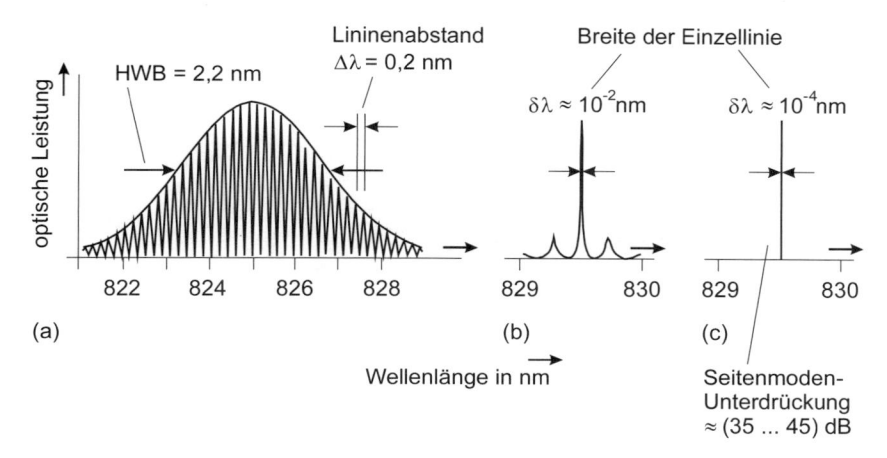

Bild 1.40: Spektren von Streifenlasern: (a) gewinngeführter Laser, (b) indexgeführter Fabry-Perot-Laser, (c) DFB-Laser

Beim indexgeführten Fabry-Perot-Laser dominiert meist eine Linie, Nebenmoden sind aber noch deutlich erkennbar. Im Gegensatz dazu ist beim ebenfalls indexgeführten DFB-Laser die Linienbreite $\delta\lambda$ erheblich geringer und die Nebenmoden werden deutlich stärker als beim Fabry-Perot-Laser unterdrückt.

Bei diesen beiden Typen bewirkt der Chirp infolge Modulation eine deutliche Linienverbreiterung und damit eine starke Impulsverbreiterung infolge chromatischer Dispersion im Singlemode-LWL.

Die Abstrahlung erfolgt divergent in einen vergleichsweise großen Raumbereich. Ursache hierfür ist die Beugung der Lichtwellen bei der Auskopplung. Im Laserinnern werden die Lichtwellen durch die Lichtleiterführung auf etwa den Querschnitt der aktiven Zone eingegrenzt.

Beim Lichtaustritt wirkt der Querschnitt der aktiven Zone wie eine rechteckförmige Austrittsblende mit stark unterschiedlicher Kantenlänge. Die unterschiedlich großen Abmessungen bewirken die unterschiedlich starke Divergenz des emittierten Strahls: Je kleiner die Kantenlänge, desto stärker divergiert der Strahl.

In einiger Entfernung von der Austrittsfläche erscheint der Strahl deshalb als elliptischer Fleck (Bild 1.41), so dass eine Einkopplung in einen Lichtwellenleiter mit geringer numerischer Apertur und kleinem Kerndurchmesser schwierig ist.

Die Intensitätsverteilung innerhalb des Fleckes ist für gewinngeführte und indexgeführte Streifenlaser unterschiedlich. Auffällig sind beim gewinngeführten Laser die „Ohren" in der Abstrahlung $\theta_{\parallel}$. In Bild 1.42 wurde das Nahfeld, das Fernfeld (entspricht der Intensitätsverteilung als Funktion des Winkels in einer gewissen Entfernung von der Austrittsfläche) und das Spektrum einer GGL und einer IGL gegenübergestellt. FHWM ist hier die Halbwertsbreite der Nahfeldintensität.

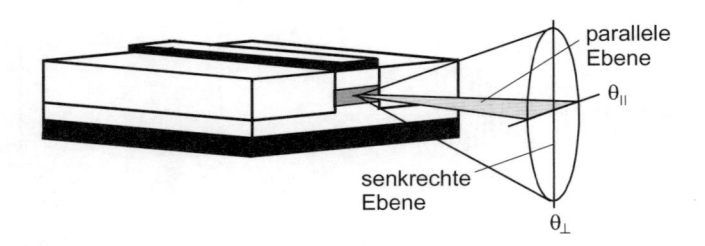

Bild 1.41: Typische Abstrahlcharakteristik eines Halbleiterlasers

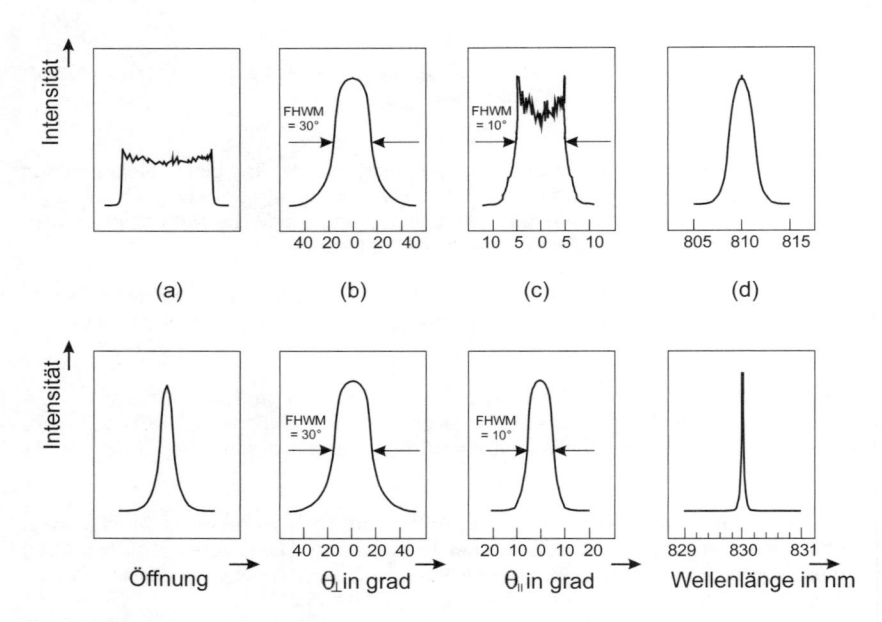

Bild 1.42: (a) Nahfeld (parallele Ebene), (b) Fernfeld (senkrechte Ebene), (c) Fernfeld (parallele Ebene) und (d) Spektrum einer gewinngeführten (oben) und einer indexgeführten (unten) Laserdiode

Die Eigenschaften der Laserdioden sind stark temperaturabhängig. Bild 1.43 zeigt die elektro-optische Kennlinie bei verschiedenen Temperaturen. Mit wachsender Temperatur wächst der Schwellstrom und die Steilheit der Kennlinie im Laserbetrieb sinkt.

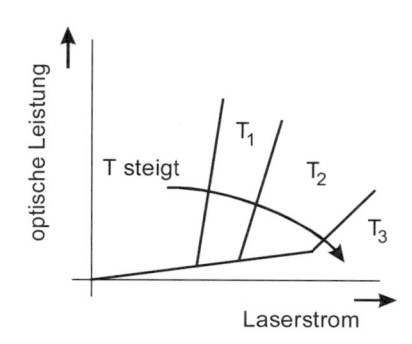

Bild 1.43: Temperaturabhängigkeit der Laserdioden-Kennlinie

Für die Verschiebung des Schwellstromes I_S (Laserstrom am Knick der Kennlinie) wurde empirisch die Abhängigkeit entsprechend Gleichung (1.49) festgestellt. Dabei ist T_0 eine materialspezifische charakteristische Temperatur und ΔT die Temperaturabweichung bezüglich der Temperatur T. Je kleiner T_0, desto empfindlicher reagiert der Laser auf Temperaturänderungen.

$$I_S(T + \Delta T) = I_S(T) \cdot e^{\frac{\Delta T}{T_0}} \tag{1.49}$$

Für Laser aus dem GaAlAs-Materialsystem wurde T_0 = 120 K bis 230 K und für Laser aus dem InGaAsP-Materialsystem T_0 = 60 K bis 80 K gefunden.

Aber auch andere Parameter der Laserdiode sind temperaturabhängig, so die Lebensdauer: Diese verdoppelt sich bei einer Reduktion der Chiptemperatur um 10 Grad. Der Laserchip muss deshalb zumindest auf eine Wärmesenke montiert werden, um eine Überhitzung durch Eigenerwärmung auszuschließen.

Besonders augenfällig sind die Temperatureffekte in der spektralen Verteilung: Mit steigender Temperatur dehnt sich der Kristall aus und die Resonatorlänge wird größer. Gleichzeitig wächst die Brechzahl. Dadurch verschieben sich die Einzellinien zu höheren Wellenlängen.

Insbesondere in DWDM-Systemen ist eine Temperaturdrift der Wellenlänge störend, da die einzelnen Linien einen sehr geringen spektralen Abstand haben (vergleiche Abschnitt 6.1.3). Deshalb ist es notwendig, die Temperatur des Lasers zu stabilisieren. Die Temperaturregelung erfolgt thermoelektrisch über einen Thermistor und über Peltierelemente, die es ermöglichen, die Laserdiode sowohl zu heizen als auch zu kühlen.

Außer der Temperaturregelung ist auch eine Leistungsregelung möglich. Hierfür nutzt man eine Empfängerdiode, die gegenüber der hinteren Austrittsfläche des Lasers angebracht wird (Monitordiode). Die Laserdiode, die Monitordiode, der Thermistor und das Peltierelement werden in einem hermetisch dichten Gehäuse untergebracht. Die gesamte Einheit nennt man Lasermodul (Bild 1.44).

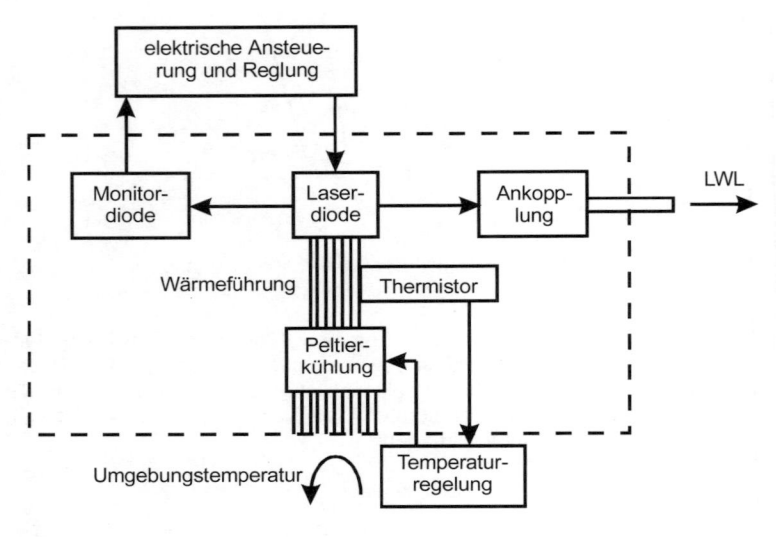

Bild 1.44: Aufbau eines Lasermoduls

Die Ansteuerschaltung von Laserdioden muss so ausgelegt sein, dass die Laserdiode trotz Temperaturänderungen und Alterungseinflüssen ein konstantes Ausgangssignal liefert. Besonders anspruchsvoll sind die Schaltungsmaßnahmen, um die durch Modulation hervorgerufenen Effekte zu kompensieren.

Laserdioden bewirken unterschiedliche Rauscheffekte. Die meisten Rauschquellen können kontrolliert und somit das Gesamtrauschen im Lasersystem in Grenzen gehalten werden. Die vier Hauptrauschquellen sind: Modensprünge, Amplitudenintensitätsrauschen, optische Rückkopplung und Speckle-Rauschen.

Optische Rückkopplung entsteht bei der Reflexion von Laserlicht an optischen Elementen, Steckverbindern usw. zurück in den Laserresonator. Es entsteht ein externer Resonator, der mit dem tatsächlichen Laserresonator konkurriert. Der externe Resonator ist instabil, so dass die Amplituden- und Phasenabweichungen infolge der optischen Rückkopplung zu einem breitbandigen Rauschen führen. Insbesondere indexgeführte Laser mit ihrem schmalen Spektrum sind sehr empfindlich gegenüber optischen Rückkopplungen.

Deshalb sind in Übertragungssystemen, in denen indexgeführte Laser zum Einsatz kommen, die Leistungsrückflüsse zu minimieren. Das wird möglich durch Verwendung von speziellen Steckern, den HRL(APC)-Steckern (vergleiche Abschnitt 2.4.3) oder durch Einfügung von optischen Isolatoren (vergleiche Abschnitt 6.2.1).

Unter idealen Bedingungen haben Laserdioden eine hohe Zuverlässigkeit und erreichen Lebensdauern von einigen 100.000 Stunden. Sie sind jedoch äußerst empfindlich gegenüber elektrostatischer Entladung, Überschreitung des zulässigen Laserstromes und Stromspitzen.

Anzeichen für eine Beschädigung sind eine reduzierte Ausgangsleistung, eine Verschiebung des Schwellstromes, eine Veränderung der Strahldivergenz, nicht mehr erreichbare Brennfleckgrößen oder das vollständige Fehlen der Lasertätigkeit (nur noch LED-ähnliche Emission). Halbleiter können durch eine Vielzahl von Mechanismen beschädigt werden. Insbesondere sind sie sehr empfindlich bei schnellen Überschwingeffekten, wie kurze elektrische Transienten, elektrostatische Entladung, sowie dem Betrieb mit nicht zulässigen Laserströmen.

Die erforderlichen Schutzmaßnahmen sind sehr umfangreich und müssen entsprechend der Herstellerangaben befolgt werden. Die durch die menschliche Berührung ausgelöste elektrostatische Entladung ist die häufigste Ursache für den vorzeitigen Ausfall der Laserdiode.

Besonders problematisch sind latente Schädigungen, die momentan nicht ersichtlich sind, aber zu einer raschen Alterung des Lasers führen. Das ist vor allem in Applikationen kritisch, bei denen es auf eine lange Lebensdauer ankommt.

1.3.5 Empfängerdioden

Einleitung

Am Ende der Übertragungsstrecke muss das optische Signal in ein elektrisches Signal gewandelt werden. Die zum Einsatz kommenden Bauelemente sollen die im Abschnitt 1.3.1 genannten Anforderungen erfüllen. Hierfür eignen sich in hervorragender Weise Halbleiterbauelemente, die den inneren Photoeffekt nutzen. Das heißt sie sind in der Lage, die Photonen zu absorbieren und in Elektron-Loch-Paare zu wandeln. Diese fließen über einen Stromkreis und erzeugen ein dem optischen Signal proportionales elektrisches Signal.

In diesem Abschnitt werden die wichtigsten Empfangsbauelemente für die optische Nachrichtentechnik, die PIN-Photodiode und die Lawinen-Photodiode, behandelt.

PIN-Photodiode

Die prinzipielle Wirkungsweise der Photodiode beruht auf dem inneren Photoeffekt, der in Abschnitt 1.3.2 erläutert wurde: Durch Absorption eines Photons mit einer Energie, die größer als der Bandabstand des Halbleitermaterials ist, wird ein Elektron-Loch-Paar erzeugt. Gelingt es, das Paar durch ein elektrisches Feld zu trennen, bevor Elektron und Loch rekombinieren, entsteht eine messbare Ladungsträgerkonzentration, die proportional zur Anzahl der auftreffenden Photonen ist.

Bei einer Photodiode wird zur Trennung der Paare das elektrische Feld ausgenutzt, das durch Raumladungen im Bereich der Verarmungszone zwischen p- und n-dotiertem Halbleitermaterial erzeugt wird.

Dabei werden die freigesetzten Elektronen zur n-dotierten Schicht und die Löcher zur p-dotierten Schicht beschleunigt. Dies führt zu einer Anhäufung positiver Ladungen im Valenzband der p-dotierten Schicht und negativer Ladungen im Leitungsband der n-dotierten Schicht. Werden beide Schichten durch einen Stromkreis miteinander verbunden, so fließen Elektronen von der n-dotierten Schicht (also in Sperrichtung der Diode), wo sie mit überschüssigen Löchern rekombinieren.

Der Absorptionskoeffizient des Bauelements wird durch den Einbau einer nicht dotierten Halbleiterschicht (i-Zone, intrinsic) zwischen p- und n-Halbleiter vergrößert und man erhält die PIN-Photodiode (Bild 1.45).

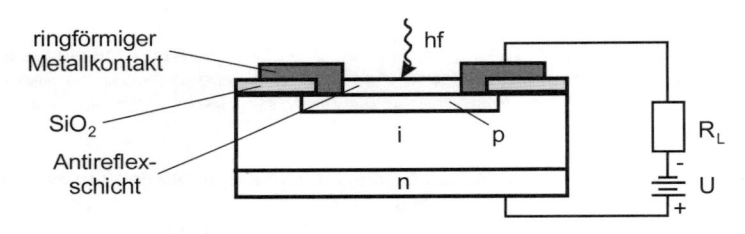

Bild 1.45: PIN-Photodiode

Nicht jedes einfallende Photon erzeugt ein Ladungsträgerpaar. Sehr gute Photodioden erreichen einen Quantenwirkungsgrad η von 90%, das heißt 90% der einfallenden Photonen erzeugen ein Elektron-Loch-Paar.

Der durch das Bauelement erzeugte Strom I_{ph}, bezogen auf die einfallende optische Leistung P_{opt} einer bestimmten Wellenlänge λ wird als spektrale Empfindlichkeit $S(\lambda)$ bezeichnet (Maßeinheit: Ampere/Watt). Dabei ist q die Ladung des Elektrons und h das Plancksche Wirkungsquantum. Man erkennt, dass die Empfindlichkeit im idealen Bauelement proportional mit der Wellenlänge anwächst (Gleichung (1.50)).

$$S(\lambda) = \frac{I_{ph}}{P_{opt}} = \eta \cdot \frac{q}{hf} = \eta \cdot \frac{q}{hc} \cdot \lambda \qquad (1.50)$$

Die Absorption bewirkt die Erzeugung eines Elektron-Loch-Paares. Dies ist aber nur möglich, wenn die vom Photon an das Valenzelektron übertragene Energie W_{Ph} ausreicht, um es in das Leitungsband zu heben. Dazu ist mindestens die Energie E_g des Bandabstands notwendig, das heißt es muss $W_{Ph} \geq E_g$ sein. Nach Gleichung (1.48) ist diese Bedingung für W_{Ph} erfüllt, wenn die Wellenlänge einen bestimmten Grenzwert λ_g nicht überschreitet.

Folglich ist Strahlungsabsorption nur möglich, wenn die Photonenenergie größer als die Bandlückenenergie ist, bzw. wenn die Wellenlänge der Strahlung die zur Bandlücke E_g korrespondierende Grenzwellenlänge $\lambda_g = hc/E_g$ unterschreitet. Gleichung (1.50) gilt also nur bis zu einer bestimmten Grenzwellenlänge λ_g. Oberhalb λ_g ist

S = 0. Die Grenzwellenlänge hängt vom Bandabstand E_g ab und dieser wiederum vom jeweiligen Materialsystem.

Die Grenzwellenlänge der Silizium-Photodioden liegt etwa bei 1,1 µm. Sie sind für die Übertragung im sichtbaren Wellenlängenbereich und im ersten optischen Fenster geeignet. Für höhere Wellenlängen (zweites und drittes optisches Fenster) verwendet man Germanium oder InGaAs.

Bild 1.46 zeigt die spektrale Empfindlichkeit $S(\lambda)$ für verschiedene Detektormaterialien.

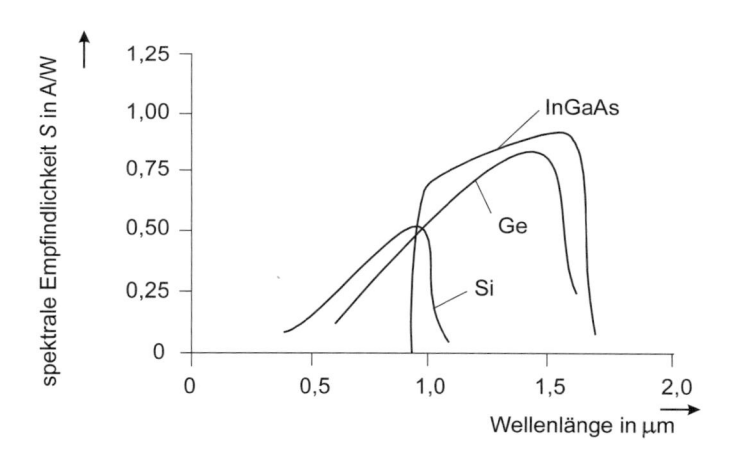

Bild 1.46: Spektrale Empfindlichkeit von Silizium, Germanium und InGaAs

Deutlich ist der oben diskutierte Verlauf ersichtlich: Annähernd linearer Anstieg der Empfindlichkeit mit der Wellenlänge und abrupter Abfall oberhalb einer bestimmten Grenzwellenlänge.

Germanium kann im ersten, zweiten und dritten optischen Fenster eingesetzt werden. Allerdings ist zu beachten, dass die spektrale Empfindlichkeit der Germaniumdiode bereits bei 1550 nm abfällt. Die abfallende Flanke zeigt eine starke Temperaturabhängigkeit.

Bei Nutzung des L-Bandes sind die InGaAs-Dioden unbedingt den Ge-Dioden vorzuziehen. InGaAs-Dioden ermöglichen eine hohe Empfindlichkeit bis 1650 nm.

Die maximale spektrale Empfindlichkeit der Si-Diode liegt bei 0,5 A/W. Eine Empfangsleistung von 1 µW bewirkt also einen Photostrom von 0,5 µA, der an einem Lastwiderstand R_L von beispielsweise 10 kΩ eine Spannung von 5 mV entstehen läßt. Mit der Ge- bzw. InGaAs-Photodiode erzielt man spektrale Empfindlichkeiten bis nahe 1 A/W.

Lawinen-Photodiode

Wenn die im elektrischen Feld erzeugten Ladungsträger so große Geschwindigkeiten erreichen, dass durch Stoßionisation weitere Ladungsträger erzeugt werden, dann erhält man einen besonders hohen Photostrom. Die Photodiode wird dann Lawinen-Photodiode oder Avalanche-Photodiode (APD) genannt.

Im Prinzip lässt sich die oben beschriebene PIN-Photodiode auch als Lawinen-Photodiode betreiben. Der Spannungsbedarf zum Erreichen der hohen Feldstärken für den Lawinendurchbruch ist sehr hoch. Tatsächlich haben diese Bauelemente, spezielle für den Lawinenprozess optimierte Strukturen.

Der Multiplikator oder Verstärkungsfaktor M gibt an, um welchen Faktor sich der Photostrom erhöht, im Vergleich zum Betrieb ohne Verstärkung (M = 1). Somit ergibt sich die verstärkungsabhängige spektrale Empfindlichkeit aus der spektralen Empfindlichkeit der PIN-Photodiode zu:

$$S(\lambda, M) = M \cdot S(\lambda, M = 1) \tag{1.51}$$

Der Verstärkungsfaktor M hängt von der Spannung ab. Verstärkungsfaktoren in der Größenordnung von 10 erfordern Spannungen nahe 100 V.

Diese hohen Spannungen bewirken im Vergleich zur PIN-Photodiode einen erhöhten schaltungstechnischen Aufwand.

Während bei der PIN-Photodiode der Zusammenhang zwischen Leistung und Photostrom über neun Dekaden proportional ist, ist der Linearitätsbereich bei der Lawinen-Photodiode eingeschränkt.

Mit wachsendem Verstärkungsfaktor wächst nicht nur der Signalstrom, sondern auch das Rauschen, so dass man ab einem bestimmten Multiplikationsfaktor keinen Gewinn mehr am Signal-Rausch-Verhältnis erzielt.

Die Anforderungen an die Schaltung zur Ansteuerung einer Lawinen-Photodiode sind im Vergleich zur Ansteuerung einer PIN-Photodiode höher. Nachteilig ist die hohe Betriebsspannung der Lawinen-Photodiode sowie die Forderung an deren hohe Konstanz.

Wichtige Eigenschaften von Empfängerdioden

Neben Rauscheffekten, bedingt durch den Sender und die Übertragungsstrecke, Dispersionseffekten und Nichtlinearitäten wird die Qualität des Übertragungssystems auch durch das Rauschen des Empfängers beeinträchtigt.

Wäre dieses nicht vorhanden, so könnte man kleinste optische Leistungen, die im Empfänger in einen Photostrom gewandelt werden, über einen sehr großen Lastwiderstand in eine beliebig große Spannung wandeln, die dann problemlos messbar wäre.

Das ist aber leider nicht möglich. So wie bei den Laserdioden wirken auch bei den Photodioden verschiedene Rauscheffekte, nämlich das thermische Rauschen, das Quantenrauschen, das Dunkelstromrauschen und bei Verwendung einer Lawinen-Photodiode das Multiplikationsrauschen. Ziel des Schaltungsentwurfs ist es, diese Rauscheinflüsse möglichst gering zu halten.

Eine weitere wichtige Eigenschaft ist die Bandbreite der Photodiode. Diese kann die maximale Bitrate des Systems begrenzen. Das Frequenzverhalten und damit die Bandbreite wird durch die Sperrschichtkapazität beeinflusst. Diese wird durch die Struktur der Diode, insbesondere aber auch durch die Größe der lichtempfindlichen Fläche festgelegt. Sie sollte zur Realisierung hoher Bandbreiten möglichst klein sein.

Wie die Sender, sind auch die Empfänger als komplette Module verfügbar. Das Empfängermodul besitzt in der Regel einen LWL-Anschluss (Pigtail) sowie eine Vorverstärkerstufe, beispielsweise einen Transimpedanz-Verstärker.

1.3.6 Zusammenfassung

Wir fassen die wesentlichen Eigenschaften der optoelektronischen Bauelemente folgendermaßen zusammen:

- Durch Ausnutzung der elektrooptischen Wechselwirkungen im Halbleiterkristall wird die Realisierung leistungsfähiger Sender- und Empfangsbauelemente für die optische Nachrichtentechnik möglich.
- Die spontane Emission wird bei der Lumineszenzdiode, die stimulierte Emission bei der Laserdiode und die Absorption von Licht bei der Empfängerdiode ausgenutzt.
- Lumineszenzdioden sind preisgünstig und einfach handhabbar, haben jedoch eine große spektrale Breite, eine schlechte Linearität der Kennlinie und einen geringen Koppelwirkungsgrad bei Einkopplung in den Lichtwellenleiter.
- Laserdioden sind teuer, erfordern einen erhöhten schaltungstechnischen Aufwand sowie besondere Vorsicht bei der Handhabung. Sie ermöglichen durch die hohe Linearität der Kennlinie auch eine Übertragung analoger Signale. Laserdioden sind mit Bitraten bis 40 GHz modulierbar und bewirken in der Bauform DFB oder DBR eine extrem geringe spektrale Halbwertsbreite. Sie sind folglich für die Realisierung hochbitratiger Systeme geeignet. Wegen ihrer hohen Ausgangsleistung und dem hohen Koppelwirkungsgrad bei der Einkopplung in den Singlemode-LWL kann man mit Laserdioden große Streckenlängen überbrücken.
- Die Photodioden sind für die Wandlung optischer Signale in elektrische Signale geeignet. Für unterschiedliche Wellenlängenbereiche sind unterschiedliche Detektormaterialien erforderlich. Das Rauschen der Photodiode begrenzt die überbrückbare Streckenlänge und die Bandbreite begrenzt die maximalen Bitraten, die empfangen werden können.
- Für herkömmliche Anwendungen kommt die PIN-Photodiode zum Einsatz. Die Lawinen-Photodiode ermöglicht höhere Empfindlichkeiten, erfordert aber einen deutlich größeren schaltungstechnischen Aufwand.
- Sender und Empfänger kommen als komplette Module in Transceivern zum Einsatz. Auf der Sender-Seite wandelt der Transceiver elektrische Signale in optische

Signale um. Das Licht des Lasers wird über einen geeigneten Steckverbinder direkt in die Faser eingekoppelt. Auf der Empfänger-Seite wird das optische Signal über einen Steckverbinder an die Diode gekoppelt und in ein elektrisches Signal gewandelt. Es gibt Transceiver in verschiedenen Bauformen (1 x 9, GBIC, SFP, SFF, BiDi). Die Transceiver sind steckbar und können je nach Anforderung (Übertragungsmedium, unterstützte Bitrate bzw. Protokoll, Wellenlänge/Streckenlänge) ausgewählt werden.

1.4 Literatur

[1.1] D. Eberlein: Leitfaden Fiber Optic. 1. Auflage, Dr. M. Siebert GmbH, Berlin 2005.
[1.2] G. Mahlke, P. Gössing: Lichtwellenleiter-Kabel. 4. Auflage 1995. Publicis MCD Verlag.
[1.3] T. Volontinen, W. Griffioen, M. Gadonna, H. Limberger: Realibility of Optical Fibres and Components. Final Report of COST 246. Springer Verlag 1999.
[1.4] Y. Mitsunaga, Y. Katsuyama, H. Kobayashi, Y. Ishida: Failure prediction for long length optical fiber based on proof testing. J. Appl. Phys. 53(7), July 1982, S. 4847-4853.
[1.5] R. J. Castilone: Mechanical Reliability: Applied Stress Design Guidelines. Corning, White Paper WP 5053, August 2001.
[1.6] G. S. Glaesemann, R. J. Castilone: The Mechanical Reliability of Corning Optical Fiber in Bending. Corning, White Paper WP 3690, September 2002.
[1.7] W. Bludau: Halbleiter-Optoelektronik. 1. Auflage München Wien: Carl Hanser Verlag, 1995.

2 Lösbare Verbindungstechnik von Lichtwellenleitern
Christian Kutza

2.1 Lösbare Verbindungstechnik in optischen Übertragungssystemen

Die Entwicklung der optischen Übertragungssysteme seit den 70er Jahren ist ein interessantes Wechselspiel zwischen den Anforderungen aus den zu übertragenden Datenmengen, den Anforderungen der „Nutzer", der Entwicklung der Komponenten der Übertragungssysteme sowie einer wirtschaftlichen Umsetzung in der Praxis.

Die Weiterentwicklung der optischen Übertragungssysteme ist eng an die erfolgreiche Verknüpfung verschiedener technologischer Disziplinen gebunden. Das gewünschte Resultat, eine Verbindungsstelle mit sehr guten optischen Eigenschaften, wird nur durch das Zusammenspiel von sehr präzisen mechanischen Komponenten, einer wiederholbar exakten Montagetechnologie sowie genauer Kenntnis der optischen Vorgänge an der Koppelstelle, erreicht.

Ein Vergleich der Komponenten eines elektrischen Übertragungssystems, mit denen eines optischen Systems, zeigt nach Bild 2.1 eine Übereinstimmung der grundsätzlich geforderten Funktionen. Sind die Funktionen der Grundkomponenten auch sehr ähnlich, ergibt sich aus den unterschiedlichen physikalischen Funktionsweisen der Elemente sowie der deutlich veränderten Netztopologie ein völlig neues Anforderungsprofil an die Koppelstellen.

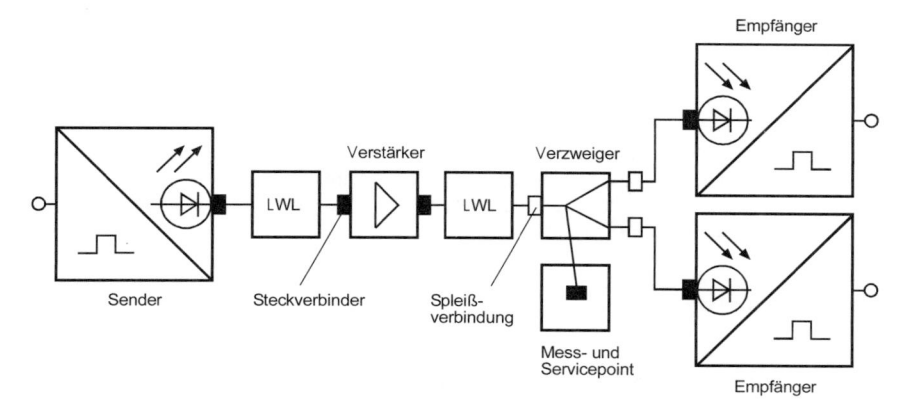

Bild 2.1: Komponenten optischer Systeme

Sehr hohe Bandbreiten- und niedrige Dämpfungswerte, sowie optische Transparenz der Lichtwellenleiter auf der Übertragungsstrecke sollen durch notwendige lösbare Verbindungselemente möglichst wenig beeinflusst werden.

2.1.1 Allgemeine Anforderungen an lösbare Koppelstellen

Die Aufgabe der optischen Verbindungstechnik ist es, eine verlustarme Kopplung des Lichtes in den Lichtwellenleiter zu ermöglichen.

Aus Bild 2.1 ergeben sich Koppelstellen zwischen unterschiedlichen Elementen des Übertragungssystems, deren Anforderungsprofil sich auch durch die unterschiedlichen LWL-Typen (vergleiche Abschnitt 1.2) im Einzelnen unterscheidet.

Es sind folgende Kopplungen zu realisieren:

- von optischen Sendebauelementen in den Lichtwellenleiter
- von Lichtwellenleitern untereinander
- vom Lichtwellenleiter in optische Empfangsbauelemente.

Die heutigen Anforderungen an lösbare Koppelstellen lassen sich mit einer Reihe von Schlagworten recht gut charakterisieren:

- geringe und konstante Dämpfung
- Unterdrückung von Reflexionen
- geringe Beeinflussung der optischen Werte gegenüber den Standardwerten der Kopplungspartner
- Zuverlässigkeit
- Sicherheit bei Laserstrahlung
- Schutz gegen Verschmutzung
- Schutz gegen falsche Manipulation
- einfache Bedienung
- gute Beständigkeit gegen Umwelteinflüsse
- rationelle Herstellung der Teile, Automatisierung
- Integration in bestehende Systemnormen
- kostengünstige Herstellung der Verbindungsstelle

Allein diese unvollständige Aufzählung zeigt, dass den Verbindungsstellen in optischen Netzen eine Schlüsselrolle hinsichtlich der Funktion des Systems zukommt. Die unterschiedlichen Anforderungsprofile haben zu einer Vielzahl verschiedener technischer Realisierungen geführt.

So mannigfaltig die angebotenen Lösungen auch sind, alle Anforderungen werden nicht gleichzeitig erfüllt.

Grundsätzlich kann bei allen lösbaren Verbindungen ein optisch homogener Übergang nur durch eine mechanische Zentrierung der lichtführenden Faserkerne realisiert werden.

2.1.2 Optisch ideale Koppelstellen

Die reale Verbindungsstelle stellt eine Störung der Lichtübertragung im Lichtwellenleiter dar. Die messbaren Dämpfungs- und Reflexionsverluste entstehen durch die Überlagerung verschiedener Faktoren, ohne dass diese bei der Messung im Einzelnen quantifiziert werden können. Eine Betrachtung der verschiedenen Einflussfaktoren soll mit dem Einstieg über eine idealisierte optische Koppelstelle erfolgen.

Die Verluste an den Koppelstellen können nicht für alle LWL-Typen nach einem gemeinsamen Schema betrachtet werden. Hierfür werden bei Multimode-LWL zur Vereinfachung nur die Parameter

- Kernradius
- numerische Apertur
- Profilparameter

in die Betrachtung der Koppelstelle beider Lichtwellenleiter einbezogen.

Bei der idealen Singlemode-LWL-Verbindung wird nur der Parameter Modenfeldradius betrachtet. Für beide Lichtwellenleiter gilt als idealisierte Randbedingung

- eine gemeinsame Lage der Kernmittelpunkte auf der z-Achse,
- die Stirnflächen liegen ohne Zwischenmedium senkrecht zur z-Achse aneinander (physikalischer Kontakt).

2.1.3 Kopplung von Multimode-Lichtwellenleitern

Zur Ermittlung des Leistungsverlustes an der idealen Koppelstelle der Multimode-LWL betrachten wir die Summe der Leistungsanteile aller übertragenen Moden vor und nach der Stirnflächenkopplung der beiden Lichtwellenleiter. Bei der Addition der Leistungsanteile gehen wir davon aus, dass alle Moden gleiche Leistungsanteile transportieren. Nach den Voraussetzungen von Abschnitt 2.1.2 ergibt sich eine Koppelstelle nach Bild 2.2.

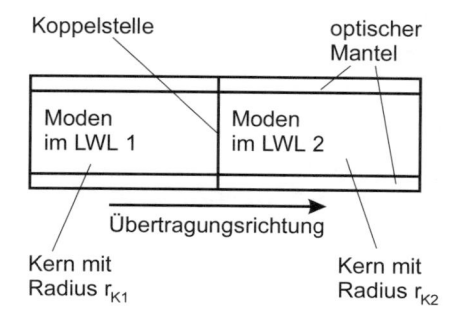

Bild 2.2: Koppelstelle

Für Multimode-LWL mit unterschiedlichen Kernradien r_{K1} und r_{K2}, lässt sich die Dämpfung für die Übertragungsrichtung Lichtwellenleiter 1 in Lichtwellenleiter 2 folgendermaßen berechnen:

$$a = 10 \lg\left[\left(\frac{r_{K1}}{r_{K2}}\right)^2\right] \quad \text{in dB} \quad \text{bei } r_{K1} \geq r_{K2} \tag{2.1}$$

Einen ähnlichen Verlauf der Dämpfung durch Unterschiede der numerischen Aperturen NA_1 und NA_2 von Lichtwellenleiter 1 und 2 ergibt sich entsprechend

$$a = 10 \lg\left[\left(\frac{NA_1}{NA_2}\right)^2\right] \quad \text{in dB} \quad \text{bei } NA_1 \geq NA_2 \tag{2.2}$$

Die Unterschiede im Profilexponent g_1 und g_2 der Lichtwellenleiter 1 und 2 bewirken folgende Dämpfung:

$$a = 10 \lg\left[\frac{g_1 \cdot (2 + g_2)}{g_2 \cdot (2 + g_1)}\right] \quad \text{in dB} \quad \text{bei } g_1 \geq g_2 \tag{2.3}$$

Eine grafische Darstellung (Bild 2.3) zeigt, dass eine Fehlanpassung zwischen unterschiedliche Kernradien bzw. numerische Aperturen schneller zu Verlusten führt, als Unterschiede im Profilexponenten. Unter der Bedingung, dass die relativen Abweichungen klein sind, erhält man durch Superposition der Anteile entsprechend der Gleichungen (2.1), (2.2) und (2.3) die Einfügedämpfung der Verbindungsstelle.

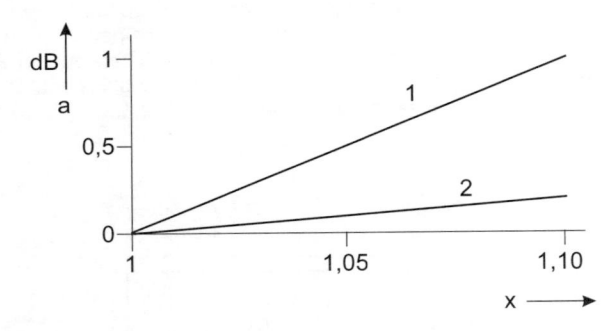

Bild 2.3: Darstellung der Dämpfungsanteile einer idealen Multimode-LWL-Verbindung (Kurve 1: $x = r_{K1}/r_{K2}$ bzw. $x = NA_1/NA_2$; Kurve 2: $x = g_1/g_2$)

Werden die Bedingungen der Gleichungen (2.1), (2.2) bzw. (2.3) so geändert, dass $r_{K1} < r_{K2}$, $NA_1 < NA_2$ bzw. $g_1 < g_2$ gilt, ist die Verbindung verlustfrei. (In der Praxis tritt jedoch immer eine geringe Dämpfung in jeder Richtung auf.) Folglich sind die Dämpfungen infolge unterschiedlicher Parameter der Multimode-LWL richtungsabhängig.

2.1.4 Kopplung von Singlemode-Lichtwellenleitern

Die Betrachtung der idealen Singlemode-LWL-Verbindung ist vergleichsweise einfach. Die Beschreibung der Lichtleitung in der Faser mit dem idealisierten Stufenprofil erfolgt durch die Grundmode. Einziger Parameter hierbei ist der Modenfeldradius. Bei der Kopplung von Singlemode-LWL mit den Modenfeldradien w_1 und w_2, lässt sich die Dämpfung nach Gleichung (2.4) berechnen.

$$a = 20 \lg \frac{w_1^2 + w_2^2}{2 w_1 \cdot w_2} \quad \text{in dB} \tag{2.4}$$

Die Gleichung (2.4) zeigt einen interessanten Unterschied in der Richtungsabhängigkeit der Dämpfung im Vergleich zu den Multimode-LWL: Die Dämpfung der idealen Singlemode-Verbindung ändert sich nicht, wenn die Koppelrichtung sich umkehrt.

2.2 Reale Koppelstellen

Verluste an realen Koppelstellen entstehen einerseits durch die bisher gezeigten Fehlanpassungen der Faserkennwerte, aber auch durch axialen Abstand der Stirnflächen, radialen Versatz der Koppelbereiche sowie nicht senkrecht zueinander stehende Stirnflächen durch Verkippung der Fasern gegeneinander sowie nicht parallele Stirnflächen. Verschmutzung und Verkratzen der Steckeroberflächen führt zu Verlusten, die bis hin zum Totalausfall der Verbindungsstelle führen können Dieser Effekt soll jedoch an dieser Stelle nicht betrachtet werden.

Gibt es keinen physikalischer Kontakt beider Stirnflächen innerhalb des Kernbereichs der zu verbindenden Lichtwellenleiter, entsteht an dieser Stelle eine Reflexionsdämpfung. Die Dämpfung infolge einer Fresnelreflexion bei senkrecht zur Stirnfläche einfallendem Licht lässt sich folgendermaßen ermitteln:

$$a = 20 \lg \left(\frac{n_1 + n_0}{n_1 - n_0} \right) \quad \text{in dB} \tag{2.5}$$

Nach Gleichung (2.5) errechnet sich die Dämpfung bei der Kopplung von zwei Lichtwellenleitern mit Kernbrechzahl $n_1 = 1{,}5$ über einen Luftspalt $n_0 = 1$ zu $2a = 0{,}36$ dB. Dieser für die Praxis wichtige Wert gilt jedoch nur für die Übertragung von inkohärentem Licht, somit nicht für Lasersendeelemente.

Bei der Kopplung von Laserlicht über einen Luftzwischenraum bildet sich im Raum zwischen den Lichtwellenleitern ein Resonator aus. Die Dämpfung des kohärenten Lichtes folgt nach Bild 2.4. einer periodischen Funktion und wird durch das Verhältnis von Wellenlänge zum Stirnflächenabstand s/λ_0 beeinflusst.

Durch Oszillation der Dämpfung zwischen 0 dB und 0,72 dB und Veränderungen der Reflexionsdämpfung zwischen 8 dB und ∞ dB kommt es in kohärenten Systemen zur Instabilität und teilweise sogar zum Totalausfall.

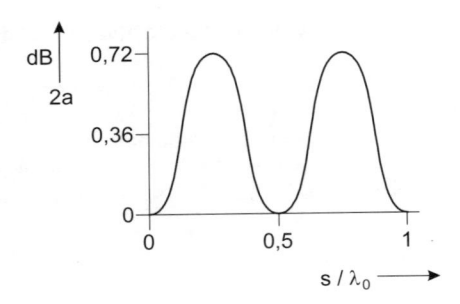

Bild 2.4: Verlust an der Koppelstelle bei kohärentem Licht

2.2.1 Multimode-Lichtwellenleiter-Kopplung

Eine rechnerische Ermittlung der realen Verlustanteile bei der Stirnflächenkopplung von zwei Multimode-LWL soll mit empirisch ermittelten Formeln erfolgen, die für eine recht gute Beschreibung der Vorgänge geeignet sind. Alle angegebenen Formeln beschreiben die Verlustanteile hinreichend genau für die Fasern mit marktüblichen Kernradien und Brechzahlprofil.

Die nach Abschnitt 2.1 auftretenden Fehljustierungen der Fasern zueinander sind in Bild 2.5 dargestellt. Der Koppelverlust zwischen Fasern, deren Kernbereiche sich nicht deckungsgleich gegenüber befinden, sondern einen radialen Versatz d haben, wird entsprechend Gleichung (2.6) berechnet.

$$a = 2{,}8 \cdot \frac{d}{r_K} \cdot \frac{g+2}{g+1} \quad \text{in dB} \tag{2.6}$$

Mit diesem Ansatz lässt sich der Verlust ermitteln, der auch kurz nach der Koppelstelle zu messen ist. Hier wirkt sich aus, dass direkt nach der Verbindungsstelle die Gleichverteilung der Leistung auf alle Moden gestört ist. Die Moden in den Randbereichen des Kernes werden stärker gedämpft als zentral geführte.

Der gemessene Verlustanteil steigt jedoch nochmals bei langem Faserweg nach der Koppelstelle, da sich dann eine Modengleichgewichtsverteilung einstellt (vergleiche Abschnitt 4.1.2).

Falls Modengleichgewicht bereits vor der Versatzkoppelstelle vorliegt, ist ein geringerer Verlust bei gleichem Versatz zu beobachten, da alle Moden nahe dem Kernmittelpunkt transportiert werden. Mit Gleichung (2.6) und einem angenommenen Profilparameter von g = 2 errechnet sich die Dämpfung nach

$$a = 10{,}2 \cdot \left(\frac{d}{r_K}\right)^2 \quad \text{in dB} \tag{2.7}$$

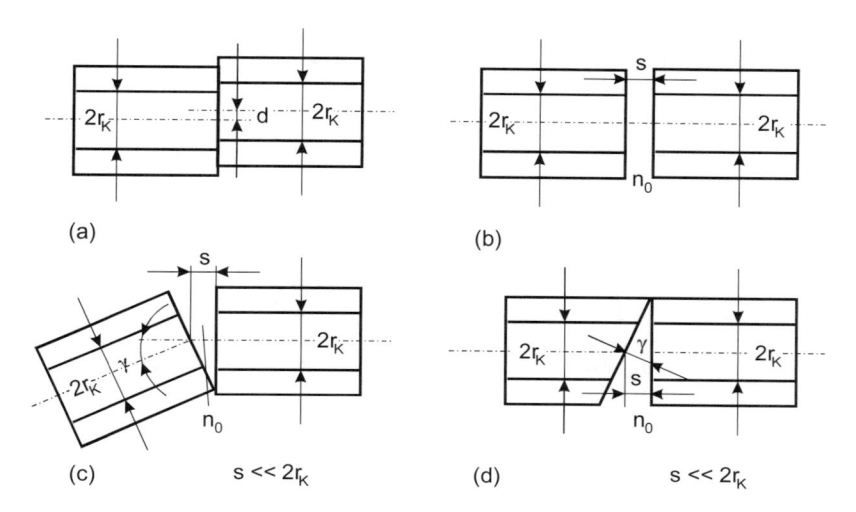

Bild 2.5: Fehlanpassungen der Multimode-LWL an der Koppelstelle: (a) radialer Versatz, (b) axialer Versatz, (c) Verkippung der Lichtwellenleiter, (d) Winkelfehler der Stirnfläche

Fehlanpassungen durch Verkippen und damit nicht parallele Stirnflächen können hinreichend genau durch den selben Ansatz beschrieben werden, da praxisnah kleine Winkel γ auftreten, die bei der Berechnung in Bogenmaß in die nachfolgenden Gleichungen eingehen müssen.

Auch bei diesem Verlustmechanismus zeigt sich, dass Gleichverteilung und Gleichgewichtsverteilung an der Koppelstelle zu unterschiedlichen Verlusten führen.

Bei Gleichverteilung errechnet sich die Dämpfung nach:

$$a = 2{,}8 \cdot \frac{n_0 \gamma}{NA} \cdot \frac{g+2}{g+1} \quad \text{in dB} \tag{2.8}$$

Dabei ist n_0 die Brechzahl des Mediums zwischen den beiden Steckerstirnflächen.

Für den Parabelprofil-LWL ($g = 2$) und Modengleichgewichtsverteilung erhält man eine zu Gleichung (2.7) analoge Beziehung:

$$a = 10{,}2 \cdot \left(\frac{n_0 \gamma}{NA}\right)^2 \quad \text{in dB} \tag{2.9}$$

Wie bei dem radialen Versatz zeigt sich auch hier bei Gleichgewichtsverteilung ein geringerer Verlust als bei Gleichverteilung der Moden.

Für einen Abstand s der Stirnflächen (axialer Versatz) berechnet sich der Verlust beim Parabelprofil-LWL (g = 2) und bei Modengleichverteilung folgendermaßen:

$$a = 2{,}17 \cdot \frac{NA}{n_0} \cdot \frac{s}{r_K} \quad \text{in dB} \tag{2.10}$$

2.2.2 Singlemode-Lichtwellenleiter-Kopplung

Bei der Herstellung einer lösbaren Verbindung von zwei Singlemode-LWL können die bereits bei Multimode-LWL beschriebenen Fehlanpassungen auftreten. Zur Beschreibung der Vorgänge wird die Lichtübertragung der Grundmode mit Gaußprofil zu Grunde gelegt. So ist der Verlust nicht allein vom Wert der mechanischen Lageabweichung abhängig. Auch Wellenlänge bzw. Modenfeldradius beeinflussen die Höhe der Dämpfung an der Koppelstelle.

Dieser Zusammenhang ist bei modernen Systemen von Bedeutung, da zur Datenübertragung der Wellenlängenbereich von 1310 nm bis 1550 nm, zur Faserüberwachung der Bereich 1625 nm genutzt bzw. für die Datenübertragung erschlossen wird. Die Berechnung des Koppelverlustes kann mit den Gleichungen (2.11) bis (2.13) in guter Näherung erfolgen. Bei radialem Versatz d erhält man:

$$a = 4{,}34 \cdot \left(\frac{d}{w}\right)^2 \quad \text{in dB} \tag{2.11}$$

Für Winkelfehler γ in Bogenmaß gilt:

$$a = 42{,}9 \cdot \left(\frac{w\,n_0}{\lambda}\right)^2 \cdot \gamma^2 \quad \text{in dB} \tag{2.12}$$

Bei axialem Versatz s, wobei n_0 die Brechzahl des Mediums zwischen den beiden Steckerstirnflächen ist, gilt:

$$a = \left(\frac{s\,\lambda}{3 n_0 w^2}\right)^2 \quad \text{in dB} \tag{2.13}$$

2.2.3 Faser-Aktivelement-Kopplung

Neben der Faser-Faser-Kopplung nach Bild 2.1 spielen Kopplungen von Fasern an aktive Bauelemente eine wichtige Rolle.

Unterschiedliche Anforderungen an die Koppelstelle, sowie eine genaue Anpassung der Fügepartner wie bei Faser-Faser-Kopplungen haben eine Reihe verschiedener technischer Lösungsvarianten zur Ankopplung der Lichtwellenleiter an Sende- und Empfangsbauelemente hervorgebracht.

Betrachtet man jedoch die Faser-Aktivbauelement-Kopplung, so sind weit mehr Freiheitsgrade bei einer technologischen Realisierung zu beachten.

Das Spektrum der verfügbaren optoelektronischen Bauelemente hat eine Größenordnung erreicht, die eine Einteilung nach Einsatzgrundsätzen notwendig macht und so für unsere Betrachtung eine Übersichtlichkeit der Koppelprobleme erleichtert (Tabelle 2.1).

Entfernung	bis 100 m	bis 3000 m	bis 100 km
Einsatzbereich	Prozesstechnik	LAN-Bereich	Telekommunikation
LWL-Typ	Kunststoff-LWL	Gradientenindex-LWL	Singlemode-LWL
Sendebauelement	LED	LED	LD
Empfangsbauelement	PIN	PIN	APD
Wellenlänge	530 nm bis 850 nm	850 nm/1300 nm	1310 nm/1550 nm/ 1625 nm

Tabelle 2.1: Einteilung der optischen Komponenten nach Einsatzbereichen

Neben den Fasern sind besonders die Sendebauelemente der Länge der Übertragungsstrecke sowie der erforderlichen Übertragungsgeschwindigkeit angepasst. Die grundsätzliche Funktion der Ein- sowie Auskopplung des Lichtes zwischen Faser und Bauelement ist um so aufwändiger, je länger die zu überbrückende LWL-Strecke bzw. je höher die Bitrate ist.

Die direkte Kopplung einer optischen Quelle an einen Lichtwellenleiter erfolgt ausschließlich durch Hersteller aktiver Sendemodule. Der Koppelwirkungsgrad η (P_S: Leistung des Senders, P_{LWL}: Leistung im Lichtwellenleiter)

$$\eta = \frac{P_{LWL}}{P_S} \qquad (2.14)$$

wird beeinflusst durch:

- die numerische Apertur des Lichtwellenleiters
- das Brechzahlprofil des Lichtwellenleiters,
- den Abstand der Faser zum Sendebauelement,
- die Strahlcharakteristik des Sendeelementes,
- den Versatz von optischer Achse des Senders zur optischen Achse der Faser,
- Winkelfehler in der Ausrichtung von Faser zum Sender,
- Fresnelverluste.

Zur Ankopplung an Sende- und Empfangsbauelemente haben sich am Markt zwei Basistechnologien durchgesetzt. Während bei Receptacles die Faser über einen mechanischen Stecker angekoppelt wird, ist bei der Modulfertigung die Faser direkt an die aktive Fläche des Bauelements montiert.

Die Montage der Faser an das Aktivelement erfolgt in der Regel durch den Bauelementehersteller. Die Module, hermetisch abgedichtete Gehäuse, werden mit Faserpigtails ausgeliefert.

Die Anforderungen an die Montage der Faser an das Bauelement steigen auch hier wieder mit den Übertragungseigenschaften. Die Kopplung einer Lumineszenzdiode an einen Lichtwellenleiter mit mehr als 800 µm Kerndurchmesser stellt keine hohen Anforderungen an Positionierung und Koppeloptik.

Eine kugelförmige Abstrahlcharakteristik von Lumineszenzdioden sowie die ortsabhängige numerische Apertur von Multimodefasern mit Gradientenprofil erfordern für einen hohen Koppelwirkungsgrad die Einfügung von Koppeloptiken. Gegenüber der direkten Einkopplung in eine Spiegelbruchfläche bieten sie den Vorteil, divergierende Stahlanteile genau auf den Faserkern abzubilden.

Bei dem Einsatz von Laserdioden, die als Kantenstrahler arbeiten, ist eine effiziente Einkopplung ohne Optik oder Stirnflächenpräparation der Faser nicht möglich. Das Anschmelzen von Halbkugeln, Tapern oder Winkelschliffe sind gebräuchliche Bearbeitungsschritte für Stirnflächengeometrien.

Für Singlemode-Systeme ist auch hier wieder der höchste Montageaufwand erforderlich. Die Einkopplung hoher Leistungen wird nur durch die Beherrschung engster Toleranzen bei der Positionierung der Faser erreicht. Indexgeführte Laser sind empfindlich gegen Reflexionen, die an Übergangsstellen entstehen. Bei der Ankopplung im Modul können Antireflexionsschichten aufgebracht oder Isolatoren im Bereich der Optik eingefügt werden.

Als Einkoppelanordnungen werden eingesetzt:

- Taper
- separate Kugel- und GRIN-Linsen
- angeschmolzene oder geätzte Linsen
- Linsenfenster auf dem Bauelement.

Bei industriell gepigtailten Modulen wird ein hoher Einkoppelwirkungsgrad (40 %) erreicht und dem Anwender ein bauelementbezogenes Messprotokoll beigestellt. Für eine automatisierte Montage auf der Leiterplatte sind Module jedoch nicht geeignet, da das Pigtail manuell verlegt wird, ein Stecker montiert und danach auf der Baugruppenseite gesteckt werden muss.

Abhilfe schaffen hier Receptacle: Elemente bei denen die Faser durch einen optischen Steckverbinder an das Aktivelement gekoppelt wird (Bild 2.6). Receptacle sind bei LED-Anwendungen die gebräuchliche Bauform. Im Bereich der Laser sind die Anforderungen an die Positionierung der optisch aktiven Fläche zur angesteckten Faser sehr hoch und werden nur von wenigen Herstellern als Massentechnologie beherrscht.

Aktives Bauelement, Koppeloptik und Faser im Stecker müssen reproduzierbar immer wieder in die optimale Koppelposition gebracht werden.

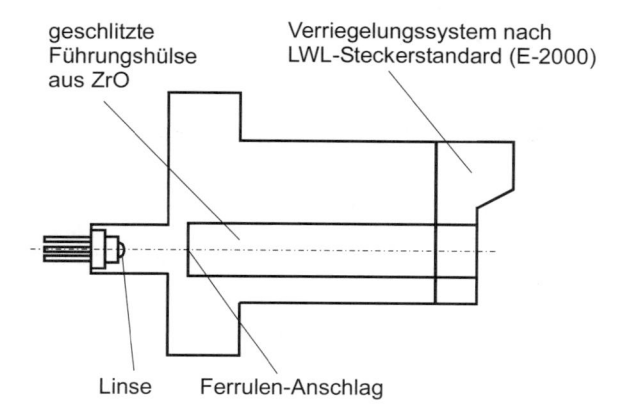

Diagramm mit Beschriftungen:
- geschlitzte Führungshülse aus ZrO
- Verriegelungssystem nach LWL-Steckerstandard (E-2000)
- Linse
- Ferrulen-Anschlag

Bild 2.6: Receptacle (Schnittdarstellung)

Die Montage der Empfängerbauelemente ist vergleichsweise unproblematisch. Die lichtdetektierende Fläche ist groß im Vergleich zum Faserkern, so dass der bestimmende Parameter der Abstand Faser zum Empfänger ist. Der in der Praxis erzielbare Einkoppelgrad erreicht 100 %.

Die schnelle Entwicklung der optischen Übertragungstechnik stellt an die Ein- bzw. Auskoppelstellen des Lichtes immer neue Anforderungen. Intensiv wird gegenwärtig gearbeitet an der

- Einkopplung hoher Leistungen (bis in den Bereich über 1 W)
- Erhöhung der Zuverlässigkeit
- mechanischen Montage in der Leiterplattentechnologie.

2.2.4 Ursachen optischer Verluste an lösbaren Koppelstellen

Nach den grundsätzlichen Betrachtungen zu Verlusten und deren physikalischen Ursachen soll eine Betrachtung der reellen Verbindungsstelle helfen, Verlustfaktoren zuzuordnen und zu vermeiden. Sinnvoll ist eine Einteilung der Ursachen in drei Gruppen.

Verluste werden durch mechanische Toleranzen der Steckerteile zueinander sowie durch Toleranzen zwischen Faser und Stecker hervorgerufen. Diese Ursachen für Dämpfungen, hervorgerufen durch Toleranzen, sind in den letzten zehn Jahren zwar deutlich eingeengt worden, lassen sich jedoch nicht durch wirtschaftlich sinnvolle Maßnahmen verhindern.

Die Schwankungen des Faseraußendurchmessers von größer als 1 µm und die Staffelung des Bohrungsdurchmessers nach 1 µm-Schritten zeigen den hohen Entwicklungsstand der Technologie, sind aber nach den Betrachtungen weiter oben Ursache von optischen Verlusten von einigen Zehntel Dezibel. Fehlanpassungen durch mechanische Toleranzen werden als extrinsische Verluste bezeichnet.

Verluste entstehen auch durch die Oberflächenbeschaffenheit der Stirnflächen beider Stecker. Einfache Polierverfahren genügen heute den Anforderungen der Singlemode-Technologie nicht mehr.

Sowohl die Koppelverluste in Vorwärtsrichtung, als auch Reflexionen verschlechtern die Übertragungseigenschaften. Neben den technologisch bedingten Stirnflächenverlusten sind Kratzer und Schmutz auf der Faser durch unsachgemäße Handhabung die häufigsten Fehler.

Eine weitere Quelle optischer Übertragungsverluste an der lösbaren Koppelstelle sind Unterschiede der Parameter der zu verbindenden Fasern, die als intrinsische Verluste zusammengefasst werden.

2.2.5 Intrinsische Verluste

Bei einer erneuten Verbindung von einer Faser, die getrennt, mit Steckern konfektioniert und an dieser Stelle wieder gekoppelt wird, treten keine intrinsischen Verluste auf. Fasern mit genau spezifizierten und übereinstimmenden Parametern lassen sich ebenfalls ohne feststellbare intrinsische Verluste koppeln. Je ungenauer die Festlegung der Parameter sowie je weiter deren zugelassene Toleranzen, umso höher ist der Anteil von Koppelverlusten, die durch diese Parameterunterschiede entstehen. Aus Sicht der Verbindungstechnik sind folgende Parameter zu beachten:

- numerische Apertur
- Profilparameter
- Kerndurchmesser
- Lage- und Formabweichung des Kernes
- Dotierungsmaterial

Anschaulich sind die genannten Faktoren in Bild 2.7 dargestellt. Wie gezeigt, werden intrinsische Verluste bei der Realisierung einer Kopplung zwischen zwei Lichtwellenleitern hervorgerufen, wenn deren Parameter nicht aufeinander abgestimmt sind, wobei die Art der Kopplung, lösbare Steckverbindung oder unlösbare Spleißverbindung, keine Rolle spielt.

Die Anpassung ist bei lösbaren, quasilösbaren sowie nichtlösbaren Faserverbindungen gleichermaßen von Bedeutung. In der Praxis wird klar, dass intrinsische Verluste an einer Steckverbindung vor Ort nicht zu verhindern oder zu korrigieren sind.

Häufige Fehlerursachen bei der Errichtung oder dem Betrieb von LWL-Anlagen sind zurückzuführen auf:

- ungenaue Planungs- und Beschaffungsvorgaben
- Abweichungen von internationalen Normen
- ungenaue oder fehlende Dokumentation bei Erweiterungen von Altanlagen.

Unterschiede der Lichtwellenleiter in

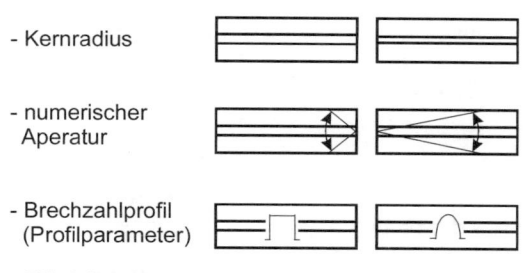

- Kernradius

- numerischer Aperatur

- Brechzahlprofil (Profilparameter)

- Elliptizität des Kernes
- Exentrizität des Kernes

Bild 2.7: Intrinsische Verluste bei der Faser-Faser-Kopplung

Die Kenntnis der Entstehung intrinsischer Verluste ist für den Errichter von optischen Netzen bei der Abnahmemessung von entscheidender Bedeutung, um die Rückstreu-Messkurven richtig zu verstehen. Die Entstehung und Berechnung der Koppelverluste zeigt deutlich, dass eine eindeutige Richtungsabhängigkeit beim Multimode-LWL besteht. Nach Bild 2.7 entsteht in Übertragungsrichtung von links nach rechts eine Dämpfung, in entgegengesetzter Richtung jedoch nicht.

Leicht erkennbare Parameterdifferenzen der Fasern, beispielsweise die Kopplung eines Lichtwellenleiters mit 62,5 µm Kerndurchmesser an einen Lichtwellenleiter mit 50 µm Kerndurchmesser ruft eine Dämpfung von bis zu 4,7 dB hervor. Ursache ist hier die kleinere Einkoppelfläche des Kernes und der Unterschied der numerischen Aperturen von 0,275 bei 62,5 µm und nur 0,2 bei 50 µm Kerndurchmesser. Bei Messung in entgegengesetzter Richtung ist diese Verbindungsstelle (theoretisch) verlustfrei.

Gegenwärtig ist national und international ein starker Anstieg der Installation von LWL-Netzen zu beobachten. Länderübergreifende Projekte und internationale Ausschreibungen zeigen deutlich den Bedarf an praxisnaher internationaler Normung. Nationale oder herstellergebundene Marktstrukturen in der Vergangenheit erfordern derzeit noch einen erhöhten Aufwand bei Auswahl und Wertung von Produkten.

2.2.6 Extrinsische Verluste

Die Kategorie der extrinsischen Verluste beschreibt Fehlanpassungen, die durch Toleranzen der Positionierung der Faserkerne zueinander oder an den Stirnflächen entstehen. Eine schematische Darstellung der Koppelzone im Bild 2.8 bei der Stift-Hülse-Führung zeigt die auftretenden Fehlpositionierungen. Die Abschätzung auf der Grundlage der Toleranzwerte nach Abschnitt 2.2.4 zeigt, dass besonders der Verlust infolge radialen Versatzes der Faserkerne zueinander schnell zunehmen kann.

Verluste an Stirnflächen

- Reflexion

- Rauhigkeit

- nicht senkrechter Bruch

Verluste durch

- radialer Versatz

- Winkelfehler

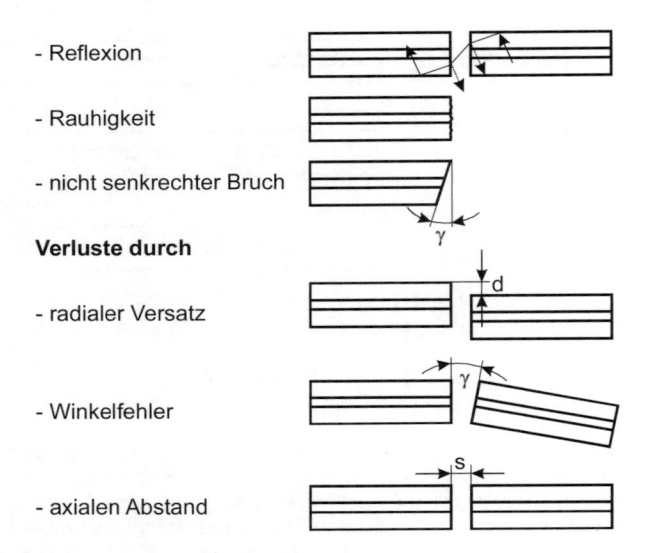

- axialen Abstand

Bild 2.8: Extrinsische Verluste

Die Darstellung im Bild 2.9 macht deutlich, dass eine Positionierung von zwei Faserkernen mit 9 µm Durchmesser mit einer Genauigkeit von weniger als 0,5 µm Exzentrizität zueinander nur durch eine Lagekorrektur der Faser im konfektionierten Stecker oder ein Selektionsverfahren erreicht werden kann.

Gerade bei den extrinsischen Verlusten zeigen sich die deutlich höheren Anforderungen an die Toleranzen der Fasern und Steckerbausätze, sowie an die Montagetechnologie bei der Herstellung einer Singlemode-Verbindung gegenüber der Multimode-Verbindung.

Als reale Einflussfaktoren für extrinsische Verluste sind nur radialer Versatz sowie Winkelfehler zu betrachten. Ein Abstand der beiden Stirnflächen spielt bei modernen Stecksystemen keine Rolle, da die Kontaktflächen konvex ausgebildet sind und mit definierter Federkraft aufeinander gedrückt werden.

Es ist eindeutig, dass eine Positionierung der Faserkerne im geometrischen Zentrum der Steckerstirnfläche, die Kernzentrierung, zu geringsten Koppelverlusten führt.

Die erreichbaren Genauigkeiten bei der Faserherstellung sowie in der Bearbeitung der Steckerstifte machen es möglich, Steckverbindungen für Multimode-LWL, das heißt mit Kerndurchmessern ≈ 50 µm, ohne Selektions- oder Korrekturverfahren herzustellen.

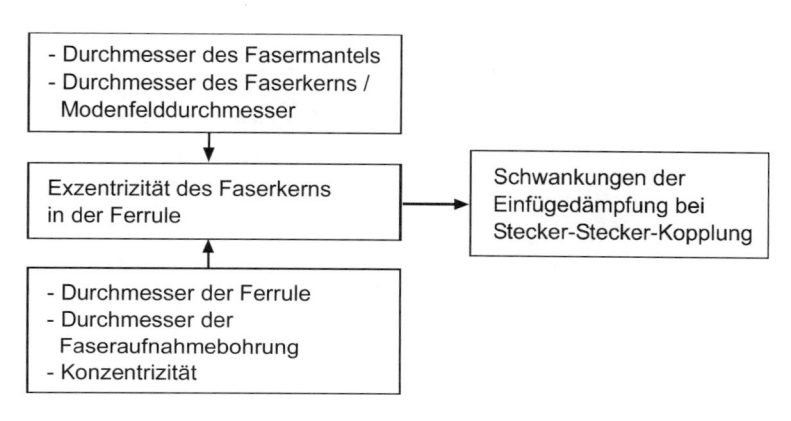

Bild 2.9: Ursachen des radialen Versatzes

Bei Singlemode-Verbindungen sind heute am Markt zwei Korrekturverfahren in Anwendung. Die Verfahren unterscheiden sich prinzipiell, sind jedoch kompatibel. Werden Vollkeramikferrulen eingesetzt, kommt das Ablageverfahren zum Einsatz. Dabei wird zuerst auf Anpassung der Ferrulenbohrung an den aktuellen Faserdurchmesser geachtet.

Nach dem Einkleben der Faser in den Steckerstift erfolgt die Ablage der Kernexzentrizität, die relativ zur Stiftaußenfläche bestehen kann, in einem Sektor von ±30 ° zur Orientierung am Stecker (Bild 2.10).

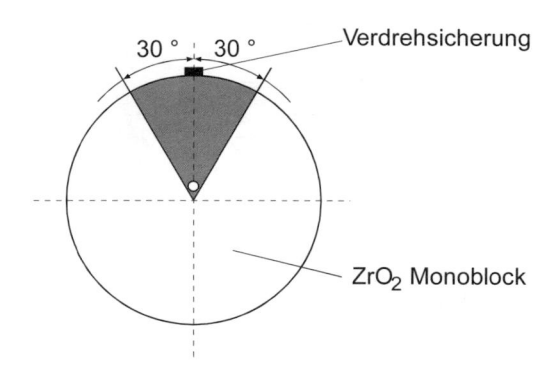

Bild 2.10: Ablegen der Kernexzentrizität im Sektor

Die maximale Entfernung zum Mittelpunkt wird in Abhängigkeit von der Dämpfungsklasse (vergleiche Tabelle 2.2) festgelegt (Beispiel: 0,8 μm bei Klasse A). So wird verhindert, dass bei willkürlicher Position der Lage des Kernes eine breite Streuung der relativen Exzentrizitäten der Kerne gegeneinander auftritt.

Ein aktuelles Kernzentrierverfahren beruht auf einer nachträglichen Korrektur der Position des Faserkernes im Steckerstift. Das von der Firma DIAMOND entwickelte Verfahren setzt einen Steckerstift voraus, bei dem sich die Faser in einem duktilen Material befindet. Hier wurde eine Neusilberlegierung gewählt (Bild 2.11 (a)).

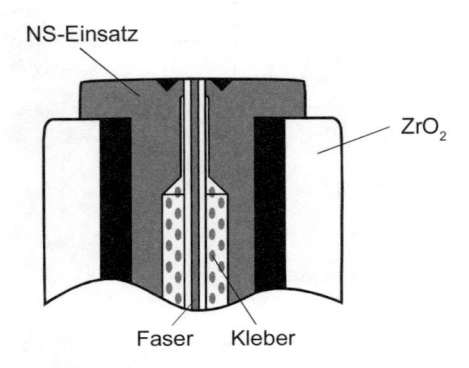

Bild 2.11 (a): Keramik/Neusilber-Ferrule für DIAMOND-Kernzentrierverfahren

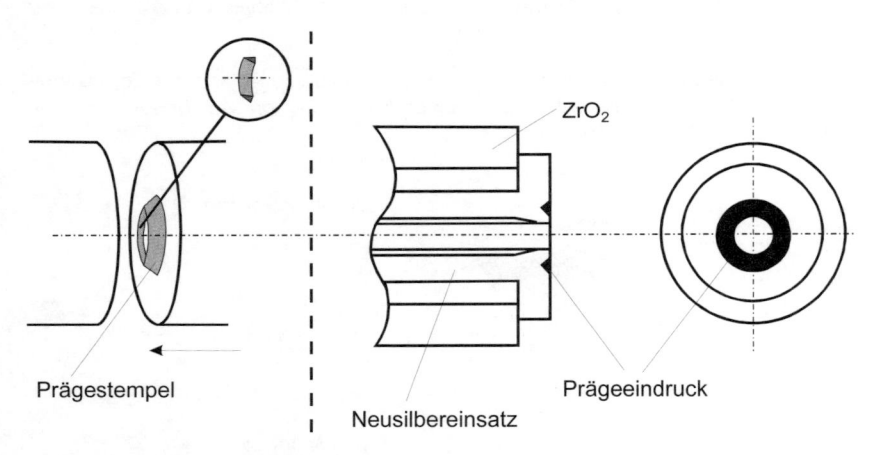

Bild 2.11 (b): 1. Prägeschritt zur Mantelzentrierung

Der grundsätzliche Unterschied zur Konfektionierung von Vollkeramik-Ferrulen besteht darin, dass die Anpassung der Bohrung auf den Faseraußendurchmesser mit einer „Prägung" erfolgt.

Hierbei wird ein Mikrostempel mit der Form eines Kegelstumpfes, nachdem sich die Faser in der leimgefüllten Bohrung befindet, axial in das verformbare Neusilber gedrückt. Das Metall „fließt" radial in Richtung Faser und umschließt sie nun, wobei sich ein dünner homogenen Klebespalt bildet (Bild 2.11 (b)). Die so erreichbare Justierung entspricht einer Mantelzentrierung.

Als weiterer Schritt wird Licht in den Faserkern eingespeist und auf einem Monitor sichtbar gemacht. Wenn jetzt der Steckerstift in einer genauen Führung langsam rotiert, zeigt sich eine Mittenabweichung durch eine Kreisbahn des Lichtpunktes auf dem Bildschirm (Bild 2.11 (c)). Der Durchmesser dieser Kreisbahn ist der Mittenabweichung des Faserkernes im Steckerstift proportional.

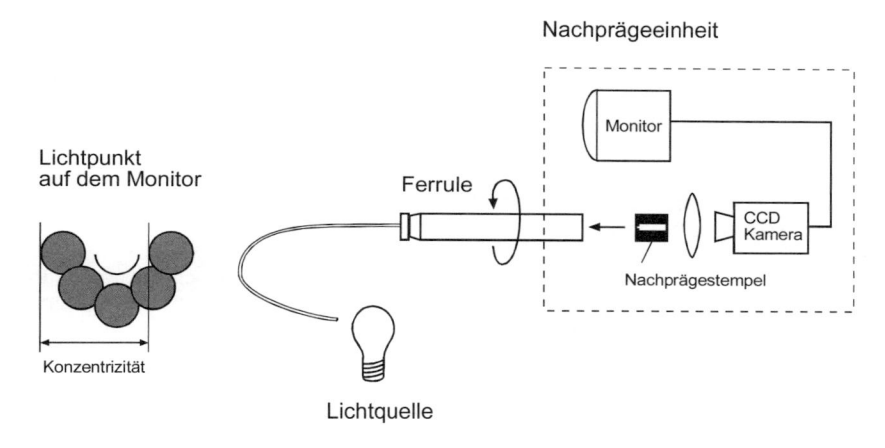

Bild 2.11 (c): Ermittlung der Mittenabweichung des Faserkerns

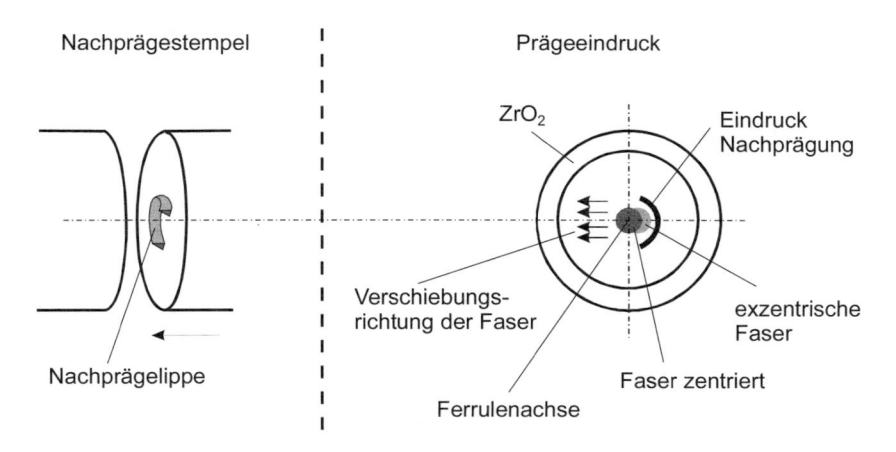

Bild 2.11 (d): Nachprägung zur Kernzentrierung

Jetzt kann eine erforderliche Lagekorrektur des Kernes mit einem Segmentstempel erfolgen (Bild 2.11 (d)). Diese „Nachprägung" ermöglicht eine Restexzentrizität von weniger als 0,125 µm. Die Grenzen dieses Verfahren liegen bei Lagetoleranzen, die mehr als 4 µm betragen. Durch die fortschreitende Einengung der Fasertoleranzen seitens der Hersteller treten solche Abweichungen in der Praxis nicht auf.

Das Ziel dieser Technologie, die Lageabweichungen der gegenüberstehenden Kerne auf das Minimum von weniger als 0,25 µm zu senken, ermöglicht dem Anwender, Steckverbindungen mit gleichbleibend niedriger Einfügedämpfung bei Kopplung von beliebigen Steckern miteinander zu erhalten.

Die Winkelabweichung, auch Schielwinkel genannt, hat beim Einsatz hochqualitativer Komponenten geringeren Einfluss auf die extrinsischen Verluste. Der technologische Stand der Bearbeitung rotationssymmetrischer Teile, sowie der Einsatz geschlitzter Keramikhülsen zur Führung der Steckerstifte, drückt die Winkelabweichung unter 0,5 °, und somit wird der entstehende Übertragungsverlust vernachlässigbar.

Bei der Vielzahl von Anbietern von Steckern mit unterschiedlicher Herstellungstechnologie kann nur eine international anerkannte Norm helfen, Qualität und Kompatibilität vergleichbar zu machen.

Weitgehend abgeschlossen ist der Normentwurf IEC 61755-1. Anschaulich wird der Zusammenhang zwischen Kernexzentrizität sowie Schielwinkel und Einfügedämpfung in Bild 2.12 dargestellt. Auch hier zeigt sich deutlich, dass grundsätzlich die verschiedenen Technologien kompatibel sind.

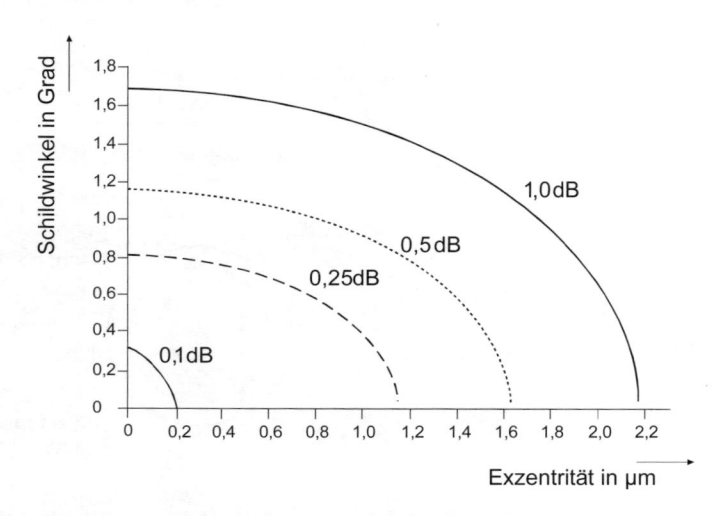

Bild 2.12: Zusammenhang zwischen Exzentrizität, Schielwinkel und Dämpfung bei 1310 nm (nach IEC 61755-1).

Ausgehend von den unterschiedlichen Anforderungen an die Einfügedämpfung in den Netzbereichen gibt die bereits angeführte IEC-Norm Qualitätsklassen vor (Tabelle 2.2). Im aktuellen Stadium der IEC 61755-1 86B/1929/CDV fehlen noch die exakten Werte für Grad A. Messwerte von kleiner als 0,1 dB sind mit Installationsmesstechnik nicht ohne nachweisbar. Ambitionierte Hersteller sind mit eigenen Qualitätsserien am Markt:

- „0,1 dB-Technologie" von DIAMOND
- „0,1 dB-Klasse" von Huber&Suhner
- „Platinium"-Klasse von Corning.

Grade	maximale Dämpfung	Häufigkeit	mittlere Dämpfung
A	0,15 dB*)	> 97 %	< 0,08 dB*)
B	0,25 dB	> 97 %	< 0,12 dB
C	0,5 dB	> 97 %	< 0,25 dB
D	1 dB	> 97 %	< 0,5 dB

Tabelle 2.2: Qualitätsklassen der Einfügedämpfung (gemessen gegen Referenz nach IEC 61300-3-4); *) noch in der Diskussion

2.3 Technologien für lösbare Lichtwellenleiter-Verbindungen

Aus den Vorbetrachtungen zur Verbindungstechnik lassen sich die Funktionen der Verbindungselemente leicht zusammenfassen. Reproduzierbar gute optische Werte, einfaches Handling und hohe Lebensdauer unter mechanischer und klimatischer Belastung müssen im Sinn einer guten Systemreserve des gesamten Übertragungssystems erreicht werden. Es zeigte sich bereits, dass eine universelle Lösung für alle Anforderungen, besonders unter Kostengesichtspunkten, nicht verfügbar ist. Es ist eine Markttendenz erkennbar, bei der, abgeleitet von den Anforderungen an die Funktion, verschiedene Lösungsansätze für eine lösbare Verbindung existieren.

Grundsätzlich ist die Justiergenauigkeit der entscheidende Parameter bei der Wahl der Materialien für ein Verbindungssystem. Klar ist, dass mit kleiner werdendem Kerndurchmesser die Anforderungen an das Material und die Bearbeitungstechnologie steigen. Bei Fasern mit Kerndurchmessern von mehr als 500 µm haben technische Kunststoffe als Steckermaterial einen festen Platz eingenommen. Genauigkeiten von 3 µm bis 5 µm beim Spritzprozess für Steckerkörper sind ausreichend und ermöglichen es, preisgünstig hohe Stückzahlen zu fertigen. In der klassischen LAN-Anwendung mit Fasern von 50 µm oder 62,5 µm Kerndurchmesser sind die Anforderungen an die Faserzentrierung durch die Genauigkeit der mechanischen Ausgangsteile erreichbar. Die Suche nach kostengünstigen Materialien für die Führungsteile ist hier nicht abgeschlossen. Hauptsächlich kommen Keramik oder Metalle zum Einsatz.

Für Kerndurchmesser von weniger als 10 µm ist eine Fehlerkorrektur oder Eingrenzung bei der Kernjustierung unumgänglich, um hochqualitative Stecker zu erreichen. Hier ist als Material vorrangig Keramik teilweise noch Hartmetall (Wolframkarbid) im

Einsatz. Eine Zwischenstellung nehmen sogenannte mechanische Spleiße ein. Hierbei werden beide Fasern in ein Führungsteil eingelegt und somit gekoppelt. Diese Verbindung erreicht bei mehrmaliger Kopplung jedoch keine stabilen optischen Werte.

2.3.1 Übersicht der Verbindungstechnologien

Einer richtigen Auswahl der geeigneten Technologie für die Verbindungsstelle kommt eine ständig steigende Bedeutung zu. An eine Technologie, wie der LWL-Technik, die sich an der Schwelle zur Standardtechnologie in allen Kommunikationssystemen befindet, werden zuweilen Erwartungen geknüpft, die hinsichtlich des Preis-Leistungs-Verhältnisses nicht zu erfüllen sind.

Besonders die Anforderungen an die Genauigkeiten der optischen Verbindungen übersteigen oft das Vorstellungsvermögen der Anwender. Das Marktpreisgefüge ist hinsichtlich einer klaren Preis-Leistungs-Beurteilung stark in Bewegung. So soll die Übersicht der angebotenen Technologien in Tabelle 2.3 helfen, richtige Entscheidungen für eine Technologie zu treffen, die in meist langlebigen Systemen eine Schlüsselfunktion hat.

Kenngröße	lösbar	quasilösbar	nicht lösbar
Dämpfung in dB	< 0,1 bis 1	> 0,1 bis 0,5	< 0,1
Rückflussdämpfung in dB	> 45 für SM-LWL > 35 für MM-LWL	> 40 mit Immersion	> 60
Feldmontage	geeignet	geeignet	geeignet
wiederholtes Trennen und Verbinden	sehr einfach ohne Qualifikation möglich	einfach geringe Qualifikation notwendig	schwierig Qualifikation notwendig
Zuverlässigkeit	geringer	keine gesicherte Aussage	sehr hoch
Lebensdauer	geringer		sehr hoch
Kosten für Erstmontage	hoch	mittel	gering
Kosten für wiederholtes Trennen und Verbinden	sehr gering	gering	hoch
Kosten für die Montageausrüstung	mittel	gering	hoch
Fixierung	Stift/Hülse	V-Nut	stoffschlüssig
Art des Faserkontaktes	physikalischer Stirnflächenkontakt	Immersion zwischen Bruchflächen	stoffschlüssige Verbindung

Tabelle 2.3: Übersicht der Verbindungstechnologien

2.3.2 Optische Steckverbinder

Von den zahlreichen Varianten zur Herstellung lösbarer optischer Verbindungen ist das bereits erwähnte Stift-Hülse-Prinzip am Markt verbreitet. Mit der Materialkombination ZrO_2-Stift und -Hülse sind erforderliche Koppelgenauigkeiten wie beschrieben erreichbar.

Die Zentrierung der beiden Steckerstifte kann realisiert werden durch:

1. Konische Steckerstifte und ein doppeltkonisches Verbindungselement
2. Zylindrische Steckerstifte und eine prismatisches Verbindungselement
3. Zylindrische Steckerstifte und ein zylindrisches Koppelelement

Das Führungsprinzip drei hat sich als optimale Variante durchgesetzt. Die erforderliche Genauigkeit des Außendurchmessers der rotationssymmetrischen Steckerstifte wird durch Läpp- und Polierverfahren erreicht. Problematisch stellte sich die Paarung der Steckerstifte mit einer Hülse mit festem Durchmesser dar.

Erreicht wird eine Führung nur, wenn ein minimaler Abstand zwischen Stift und Hülse besteht. Setzt man 0,5 μm Mindestabstand für eine Kopplung voraus, sind beliebige Paarungen zwischen Stiften und Hülsen praktisch nur mit extremen Forderungen möglich. Schnell wird deutlich, dass mit festen Hülsen enge Toleranzgrenzen erforderlich werden. Eine einfache Betrachtung soll das mögliche Größenspiel deutlich machen:

1. Nennmaß von Stift und Hülse 2,500 mm
2. Größtmaß der Bohrung 2,502 mm
3. Kleinstmaß der Steckerstifte 2,499 mm.

Durch diese Kombination ergibt sich schon ein radialer Versatz von 3 μm, für den sich mit den bereits beschriebenen Gleichungen die Dämpfung berechnen lässt. Mit der Einführung von geschlitzten Keramikhülsen kann deren Bohrungstoleranz vernachlässigt werden. Die geschlitzte Hülse hat Untermaß und wird durch die eingesteckten Ferrulen leicht geöffnet.

Die in der Aufzählung unter Punkt eins und zwei aufgeführten Zentriermöglichkeiten haben heute für marktübliche Steckverbindungen keine Bedeutung mehr. In den 80er Jahren wurde ein Zentriersystem mit konischen Steckerstiften auf dem amerikanischen Markt eingesetzt. Schnell zeigte sich jedoch, dass die Anforderungen der Singlemode-Technologie durch konische Zentrierungen nicht zu befriedigenden Lösungen führen. Prismatische Führungen mit Federelementen haben sehr gute Führungseigenschaften, lassen sich jedoch nicht kostengünstig in großen Stückzahlen herstellen.

Die Suche nach einfachen lösbaren Verbindungen hat Systeme ohne Führungsstifte hervorgebracht. Bei einer Verbindung mit dem System Optoclip stehen die zwei Fasern frei im jeweiligen Steckerelement und werden in einer mit Immersion gefüllten Hülse zusammengeführt. Allerdings zieht der Einsatz von Immersionsflüssigkeit Probleme der Verschmutzung und zeitlicher Veränderung des Zwischenmediums nach sich. Die Kopplung zweier Fasern in einer V-Nut aus Kunststoff wird beim VF45-System eingesetzt. Die beiden letztgenannten Koppelsysteme stellen Sonderlösungen dar, bei denen abzuwarten gilt, ob die Anforderungen hinsichtlich Lebensdauer, mechanischer Stabilität sowie optischer Parameter zufriedenstellend erfüllt werden. Ein aktueller Trend sind Duplexstecker. Besonders in LAN-Systemen sind Stecksysteme gefragt, bei den Sende- und Empfangsfaser gemeinsam und vertauschungssicher gesteckt werden können.

2.3.3 Stecker mit direkter Stirnflächenkopplung

Die direkte Stirnflächenkopplung hat sich als optimales Koppelprinzip durchgesetzt. Die erreichbaren optischen Werte sind nach den Gleichungen entsprechend Abschnitt 2.2 zu berechnen und sind in der Praxis umsetzbar. Neben der Positionierung und Oberflächengüte ist der direkte physikalische Kontakt der Stirnflächen der zu verbindenden Glasfasern sicherzustellen. Erreicht wird diese Forderung durch einen konvexen Schliff der Stirnfläche der Ferrulen. Weiterhin ist eine federnde Lagerung der Ferrulen im Stecker, die bei Kontakt beider Steckerstifte einen konstanten Anpressdruck sichert, heute bei allen Stecksystemen vorhanden. So spielen Fresnelreflexionen und sich daraus ergebende Dämpfungen keine Rolle mehr.

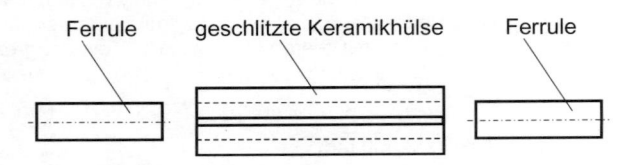

Bild 2.13: Faserführungselemente bei Stirnflächenkopplung

2.3.4 Stecker mit Strahlaufweitung

Verbindungssysteme mit Strahlaufweitung stellen heute nur noch eine Lösung für spezielle Einsatzbereiche dar. Der Aufwand bei der Erstinstallation sowie bei der Wartung ist sehr hoch. Das Funktionsprinzip der sogenannten Linsenstecker ist einfach darzustellen (Bild 2.14).

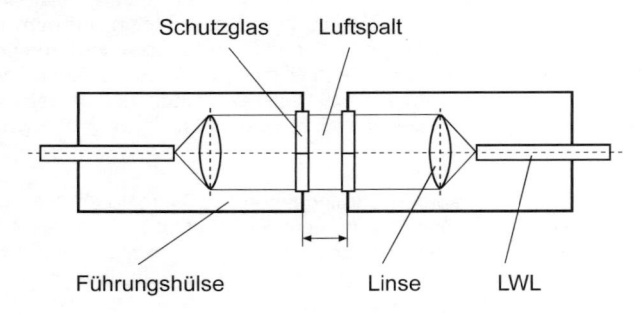

Bild 2.14: Stecker mit Strahlaufweitung (Prinzipdarstellung)

Entgegen den hohen Positionieranforderungen von Stift und Hülse sowie der Stirnflächengüte der Fasern, sind Linsenstecker hier recht unempfindlich. Der aufgeweitete Lichtstrahl toleriert kleine Abweichungen im radialen und axialem Versatz. Auch stellen Verschmutzungen der Lichtaustrittsflächen (Linse) ein geringeres Problem als bei direkter Kopplung dar. Betrachtet man den Einfluss der Verkippung, wird jedoch schnell klar, dass hier mit steigendem Strahldurchmesser die Anforderung an axiale Ausrichtung der beiden Linsen steigt. Die Montage der Fasern im Brennpunkt der Linse wird oft durch den Einbau von Ferrulen in Führungssysteme erreicht. Lichtübergänge durch optische Grenzflächen mit unterschiedlichen Brechzahlen, die beim Linsenstecker unvermeidlich sind, führen zu Dämpfungswerten von 1 dB bis 3 dB.

Viele Linsenstecker sind in mehrkanaliger Ausführung erhältlich. Bei diesen Systemen stellt die Konfektionierung hohe Anforderungen. Der Aufbau der Stecker lässt generell keinen Faservorrat zu, so dass bei Ausfall eines Kanals der komplette Stecker abgeschnitten werden muss und alle Fasern neu in gleicher Länge konfektioniert werden müssen. Für Singlemode-Anwendungen bieten Linsenstecker nur eine unzureichende optische Qualität. Trotz dieses Aufwandes sind Linsenstecker in allen Anwendungsbereichen anzutreffen, wo LWL-Kabel unter widrigen Umweltbedingungen (Schmutz, Feuchtigkeit) gekoppelt werden müssen.

2.3.5 Mehrfasersysteme

Alle bisher betrachteten Verbindungssysteme hatten zum Ziel, einen Lichtwellenleiter wiederholbar mit einem anderen zu koppeln. Die Steckerführung ist auf die Positionierung von zwei Kernen zueinander ausgerichtet. Betrachtet man die Größe der Führungsteile im Verhältnis zu den Abmessungen der zu verbindenden Lichtwellenleiter, wird die Kopplung durch extrem große Steckerteile realisiert.

Alle verfügbaren Koppelsysteme am Markt benötigen ein Vielfaches an Platz im Vergleich zur Glasfaser selbst. Einer Miniaturisierung der Verbinderteile eines Handsteckers werden durch die Forderungen nach mechanischer Stabilität sowie einfachem Handling klare Grenzen gesetzt.

Die Verbindung von Baugruppen und Geräten untereinander sowie mit Rangierfeldern wird zufriedenstellend durch die vorhandenen Steckersysteme mit Simplex- oder Duplex-Kopplung erreicht. Die erforderliche Packungsdichte der lösbaren Verbindungselemente aus Sicht des kompletten Systems ist zufriedenstellend.

Ganz anders stellt sich die Situation innerhalb von Geräten dar. Lösungen für die Verbindung optischer Module auf verschiedenen Flachbaugruppen innerhalb eines Gerätes, oder die Kontaktierung an der Rückverdrahtungsplatine sind im Entwicklungsstadium. Ein klarer Trend geht hier zu Systemen, die pro Ferrule mehrere Fasern koppeln können. Das Grundelement wird hier von einem rechteckigen Ferrulenkörper gebildet, in dem die Fasern in einer Reihe angeordnet sind. Stecker auf Basis der MT-Ferrule können bis zu 72 Fasern mit einem Steckvorgang miteinander verbinden. Deutlich sichtbar sind die Anordnung der Fasern, die Führungsstifte sowie die Bohrungen zur Aufnahme der Führungsstifte (Bild 2.15).

Die Fasern werden auch in einem anderen Kabelaufbau geführt, der Bändchen-Technologie, wobei bis zu zwölf Fasern nebeneinander durch das Primärcoating verbunden sind. Mit dieser sehr kompakten Bauform von Kabel und Stecker wird eine deutlich höhere Packungsdichte erreicht (Bild 2.16).

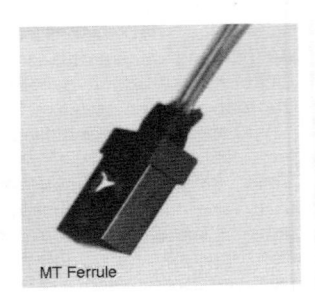

Bild 2.15:
MT-Ferrule mit variabler Faseranzahl

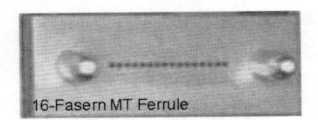

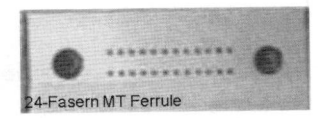

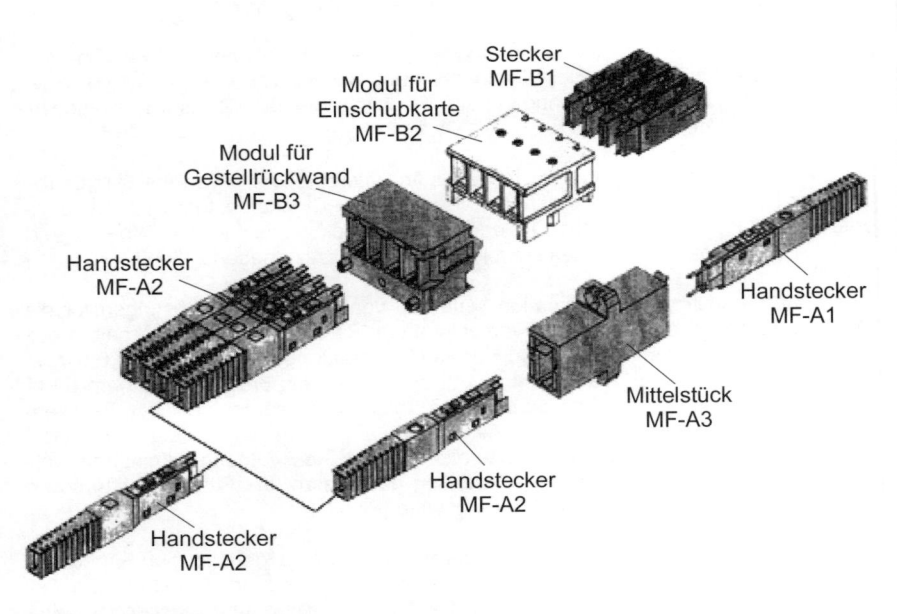

Bild 2.16: Mehrfasersteckersystem

Mit Kenntnis der Positioniergenauigkeit für Singlemode-Verbindungen wird schnell deutlich, welchen Anforderungen eine Lösung zur Kopplung von 12 und mehr Fasern in einem einzigen Steckelement bestehen. Mirostrukturen mit solcher Genauigkeit werden mit der Liga-Technologie gefertigt.

Nur wenige Hersteller beherrschen die Technologie zur Fertigung von Serienprodukten. Zukünftig werden für die Verarbeitung optischer Signale auf der Leiterkarte die Anforderungen zur Kopplung von Mehrfasersystemen stark steigen.

2.3.6 Quasilösbare Verbindungen

Die Entwicklung der quasilösbaren Verbindungstechnologie wird von einigen anderen Bereichen der Montage an der Faser beeinflusst. Das Ziel, schnell und ohne aufwändige Hilfsmittel eine Faserverbindung herzustellen, wird erreicht durch:

- Herstellung einer Spiegelbruchfläche
- Justierung beider Fasern in einer mechanischen Aufnahme
- optische Anpassung mit Immersionsflüssigkeit
- mechanische Abfangung der Zugkräfte an der Faser bzw. deren Ummantelung.

Der Begriff "mechanischer Spleiß" umfasst heute diese Technologie. Die notwendige Positionierung der Fasern wird in einer V-Nut, wie in Bild 2.17 dargestellt, realisiert.

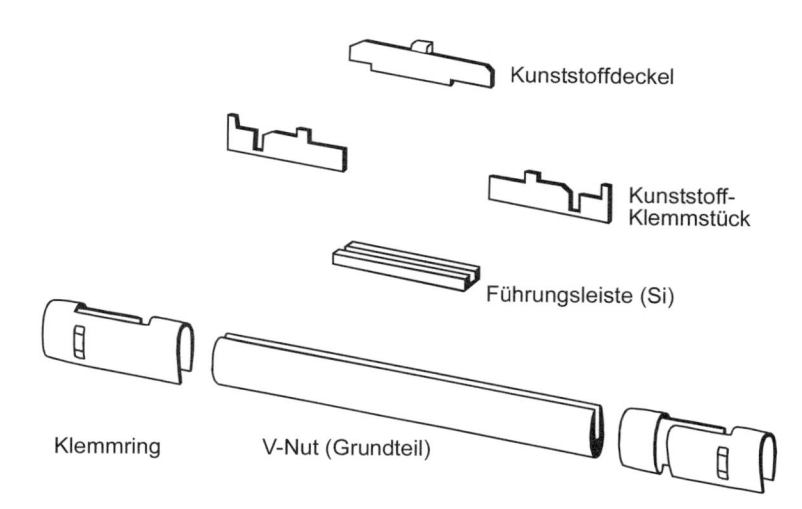

Bild 2.17: Mechanischer Spleiß

Dieser einfachen und schnellen Technologie stehen für eine breite Massenanwendung jedoch ungelöste Probleme gegenüber. Eine anwenderfreundliche Bedienung der Koppelstelle unter den Gesichtspunkten der lösbaren Verbindung wird nicht erreicht. Dem Vergleich mit einem Fusionsspleiß hält der mechanische Spleiß ebenfalls nicht stand. So ist die quasilösbare Verbindung heute vorrangig in den Bereichen der Messtechnik und der Havariemontage zu finden.

2.4 Kenngrößen von lösbaren optischen Koppelstellen

Die Qualifizierung und Vergleichbarkeit optischer Verbindungsstellen erfolgt über verallgemeinerte Anforderungen aus den unterschiedlichen Einsatzbereichen. Besonders bei der optischen Steckverbindung muss die Funktion des Steckersystems immer im Zusammenhang mit den optischen Parametern der zu verbindenden Module, sowie deren Einsatzgrundsätzen gesehen werden.

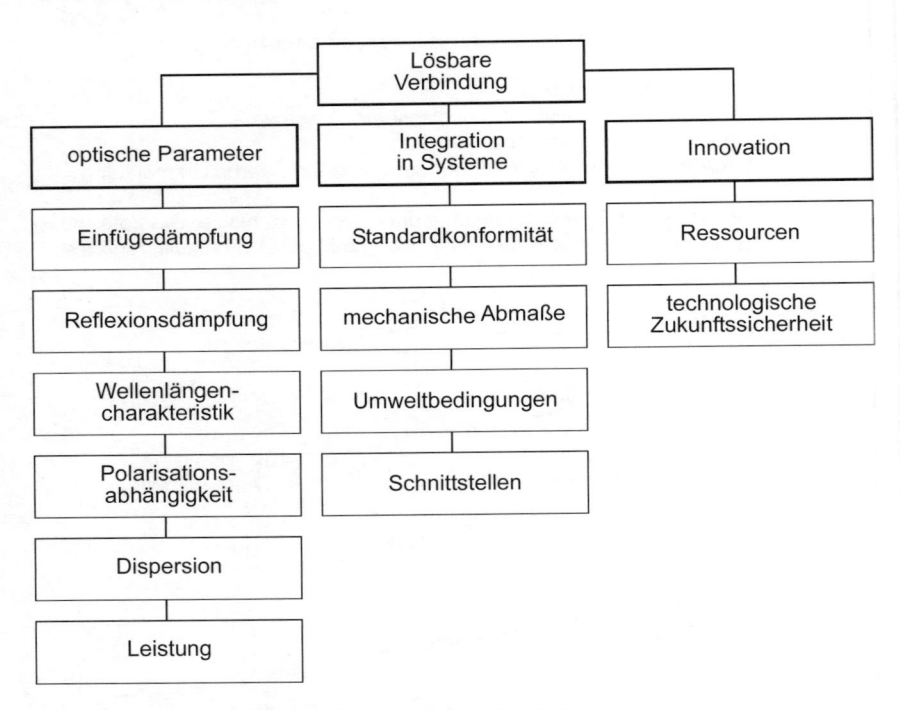

Bild 2.18: Anforderungen an lösbare optische Verbindungen

Nicht alle der aufgeführten Kriterien müssen bei der Auswahl eines geeigneten Stecksystems gleichermaßen Berücksichtigt werden. Nach Auswahl eines Steckersystems nach den aufgeführten technischen Vergleichspunkten spielen die Verfügbarkeit, Logistik und Preis dann eine wichtige Rolle für die Lieferantenentscheidung.

Nachfolgend werden Messverfahren und Parameter der wichtigsten technischen Vergleichswerte von Verbindungssystemen erläutert.

2.4.1 Optische Kenngrößen der Koppelstelle

Die optischen Parameter galten lange Zeit als bestimmende Werte zum Vergleich der unterschiedlichen Stecksysteme sowie der herstellerabhängigen Montagetechnologien. Und auch hier war die Einfügedämpfung der dominierende Parameter.

Heute stellt sich die Situation deutlich gewandelt dar. Nach wie vor ist die minimale Einfügedämpfung der Koppelstelle eine Grundvoraussetzung, jedoch spielen andere Messwerte eine gleichberechtigte Rolle. Die Einsatzdaten von mehreren Millionen Glasfasersteckern belegen, dass die Endmessung der optischen Parameter eine ausreichende Serienprüfung darstellt.

Die Ursachen von Verlusten, wie bereits gezeigt, sind zwar auch mechanischen Ursprunges, treten dem Anwender aber als optische Verluste entgegen. So hat sich die Angabe der Einfügedämpfung als diskreter Wert für jeden Stecker, sowie der Rückflussdämpfung als "Gut" - "Schlecht" Angabe durchgesetzt.

Bei der Festlegung verallgemeinerter Messverfahren zeigte sich, dass die Verfahren bei der industriellen Herstellung nicht mit den Messverfahren im Feld gleich sind. Ist bei der Herstellung optischer Komponenten die Kenntnis der Messwerte gegen ein Referenzobjekt erforderlich, interessiert bei der Messung an einem optischen Netz das Zusammenspiel aller diskreten Komponenten miteinander. Entsprechend sind auch die Aussagen der Messverfahren.

Gebräuchlich für Abnahmemessungen an optischen Übertragungseinrichtungen sind Rückstreu-Messungen (vergleiche Abschnitt 4.2). Die steigenden Anforderungen an die optischen Parameter der Steckverbindungen stellen an die Verfahrensbeschreibung sowie notwendigen Prüfmittel immer höhere Forderungen. Die Bemühungen, eine lösbare Verbindung mit einer Einfügedämpfung von kleiner 0,1 dB zu realisieren, stellen an Messverfahren und Messmittel Forderungen, die sich derzeit mit der Messunsicherheit überlagern.

Die Messgenauigkeit der optischen Werte wird beeinflusst durch:

- die Qualität der Prüfmittel hinsichtlich mechanischer Präzision, Fasereigenschaften, Eigenschaften der Messgeräte sowie der Kalibrierung des Messaufbaues
- intrinsische Verluste
- Abweichung der Serienmessung von der Kalibrierung durch Handhabung, Verschmutzung, Umwelteinflüsse und Verschleiß der Messmittel
- Stabilität der optischen Werte von Sender und Empfänger
- Anregungsbedingungen der Fasern.

Besonders bei den Werten der Hochleistungsverbindungen muss bei der Interpretation der Messwerte auch eine statistische Auswertung erfolgen, da Messunsicherheit und Messwert in der gleichen Größenordnung liegen.

2.4.2 Einfügedämpfung

Die Einfügedämpfung IL kann durch eine Reihe von Messverfahren bestimmt werden. Die Definition der Einfügedämpfung eines Steckerpaares lautet:

$$IL = 10 \lg\left(\frac{P_{in}}{P_{out}}\right) \text{ in dB} \tag{2.15}$$

Eine Übersicht der Messaufbauten ist Bild 2.19 zu entnehmen. Die Verfahren der IEC 61300-3-4 sind international anerkannt und ermöglichen den direkten Vergleich verschiedener Produkte. Aus praktischen Erwägungen heraus sind die Messung für Teile nach Bauart 5 bzw. 6 (alte Bezeichnung in IEC 874-1: Methode 6 bzw. 7) für eine Qualitätsaussage zu den Teilen einer Serienfertigung am besten geeignet und auch verbreitet.

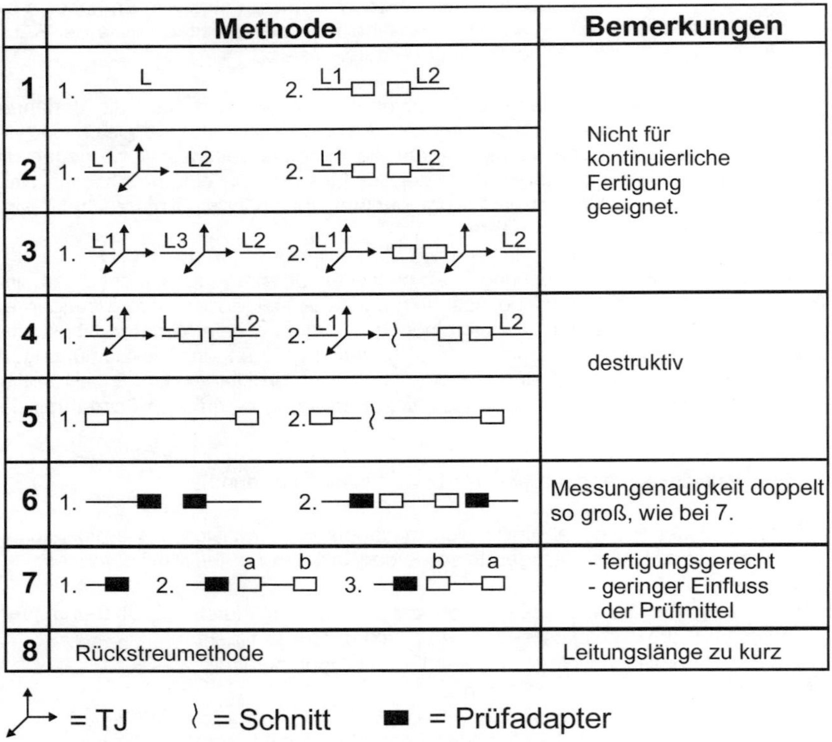

	Methode	Bemerkungen
1	1. —L— 2. L1☐ ☐L2	Nicht für kontinuierliche Fertigung geeignet.
2	1. L1↯ L2 2. L1☐ ☐L2	
3	1. L1↯ L3↯ L2 2. L1↯ ☐☐ ↯L2	
4	1. L1↯ L☐☐L2 2. L1↯ ⟩ ☐☐L2	destruktiv
5	1. ☐————☐ 2. ☐—⟩————☐	
6	1. ■——■ 2. ■☐—☐■	Messungenauigkeit doppelt so groß, wie bei 7.
7	1. ■ 2. ■☐ᵃ—☐ᵇ 3. ■☐ᵇ—☐ᵃ	- fertigungsgerecht - geringer Einfluss der Prüfmittel
8	Rückstreumethode	Leitungslänge zu kurz

↯ = TJ   ⟩ = Schnitt   ■ = Prüfadapter

Bild 2.19: Messmethoden nach IEC 61300-3-4 für die Einfügedämpfung (TJ: justierbare Faserankopplung)

Die Aussage der beiden Methoden unterscheiden sich darin, dass bei Bauart 6 eine genaue Angabe der Einfügedämpfung eines jeden Steckers an einem Verbinder möglich ist. Bei Messung für Bauart 5 wird der Verlust des kompletten Verbindungskabels angezeigt. Der Vergleich der Genauigkeit beider Methoden zeigt schnell, dass der Einsatz von zwei Messadaptern zu größeren Unsicherheiten führen kann.

Für die breite Praxis hat diese Messunsicherheit derzeit bei der Auswahl des Messverfahrens keine Bedeutung.

Die Betrachtung der Verlustmechanismen hat gezeigt, dass die Anregungsbedingungen im Lichtwellenleiter starken Einfluss auf die Einfügedämpfung haben. Ist der Einfluss bei Singlemode-Verbindungen noch relativ gering, darf bei Gradientenindexfasern der Anregungszustand nicht vernachlässigt werden.

Ein Vergleich der Messwerte ist nur bei Kenntnis der Modenverteilung möglich. Modengleichverteilung und Modengleichgewichtsverteilung als eindeutige Zustände, aber auch Übergangsformen der Moden treten in Netzwerken parallel auf. Tendenziell wird Modengleichgewichtsverteilung bei der Messung von Steckern bevorzugt.

Erreicht wird dieser Zustand durch Modenfilter oder Mantelmodenabstreifer. Eine gebräuchliche Methode besteht auch in der Vorschaltung einer über 500 m langen Vorlauffaser vor den Messstecker.

Die Aussage der Messung von Steckern seitens der Konfektionäre bezieht sich auf die Paarung eines Serienproduktes mit einem Referenzstecker. Referenzstecker sind in den Normungsschriften genau festgelegt. Sie unterliegen besonders engen Toleranzen. Eine zufällige Paarung zweier Serienstecker hat daher also immer eine nicht vorhersagbare Einfügedämpfung.

Seitens der großer Netzbetreiber liegen genaue Kriterien vor, die eine Korrelation über eine große Anzahl eingesetzter Stecker zwischen Messwert zum Referenzstecker und höchstzulässigem Wert bei zufälliger Steckerpaarung ermöglichen.

So liegt der Wert der Referenzmessung bei LSA-Steckern der Deutschen Telekom bei IL < 0,4 dB. Daraus resultiert ein maximaler Wert bei 97 % aller Steckungen im Netz von IL < 0,6 dB. Der Maximalwert übersteigt dann 0,8 dB nicht.

Diese Werte sind nur erreichbar, wenn sehr enge Toleranzen der mechanischen Komponenten eingehalten werden. Andererseits eignen sich nur teure Selektionsverfahren zur Einhaltung dieser engen Toleranzen.

2.4.3 Reflexionsdämpfung

Die Reflexionsdämpfung a_r einer optischen Steckverbindung wird aus dem Verhältnis der eingestrahlten optischen Leistung P_{in} zum reflektierten Anteil P_{ref} ermittelt.

$$a_r = 10 \lg\left(\frac{P_{in}}{P_{ref}}\right) \text{ in dB} \qquad (2.16)$$

Sehr geringe Reflexionsdämpfungen (starke Reflexionen) erhält man, wenn sich ein Luftspalt zwischen den Steckerstirnflächen befindet. Typische Werte liegen bei 14 dB (vergleiche Tabelle 4.4) und sind für die meisten Anwendungen nicht akzeptabel.

Zur Unterdrückung der starken Glas-Luft-Reflexionen bildet man die Stirnflächen konvex aus und presst sie aufeinander (physikalischer Kontakt: PC). Jedoch sind Reflexionen an optischen Grenzflächen durch

- unterschiedliche Brechzahlen
- Verunreinigungen der Oberflächen
- Kratzer und Rauhigkeit

bei realen lösbaren Verbindungsstellen nicht vollständig zu verhindern.

Setzt man eine nahezu ideale Oberfläche voraus, die durch entwickelte Polierverfahren erreicht werden, erzielt man mit einem physikalischen Kontakt Reflexionsdämpfungen bis zu 55 dB.

In der Praxis sind diese Werte jedoch nicht stabil. Mit zunehmender Steckzyklenzahl bilden sich mikroskopische Rauhigkeiten und Kratzer, die den Wert der Reflexionsdämpfung absinken lassen. Das übertragene Licht wird zunehmend in Richtung Sender reflektiert (Bild 2.20 (a)). Besonders kohärente Systeme werden hierdurch stark beeinflusst.

Abhilfe schafft ein Schrägschliff der Stirnfläche (Bild 2.20 (b)). Es wird schnell deutlich, dass mit der Schrägschliff-Technologie nicht Reflexionen an der Kontaktfläche verhindert, sondern deren Auswirkungen beeinflusst werden können. Für Standard-Singlemode-LWL ist ein Winkel von mehr als 7,5 ° bis ca. 12 ° notwendig, der sich durch den Wert der numerischen Apertur errechnet.

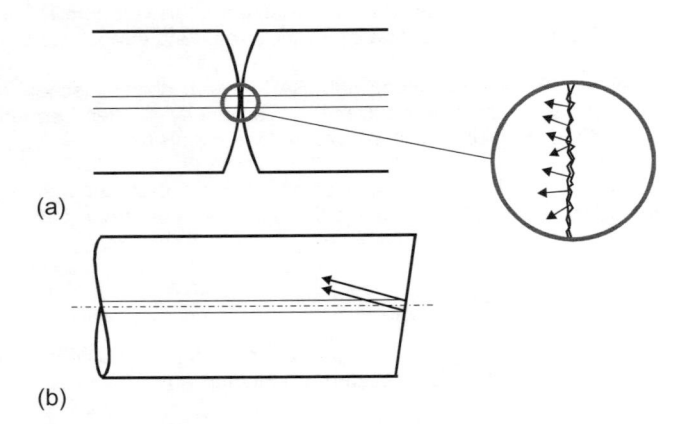

Bild 2.20: Reflexionen an Steckerstirnflächen (a) bei rauher Oberfläche und (b) bei Schräganschliff

Durch Kombination beider Prinzipien (physikalischer Kontakt und Schrägschliff) erhält man Steckverbinder mit sehr hohen Reflexionsdämpfungen (APC: Angled Physical Contact), die höchsten Systemanforderungen genügen.

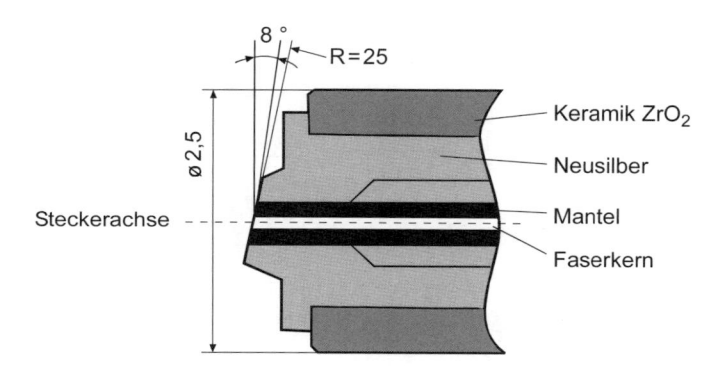

Bild 2.21: Stirnfläche eines APC-Steckers

Die Stirnflächengeometrie eines APC-Steckers ist prinzipiell in Bild 2.21 dargestellt. Vergleicht man die optischen Werte der verschiedenen Stirnflächen, ergibt sich Bild 2.22.

Deutlich ist zu erkennen, dass die erzielbare Reflexionsdämpfung mit dem APC-Stecker über der allgemeinen Forderung von 55 dB liegt. Die Reflexionsdämpfung moderner APC- Stecker liegt bei mindestens 70 dB.

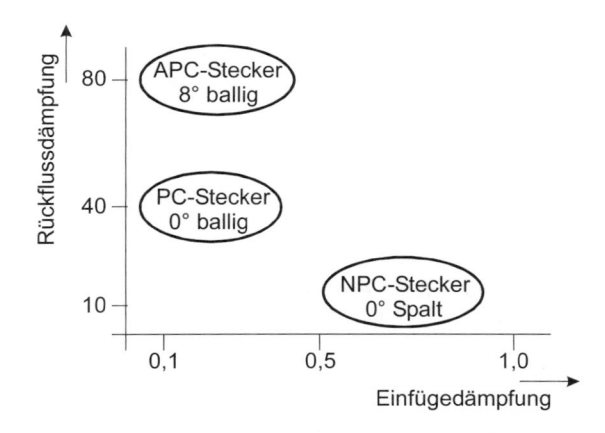

Bild 2.22: Abhängigkeit der Einfügedämpfung und der Reflexionsdämpfung von der Stirnflächengeometrie

Unabhängig von der gewählten Stirnfläche der Stecker ist der Aufbau zur Messung der Reflexion gleich. Für die Fertigungsmessung in der Steckerkonfektionierung erweist sich ein Messaufbau nach Bild 2.23 als geeignete Methode. Der Aufbau aus diskreten Funktionselementen ist jedoch kompakten Messsystemen gewichen.

1. Schritt: **Referenzmessung der übertragenden Leistung**

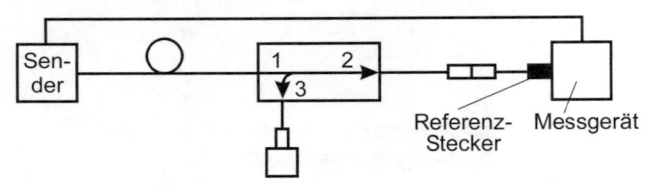

2. Schritt: **Referenzmessung der reflektierten Leistung**

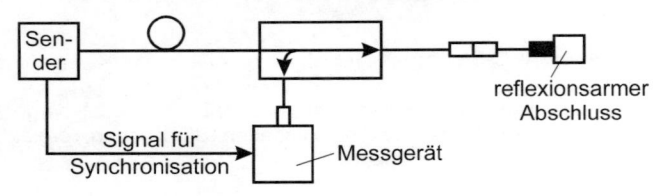

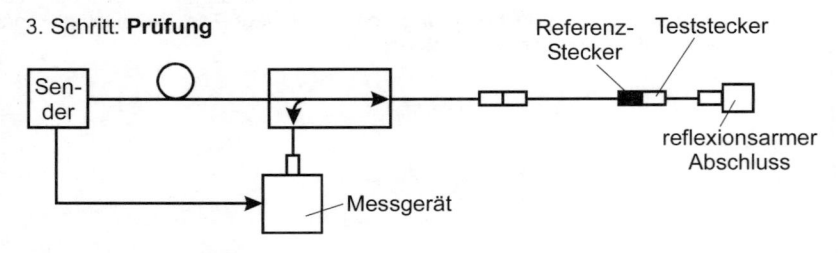

3. Schritt: **Prüfung**

Bild 2.23: Messaufbau zur Reflexionsmessung (nach IEC 1300-3-6; CECC 86000)

Die Messung erfolgt in drei Schritten. Es wird mit einfacher Reflexion Glas gegen Luft ($\approx$ 14 dB) gestartet. Danach erfolgt ein reflexionsarmer Abschluss des Endsteckers durch Immersionsflüssigkeit und nachfolgender Messung. Im dritten Schritt wird das zu messende Kabel dazwischengeschaltet. Der Messwert ergibt sich schließlich aus dem Verhältnis der Messwerte von Schritt 2 und 3.

Dieses Messverfahrens hat jedoch Grenzen, was die erreichbaren Werte betrifft. Diese liegen bei etwa 60 dB. Der Grund dafür ist im Messaufbau zu sehen, der Reflexionen aus allen Einzelelementen des Aufbaues detektiert. Klar begrenzend wirkt sich auch der Koppler aus.

Messsysteme für Werte bis 100 dB Reflexionsdämpfung nutzen interferometrische Messverfahren. Diese werden wegen des allgemein hohen Aufwandes nur zur Prozesskontrolle eingesetzt.

2.4.4 Mechanische und Umgebungs-Parameter

Grundsätzlich wird für alle Komponenten optischer Übertragungssysteme eine saubere und dem normalen Raumklima angepasste Umgebung empfohlen. Diese Umgebungsbedingungen sind auch bei der Errichtung der ersten LWL-Systeme geschaffen worden. Mit der schnellen Verbreitung solcher Netze zeigte sich jedoch, dass die Kosten einer solchen Infrastruktur die Vorteile der optischen Signalübertragung schnell zunichte machen können.

Die Migration der Glasfasernetze zum Endteilnehmer erfordert, passive optische Komponenten unter ungeregelten klimatischen Bedingungen einzusetzen. Die sich aus diesem Anforderungsprofil ergebenden Anforderungen und Fragen sind aktuell Gegenstand internationaler Normungsbestrebungen.

Die Aufgabe bestand nun darin, Umgebungsparameter zu schaffen und die Komponenten für lösbare Verbindungsstellen so zu testen, dass die Einsatzbedingungen hinreichend gut simuliert werden können. Aus den möglichen Einsatzorten der Steckverbinder wird klar, dass die Testbedingungen der Verbindungsstelle den Testbedingungen der zu verbindenden Geräte oder anderer passiver Komponenten angepasst werden müssen.

2.5 Steckverbinderstandards und Montagetechnologien

Tritt eine neue Technologie aus dem Pilotstadium heraus und besteht das Bedürfnis nach einem Masseneinsatz, so ist eine Normung zwingend notwendig. In den folgenden Abschnitten soll ein Überblick zu aktuellen Normen und deren Entstehung, zu Montagetechnologien und deren Anwendungsgebieten gegeben werden. Ein inhaltlicher und technischer Abschluss einer derartigen Betrachtung ist bei der optischen Verbindungstechnik nicht zu erwarten, setzt sich doch diese Technik mit nahezu ungebremster Dynamik am Markt durch.

Ziel der Betrachtungen ist es vielmehr, mit Kenntnis der technischen Vorbetrachtungen eine sachliche Abschätzung zu Tendenzen am Markt vorzunehmen und sinnvolle Entscheidungen auf der Ebene der Planung, der Montage sowie des Betriebes von optischen Systemen zu treffen.

2.5.1 Standardisierung und Normung

Basistechnologien wie die optische Übertragungstechnik können sich nicht regional abgegrenzt entwickeln. Die Gründe dafür sind:

- hohe Entwicklungsaufwendungen
- Informationen, das Übertragungsgut ist nicht regional
- Komponentenherstellung ist nur international möglich.

Diese technischen Beweggründe werden durch die politischen Bemühungen zur Harmonisierung großer Regionen unterstützt. Technologien und Informationen sollen international fließen.

In diesem Zusammenhang darf das berechtigte Interesse der Hersteller nach Herausstellung einzelner Produktmerkmale nicht zu Insellösungen führen. Wie entstehen nun in diesem Geflecht von Interessen der Hersteller, der Nutzer und der technischen Weiterentwicklung Normen?

Ein bedeutendes Datum war der 29. Februar 1980, an dem sich etwa 80 Vertreter aus dem Bereich der Datentechnik zusammenfanden und sich das "IEEE Computer Society Local Network Standards Committee" gründete. Ziel war es, Standards für ein System von Rechnern, Druckern, Terminals und File Servern zu erstellen.

Schnell zeigte sich, dass es notwendig war, die Komponenten der Funktionsweise des Systems unterzuordnen.

Die ersten Normen des Komitees IEEE 802 zu Kupfernetzen waren so nur für einen festen Übertragungsstandard zugeschnitten, ohne dass eine Entwicklung der aktiven und passiven Komponenten oder des Übertragungsstandards berücksichtigt wurde.

Die Forderungen der Anwender nach einheitlichen Netzstrukturen zwangen die Hersteller, nach allgemeinen Anforderungsprofilen zu suchen.

1988 entstand die Task Force 10 Base F; der Versuch, für die Netze auf Basis von Lichtwellenleitern optische Parameter der Komponenten zu vereinheitlichen.

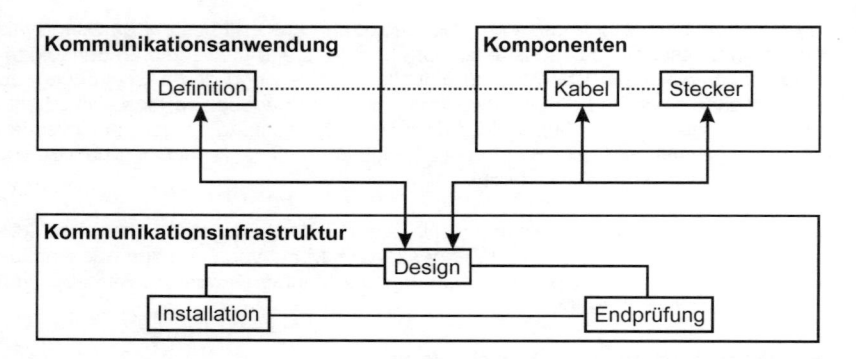

Bild 2.24: Wechselbeziehung zwischen Systemfunktion, Komponenten und Nutzung

Hohe Verbreitung hat derzeit auf dem deutschen Markt der Standard ISO EN 50173 gefunden. Hier wurde im Jahre 1994 der technologische Entwicklungsstand dokumentiert und als Richtlinie herausgegeben.

Diese Norm ist als Basis zu sehen, ein dienstneutrales Netz zu errichten, dessen Komponenten untereinander kompatibel sind. Das Zusammenspiel zwischen Dienstanwendung, Komponenten und Nutzer ist im Bild 2.24 dargestellt.

Der Regelkreis macht klar, dass eine Norm nicht mit einem juristischen Gesetz vergleichbar ist. Nach der Übersicht entsprechend Bild 2.24 werden Normen zu einem großen Teil von privatwirtschaftlich organisierten Gremien erarbeitet und verabschiedet. Besonders im LAN Bereich haben öffentliche Körperschaften nur im Bereich der Infrastruktur Interessen.

Die Frage nach dem Zwang zur Normkonformität eines Systems lässt sich nicht pauschal beantworten. Wichtig scheinen jedoch folgende Punkte:

- sind die optischen Parameter der Komponenten aufeinander abgestimmt
- sind die langlebigen Komponenten des Systems zukunftssicher
- haben alle Komponenten eine Systemreserve über die Grenzen der heutigen Norm hinaus
- hat das aktuelle Projekt eine normbeeinflussende Anwendungsbreite.

Das Gebiet der Weitstreckenübertragung wurde von der traditionell engen Bindung solcher Systeme an staatliche Stellen beeinflusst. Auf diesem Marktsegment spielten Ländergrenzen eine wichtige Rolle, bis die Privatisierung der Netze eintrat.

Ehemalige protektionistische Bestimmungen sind auf diesem Segment nur schwer zu überwinden, da es sich um große Netzstrukturen mit einer sensiblen Abstimmung der Komponenten, der Logistik und der Serviceaktivitäten handelt.

2.5.2 Übersicht aktueller Steckerstandards

Eine Einteilung der Steckverbinder für Lichtwellenleiter soll an dieser Stelle nur unter dem Gesichtspunkt der Normung als Steckerstandard nach CECC und IEC erfolgen. Diese Einschränkung schließt nicht einen Verbreitungsgrad von weiteren Komponenten in Verbindung mit Systemen aus.

Eine weitergehende Klassifizierung ist immer stark herstellerbezogen oder unterliegt regionalen Einflüssen.

Im Tabelle 2.4 sind alle aktuellen Standards der bereits genannten Normen dargestellt. Tabelle 2.4 enthält weiterhin eine Einteilung nach der Bauform Simplex oder Duplex sowie die Unterscheidung nach den üblichen Stirnflächengeometrien.

Außerdem zeigt Tabelle 2.4 die charakteristischen Unterscheidungsmerkmale der Stecker, nach denen die jeweiligen Standards identifizierbar sind.

Es wird deutlich, dass ein qualitativer Vergleich der Steckerstandards pauschal nicht möglich ist. Erst die Kenntnis der eingesetzten Materialien sowie die Konfektionierungstechnologie geben Anhaltspunkte für eine solche Klassifizierung.

Standard CECC/IEC	Durchmesser Ferrule in mm	Verschluss/ Stiftlagerung	Stirnfläche	Einsatzbereiche	Faser- typ
SMA 86104	3,175	Gewindemutter SW8 fest	konkav/ plan	Medizin Automatisierung Steuerung	MM
LSA (DIN) 86130/ 874-6	2,5	Gewindemutter gefedert	konvex/PC schräg HRL	Telekom Messtechnik	MM SM
ST 86120/ 874-10	2,5	Bajonett gefedert	konvex PC	LAN	MM (SM)
FC 86110/ 874-7	2,5	Gewindemutter gefedert	konvex PC schräg HRL	Telekom Messtechnik	MM SM
SC 86260/ 874-14	2,5 auch duplex	Push Pull gefedert	konvex PC schräg HRL	Telekom Messtechnik LAN	MM SM
E2000 86275/ 61754-15	2,5 auch duplex	Push Pull gefedert	konvex PC schräg HRL	LAN Telekom Messtechnik Sensortechnik	MM SM

Tabelle 2.3: Charakteristische Merkmale der nach CECC und IEC genormten Stecker

2.5.3 Neuentwicklungen

Die Tendenzen bei Neuentwicklungen von Verbindungssystemen für Lichtwellenleiter haben folgende Schwerpunkte:

- deutliche Erhöhung der Packungsdichte (Miniaturisierung)
- Integration der optischen Kontakte auf elektronischen Baugruppen
- Anpassung der Abmaße an vorhandene Gefäßsysteme.

Tabelle 2.5 zeigt, welche Lösungsvarianten derzeit auf dem Markt um Akzeptanz konkurrieren. Starken Einfluss auf die Verbreitung der Systeme hat die rechtzeitige Bereitstellung von Schnittstellen an aktiven Systemen als Receptacle, kompletter Receiver oder die Konfektionierung an gepigtailte Bauelemente.

Im Bereich der lösbaren Verbindungssysteme für LAN-Anwendungen hat sich als mechanisches Abmaß klar der Frontplattendurchbruch nach RJ 45 durchgesetzt. Dieses mechanische Interface ermöglicht, sowohl eine Duplex-Verbindung der Lichtwellenleiter, als auch eine Steckverbindung für ein Kupfersystem in die Gehäusetechnik bis hin zur Datenanschlussdose einzufügen.

Unterstützt wird diese Forderung von den Systemen E-2000 Compact RJ, MT RJ, VF 45, sowie LC/F3000 und MU, zu denen auch aktive Schnittstellen erhältlich sind.

Der Vergleich dieser Systeme zeigt bereits auch einige Konsequenzen auf. Alle Systeme basieren auf unterschiedlichen Faserführungssystemen: Ferrule 2,5mm bei E 2000 Compact RJ, MT Ferrule bei MT RJ, V-Nut Führung bei VF 45, sowie 1,25 mm Ferrule bei LC/F 3000 und MU.

Eine Kopplung von Elementen mit diesen Schnittstellen ist nur durch Verbindungskabel möglich, die mit den jeweils unterschiedlichen Systemen konfektioniert sind und so eine Hybridverbindung darstellen. Lediglich bei der Verbindung von 2,5 mm-Ferrulen mit Standards von 1,25 mm können sogenannte hybride Mittelstücke eingesetzt werden. Mit höchsten Anforderungen an die Genauigkeit, werden die 2,5 mm und 1,25 mm Führungshülsen gegeneinander positioniert.

Die dynamische Entwicklung der optischen Systeme lässt mittelfristig eine Harmonisierung der Verbindungsstandards nicht erwarten. Auch im Bereich der Telekommunikations-Anwendungen drängt das neue Maß für den Ferrulendurchmesser auf den Markt. Die Miniaturisierung der Außengehäuse und Erhöhung der Packungsdichte wird besonders durch die Ferrule mit 1,25 mm Durchmesser unterstützt.

Die Systeme MU und LC/F3000 basieren auf diesem neuen Maß. Für diese Stecker werden Lösungen als Steckverbindung von der Leiterplatte zur Rückverdrahtungsplatine angeboten.

Welche Lösungsansätze sich durchsetzen, bleibt abzuwarten Handling und Adaption auf vorhandene Systeme sind bei LC/F 3000 und MU gut gelöst. Bei diesen Standards zeichnet sich eine rasche Verbreitung ab.

Standard	Steckprinzip	Verriegelung	Stirnfläche	Einsatzbereich	Fasertyp
Mini-MT MT-RJ	Mehrfaser-Stecker, Stift rechteckig mit Führungsstiften, Kunststoff/ Glas	Snap Push-Pull	Plan	LAN mit niedriger Anforderung an Dämpfung und Rückflussdämpfung	MM
FJ Fiber-Jack	Steckerstift-Durchmesser 2,5 mm, Keramik	Snap mit Rasthebel wie RJ 45	PC	LAN	MM (SM)
VF-45 Volition	Faser entmantelt in V-Führung	Snap mit Rasthebel wie RJ 45	NPC	LAN	MM (SM)
SCDC/ SCQC	Mehrfaser-Steckerstift, Durchmesser 2,5 mm, Kunststoff/ Glas	Push-Pull wie SC	PC	LAN	MM
LC F 3000	Steckerstift-Durchmesser 1,25 mm, Keramik	Snap mit Rasthebel	PC APC	WAN LAN	MM SM
MU	Steckerstift-Durchmesser 1,25 mm Keramik	Push-Pull wie SC	PC APC	WAN LAN	SM MM

Tabelle 2.5: Neuentwickelte Verbindungssysteme

2.5.4 Montagetechnologien

Betrachtet man einen konfektionierten LWL-Steckverbinder unter den Gesichtspunkten von Preis und Qualitätsfaktoren im Verhältnis zum Steckerbausatz, wird schnell klar, dass die Konfektionierung aus Sicht des Anwenders den größeren Anteil stellt. In diesem Abschnitt sollen Montagetechnologien verglichen werden, um Vor- und Nachteile richtig werten zu können.

Eine Einteilung der Konfektionierungsarten ist in vier Gruppen sinnvoll:

- Lichtwellenleiter wird in die Ferrule eingeklebt
- Crimpen als Fixierung
- vorkonfektionierter Stecker
- Stecker ohne Ferrule.

Im folgenden Bild 2.25 sind die Schritte der Konfektionierung eines Lichtwellenleiters mit einem Stecker als Ablaufschema dargestellt.

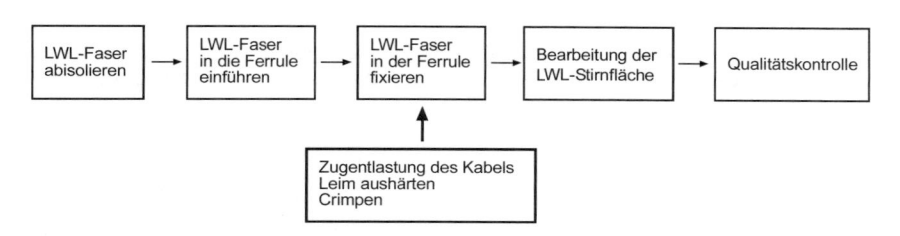

```
LWL-Faser      LWL-Faser         LWL-Faser         Bearbeitung der
abisolieren → in die Ferrule → in der Ferrule  →  LWL-Stirnfläche → Qualitätskontrolle
               einführen        fixieren
                                     ↑
                            Zugentlastung des Kabels
                            Leim aushärten
                            Crimpen
```

Bild 2.25: Montageschritte bei der Konfektionierung

2.5.5 Klebetechnologie

Bereits in den 80er Jahren bei der Entwicklung der LWL-Stecker entschied man sich, die Faser mit Epoxy-Kleber im Stecker zu befestigen. Nachdem alle mechanischen Schutzschichten von der Faser entfernt wurden, benetzt man sie mit Leim und führt sie in die Ferrule ein.

Nach dem Aushärten wird der Lichtwellenleiter geschnitten und geschliffen, danach alle Zugentlastungselemente am Stecker befestigt. Die Konfektionierungszeit betrug etwa 35 Minuten zuzüglich der Aushärtezeit des Klebers. Seit dieser Zeit sind die einzelnen Schritte deutlich optimiert worden.

Im Ergebnis treten zwei Resultate hervor:

- Stecker können in weniger als zwei Minuten konfektioniert werden.
- Steckverbinder können unter extremen Umgebungsbedingungen eingesetzt werden.

Leim	Zeit für eine Terminierung	Topfzeit	Aushärtung	Kosten/ Stecker	Spezialwerkzeuge	Umweltbeständigkeit
Epoxy heiß	(10+60) min	120 min	Ofen	klein	Ofen	sehr gut
Epoxy	(10+120) min	15 min	Umgebungsluft	klein	keine	gut
UV-Leim	10 min	0,5 min	UV-Licht	mittel	UV-Lichtquelle	eingeschränkt
anaerober Leim	8 min	5 s	Beschleuniger	klein	keine	eingeschränkt
Cyanacrylat	8 min	5 s	Umgebungsluft	klein	keine	eingeschränkt
vorgefüllte Ferrule	(8+30) min	1 min	Ofen	klein	Ofen	befriedigend

Tabelle 2.6: Vergleich der Klebetechnologien

Beide Resultate sind nicht in Kombination zu erreichen. Ausschlaggebend ist die Art des Klebers der in der Ferrule zum Einsatz gelangt. Aus Tabelle 2.6 sind die zur Verbreitung gekommenen Kleber ersichtlich. Es ist zu erkennen, dass die Konfektionierungszeit sowie Topf- und Aushärtezeit der verschiedenen Kleber auf der einen Seite und die Umweltresistenz auf der anderen Seite in einem Zusammenhang stehen.

Man kann sagen, dass mit steigender Aushärtezeit und Temperatur die Verklebung höheren Anforderungen entspricht. Der Grund für diesen Zusammenhang lässt sich wie folgt erklären:

Die optimale Temperaturbeständigkeit eines Klebers ist gegeben, wenn der Erweichungspunkt T_G des Klebers um mindestens 10 Grad über der höchsten Einsatztemperatur des Steckers liegt. Auch bei tiefen Temperaturen zeigt sich eine deutlich bessere Stabilität der Verleimung mit Klebern höherer TG-Werte.

Dieser Zusammenhang macht deutlich, dass Stecker für Anwendungen außerhalb von temperierten Räumen nur aus einer industriellen Fertigung eingesetzt werden können.

Kleber auf Basis von Cyanacrylat oder anaerober Basis haben nur eine extrem kurze Topfzeit, in der die Faser eingeführt werden kann.

Bei allen Klebevarianten ist immer zu beachten, dass für eine optimale Verarbeitung die zulässige Lagerzeit nicht überschritten werden darf und die Umgebungsbedingungen für die Verarbeitung eingehalten werden.

Hier spielen wieder Temperatur und Luftfeuchtigkeit die entscheidende Rolle. Der grundsätzliche Ablauf einer Konfektionierung mit Epoxy-Kleber ist in den folgenden Punkten beschrieben:

1. Faser bis zum optischen Mantel abisolieren.
2. Mischen von Harz und Härter im vorgegebenen Verhältnis, dabei Topfzeit beachten. Der fertige Epoxy-Kleber hat die richtige Konsistenz, muss jedoch frei von Luftblasen sein.
3. Einfüllen des Klebers in die Ferrule mit Spritze und Dosiergerät.
4. Einführen der vorbereiteten und mit IPA gereinigten Faser in die Ferrule soweit, bis etwa 3 mm aus der Ferrule herausstehen.
5. Herstellen der Zugentlastung durch Crimpen des Kevlargewebes und des Kabelmantels (wenn vorhanden).
6. Aushärten in einem Spezialofen mit Steckerhalterungen (30 min bis 90 min). Die Öfen sind der Konstruktion der Stecker und dem Aushärtevorgang des Klebers angepasst. Damit wird verhindert, dass Kleber in den Federmechanismus des Steckers läuft oder in den Kabelaufbau fließt. Ansonsten kommt es schnell zu Faserbrüchen beim Steckvorgang.
7. Schneiden der Faser mit einem Diamantwerkzeug. Achtung: Faserreste in Spezialbehältern lagern und entsorgen.
8. Politur der Faserstirnfläche auf Schleiffolien. Die Abläufe zur Stirnflächenpolitur sind herstellerbezogen sehr verschieden. Eine hohe optische Qualität ist nur bei sehr feiner Körnung des letzten Politurschrittes (Körnung kleiner als 0,1 µm) und gleicher Geometrie der Stirnfläche zu erreichen. Hierfür werden vorrangig Schleimaschinen eingesetzt.
9. Reinigung und visuelle Kontrolle. Zur Reinigung hat sich die Feuchtmethode als effektiv erwiesen. Hier wird ein fusselfreies Tuch mit Iso-Propanol-Alkohol (> 95 % Alkohol) benetzt, die Stirnfläche abgewischt, dann mit einem Tuch getrocknet und mit Druckluft abgeblasen. Andere Methoden mit speziellen Reinigungsboxen sind generell auch anwendbar, führen jedoch nicht immer zu befriedigenden Ergebnissen und sind teurer. Die visuelle Kontrolle erfolgt mit speziell angepassten Mikroskopen, die mit Ferrulenhaltern ausgerüstet sind. Die Vergrößerung muss zwischen 250 fach und 300 fach liegen, um alle dämpfungserzeugenden Kratzer zu erkennen.
10. Optische Endmessung.

Neben dem beschriebenen Verfahren sind alternativ mit anderen Klebern folgende Verfahren im Einsatz:

- Epoxy-Kleber mit Aushärtung bei Raumtemperatur:
- Hier entfällt der Ofen, jedoch ist die Topfzeit sehr kurz, die Aushärtezeit lang (zwei bis drei Stunden), bevor weiterverarbeitet werden kann.
- Leimgefüllte Ferrulen: Der Einsatz leimgefüllter Ferrulen erspart die Schritte zwei und drei. Der Ablauf erfordert hier ein Aufschmelzen des Leimes vor Einführen der Faser. Feuchtigkeit und Luftblasen im Klebebereich beeinflussen die Stabilität dieses Prozesses.
- Cyanacrylat-Kleber; anaerobe Kleber: Bei beiden Kleberarten ist ein "Beschleuniger" notwendig, um den Aushärtungsprozess zu starten und zu steuern.
- UV-Kleber: Der Einsatz von UV-härtenden Klebern erfordert einen Ferrulenaufbau, der für das UV-Licht transparent ist (keine Massenanwendung).

Die Schnittdarstellung der Stecker in Bild 2.26 zeigt bereits deutlich die Unterschiede:

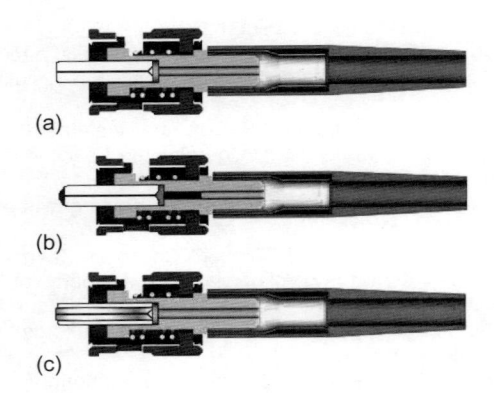

Bild 2.26: Unterschiedliche Klebetechnologien: (a) Epoxykleber mit Aushärtung im Ofen, (b) gefüllte Ferrule zum Aufschmelzen des Leimes, (c) UV-Licht-durchlässige Ferrule für UV-Leim

Das Ziel aller Verfahren, die von der Basistechnologie abweichen, besteht in einer feldtauglichen Montage des Steckers. Die offensichtlichen Vorteile in einigen Herstellschritten heben sich jedoch oft wieder auf:

Der Ausgangspunkt des Schleifprozesses kann nicht so genau erreicht werden, wie es beim Basisverfahren möglich ist. Die Qualität der Stecker ist schwankend.

2.5.6 Crimp- & Cleave-Technologie

Diese Technologie eliminiert den Kleber vollständig aus dem Konfektionierungsprozess. Crimp- & Cleave-Stecker haben ein System der formschlüssigen Befestigung des Lichtwellenleiters im Stecker.

Die Schritte, um einen Crimp- & Cleave-Stecker zu fertigen sind folgende:

1. Faser bis zum Kunststoffcoating abmanteln.
2. Faser in den Crimp- & Cleave-Stecker einführen.
3. Crimpung der Zugentlastungselemente.
4. Faserfixierung durch Crimpen einer Metallhülse auf die Faser.
5. Faser schneiden. Hierfür werden Spezialwerkzeuge eingesetzt, mit denen ein Spiegelbruch auf Höhe der Stirnfläche erzeugt wird.
6. Eine Politur wird beim Crimp- & Cleave-Stecker nur selten vorgeschrieben.
7. Visuelle Kontrolle der Stirnfläche.
8. Optische Endmessung.

Die Fixierung des Lichtwellenleiters erfolgt durch eine verformbare Metallhülse. Sie wird auf einen Kunststoffmantel, der sich direkt auf der Glasoberfläche der Faser befindet, gedrückt (Bild 2.27).

Bild 2.27: Crimp- & Cleave-Stecker

Diese Art der Fixierung zeigt auch schon deutlich die Grenzen der Crimp- & Cleave-Technologie. Die Position der Faser in der Ferrule in allen drei Achsen ist nicht reproduzierbar.

Für Lichtwellenleiter mit einem Kerndurchmesser von mehr als 200 µm spielen diese Abweichungen keine Rolle. In der Automatisierung kommen solche Lichtwellenleiter zum Einsatz, die mit Steckerelementen der Crimp- & Cleave-Technologie konfektioniert sind.

2.5.7 Lösungen für die Feldmontage

Die detaillierte Beschreibung der Konfektionierung hat gezeigt, dass qualitätsrelevante Schritte bei einer Feldmontage technologisch nur unzureichend steuerbar sind und zeitlich nicht einen durchgängigen Ablauf ermöglichen. Abhilfe schaffen hier nur vorkonfektionierte Stecker.

Bei dieser Variante befindet sich der Lichtwellenleiter bereits vollständig bearbeitet in der Ferrule. Somit sind alle Prozesse nach Abschnitt 2.5.5 Punkt 1 bis 10 im Werkstattbereich ausgeführt. Ein sehr kurzes Faserstück ragt nur nach hinten aus der Ferrule und bietet mit einem Spiegelbruch eine ideale Koppelfläche.

Handelt es sich um eine einfache Anwendung mit Multimode-LWL, sind Ankopplungen von Lichtwellenleitern über die Spiegelbruchfläche mit Indexpaste oder optischen Kleber möglich. Die ankommende Faser wird dann noch durch Crimpung zugentlastet.

Der Nachteil dieser Methode besteht ganz eindeutig in der Anordnung von drei Koppelstellen mit einem relativ hohen optischen Verlust (Faser im Stecker 1, Stecker 1 auf Stecker 2, Faser im Stecker 2).

Wendet man ein anderes Verfahren an, um die Faserverbindung im vorkonfektionierten Stecker herzustellen, erreicht man quasi eine werkskonfektionierte Qualität. Dazu eignet sich das Spleißen der Lichtwellenleiter.

Der Fusionsspleiß ist eine feldtaugliche Technologie, die geeignet ist, reproduzierbare Verbindungen der Lichtwellenleiter mit einer Dämpfung unter 0,1 dB, herzustellen.

Diese Technologie erschließt nun erstmals auch den Bereich der Singlemode-Steckverbindungen, die nun auch mit beliebiger Stirnflächengeometrie vor Ort herstellbar sind.

Der Ablauf der "Konfektionierung" vor Ort ist dem Ablauf beim Spleiß sehr ähnlich:

1. Faser bis zum optischen Mantel abisolieren.
2. Spiegelbruch erzeugen.
3. Spleißprogramm wählen.
4. Faser in Spleißgerät einlegen und automatischen Spleißvorgang starten.
5. Spleißstelle gegen Feuchtigkeit schützen.
6. Crimpen der Zugentlastungselemente (wenn vorhanden).
7. Messung der Verbindung im System.

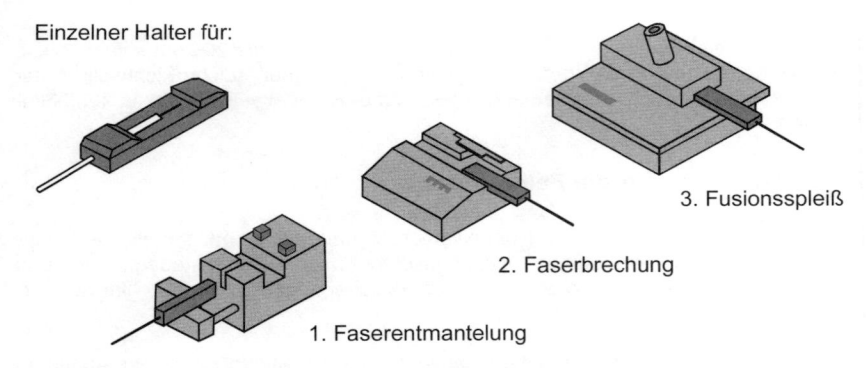

Einzelner Halter für:

3. Fusionsspleiß

2. Faserbrechung

1. Faserentmantelung

Bild 2.28: Arbeitsschritte der Fusionstechnologie der Firma Diamond

Der Ablauf der Arbeitsschritte ist dem Bild 2.28 zu entnehmen. Bei dem Fusions-System der Firma Diamond wird zum effektiven Arbeiten der Lichtwellenleiter zuerst in einen Anschlaghalter eingelegt. Somit erübrigt sich die Kontrolle der exakt einzuhaltenden Absetzmaße. Die Konfektionierungszeit ist für Multimode- und Singlemode-LWL gleich und liegt unter zwei Minuten.

Eine weitere Gruppe von Steckern sind Verbindungssysteme ohne faserumschließendes Führungselement. An dieser Stelle sei nur kurz auf diese Systeme verwiesen, deren Lebensdauer und Stabilität noch umstritten ist.

Das System Optoclip basiert auf der Zusammenführung von zwei abisolierten Fasern mit Spiegelbruchfläche in einem Kupplungselement, das mit Indexgel gefüllt ist. Die Faser wird im ungesteckten Zustand durch einen Stecker geschützt.

Eine aktuelle Lösung ist das VF-45-System. Hier werden die Fasern in einer V- Nut geführt und so für eine Lichtüberkopplung zentriert. Interessanterweise basiert diese Verbindung nicht auf dem Stecker-Hülse-Stecker-Prinzip, sondern realisiert eine „Steckdose" mit Stecker. Zu beachten ist hierbei, dass bei diesem System noch mit Verbindungskabeln gearbeitet werden muss, deren Parameter vom Standard-LWL abweichen. Auch hier liegen noch keine Langzeiterfahrungen vor.

Abschließend soll ein Leitfaden helfen, die richtige Konfektionierungstechnologie auszuwählen:

1. Welche optischen Werte sind gefordert?
2. In welcher Umgebung werden die Steckverbinder eingesetzt?
3. Wie viele Steckverbinder sind zu konfektionieren und wieviel Zeit steht am Konfektionierungsort zur Verfügung?
4. Welche Werkzeuge lassen sich am Konfektionierungsort einsetzen?
5. Gibt es am Konfektionierungsort Einschränkungen für den Einsatz der Hilfsmaterialien?

2.6 Literatur

[2.1] J. Labs: Verbindungstechnik für Lichtwellenleiter. Düsseldorf: DVS-Verlag GmbH, 1989.
[2.2] The Siemon Company. Technical Articles: Fiber Connector Termination Methods, 06/1999.
[2.3] Diamond GmbH, Datenblätter.
[2.4] Chr. Hentschel: Hewlett Packard, Fiber Optics Handbook.
[2.5] Unilan: Handbuch der Firma Dätwyler.

3 Nichtlösbare Glasfaserverbindung - Fusionsspleißen
Christina Manzke, Jürgen Labs

3.1 Einführung

Seitdem es gelang, Lichtwellenleiter herzustellen, wurde besonderes Augenmerk auf die Verbindungstechnologien gelegt, da dort die höchsten singulären Verluste in die Übertragungsstrecke eingefügt wurden. Besonders beim Verlegen von großen LWL-Längen wird versucht, die Verbindungsstellen möglichst dämpfungsarm zu realisieren. Während man am Anfang und am Ende der Strecke aus Flexibilitätsgründen lösbare Verbindungen bevorzugt (vergleiche Kapitel 2), werden auf der Strecke fast ausschließlich nichtlösbare Verbindungen ausgeführt.

■ Verbindungsstellen

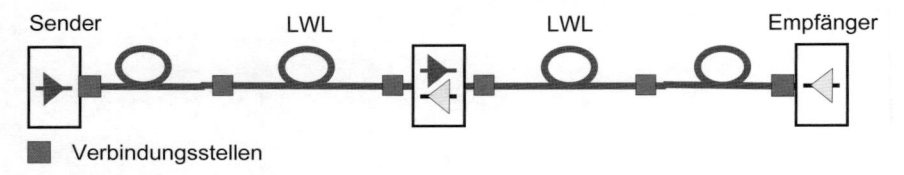

Bild 3.1: Schematische Darstellung einer Übertragungsstrecke

Nach Versuchen mit verschiedenen anderen Verbindungstechnologien (wie z. B. anfangs das Kleben) kristallisierte sich schnell das Fusionsspleißen als ein Verfahren heraus, welches geringe Dämpfungen und eine hohe Langzeitstabilität versprach.

Ein großer Vorteil besteht darin, dass keine Zusatzstoffe, wie Lot, Kleber oder Indexgel in den Lichtweg eingebracht werden müssen, sondern die beiden Glasmaterialien direkt durch Aufschmelzen miteinander verbunden werden.

Zusatzstoffe bergen die Gefahr in sich, bei Umweltbelastungen wie Temperaturwechsel oder hoher Luftfeuchte sich mechanisch und/oder optisch anders zu verhalten als Glas. Dadurch kann es zu erhöhten Verlusten an der Verbindungsstelle bis zur Zerstörung kommen.

Mit der rasanten Weiterentwicklung der Spleißgeräte in den letzten zehn Jahren steht nun auch die Hardware zur Verfügung, Lichtwellenleiter jeder Art schnell, effizient und verlustarm miteinander zu verbinden. Stand der Technik sind vollautomatische Geräte, die durch ihre unterstützende Software sehr bedienerfreundlich sind und mit einem überschaubaren Schulungsaufwand eingesetzt werden können.

In den folgenden Abschnitten wollen wir die Technologie des Fusionsspleißens näher beleuchten und auf spezielle physikalische Effekte und Unterschiede im Verbinden der in der Praxis am häufigsten eingesetzten Fasern bzw. Faserbändchen eingehen. Äußere (extrinsische) wie interne (intrinsische) Einflussfaktoren auf das Spleißergebnis werden behandelt, sowie die Vor- und Nachbereitung der Spleißstelle.

3.2 Werkstoffe und Herstellungsverfahren für Lichtwellenleiter

3.2.1 Werkstoffe für Lichtwellenleiter

Die für die Strahlleitung einsetzbaren Materialien müssen optisch transparent sein. Im Wesentlichen bestimmen die Dämpfungseigenschaften durch Lichtabsorption und durch Lichtstreuung sowie die Dispersionseigenschaften des Materials (vergleiche Kapitel 1) die Einsatzmöglichkeiten.

Hochreine Werkstoffe, deren Verunreinigungen in Größenordnungen von 10^{-8} bis 10^{-9} liegen müssen, können für den optischen Transport der Informationen eingesetzt werden. Für den für die Informationsübertragung in Lichtwellenleitern relevanten Wellenlängenbereich von etwa 0,65 µm bis 1,65 µm finden Mehrkomponenten- und Kieselgläser sowie hochpolymere Kunststoffe Anwendung. Dieser Wellenlängenbereich wird sowohl für die optische Nachrichtentechnik und Computernetzwerke als auch für die Signalübertragung in Fahrzeugen, (U-)Booten und Flugzeugen verwendet.

Für die Leitung von Strahlung mit $\lambda > 2$ µm sind Infrarot(IR)-Fasern einzusetzen. Praktische Anwendungen finden die IR-Fasern beim Schneiden und Schweißen von Materialien und organischen Geweben mit Laserstrahlung, Wärmebehandlung, Sensorik usw. Die IR-Fasern bestehen entweder aus Schwermetall-Fluorid-, Chalcogenid-Gläsern oder Saphir.

Während in den 80er Jahren versucht wurde, aufgrund der zunächst hohen Kosten für die Lichtwellenleiter Mehrkomponentengläser einzusetzen, werden heute in der Regel Quarzglas-Materialien neben dem Kunststoff-LWL verwendet. Ein typisches Mehrkomponentenglas, das für LWL-Strukturen praktisch erprobt wurde, ist das Natriumborsilikat (Na_2O-B_2O_3-SiO_2). Diese Gläser sind sehr häufig mit Hilfe des Tiegelverfahrens verarbeitet worden.

Da die Dämpfungen für derartige Materialien im Vergleich zum Quarzglas jedoch sehr hoch sind, finden heute fast ausschließlich Kieselgläser für den in der optischen Nachrichtentechnik eingesetzten Lichtwellenleiter praktische Anwendung.

Quarzglas, in der Natur als Lechatelierit bekannt, kann sowohl aus Bergkristall als auch synthetisch nach dem VERNEUIL-Verfahren auf $SiCl_4$-Basis hergestellt werden. Es gehört zu den wertvollsten Werkstoffen, über die Industrie und Wissenschaft verfügen. Quarzglas zeichnet sich besonders aus durch

- extrem niedrige thermische Ausdehnung
- hervorragende Temperaturwechselbeständigkeit
- hervorragende Elastizität

- hohe Transformations- und Erweichungstemperatur
- geringe Wärmeleitfähigkeit
- niedrige dielektrische Verluste
- gute optische Durchlässigkeit von infraroter und ultravioletter Strahlung.

Quarzglas ist gleich allen Gläsern eine in amorpher Form glasige erstarrte Schmelze aus Oxiden, die keinen festen Schmelzpunkt hat und deren Aggregatzustand in Abhängigkeit von der Temperatur über die Viskosität bestimmt wird.

Es hat einen gemischten Bindungscharakter, was für alle Netzwerkbildner gilt, also auch für das GeO_2, das neben dem P_2O_5 zur Brechungsindex-Erhöhung im Quarzglas verwendet wird. Eine Erniedrigung des Brechungsindexes kann durch Dotierung mit Bor- und Fluorverbindungen erzielt werden (siehe Bild 3.2).

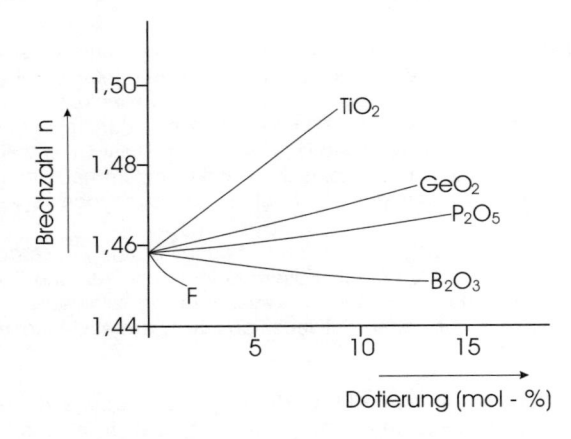

Bild 3.2: Brechzahl von Glas in Abhängigkeit von den Dotierungsstoffe und deren Konzentration

Kunststoff-LWL (POF - plastic optical fiber) werden in jüngster Zeit des öfteren zur Anwendung im Kurzstreckenbereich diskutiert. Ihre Vorteile liegen in

- der leichten Handhabung
- der großen Zug- und Biegefestigkeit
- der hohen Flexibilität, Biegeradius r_B = 1,6 mm bis 5 mm
- den guten Koppelbedingungen, Kerndurchmesser ≈ 1.000 µm
- der einfachen Endflächenbearbeitung
- der guten Langzeitstabilität und
- der einfachen Herstellung und des geringen Preises.

Die Nachteile liegen in der höheren Dämpfung und den spektralen Dämpfungsminima bei geringeren Wellenlängen.

Als Kunststoff-Materialien werden unvernetzte und vernetzte Polymerisate und Mischpolymerisate der Acrylat- und der Metacrylatreihe, der Polykarbonate und der fluorierten Ethylen-Propylene verwendet.

Der Herstellungsprozess erfolgt in der Regel so, dass aus einem hochreinen Monomer durch Polymerisation beispielsweise Polymethylmethacrylat (PMMA) oder Polystyrol (PS) hergestellt wird. Bei Temperaturen um 523 K wird das niedrig viskose Kernmaterial durch eine Düse gespritzt und Mantelschichten aufextrudiert.

Die verwendete Wellenlänge bei POF liegt im roten Wellenlängenbereich, typisch bei 650 nm. Dort stehen preiswerte LED-Sender und Si-Empfänger als Aktivkomponenten zur Verfügung. Anwendungen finden sich vor allem in der Automobilindustrie und für Maschinensteuerungen (vergleiche Abschnitt 5.4.3).

Seit neuestem werden POF mit einem Gradientenindexprofil angeboten, die ein besseres Übertragungsverhalten aufweisen und längere Entfernungen überbrücken können. Erste Projekte und Studien für den Aufbau von Inhouse-Datennetzen mit diesen Fasern laufen.

3.2.2 Herstellungsverfahren für Lichtwellenleiter

Auf Grund der hohen Qualitätsanforderungen an die LWL-Materialien wird der Herstellungsprozess der Lichtwellenleiter größtenteils in mehreren Verfahrensschritten durchgeführt. In der Regel wird mit einer Vorform (Preform) gearbeitet.

Herstellung der Vorform

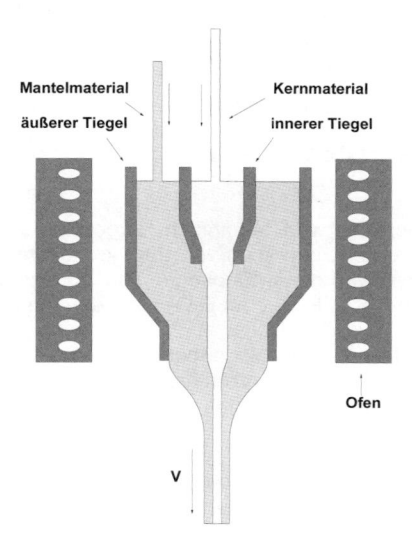

Bild 3.3: Doppeltiegelverfahren für das Herstellen von Glasfasern

Durch Anwendung von Halbleitertechnologien für die LWL-Fertigung gelang es 1970 der Firma Corning Inc., USA, Fasern herzustellen, die in Dämpfungsbereichen a ≤ 10 dB/km lagen. Damit war der Durchbruch für den Einsatz in der optische Nachrichtentechnik geschafft.

Zur Zeit werden Vorformen im Wesentlichen mit Hilfe des Glasschmelzens und der Glasabscheidung aus der Gasphase hergestellt. Während beim Glasschmelzen hochreine Ausgangsglasmaterialien schmelztechnisch als Kern- und Mantelglas angeordnet werden, ein typisches Verfahren dafür ist das Doppeltiegelverfahren (Bild 3.3), entsteht das Quarzglas bei der Glasabscheidung aus der Gasphase.

Beim Doppeltiegelverfahren wird die Faser direkt aus dem Tiegel gezogen. Durch Diffusion und Ionenaustausch zwischen den Mantel- und Kernmaterialien ist es durch die Selfoc-Methode möglich, auch Lichtwellenleiter mit Gradientenprofil herzustellen.

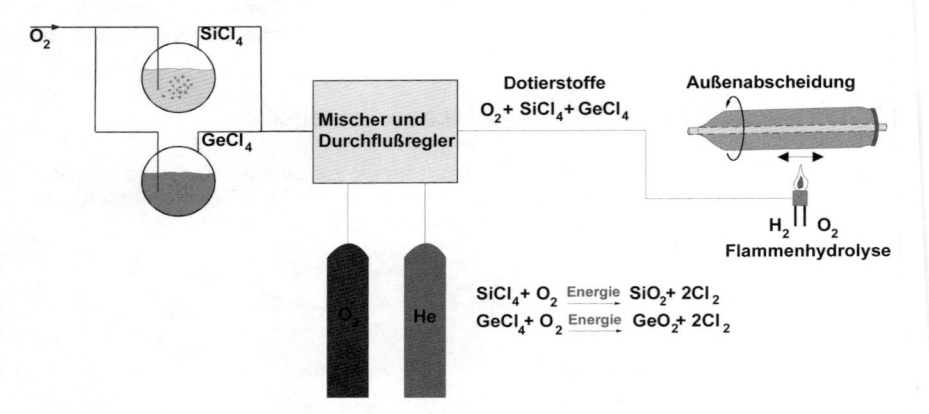

Bild 3.4: OVD-Verfahren für die Vorformherstellung

Quarzglas aus der Gasphase wird, vereinfacht dargestellt, durch die Reduktion von $SiCl_4$ durch Sauerstoff unter Einwirkung von Energie hochrein hergestellt. Der Brechungsindex des Kernes wird durch Einbringen von Dotierungsmaterialien, wie beispielsweise den Oxiden GeO_2, P_2O_5 oder B_2O_3 verändert (im Allgemeinen erhöht).

Je nach Ausführungsart werden die Vorformen mit Hilfe des OVD-Verfahrens (outside vapor deposition - Bild 3.4), IVD-Verfahren (inside vapor deposition - Bild 3.5) oder über die Stirnseite eines Keimstabes mit dem VAD-Verfahren (vapor axial deposition - Bild 3.6) hergestellt.

Im Wesentlichen wird nach der Energiequelle (Knallgasflamme oder Plasmaanlage) und zwischen MCVD (modified chemical vapor deposition - Bild 3.7) oder PCVD (plasma activated chemical vapor deposition) unterschieden.

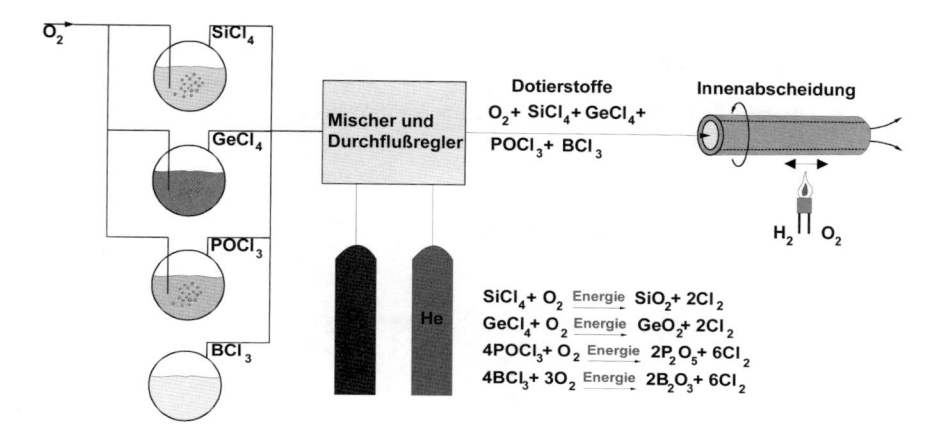

Bild 3.5: IVD-Verfahren für die Vorformherstellung

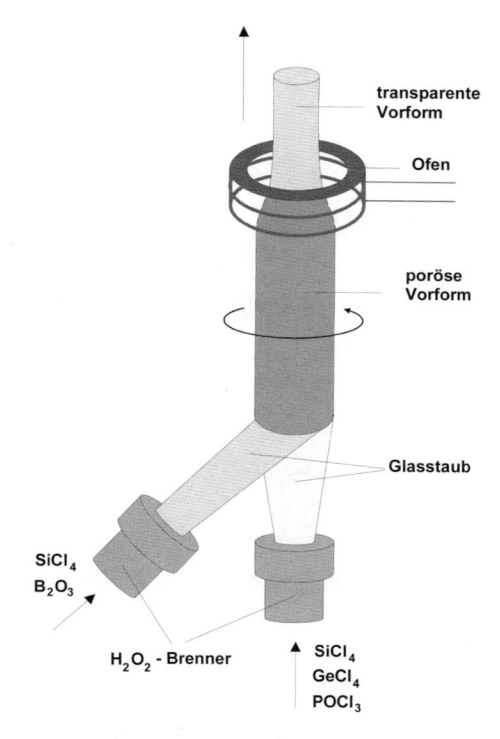

$SiCl_4 + O_2 \xrightarrow{Energie} SiO_2 + 2Cl_2$
$GeCl_4 + O_2 \xrightarrow{Energie} GeO_2 + 2Cl_2$
$4POCl_3 + O_2 \xrightarrow{Energie} 2P_2O_5 + 6Cl_2$
$4BCl_3 + 3O_2 \xrightarrow{Energie} 2B_2O_3 + 6Cl_2$

Bild 3.6: VAD-Verfahren für die Vorformherstellung

Je nach Typ des gewünschten Lichtwellenleiters (multimodig oder singlemodig, depressed cladding oder matched cladding usw.) werden poröse Schichten unterschiedlicher chemischer Zusammensetzung auf Hilfsstäben aus Al_2O_3, Grafit usw. (OVD), Quarzrohren (IVD) oder auf Keimstäben abgeschieden und verschmolzen.

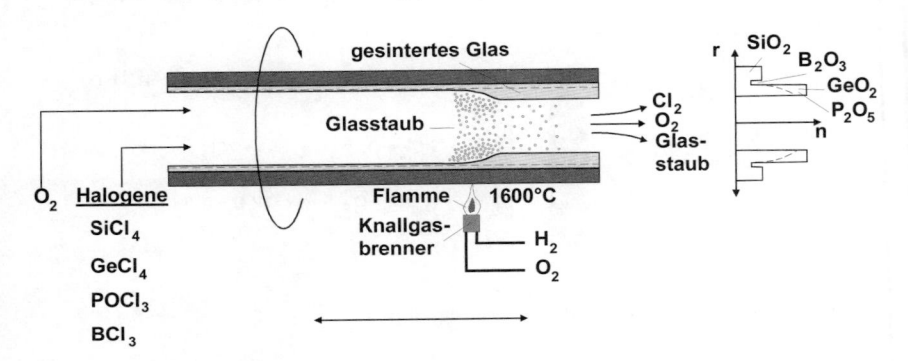

Bild 3.7: MCVD-Verfahren für die Vorformherstellung: links: technologischer Prozess, rechts: gewähltes Brechzahlprofil

Kollabieren des Quarzrohres

fertige Vorform

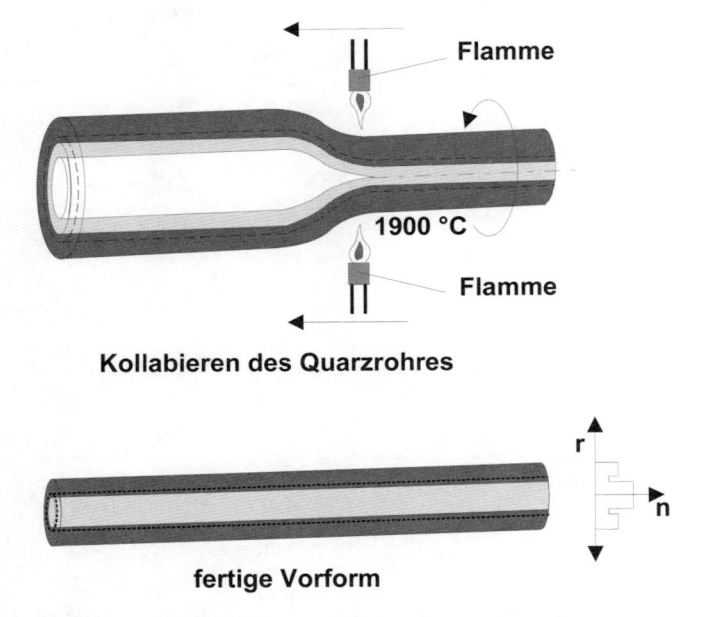

Bild 3.8: Kollabieren von Quarzrohren: oben: technologischer Prozess; unten: fertige Vorform; rechts: realisiertes Brechzahlprofil

Beim OVD-Verfahren wird der Keimstab entfernt und das entstehende Rohr ähnlich wie beim IVD-Verfahren bei Temperaturen von ungefähr 1.900 °C kollabiert. Es entsteht ein zusammengeschmolzener fester Glasstab (Bild 3.8). Außerdem verdampfen aus den Innenschichten Dotierungsmaterialien, was sich als sogenannter „Dip" im Brechzahlverlauf von Lichtwellenleiter nachweisen lässt (Bild 3.9).

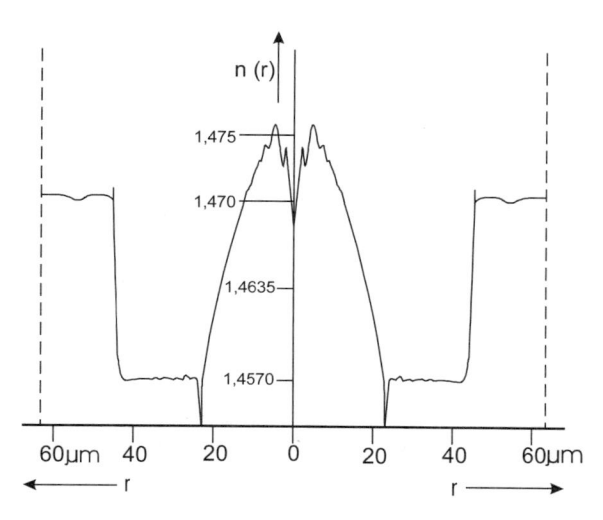

Bild 3.9: Brechzahlprofil einer Gradientenindexfaser mit Bor-Ring und „Dip"

Faserziehen

Das Ausziehen einer Faser aus der Vorform wird technologisch gut beherrscht. Die in der Vorform vorgegebenen geometrischen Verhältnisse zwischen Kern- und Mantelmaterial, gekennzeichnet durch unterschiedliche Brechungsindizes, bleiben beim Ziehen trotz des wesentlich kleineren Faseraußendurchmessers von beispielsweise 125 µm erhalten.

Die Vorform wird entsprechend Bild 3.10 erwärmt und die Faser mit Hilfe eines automatisch gesteuerten Prozesses aus der Vorform gezogen. Direkt nach Erreichen des Faserdurchmessers wird die Glasfaser mit einer ein- oder zweischichtigen Kunststoffhülle (in der Regel Acrylat) beschichtet. Hierdurch wird die Festigkeit und der Schutz vor Mikrokrümmungen des Lichtwellenleiters verbessert und eine bessere Handhabung erreicht.

Um ein gutes Abisolieren der aufgebrachten Kunststoffschichten von der Glasfaser für spätere Montageschritte, beispielsweise dem Spleißen, zu erreichen, wird häufig eine 5 µm bis 10 µm dünne Teflonschicht auf die „nackte" Faser gespritzt. Nach dem Aushärten der Beschichtung wird die Zugfestigkeit des Lichtwellenleiters geprüft und bei Einhaltung einer Mindestbelastung zum Kabelaufbau freigegeben.

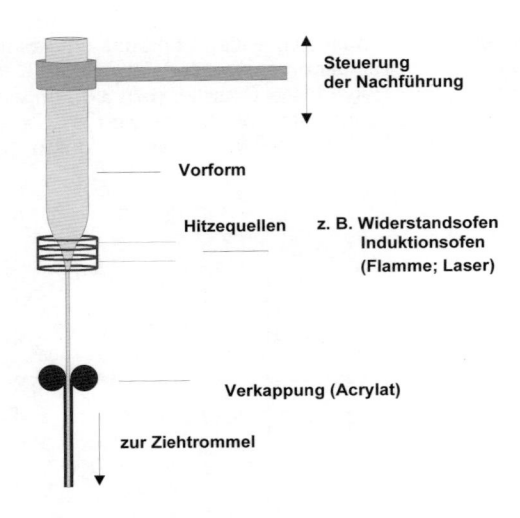

Bild 3.10: Ziehen der Glasfaser aus einer Vorform

Auf die unterschiedlichen äußeren Kabelkonstruktionen soll in dieser Darstellung nicht weiter eingegangen werden. Sie hängen stark vom vorgesehenen Einsatzbereich ab. Zur Vorbereitung für die Verbindung müssen alle Umhüllungsmaterialien bis zum letzten 250 µm dicken Coating in ausreichender Länge entfernt werde. In der Regel sind das im Inneren des Kabels die Hohlader, die Bündelader und die Festader (Bild 3.11).

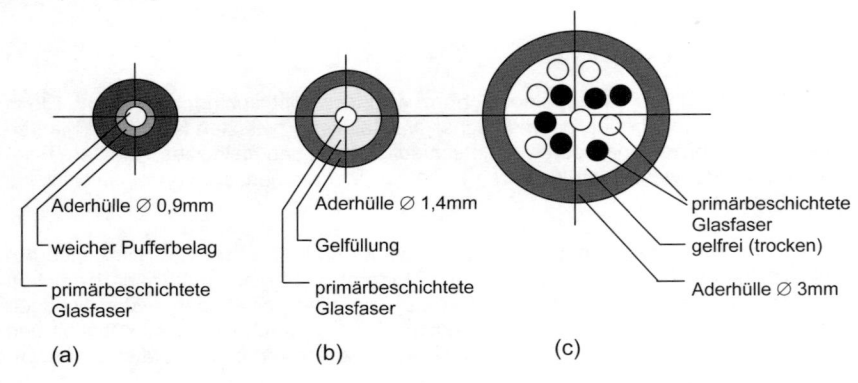

Bild 3.11: Lichtwellenleiter: (a) Festader, (b) Hohlader, (c) Bündelader trocken

Der Lichtwellenleiter mit seiner 250 µm dicken Primärbeschichtung wird bei der Hohl- und Bündelader in einer Füllmasse (häufig Gel) in einem Kunststoffröhrchen geführt.

Die Festader hat eine 900 µm dicke Umhüllung, die fest auf der Primärschicht aufgebracht ist. Ähnliches gilt für die Bändchenkabel, die in naher Zukunft verstärkt eingesetzt werden.

3.3 Das Fusionsspleißen

Das Fusionsspleißen ist zum heutigen Zeitpunkt das Verfahren zum Herstellen von nichtlösbaren LWL-Verbindungen, welches die geringsten Verluste an der Verbindungsstelle, die höchste mechanische Festigkeit und die beste Langzeitstabilität aufweist.

Bisher konnten keinerlei Alterungsprozesse an einer Spleißverbindung nachgewiesen werden. Die Fasern werden stoffschlüssig durch Aufschmelzen miteinander verbunden ohne die Verwendung von weiteren Zusatzmaterialien.

Das Verfahren, Spleiße durch direktes Verschmelzen der LWL-Enden herzustellen, wurde bereits 1971 von dem Amerikaner Bisbee vorgeschlagen. Im Laufe der Entwicklung sind für das Aufschmelzen des Quarzglases verschiedene Energiequellen erprobt worden.

Neben dem Laserstrahl, der Gasflamme und dem Plasma-Lichtbogen hat sich in der Praxis die elektrische Glimmentladung, sehr häufig auch als elektrischer Lichtbogen bezeichnet, durchgesetzt. Geräte, die durch Widerstandserwärmung einer legierten Wolframwendel eine Infrarotstrahlung zur Erwärmung der LWL-Enden erzeugen, sind gleichfalls auf dem Markt. Letztere sind allerdings sehr kostenintensiv und werden vor allem zum Verbinden von Spezialfasern eingesetzt.

3.3.1 Einflussfaktoren

Verschiedene äußere (extrinsische) und innere (intrinsische) Faktoren können entweder die Dämpfung an der Spleißstelle oder die mechanische Festigkeit negativ beeinflussen. Während die intrinsischen Verluste durch die Faserherstellung selbst hervorgerufen werden und damit im nachhinein nicht mehr beeinflussbar sind, treten die extrinsischen Verluste beim Spleißprozeß auf.

Intrinsische Verluste

Zu den hauptsächlichen intrinsischen Faktoren zählen:

- Unterschiede in den Kern- oder Modenfelddurchmessern
- Unterschiede in den Manteldurchmessern
- unterschiedliche Dotierungsmaterialien oder -konzentrationen
- Indexprofilunterschiede (Stufenindex, Gradientenindex, Singlemode-Profile)
- Kernexzentrizitäten
- unterschiedliche numerische Aperturen.

Die hier genannten Faktoren treten in Abhängigkeit von dem zu spleißenden LWL-Typ unterschiedlich in Erscheinung:

Die theoretischen Spleißverluste in Abhängigkeit von Unterschieden in den Kerndurchmessern bzw. numerischen Aperturen berechnen sich entsprechend der Gleichungen (2.1) und (2.2). Bild 2.3 zeigt eine grafische Darstellung der Abhängigkeiten. Treten beide Toleranzen gleichzeitig auf, addieren sich die daraus resultierenden Verluste, sofern die relativen Abweichungen relativ klein sind.

Darüber hinaus ist zu beachten, dass beim Multimode-LWL die Dämpfung richtungsabhängig ist. Sie tritt nur auf, wenn sich das Licht von dem größeren Kern bzw. der größeren numerischen Apertur in Richtung des jeweils kleineren Parameters ausbreitet. Theoretisch ist in der entgegengesetzten Richtung keine Dämpfung zu verzeichnen (vergleiche Abschnitt 2.1.3).

Bei Singlemode-LWL hat eine Fehlanpassung der Modenfelddurchmesser und eine Kernexzentrizität die stärksten Auswirkungen. Legt man ältere Toleranzen im Modenfelddurchmesser von 10,5 µm ± 1 µm zu Grunde, kommt es im Extremfall zu Dämpfungen an der Verbindungsstelle von 0,16 dB.

Damit liegt die Spleißdämpfung außerhalb der üblichen Grenze von 0,1 dB und kann auch durch erneutes Spleißen nicht reduziert werden. Mit den in jüngerer Vergangenheit reduzierten Toleranzfeldern der Faserkerndurchmesser von ± 0,5 µm reduziert sich der Wert auf 0,05 dB, so dass die oben genannten Probleme bei neueren Fasern nicht mehr auftreten sollten.

Eine Richtungsabhängigkeit der Spleißdämpfung, wie beim Multimode-LWL, tritt beim Singlemode-LWL nicht auf (Gleichung (2.4)). Bei der Messung mit einem Rückstreumessgerät kann es jedoch zu scheinbar unterschiedlichen Dämpfungen in beiden Richtungen kommen. Der wahre Spleißverlust ergibt sich in jedem Fall aus der Mittelung beider Messwerte (vergleiche Abschnitt 4.3.3).

Kernexzentrizitäten können durch Spleißgeräte mit einer aktiven Kern-zu-Kern-Justage zum Teil ausgeglichen werden, können aber bei nicht optimalen Spleißparametern (Lichtbogenintensität, Spleißzeit) trotzdem zu erhöhten Spleißdämpfungen führen.

Bei Spleißgeräten mit passiver Justage der Fasern durch Verwendung von feststehenden V-Nuten wirken sich Unterschiede im Manteldurchmesser und Kernexzentrizitäten extrem stark aus. Ein Versatz von 2 µm verursacht eine Spleißdämpfung zwischen Singlemode-LWL von etwa 0,16 dB, bei 3 µm bereits 0,35 dB Dämpfung. Diese Werte sind in gängigen Installationen inakzeptabel.

Beim Verbinden von NZDS-LWL gilt im Wesentlichen das für den Standard-Singlemode-LWL Gesagte. Zusätzlich müssen hier noch die sehr komplizierten Brechzahlprofile (vergleiche Bild 3.30) betrachtet werden, die je nach Faserhersteller stark voneinander abweichen können.

Zwischen NZDS-LWL unterschiedlicher Hersteller kann es außerdem zu Unterschieden im Modenfelddurchmesser von mehr als 2 µm kommen (Tabelle 1.12), wodurch Spleißdämpfungen mehr als 0,2 dB auftreten können.

Extrinsische Verluste

Extrinsische Verluste werden durch äußere Einflüsse verursacht. Hier spielen vor allem alle Faktoren eine Rolle, die einen Versatz der zu spleißenden Fasern nach sich ziehen, wie Coating-Reste, Schmutz auf der Faser oder eine Biegung der Fasern.

Aber auch zu große Abweichungen vom senkrechten Brechwinkel oder eine durch den Spleißprozess bedingte Deformation der Kerne wirken sich auf das Spleißergebnis negativ aus. Weitere Ausführungen dazu finden sich im Abschnitt 3.3.3.

3.3.2 Spleißvorbereitung

Vorbereitung des Arbeitsplatzes

In der Praxis muss unter ständig wechselnden und häufig nicht optimalen Bedingungen gespleißt werden.

Optimale Bedingungen bietet ein Arbeitstisch, an dem sitzend gearbeitet werden kann. Die Anordnung der Werkzeuge, des Spleißgerätes und der Ablagen sollte unter ergonomischen Gesichtspunkten erfolgen.

Ein Arbeiten von vorn (Vorbereitung der Faser, Faserbrechen) nach hinten (Spleißen, Anbringen des Spleißschutzes und Ablage), mit möglichst kurzen Wegen, ist im Feld zu bevorzugen. Im Produktionsbereich kann es sinnvoller sein, das Werkzeug zum Anbringen des Spleißschutzes im vorderen Bereich anzuordnen.

Bei der Ausstattung des Arbeitsplatzes ist vor allem auf höchstmögliche Sauberkeit zu achten.

Versucht man Lichtwellenleiter zu spleißen, während im direkten Umfeld beispielsweise ein Trennschleifer läuft oder Teppichboden verlegt wird, führt das immer zu erhöhten Spleißdämpfungen und es ist besser, das Spleißen ganz zu unterlassen.

Bereits kleinste Staubpartikel zwischen den Fasern führen zu Einschlüssen und damit zu hohen Verlusten, da sie während des Spleißprozesses verdampfen. Bei der Verwendung von V-Nut-Spleißgeräten bewirken Staubpartikel einen Versatz zwischen den Fasern und ebenfalls schlechte Ergebnisse.

Umwelteinflüsse müssen ebenfalls möglichst klein gehalten werden. Faktoren wie starker Wind, hohe Luftfeuchtigkeit, sehr niedrige oder hohe Temperaturen, korrosive Atmosphäre, starke Erschütterungen oder die Einwirkung von Kondenswasser haben erheblichen Einfluss auf das Spleißergebnis bzw. die optimalen Spleißparameter.

Im Außenbereich sollte man daher nach Möglichkeit unter einem Zelt arbeiten. Ist es erforderlich zu heizen, ist elektrischen Heizungen der Vorzug zu geben, da es bei Verwendung von Propanheizungen zu einer hohen Luftfeuchte im Zelt kommt, was Kondenswasser im Spleißbereich zur Folge haben kann.

Starker Wind (beispielsweise an der Küste oder im U-Bahn-Schacht) und Erschütterungen (Bahndamm, Brücken) führen zu einem unstetigen Brennen des Lichtbogens und damit zu einer ungleichmäßigen Wärmeverteilung im Spleißbereich.

Erhöhte Spleißdämpfungen können die Folge sein. Zwischen den verschiedenen Spleißgeräten gibt es erhebliche Unterschiede bezüglich Windfestigkeit und Erschütterungsempfindlichkeit!

Bei starken Temperatur- und Luftfeuchte-Schwankungen über den Tag (beispielsweise Sonneneinstrahlung, Regen) sollte man überprüfen, ob sich das verwendete Spleißgerät automatisch an diese Veränderungen anpasst. Anderenfalls muss man die Spleißparameter manuell verändern.

Kabelvorbereitung

Der Aufbau der zu verbindenden Kabel kann in Abhängigkeit vom Einsatzbereich und den Umgebungsbedingungen sehr unterschiedlich sein. Beim Entfernen der äußeren Schutzumhüllungen bis hinunter zur Primärbeschichtung (250 µm) sollte man sich an die Vorgaben der Kabelhersteller halten. In der Praxis existiert eine Vielzahl von unterschiedlichen Werkzeugen und Zangen für jedes Material und jeden Durchmesser.

Stets muss man aber folgende Rahmenbedingungen einhalten:

- vorgegebene Absetzlängen einhalten
- ausreichende Faserreserve vorsehen für eventuelles Nachspleißen
- Einhaltung der zulässigen Biegeradien
- Vermeiden von hohen Zug- oder Druckkräften (z.B. durch straffe Kabelbinder)
- Knicke vermeiden
- Gel von der Faser fernhalten

Besteht die Möglichkeit, mit zwei Monteuren zu arbeiten, hat es sich in der Praxis als vorteilhaft erwiesen, die Arbeiten in das anstrengende Kabelabsetzen einschließlich Gelentfernung einerseits und das feinmotorig anspruchsvollere Faservorbereiten und Spleißen andererseits aufzuteilen.

Faservorbereitung

Nachdem die Kabelmaterialien soweit entfernt wurden, dass etwa 80 cm bis 150 cm lange gelfreie Faserenden, nur noch mit dem letzten 250 µm dicken Primärschutz (typisch: Acrylat) beschichtet, vorliegen, kann mit der eigentlichen Faservorbereitung für das Spleißen begonnen werden. Dazu sind folgende Arbeitsschritte auszuführen:

⇨ *Abstrippen oder Absetzen*

Darunter versteht man das Entfernen des Primärschutzes, so dass im Ergebnis die blanke Glasfaser vorliegt. Das Abstrippen kann mechanisch, thermisch oder chemisch erfolgen. Die Absetzlängen richten sich im Wesentlichen nach dem verwendeten Brechwerkzeug und liegen in der Größenordnung vom 30 mm bis 50 mm.

Am weitesten verbreitet ist die mechanische Entfernung mittels verschiedener Zangen, die speziell auf die gegebenen Durchmesser vom Coating (250 µm) und vom Glas (125 µm) optimiert sind. Übliche Zangen sind die Millerzange oder die Clausszange. Verbliebene Coatingreste werden mit fusselfreien Tüchern und hochreinem Alkohol oder im Ultraschallbad entfernt.

Das mechanische Verfahren ist sehr schnell und preiswert ausführbar. Allerdings muss man beachten, dass das Coating hierbei von der Glasfaser abgekratzt wird, was in jedem Fall zu kleinen Störungen der Glasoberfläche führt.

Werden die Störungen zu stark, kann es an diesen Stellen auch noch nachträglich zu Brüchen kommen (vergleiche Abschnitt 1.2.12), die durch mechanische Einwirkungen oder Temperaturzyklen (Sommer-Winter) ausgelöst werden. Um die Verletzungen der Glasoberfläche so gering wie möglich zu halten, sollte man das Coating in einem Arbeitsgang entfernen.

Daher wird bei den sogenannten High-Strength-Spleißen (Spleiße mit einer erhöhten mechanischen Festigkeit, beispielsweise für Unterseekabel) das thermische oder chemische Entfernen des Coatings bevorzugt. Diese Verfahren haben den Vorteil, die Glasoberfläche nicht zu berühren (siehe Abschnitt 3.3.5).

Beim chemischen Abstrippen wird das Coatingmaterial chemisch aufgeweicht (z.B. durch Säure), was den Nachteil hat, dass, wenn der chemische Prozess nicht konsequent gestoppt wird, es zum weiteren Aufweichen kommen kann, auch noch lange nachdem der Spleiß abgelegt wurde. Dadurch wird die mechanische Festigkeit erheblich gestört. Dieses Verfahren wird hauptsächlich im Labor eingesetzt; für den Feldeinsatz ist es nicht zu empfehlen und auch nicht üblich.

Für das thermische Absetzen gibt es spezielle Werkzeuge (siehe Bild 3.12), die sowohl für Einzelfasern als auch für Faserbändchen einsetzbar sind.

Bild 3.12: Thermischer Abstripper mit Faserbändchen

Das Coating-Material wird auf etwa 90 °C erhitzt und in einem Stück mechanisch abgezogen, ohne die Faseroberfläche zu berühren. Das ermöglicht Spleiße mit sehr hoher mechanischer Festigkeit. Einsatzgebiete sind High-Strength-Spleiße und Faserbändchen. Auch kann für spezielle Anwendungen das Coating in der Mitte der Faser entfernt werden, um z.B. Gitter in die Faser einzuschreiben (Sensorik).

⇨ *Reinigen der Faseroberfläche*

Diesem Arbeitsschritt ist erhöhte Aufmerksamkeit zu widmen. Mit einer sauberen Fasern schafft man die besten Voraussetzungen für einen guten Spleiß. Coating-Reste, Gel-Rückstände und Schmutz werden mit fusselfreien Tüchern (z.B. KimWipes™) und hochreinem Alkohol (Isopropanol, Reinheit > 90 %) rückstandsfrei entfernt.

Das Reinigen mit Kosmetiktüchern, Spiritus oder den Fingern sind ungeeignete Technologien: Sie hinterlassen Rückstände in Form von Flusen, Fett, Gel und Hautpartikeln. Diese können dann beim Spleißen zu erhöhten Dämpfungswerten und zum Verschmutzen des Spleißgerätes (optische Oberflächen, Elektroden) führen. Die Fasern sollten nun bis zum Ablegen des fertigen Spleißes möglichst nicht mehr berührt werden. Ein zügiges Verarbeiten ist in jedem Fall empfehlenswert.

⇨ *Brechen der Fasern*

Einer der wichtigsten Einflussfaktoren auf das Spleißergebnis ist neben der Sauberkeit die Qualität der Faserstirnfläche. Die Fasern müssen in einem Winkel von möglichst 90 ° zur Ausbreitungsrichtung gebrochen werden. Die Brechwinkelabweichung sollte beim Spleißen mit Kernzentrierung (SMF, NZDS, DSF) unter 1 ° liegen; beim Spleißen mit Manteljustage sind Abweichungen bis 2 ° tolerabel, da hier die Faser länger aufgeschmolzen werden. Zur Unterstützung kann man bei den meisten Spleißgeräten maximal zulässige Toleranzen vorgeben, die bei Überschreitung der Brechwinkel zu einem Hinweis durch das Spleißgerät führen.

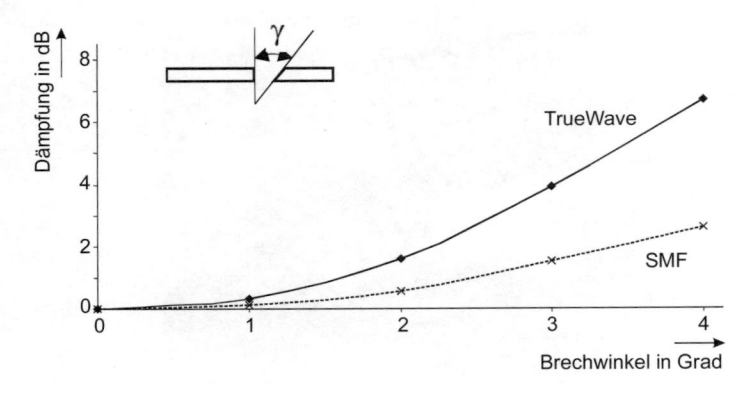

Bild 3.13: Abhängigkeit der Dämpfung von der Brechwinkeltoleranz bei TrueWave-LWL und Standard-Singlemode-LWL (Quelle: Lucent)

In dem obenstehenden Bild 3.13 wird die unterschiedliche Empfindlichkeit von Standard-Singlemode-LWL und NZDS-LWL, hier speziell der TrueWave-LWL, gegenüber Brechwinkel-Abweichungen gezeigt.

Daher muss vor allem bei der Verarbeitung von NZDS-LWL auf eine gute Qualität und Reproduzierbarkeit des Brechwerkzeuges geachtet werden. Es sollte scharf und sauber sein und regelmäßig kontrolliert werden. Eine Brechwinkeltoleranz von $\pm\,0,5\,°$ ist ein Wert, der von guten Brechwerkzeugen auch unter Feldbedingungen reproduzierbar erreicht wird.

Aus arbeitsschutztechnischen Gründen ist besondere Vorsicht im Umgang mit den Faserresten, die beim Brechen anfallen, gegeben. Achtloser Umgang kann zu einer erheblichen Gesundheitsgefährdung für sich selbst und andere Personen führen.

Nach Möglichkeit verwendet man ein Brechwerkzeug, das eine automatische Faserrestentsorgung beinhaltet oder zumindest einen spezieller Behälter, in den die Reste manuell entsorgt werden.

⇨ *Die Technologie des Brechens*

Im Wesentlichen gehen alle Verfahren zum Brechen von Lichtwellenleitern von der aus der Physik der Glasoberfläche bekannten Tatsache aus, dass die bruchauslösenden Ursachen Inhomogenitäten des Glases, vor allem Risse und Kerben an der Oberfläche, sind.

Beim Anlegen einer äußeren mechanischen Spannung an diese Riss- und Kerbspitzen kommt es zu sehr hohen Spannungskonzentrationen, die zu einem Aufspalten der Glasverbindungen führen und so den Bruch auslösen.

Bei Glas tritt im Bereich der üblichen Anwendungstemperaturen ausnahmslos Sprödbruch auf. Spröde verlaufende Brüche sind reine Trennbrüche und eine Materialabtragung durch Abgleiten kann ausgeschlossen werden.

Entsprechend dem Normalgesetz erfolgt der spröde Bruch stets senkrecht zur momentan herrschenden Hauptzugspannung, das heißt auch bei Kerben, die nicht senkrecht zur Hauptzugspannung orientiert sind, erfolgt ein schnelles Einschwenken der wachsenden Bruchfläche in die zur Hauptspannung senkrecht stehenden Richtung. Vom Bruchursprung an der Glasfaseroberfläche sollte sich eine möglichst über die gesamte Stirnfläche ausbreitende Spiegelfläche ausbilden. Sie wird durch die Bruchgeschwindigkeit bestimmt.

Je größer die Bruchgeschwindigkeit ist, umso kleiner ist die Spiegelfläche und umso rauer die Oberfläche, was für einen Verbindungsvorgang Lichtwellenleiter mit Lichtwellenleitern außerordentlich ungünstig ist.

Von allen Verfahren hat sich in der Praxis das Kerb-Zieh-Verfahren durchgesetzt. Es zeichnet sich durch eine einfache Handhabung der Trenngeräte, eine geringe notwendige Arbeitszeit für den Bruch und auch durch die Möglichkeit aus, reproduzierbar gute Bruchflächen herstellen zu können. Das Grundprinzip ist in Bild 3.14 dargestellt.

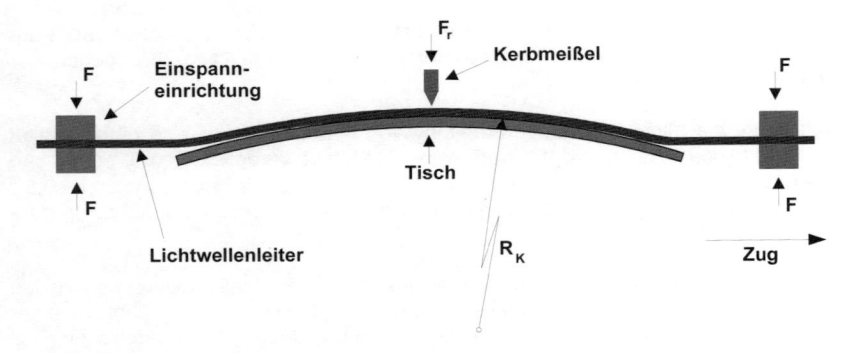

Bild 3.14: Prinzip der Kerb-Zieh-Brechmethode zum Trennen von Lichtwellenleitern

Der Lichtwellenleiter wird für das Trennen über einen Tisch mit definiertem Krümmungsradius R_K gespannt und die notwendige Zugspannung durch Bewegung der Einspannvorrichtung erzeugt. Die notwendige Zugkraft liegt bei maximal 2 N.

Die Kerbkraft des Meißels (beispielsweise Hartmetallrad oder Diamant) ist notwendig, um einen gezielten Riss auf der Oberfläche zu erreichen. Der Anriss auf der Faser kann dabei entweder von unten oder von oben erfolgen. Entscheidend ist, dass der Riss durch Belastung aufgebogen wird.

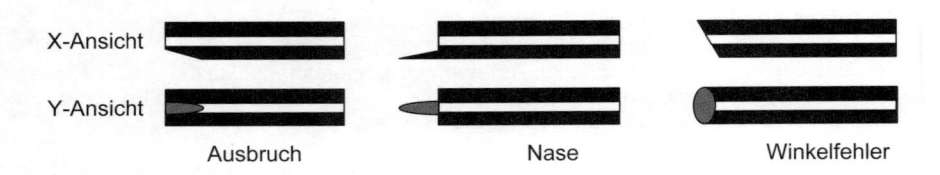

Bild 3.15: Fehler beim Brechen

In der Praxis können verschiedene Brechfehler auftreten, die im Bild 3.15 schematisch dargestellt wurden:

Während ein Glasausbruch an der Oberfläche des Fasermantels meistens während des Spleißvorgangs „ausheilt", führen die beiden anderen Fehler im Allgemeinen zu erhöhten Spleißdämpfungen oder einer schlechteren mechanischen Stabilität.

Nach dem Trennen dürfen die präparierten LWL-Enden, insbesondere die Stirnflächen, nicht mehr berührt und müssen zügig verarbeitet werden. Ein erneutes Reinigen verschlechtert in jedem Fall die Qualität der Stirnfläche!

3.3.3 Spleißen

Zum Spleißen sollten die Fasern möglichst sofort nach dem Brechen in das Spleißgerät eingelegt werden, um erneuten Verschmutzungen vorzubeugen.

Bevor der eigentliche Spleißvorgang beginnt, werden die Faserenden grob zusammengefahren und ein Reinigungslichtbogen sehr geringer Intensität gezündet. Er bewirkt, dass Schmutz- und Coating-Reste im unmittelbaren Spleißbereich verdampfen und die scharfen Bruchkanten leicht abgerundet werden.

Allerdings darf diese Funktion nicht als Freibrief für unsauberes Arbeiten betrachtet werden. Die verdampften Verunreinigungen setzen sich bevorzugt auf allen glatten Oberflächen, wie Optiken und Elektroden ab und führen so zu schnellerem Verschleiß.

Nun fährt das vollautomatische Spleißgerät die Fasern auf einen sehr kleinen Abstand zusammen (typisch 10 µm bis 20 µm) und bewertet den Brechwinkel und den Versatz der Fasern zueinander. Liegen diese Werte in den voreingestellten Grenzen, wird der Spleißprozess fortgesetzt.

Justage der Fasern

Die Justage der Fasern zueinander erfolgt je nach verwendetem Spleißgerät entweder passiv (V-Nut-Geräte) oder aktiv (3-Achsen-Geräte). Sowohl bei den V-Nut-Geräten als auch bei den 3-Achsen-Geräten gibt es manuelle, halb- und vollautomatische Geräte.

Allerdings ist das vollautomatische Spleißgerät heute Stand der Technik, das heißt nach dem Einlegen der vorbereiteten Fasern läuft der Spleißprozess vollautomatisch ab.

Arten von Spleißgeräten

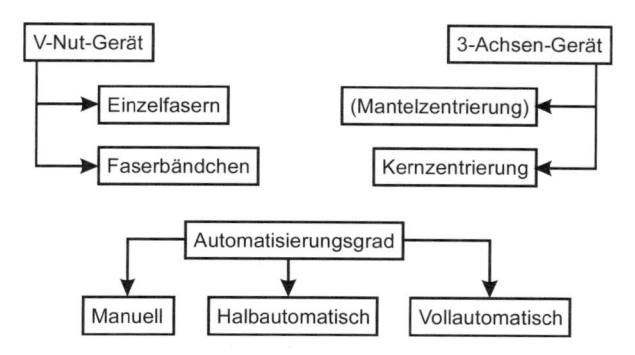

Bild 3.16: Klassifizierung von Spleißgeräten nach dem Justierprinzip und dem Automatisierungsgrad

V-Nut-Geräte

Das Herzstück der V-Nut-Geräte sind zwei miteinander verbundene Halterungen aus Keramik (seltener Silizium), in die zwei hochpräzise V-Nuten eingebracht sind.

Durch das Einlegen der Fasern in diese Nuten und Fixieren von oben wird eine sehr genaue Ausrichtung der Fasern auf den Mantel erreicht.

Dieses Prinzip wird bevorzugt zum Spleißen von Multimode-LWL und Faserbändchen eingesetzt.

Sollen Singlemode-LWL verarbeitet werden, muss man einige Randbedingungen beachten.

Vor allem eine vorhandene Kern-Mantel-Exzentrizität führt zu erhöhten Spleißdämpfungen und kann mit dieser Justageart nicht ausgeglichen werden.

Weitere Faktoren beeinflussen das Spleißergebnis negativ:

⇨ Kern-Mantel-Exzentrizität (vor allem beim Singlemode-LWL)

Da die Fasern über die Justage des äußeren Durchmessers aufeinander ausgerichtet werden, bewirkt die Kern-Mantel-Exzentrizität einer oder beider Fasern auch bei optimalem Verschmelzen der Fasern miteinander einen Versatz zwischen den Kernen und damit eine erhöhte Spleißdämpfung.

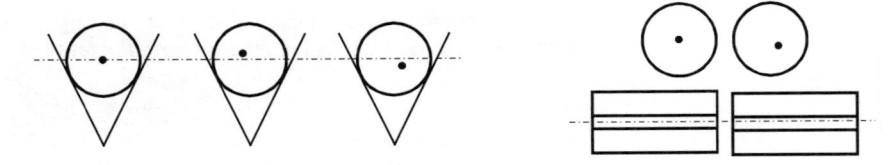

Bild 3.17: Auswirkungen von Kernexzentrizitäten in V-Nut-Geräten

⇨ Unterschiede im Manteldurchmesser

Kernversatz

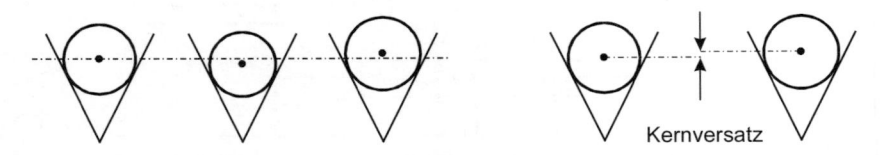

Bild 3.18: Auswirkungen von Manteldurchmesser-Schwankungen in V-Nut-Geräten: Versatz zwischen den Kernen, der nicht ausgeglichen werden kann.

⇨ Krümmung der Faser

Bild 3.19: Auswirkungen von Faserkrümmungen im V-Nut-Gerät: Transversaler Versatz zwischen den Kernen und relativen Winkel zwischen den Fasern. Beides kann erhöhte Spleißdämpfungen zur Folge haben.

Die Eigenkrümmungen können beispielsweise bei Fasern auftreten, die längere Zeit in einer Spleißkassette aufgewickelt waren und sich nach dem Herausnehmen nicht mehr vollständig entspannen.

⇨ Verschmutzte V-Nuten

Bild 3.20: Kleine Staubpartikel oder Reste des Coatings auf der Faseraußenseite oder in den V-Nuten des Spleißgerätes verhindern eine optimale Faserjustage. Die Folge ist wiederum ein Kernversatz.

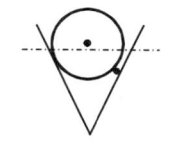

Als Unterstützung für den Bediener sind die meisten Spleißgeräte in der Lage, den Brechwinkel der Fasern und den Faserversatz zu bestimmen und eine Überschreitung der maximal zulässigen Werte anzuzeigen. In diesem Fall müssen die Fasern nochmals entnommen und neu vorbereitet werden.

3-Achsen-Geräte

Spleißgeräte, die mechanisch in der Lage sind, die gehalterten Fasern in drei Raumrichtungen aufeinander auszurichten, werden allgemein als 3-Achsen-Geräte bezeichnet. Diese Ausrichtung aufeinander kann entweder anhand des äußeren Glasdurchmessers (Manteljustage) oder auf den Kernbereich (Kernzentrierung) erfolgen.

Die Manteljustage hat zwar geringe Vorteile gegenüber rein passiven V-Nut-Geräten, führt aber beim Verarbeiten von Standard-Singlemode-LWL und NZDS-LWL nicht zu den gewünschten Ergebnissen.

Daher werden sowohl im Weitverkehrsbereich (WAN) als auch im Citynetzbereich (MAN), wo fast ausschließlich Singlemode-LWL eingesetzt werden, Geräte mit einer 3-Achsen-Kernzentrierung gefordert. Die Ausrichtung muss in den beiden transversalen Richtungen x und y (Ausrichten der Kerne zueinander) sowie entlang der Faserachse in z-Richtung erfolgen (setzen des Abstandes und Zusammenfahren).

Für die aktive Kernjustage gibt es verschiedene Methoden und Vorgehensweisen:

- Leistungsmessung mit Sender und Empfänger
- Rückstreumessung
- LID (**L**ight **I**njection and **D**etection)
- PAS (**P**rofile **A**ligning **S**ystem)

⇨ *Leistungsmessung*

Bei einer manuellen Justage der Fasern zueinander wird in die eine Seite der Faserstrecke Licht eingekoppelt, durch den Spleißbereich geleitet und am Ende der zweiten Faser die durchgehende Leistung gemessen. Nun werden die Fasern solange zueinander justiert (x-y-Richtung), bis die Leistung am Leistungsmesser maximal ist. Dazu müssen die Fasern so nah wie möglich zusammengefahren werden (z-Richtung).

Nachteil dieses Verfahrens ist, dass man einen zweiten Monteur braucht, der die Leistung abliest und mit dem Spleißenden kommuniziert. In der Praxis wird dieses Verfahren nur in Ausnahmefällen eingesetzt. Im Servicebereich und für die kontrollierende Bewertung der angezeigten Spleißdämpfungen zur Qualifizierung durch den Hersteller leistet es allerdings gute Dienste.

⇨ *Rückstreumessung*

Ähnliche Ergebnisse kann man auch erzielen, indem man Sender und Empfänger aus Methode 1 durch ein Rückstreumessgerät ersetzt und dort auf die minimale Dämpfung justiert. Voraussetzung ist allerdings, dass das Rückstreumessgerät im Echtzeitmode arbeiten kann.

Erschwerend kommt hier hinzu, dass die Koppelstelle vor dem Spleißen auf Grund des vorhandenen Luftspaltes außerdem eine hohe Reflexion erzeugt und die exakte Bestimmung des Dämpfungswertes unter Umständen schwierig ist. Für den praktischen Einsatz hat dieses Verfahren keine große Bedeutung, da es zu umständlich ist.

⇨ *Light Injection and Detection (LID)*

Beim LID-System wird im Spleißgerät LED-Licht bei 1300 nm über einen Biegekoppler in die eine Faser eingekoppelt, über den Spleißbereich (Luftspalt) geleitet und an der zweiten Faser ebenfalls über einen Biegekoppler die durchgehende Leistung gemessen.

Nun justiert das Spleißgerät automatisch die Fasern in zwei Achsen (x,y) zueinander, bis der ermittelte Wert am Leistungsmesser maximal wird (wie Methode 1).

Um nach dem Spleißen die Spleißdämpfung angeben zu können, wird der gemessene Leistungswert als Referenzwert abgespeichert. Nach dem Spleißvorgang wird die nun durchgehende Leistung erneut gemessen und vom Referenzwert subtrahiert.

Als Ergebnis bekommt man eine scheinbare Verstärkung, da der Luftspalt während der Justage noch nicht berücksichtigt wurde und durch die gespleißte Faser mehr Licht durchgeht.

Daher muss von dem vorliegenden Wert noch zweimal der theoretisch bekannte Verlust an einem Glas-Luft-Übergang von 4 % abgezogen werden. Das berechnete Ergebnis hat eine Genauigkeit von etwa 0,05 dB.

Nachteilig wirkt sich aus, dass die Justierung der Fasern zueinander relativ lang dauert (bis zu 1 min) und die Biegekoppler auf das einfache Stufenindexprofil von Standard-SM-LWL optimiert sind. Bei NZDS-LWL kann es auf Grund des sehr komplizierten Profilverlaufs (Bild 3.30) zu Fehleinkopplungen kommen.

Auch dunkle Coatings können Probleme beim Ein- und Auskoppeln des Lichtes bereiten. Daher hat sich in den letzten Jahren das im Folgenden beschriebene PAS-System international durchgesetzt.

⇨ *Profile Aligning System (PAS)*

Das mittlerweile am häufigsten verwendete Verfahren zum Justieren der Fasern und zur Bestimmung des Spleißverlustes ist das PAS- oder Video-System. Dort wird die Abbildung der eingelegten Fasern auf einer oder zwei CCD-Kameras in x- und y-Richtung ausgewertet.

Wie in Bild 3.21 dargestellt, werden beide Fasern quer zur Ausbreitungsrichtung in zwei zueinander senkrechten Richtungen mit parallelem weißen Licht durchstrahlt. Durch die unterschiedlichen Brechindizes von Kern und Mantel wird das Licht unterschiedlich gebündelt. Das führt zu der oben rechts dargestellten charakteristischen Abbildung, die dem Schnitt entlang der gekennzeichneten Linie entspricht.

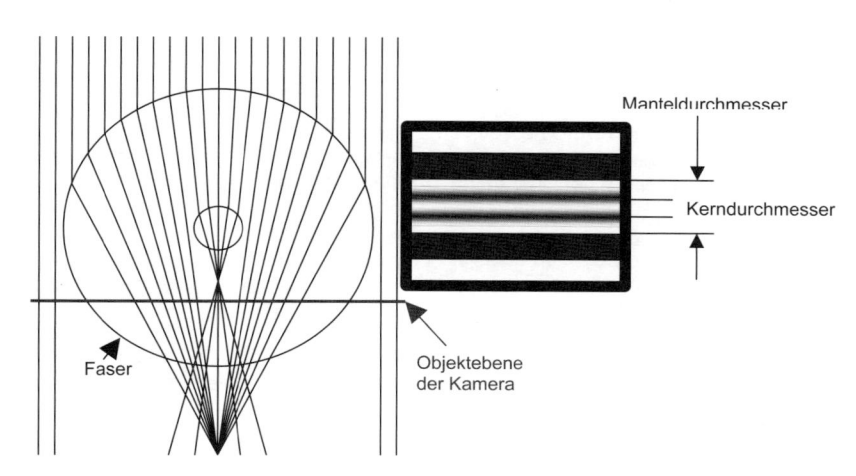

Bild 3.21: Prinzip des PAS-Systems: links schematische Darstellung, rechts Kamerabild

Der innere helle Bereich stellt den Faserkern dar, die Grenze des sich anschließenden hellen Bereiches ist die Abbildung des äußeren Mantels. Die tiefschwarze Zone ist der auch in der schematischen Darstellung gut sichtbare abgeschattete Bereich.

Das dargestellte Indexprofil eines NZDS-LWL oder eines Multimode-LWL unterscheidet sich deutlich von der obigen Darstellung eines Standard-Singlemode-LWL. Dadurch kann man schon beim Zusammenfahren der Fasern den prinzipiellen Typ erkennen.

Einige Spleißgeräte sind mit diesem System sogar in der Lage, den Kerndurchmesser der eingelegten Fasern zu bestimmen, automatisch das geeignete Spleißprogramm auszuwählen und den Bediener auf unterschiedliche Fasern hinzuweisen, beispielsweise 50 µm- und 62,5 µm-Multimode-LWL oder Standard-SM-LWL und NZDS-LWL.

Die in den Spleißgeräten verwendeten PAS-Systeme unterscheiden sich im Wesentlichen durch den Abbildungsmaßstab, das heißt durch den verwendeten CCD-Chip und die nachfolgende Optik. Nicht auf allen Spleißgeräten ist der Kernbereich scharf abgegrenzt dargestellt.

Das ist allerdings die Voraussetzung, um mit dem PAS-System die Kerne von Singlemode-LWL in drei Achsen präzise aufeinander ausrichten zu können, in guten Geräten mit einer Genauigkeit von 0,1 µm!

Verschmelzen der Fasern

Nach erfolgter optimaler Faserjustage, je nach Anwendung entweder über passive V-Nuten oder eine aktive Kernzentrierung, beginnt der eigentliche Spleißvorgang. Der zeitliche Ablauf gliedert sich in verschiedene Abschnitte:

- Reinigungslichtbogen
- Vorschmelzen
- Hauptlichtbogen

Der Reinigungslichtbogen wurde bereits im Beginn des Abschnitts 3.3.3 beschrieben. Das Vorschmelzen hat die Aufgabe, die Faserenden aufzuweichen. Dabei werden die Kanten weiter abgerundet und kleine Unebenheiten auf den Stirnflächen eingeebnet.

Das dotierte Glas im Kernbereich absorbiert die eingebrachte Energie stärker als das undotierte Quarzglas im Mantel. Im Ergebnis wird der Kernbereich schneller aufgeweicht und wölbt sich etwas nach vorn (Bild 3.22 (a)).

Dadurch ist gewährleistet, dass beim gleichzeitig stattfindenden Zusammenschieben der Fasern, sich zuerst die Kernbereiche und dann erst die Mantelbereiche miteinander verbinden.

Ein Lufteinschluss im Kernbereich wird daher bei normal verlaufendem Spleißvorgang ausgeschlossen (Bild 3.22 (b)).

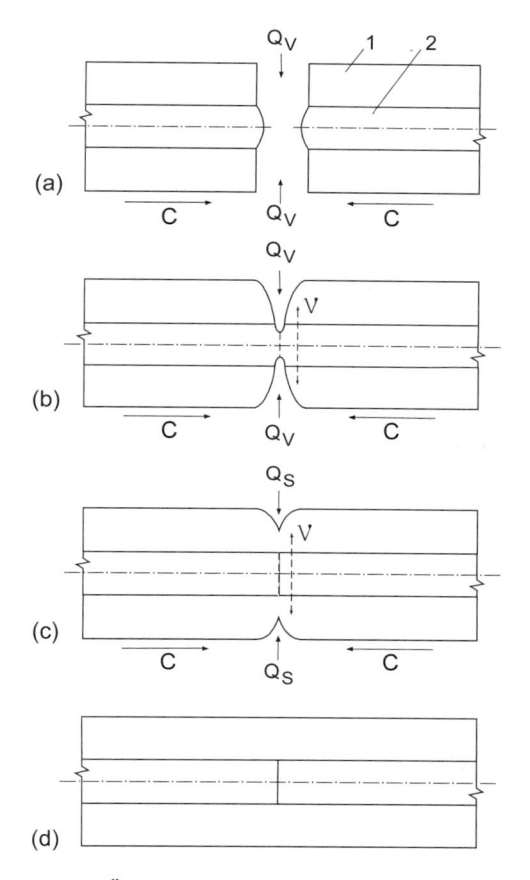

Bild 3.22: Schematischer Überblick zum Spleißen von Multimode-LWL (Q_V: Vorschweißenergie; Q_S: Hauptschweißenergie; C: Vorschub der Faserenden, v_c: Fließen des niedrigviskosen Quarzglases; 1: Mantel; 2: Kern): (a) vor Beginn des Spleißens, (b) Vorschweißen, Ineinanderfahren der Faserenden, (c) Hauptschweißen, weiteres Ineinanderfahren der Faserenden, (d) nach dem Spleißvorgang

Ist die Lichtbogenintensität zu hoch, kommt es zu einer zu starken Abrundung der Kanten, was zu erhöhten Spleißdämpfungen oder mechanisch instabilen Spleißen führen kann.

Weiterhin besteht die Gefahr, dass es auf Grund der starken Aufschmelzung zu einer Vermischung von Kern- und Mantelglas kommt, wodurch an der Spleißstelle die Kern-Mantel-Geometrie stark gestört wäre.

Ist die Lichtbogenintensität zu gering, reicht die zugeführte Energie nicht aus, um das Glasmaterial zu erweichen. Stoßen die Fasern nun aufeinander, kann es zu einer Verformung der Fasern kommen. Im Spleißbereich tritt ein erhöhter mechanischer Stress auf. Der eigentliche Verschmelzungsprozess geschieht durch den Hauptlichtbogen (Bild 3.22 (c)). Entscheidende Parameter für die Güte des Spleißprozesses sind seine Dauer und Intensität in Abhängigkeit von den Umgebungsbedingungen Temperatur, Luftdruck und Luftfeuchte.

Bietet das Spleißgerät nicht die Möglichkeit, die Spleißparameter automatisch an sich ändernde Umgebungsbedingungen anzupassen, müssen diese gegebenenfalls entsprechend nachfolgender Tabelle manuell nachgestellt werden, beispielsweise bei einsetzendem Regen (Erhöhung der Luftfeuchte) oder intensiver Sonneneinstrahlung.

Umgebung		Einstellung	
Temperatur	Luftfeuchte	Spleißzeit	Spleißstrom
hoch	hoch	kurz	klein
hoch	gering	kurz	groß
niedrig	hoch	lang	klein
niedrig	gering	lang	groß

Tabelle 3.1: Richtlinie für die Einstellung der Spleißparameter in Abhängigkeit von den Umgebungsbedingungen

Beim Einsatz im Feld oder in Tunneln muss außerdem starker Wind beachtet werden, auf den einige Spleißgeräte sehr empfindlich reagieren. Ursache ist eine Beeinflussung des brennenden Lichtbogens bei ungenügender Windabschattung im Spleißgerät. Der Lichtbogen brennt nicht mehr konstant, was zu unbefriedigenden Spleißergebnissen führt.

Der zeitliche Ablauf des Spleißvorganges sowie Intensität des Lichtbogens und Vorschub differieren zwischen unterschiedlichen Spleißgeräten und sind immer auch von der zu spleißenden Faser selbst abhängig, beispielsweise von Höhe und Profil der Dotierung sowie Kerndurchmesser.

Glas besitzt keinen definierten Schmelzpunkt. Für das Aufschmelzen des Glases sind Temperaturen im Bereich zwischen 2200 °C und 2500 °C notwendig. Das Glas wird dadurch in einen niedrig viskosen Zustand versetzt, aber nicht verflüssigt.

In diesem weichen Zustand fährt das Spleißgerät die beiden zu verbindenden Fasern ineinander, wodurch sich, wie in Bild 3.22 dargestellt, zuerst die Kern- und dann erst die Mantelmaterialien miteinander vermischen.

Bei den meisten Spleißgeräten werden die Fasern nun wieder leicht auseinandergezogen, um eine Verdickung im Spleißbereich zu verhindern. Beim Auskühlen und Erhärten des Glases wird die gespleißte Faser eine exakt runde Geometrie einnehmen, da hierbei die Oberflächenspannung am kleinsten ist (Bild 3.22 (d)).

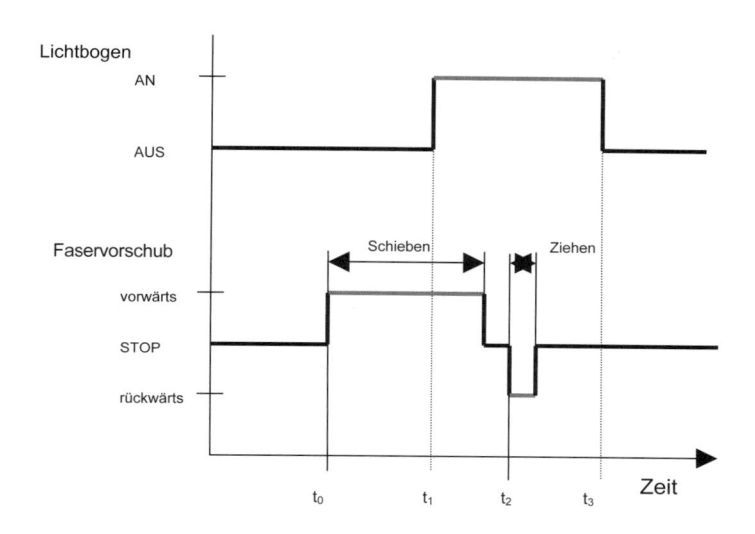

Bild 3.23: Lichtbogen und Faservorschub als Funktion der Zeit bei einem typischen Spleißvorgang: t_0: Zusammenfahren der Fasern beginnt; t_1: Lichtbogen zündet; t_2: Auseinanderziehen der Fasern beginnt; t_3: Lichtbogen wird abgeschaltet

Der Selbstjustageeffekt

Beim Verbinden der beiden Fasern wirkt ein physikalischer Effekt, der dazu führt, dass sich die Fasern radial zueinander ausrichten. Verbleiben die Fasern ausreichend lang in weichem Zustand, richten sich die Außendurchmesser aufeinander aus mit dem Ziel, die Oberflächenspannung zu minimieren.

Trotz eines Versatzes zwischen beiden, verursacht beispielsweise durch Schmutz in den V-Nuten, entsteht ein stetiger Übergang zwischen beiden Fasermänteln und nicht eine Stufe.

Dieser Effekt wird beim Spleißen mit V-Nut-Geräten ausgenutzt. Versätze bis zu einer Größe von etwa 4 µm können dadurch fast vollständig ausgeglichen werden. Allerdings führt es beim Spleißen von Singlemode-LWL in V-Nut-Geräten dazu, dass nicht die Kerne sondern die Mäntel aufeinander ausgerichtet werden.

Besitzt die Faser eine Kernexzentrizität (Kern ist nicht in der geometrischen Mitte der Faser), kommt es durch den Kernversatz zu einer erhöhten Spleißdämpfung. Beim Einsatz eines Spleißgerätes mit 3-Achsen-Kernjustierung muss der Selbstjustageeffekt ausgeschaltet werden. Anderenfalls wird die aktive Ausrichtung der Kerne zunichte gemacht.

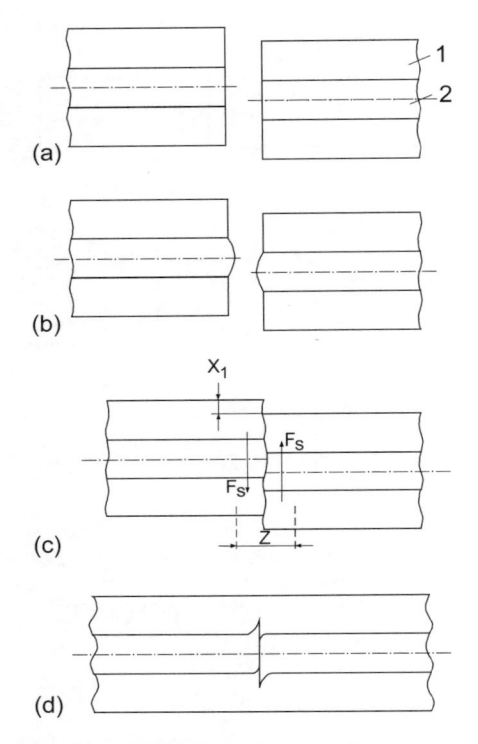

Bild 3.24: Selbstjustageeffekt beim Spleißen von Lichtwellenleitern aus Quarzglas (Modell) (1: Mantel; 2: Kern): (a) vor dem Spleißen, (b) Vorschweißen, (c) Hauptschweißen, (d) fertiger Spleiß

Das bedeutet, dass der zeitliche Ablauf des gesamten Spleißprozesses optimiert werden muss.

Sowohl Spleißdauer als auch Spleißstrom müssen exakt auf die jeweiligen Fasern angepasst werden.

Bild 3.24 zeigt, wie es durch die axiale Bewegung der Fasern zu einer starken Deformation der Kerne im Spleißbereich kommt. Mechanischer Stress und Kernversatz sowie eine Störung des Indexprofils führen auch hier zu einer erhöhten Spleißdämpfung.

Der dargestellte Effekt kann sowohl durch den Selbstjustageeffekt als Folge eines Faserversatzes verursacht werden, aber auch beim Spleißen von Fasern mit erhöhter Kernexzentrizität und nicht optimalen Spleißparametern auftreten.

Becksche Linie

Im Spleißbereich ist häufig eine sehr feine Linie zu erkennen - die sogenannte Becksche Linie. Es handelt sich hierbei nicht um einen Spleißfehler, sondern vielmehr um eine geringe Änderung des Brechindexes an der Verbindungsstelle.

Während sich das Glas im weichen Zustand befindet, diffundieren die Dotierungsionen des Kernes (meist Ge) in Richtung Faseroberfläche und setzen sich dort in erhöhter Konzentration ab.

Beim Durchstrahlen der Fasern quer zur Ausbreitungsrichtung (wie beim PAS-Verfahren verwendet), wird diese Brechindexveränderung als dünne Linie sichtbar.

Dem sich im Kern ausbreitenden Licht wird kein zusätzlicher Widerstand entgegengesetzt, eine erhöhte Spleißdämpfung ist hier nicht nachweisbar (siehe auch Bild 3.22 (d)).

Nach erfolgtem Spleiß müssen nun die beiden Parameter Dämpfung und Zugfestigkeit bestimmt werden.

3.3.4 Bestimmen der Spleißdämpfung

In modernen Spleißgeräten wird die Dämpfung nach erfolgtem Spleiß angezeigt. Der Wert wird entweder mit Hilfe des LID-Systems (Verwendung von Biegekopplern) berechnet oder bei Einsatz des PAS-Systems anhand vieler verschiedener Messwerte mittels eines sehr genauen Interpolationsverfahrens bestimmt.

Mittlerweile weisen beide Verfahren die gleichen Genauigkeiten auf.

Nur bei älteren Geräten oder Geräten mit einer sehr geringen Auflösung des PAS-Systems kann es zu größeren Unterschieden zwischen angezeigtem und realem Dämpfungswert kommen. Die Güte des Ergebnisses hängt wesentlich von der Vergrößerung des Faserbildes und der Auflösung der CCD-Kamera ab.

Darüber hinaus ist eine visuelle Überprüfung sinnvoll: Grobe Spleißfehler wie Einschlüsse, dunkle Linien, sichtbarer Kernversatz, Schlieren, eine Faserverdickung oder ein zu geringer Durchmesser im Spleißbereich sind mit bloßen Augen auszumachen.

Unabhängig von der verwendeten Methode im Spleißgerät kann der exakte Dämpfungswert nur durch eine nachträgliche Messung mittels eines Rückstreumessgerätes oder eines Dämpfungsmess-Sets bestimmt werden.

Dazu sollte eine beidseitige Messung durchgeführt und die beiden Messwerte gemittelt werden.

Tabelle 3.2 zeigt typische Fehler, deren Auswirkungen sowie Möglichkeiten zur Fehlerbehebung.

Fehler	Wirkung	Fehlerbehebung
Unsauberkeit	Faserversatz	Putzen!!!
	Verschmutzung der Elektroden	
	Einschlüsse	
Brechwinkel	hoher Spleißverlust, keine Verbindung	Brechwerkzeug kontrollieren
Relativer Winkel	höherer Spleißverlust	Faser drehen
Spleißparameter	keine oder schlechte Verbindung	Lichtbogentest, anderes Spleißprogramm
Umgebungsbedingungen	keine oder schlechte Verbindung	Lichtbogentest
Elektroden	höhere Spleißverluste	putzen oder ersetzen
unterschiedliche Faserparameter	keine oder schlechte Verbindung	Lichtbogentest
Spleißschutz	Bruch am Ende des Spleißschutzes	Absetzlänge 10mm, Spleiß mittig einlegen
Einlegen in Kassette	Torsionsbruch	Fasern beim Einlegen in Kassette nicht verdrehen
	hohe Dämpfung	Biegeradien in und am Austritt aus der Kassette einhalten
Zugentlastung	Dämpfung	Biegeradien einhalten
	Bruch	Zugentlastung nicht zu straff

Tabelle 3.2: Mögliche Spleißfehler und ihre Ursachen

3.3.5 Zugfestigkeit

Die Zugfestigkeit der Spleißverbindung wird im Spleißgerät mit Hilfe des Zugtestes kontrolliert. Dabei reißt die Faser fast nie direkt im Spleiß, sondern in dem Bereich, wo keine Wärmeeinwirkung stattgefunden hat.

Die Festigkeit der blanken Quarzglasfaser wird im Wesentlichen durch Schwachstellen bestimmt (vergleiche Abschnitt 1.2.12). Sie muss deshalb nach dem Modell des schwächsten Gliedes beschrieben werden.

Für die Festigkeit der blanken Fasern mit Spleißstelle gilt:

- Die Zugfestigkeit der Spleißverbindungen liegt 30 % bis 50 % niedriger als die Ausgangsfestigkeit der Fasern.
- Der Bruch tritt nie in der Spleißebene auf. Erst in einer Entfernung von 0,4 mm bis 1,2 mm zur Mitte der Spleißverbindung ist eine Bruchanhäufung festzustellen [3.1].

Entsprechend Bild 3.25 sind die Ursachen dafür zu finden in:

- der Aufschmelzung mit niedriger Viskosität des Glases in unmittelbarer Nähe der Spleißstelle ($\log \eta \approx 10^4$)

- dem initiierenden Wachstum von Mikrorissen an der Faser-Oberfläche im Bereich höherer Viskositäten
- den durch den technologischen Ablauf hervorgerufenen Beschädigungen an den Faseroberflächen, vor allem beim mechanischen Entfernen des Coatings
- der Ausbildung von thermischen Spannungen an der Oberfläche.

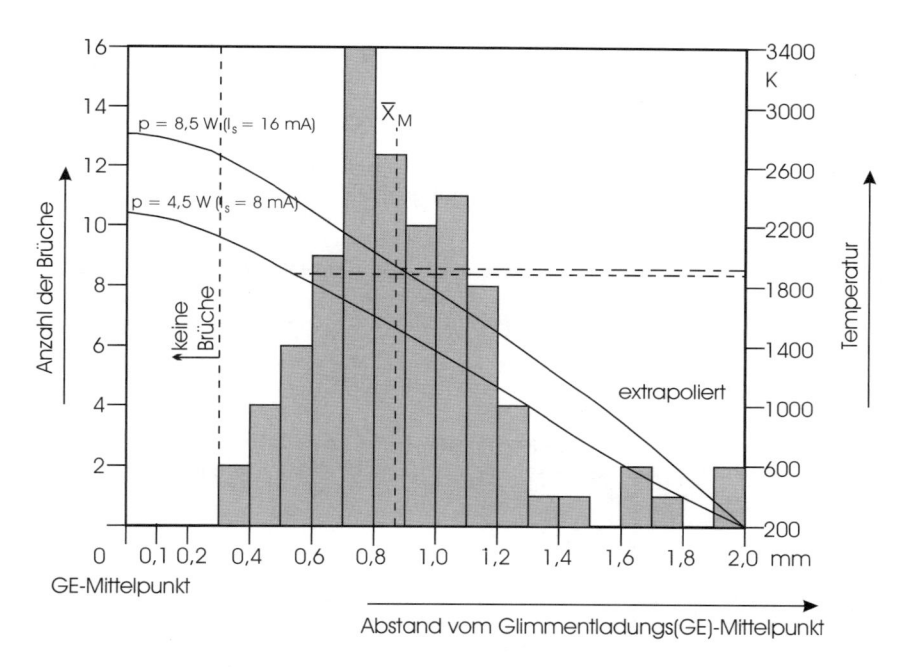

Bild 3.25: Histogramm für die Bruchentfernung von der Spleißebene

Zugfestigkeiten für Spleißverbindungen von blanken Fasern liegen in der Größenordnung von (2...3) GPa. Torsionsbelastungen der Spleißstelle sind sehr kritisch und sollten möglichst vermieden werden. Ausfälle in Spleißkassetten sind in der Regel darauf zurückzuführen. Das Ablegen der gespleißten Lichtwellenleiter muss daher sehr sorgfältig durchgeführt werden.

Der in den meisten Spleißgeräten integrierte Zugtest hat die Funktion, die Gefahr von späteren Faserbrüchen, verursacht beispielsweise durch mechanischen Stress nach thermischen Zyklen (Sommer-Winter), zu minimieren. Für den Zugtest werden 2 N bis 2,5 N empfohlen.

Eine höhere Zugkraft kann dazu führen, dass sich die Mikrorisse auf der Faseroberfläche vergrößern und die mechanische Festigkeit geschwächt wird. So kann es später bei mechanischer oder thermischer Belastung zum Bruch kommen.

Spleiße mit hoher Festigkeit (high strength)

Besonders im Seekabelbereich besteht die Forderung nach einer möglichst guten mechanischen Belastbarkeit der Fasern und natürlich auch der Verbindungsstellen, da der Aufwand, ein Unterseekabel zu reparieren, enorm ist. Daher wird bei der Herstellung vorgefertigter Unterseekabel besonderer Wert auf die möglichst hohe Zugfestigkeit der Spleißstellen und der Faser in der Umgebung der Spleiße gelegt.

Wie man aus den oben genannten Feststellungen zur Zugfestigkeit bereits entnehmen kann, beeinflussen vor allem die Arbeitsschritte zum Entfernen des Primärcoatings und das Brechen der Faser die Oberfläche der zu spleißenden Fasern.

Bei der Herstellung von Spleißen mit erhöhter mechanischer Festigkeit (high-strength-Spleißen) wird in erster Linie darauf geachtet, die ungeschützte Faser nicht zu berühren.

Während des ganzen Prozesses vom Absetzen bis zum Spleißen werden die Fasern mit Hilfe von Faserhaltern gehandhabt, die die Faser am Coating festhalten und das ungeschützte Glas nicht berühren. Einige der oben beschriebenen Arbeitsschritte werden modifiziert:

⇨ *Absetzen*

Das Primärcoating wird prinzipiell thermisch entfernt (siehe Abschnitt 3.3.2). Danach werden die verbliebenen Reste in einem mit hochreinem Alkohol gefüllten Ultraschallbad abgespült.

⇨ *Brechen*

Spezielle Vorrichtungen ermöglichen die Verwendung von Standardbrechwerkzeugen. Ziel ist hierbei ebenfalls, die Faser möglichst wenig oder gar nicht zu berühren. Lediglich die Verletzung der Oberfläche an der Bruchstelle ist erforderlich (siehe Kerb-Zieh-Methode).

⇨ *Spleißen*

Nach dem Brechen werden beide Fasern in ein entsprechendes Spleißgerät eingelegt. Hier dürfen nur solche Geräte Verwendung finden, die zu keinem Zeitpunkt die nackten Fasern berühren oder gar festhalten. Die Fasern werden ausschließlich am Coating geklemmt.

⇨ *Schutz der Spleißstelle*

Der Schutz der Spleißstelle erfolgt je nach weiterer Anwendung durch Recoating oder Standardspleißschütze, die im folgenden Abschnitt beschrieben werden.

Unter Einhaltung dieser speziellen Handhabungshinweise erzielt man eine Zugfestigkeit von besser als 20 N.

3.3.6 Schutz des Spleißes

Nach dem Zugtest muss die Spleißstelle mit einem Schutz versehen werden, der die Faser gegen mechanische und Umwelteinflüsse, vor allem Feuchtigkeit, abschirmt. Es gibt verschiedene Technologien dafür:

- Recoating
- Schmelzspleißschutz
- Mechanischer Spleißschutz

Bei dem Recoating, wird mittels einer speziellen Einrichtung ein dem Original-Primärcoating sehr ähnliches Material aufgebracht, wodurch annähernd der Ausgangsdurchmesser von 250 µm wieder hergestellt wird.

Dieses Verfahren wird auf Grund des geringen Durchmessers vor allem in Baugruppen verwendet. Allerdings trägt das neue Coating nicht zur Erhöhung der Zugfestigkeit bei, da es keinen guten Verbund mit dem Originalcoating eingeht.

Daher ist es bei Verwendung eines Recoaters empfehlenswert, die Technologie der high-strength Spleiße zu verwenden (siehe Abschnitt 3.3.5).

Im Feld werden im Allgemeinen mechanische oder thermische Spleißschütze verwendet. Sie werden so angebracht, dass sie auf beiden Seiten das Coating greifen und so eine gute Zugentlastung gewährleisten.

Die thermischen oder auch Schrumpfspleißschütze sind weltweit betrachtet am weitesten verbreitet. Sie basieren auf dem Prinzip eines Schrumpfschlauches, der sich bei Erwärmung zusammenzieht. Im Inneren befindet sich neben einem Metallstab oder Keramikelement zur mechanischen Verstärkung ein zweites Röhrchen aus einer besonderen Art Heißkleber, der um das Glas herumschmilzt.

Der für das Schrumpfen notwendige Ofen ist in den meisten Spleißgeräten integriert (Bild 3.26). Die Verarbeitungszeit beträgt zwischen 40 s und 90 s. Die derzeit verfügbaren Längen liegen zwischen 10 mm und 60 mm.

Die Vorteile sind vor allem die gute mechanischen Stabilität, die reproduzierbare Verarbeitungsqualität und die Querwasserfestigkeit. Die Nachteile ergeben sich aus dem höheren Platzbedarf, der langsameren Verarbeitung und dem zusätzlichen Energiebedarf für den Ofen.

Die mechanischen oder Krimpspleißschütze finden hauptsächlich im deutschsprachigen Raum ihre Anwendung. Mit einem speziellen Krimpwerkzeug wird der Spleißschutz um die Faser herumgepresst.

Im Innern befindet sich ein plastisches schwarzes Material, das durch seine weiche Konsistenz das Glas einbettet. Außen besteht er aus dünnem Blech. Die Länge beträgt typisch 20 mm; andere Längen sind ebenfalls verfügbar, aber seltener im Einsatz.

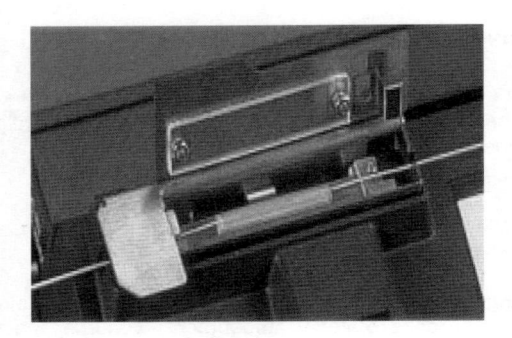

Bild 3.26: Schrumpfofen mit Spleißschutz

Seine Vorteile liegen in der schnellen Verarbeitung und dem geringen Platzbedarf. Außerdem wird das Krimpwerkzeug ohne zusätzlichen Energiebedarf manuell bedient. Nachteilig wirkt sich aus, dass je nach Handhabung viele Fehlerquellen bei der Verarbeitung existieren. Die mechanische Stabilität ist nicht sehr hoch, besonders bezüglich Druck und Biegung. Eine Resistenz gegenüber Wasser und Feuchtigkeit ist ebenfalls nicht gegeben.

Nach dem Anbringen des Spleißschutzes wird die Faser in Spleißkassetten abgelegt, dabei werden die Spleißschütze in die entsprechenden Spleißkämme gedrückt. Die Spleißkämme unterscheiden sich je nach verwendetem Spleißschutz.

Typischerweise können sie bei Verwendung der Krimpspleißschütze zwölf Fasern und bei Einsatz der Schrumpfspleißschütze sechs Fasern aufnehmen. In letzterem Fall müssen zwei Spleißkämme verwendet werden, sollen zwölf Fasern pro Kassette abgelegt werden.

3.4 Spezielle Spleiße

3.4.1 Faserbändchen

Die Technologie der Faserbändchen ist bereits seit Anfang der Neunziger Jahre bekannt und wurde vor allem im amerikanischen und asiatischen Raum eingesetzt. Im deutschsprachigen Raum wurde sie erst etwa im Jahr 2000 in größerem Umfang eingeführt, vor allem im Weitverkehrs- und Stadtnetzbereich.
Hauptargumente für den Einsatz von Faserbändchen sind zum einen die extrem hohe Faseranzahl bezogen auf den Querschnitt, das heißt der sehr viel geringere Platzbedarf. Es werden Packungsdichten von neun Fasern pro mm^2 Querschnitt erreicht, statt 0,3 Fasern/mm^2 bei Verwendung von Kabeln mit Einzelfasern.

Heute werden Kabel mit bis zu 3.000 Fasern gefertigt. Betrachtet man vor allem im Citynetzbereich das immer geringer werdende Platzangebot zur Verlegung der Kabel, kann die Packungsdichte zu einem wichtigen Parameter werden. Darüber hinaus können bei gleicher Faseranzahl pro Kabel größere Längen Kabel auf eine Trommel aufgewickelt und zum Einziehen oder Einblasen zur Verfügung gestellt werden.

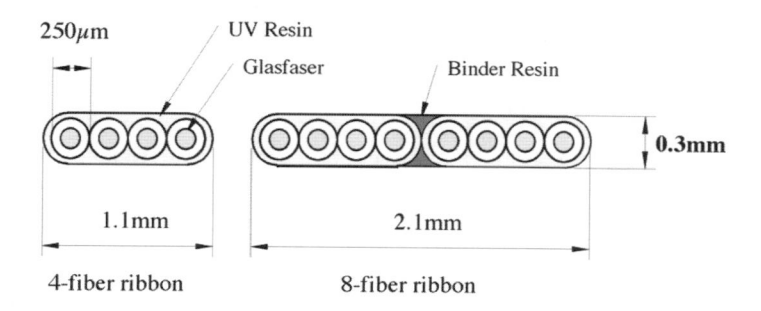

Bild 3.27: Beispiel für ein 4er- und 8er-Faserbändchen

Bändchenkabel lassen sich schneller verlegen. Die Praxis hat gezeigt, dass bei Einsatz von 12er-Bändchen die Installation etwa viermal schneller erfolgen kann als bei Verwendung von Einzelfasern. Faserbändchen oder auch Ribbon fiber bestehen aus mehreren primärbeschichteten Fasern, die über eine Art Lack (UV härtendes Resin) miteinander verbunden sind. Sie können 2, 4, 8, 12 oder 24 Fasern enthalten.

In Bild 3.27 sieht man bei dem 8er-Bändchen nach der vierten Faser eine Sollbruchstelle. Dort kann das Bändchen leicht aufgetrennt und wie zwei 4er-Bändchen weiterverarbeitet werden.

Bild 3.28: links: Einlegen eines 8er-Bändchen; rechts: Bildschirm mit 12er-Bändchen

Zum Spleißen von Faserbändchen werden spezielle Spleißgeräte benötigt (Bild 3.28). Sie basieren auf dem V-Nut-Prinzip wie bereits beim Einzelfaserspleißen beschrieben. Das Kernstück sind zwei Keramikblöcke mit jeweils 4, 12 oder 24 V-

Nuten, die die einzelnen Fasern aufnehmen und sie in einem Spleißvorgang miteinander verbinden.

Die Anordnung der Elektroden ist gegenüber Einzelfaserspleißgeräten etwas modifiziert, um einen möglichst gleichmäßigen Lichtbogen über alle Fasern zu gewährleisten.

Vorbereiten der Faserbändchen

Während des gesamten Spleißprozesses, inklusive Vorbereitung, werden die Bändchen in Faserhaltern gehandhabt. Für jede Faseranzahl gibt es spezielle Halter, die gewährleisten, dass von den zur Verfügung stehenden Nuten auf beiden Seiten die gleichen verwendet werden; auch Einzelfasern können auf diese Weise gespleißt werden.

Das Absetzen des gemeinsamen und des jeweiligen 250 μm-Primärcoatings erfolgt thermisch (siehe auch Abschnitt 3.3.2). Das Faserbändchen wird dazu mit Hilfe des Faserhalters in einen thermischen Abstripper gelegt, der das Coating erwärmt und in einem Arbeitsschritt abzieht.

Bild 3.29: links: thermischer Abstripper; rechts: Brechwerkzeug

Danach werden die Fasern mit fusselfreien Tüchern und hochreinem Alkohol gründlich gesäubert, bis keine Schmutz- und Coating-Rückstände mehr vorhanden sind. Das Bändchen wird dann mit einem Standardbrechwerkzeug gebrochen. Alle Fasern haben nun die gleiche Länge und eine saubere Stirnfläche und können wieder mit Hilfe des Faserhalters in das Spleißgerät eingelegt werden.

Spleißen der Faserbändchen

Da die Bändchenspleißgeräte lediglich auf dem V-Nut-Prinzip basieren, ist höchstes Augenmerk auf eine saubere Verarbeitung zu legen. Es dürfen weder an den Fasern noch in den V-Nuten selbst irgendwelche Verschmutzungen sein, da sie sofort zu einem Versatz zwischen den gegenüberstehenden Fasern führen würden. Eine ausführliche Beschreibung der Effekte, die in V-Nut-Geräten auftreten, erfolgte im Abschnitt 3.3.3.

Alle Bändchenspleißgeräte arbeiten ausschließlich mit dem PAS-System, um die Fasern begutachten und den Spleißverlust bestimmen zu können. Mit zwei Kameras wird in zwei rechtwinkligen Blickwinkeln der Faserversatz, der Abstand der Fasern sowie die Bruchwinkel bestimmt. Ist alles innerhalb der voreingestellten Toleranzen, wird der Spleißvorgang gestartet. Der weitere Ablauf ist identisch dem Spleißen von Einzelfasern, inklusive Zugtest.

Grenzwerte für Spleißdämpfung

Um den Vorteil einer schnelleren und damit preiswerteren Installation wirklich nutzen zu können, ist es von größter Wichtigkeit, sinnvolle Grenzwerte für die maximal zulässigen Spleißdämpfungen zu definieren. Werden hier die Grenzen zu eng gesetzt, beispielsweise 0,1 dB pro Spleiß, wird dieser Vorteil durch einen erhöhten Installations- und Messaufwand zunichte gemacht.

Als sinnvoll hat sich die Definition einer mittleren Spleißdämpfung erwiesen: Alle Spleiße einer Faser über der gesamten Strecke werden aufsummiert und durch ihre Anzahl geteilt (arithmetisches Mittel).

Hier als Beispiel eine in der Praxis bewährte Vorgabe eines Netzwerkbetreibers: Der mittlere Wert sollte in der Größenordnung von 0,15 dB liegen. Maximalwerte von 0,25 dB sind zulässig, da sie sich über die Strecke betrachtet durch bessere Spleiße an anderer Stelle ausgleichen lassen. Einzelne „Ausreißer" bis 0,4 dB sind dann zugelassen, wenn auch erneutes Spleißen nicht zu einer Verbesserung führt.

Schutz des Spleißes

Spleiße von Faserbändchen werden mit einem thermischen Spleißschutz gegen mechanische und Umwelteinflüsse geschützt. Krimpspleißschütze sind hier ungeeignet. Der thermische Spleißschutz enthält meist ein flächiges Keramikelement zur mechanischen Stabilisierung und hat typisch eine Länge von 40 mm oder 60 mm.

Abschluss der Strecke

An den Enden einer Strecke aus Faserbändchen müssen die Fasern einzeln in Patchfeldern aufgelegt werden. Das Anspleißen der einzelnen Pigtails kann entweder in Form von Einzelspleißen erfolgen oder durch Haltern aller anzuspleißenden Pigtails in einem Faserhalter und Ausführen eines Bändchenspleißes. Im ersteren Fall wird das Faserbändchen vorher vereinzelt und jeder Spleiß mit einem eigenen Spleißschutz geschützt. Im zweiten Fall wird der Spleiß mit einem Bändchenspleißschutz geschützt.

Darüber hinaus sind auch vorkonfektionierte Systeme verfügbar, beispielsweise Fanouts, die dann über einen normalen Bändchen-Bändchen-Spleiß angeschlossen werden.

3.4.2 Spleißen unterschiedlicher Fasern

In manchen Anwendungsfällen lässt es sich nicht vermeiden, unterschiedliche Fasern miteinander zu verbinden. Auch hier gilt die Prämisse, die Dämpfung möglichst klein zu halten und den Übergang möglichst stetig zu gestalten.

Standard-Singlemode-LWL auf NZDS-LWL

Faserpigtails aus NZDS-LWL werden von verschiedenen Herstellern angeboten. Stehen Sie nicht zur Verfügung, können als Abschluss an eine NZDS-Strecke im Weitverkehrsbereich auch Singlemode-Standard-Pigtails angespleißt werden. Die Verbindung ist nicht optimal, da sich die Modenfelddurchmesser der verschiedenen Fasern unterscheiden (vergleiche Tabelle 1.13).

Das führt in Abhängigkeit von der jeweiligen Kombination zu unterschiedlichen Spleißdämpfungen (vergleiche Abschnitt 4.3.4). Man beachte, dass der Koppelverlust zwischen Singlemode-LWL nicht von der Richtung abhängt. Er tritt also zweimal auf: sowohl am Anfang als auch am Ende der Strecke.

Die Werte in Tabelle 3.3 wurden aus den Herstellerangaben für typische Modenfelddurchmesser berechnet. Da herstellungsbedingt immer Toleranzen auftreten können (bis zu ± 1 µm), können diese Werte sowohl in positiver als auch in negativer Richtung schwanken. Bezogen auf die Gesamtdämpfung der Strecke sind die zusätzlichen Dämpfungen durch Fehlanpassungen der Modenfelddurchmesser meistens vernachlässigbar.

	Standard-SM-LWL	TeraLight/PureGuide	LEAF/FreeLight	TrueWave RS
Standard-SM-LWL	0 dB	0,08 dB	0,03 dB	0,21 dB
TeraLight/PureGuide	0,08 dB	0 dB	0,01 dB	0,04 dB
LEAF/FreeLight	0,03 dB	0,01 dB	0 dB	0,08 dB
TrueWave RS	0,21 dB	0,04 dB	0,08 dB	0 dB

Tabelle 3.3: Koppelverluste zwischen Standard-Singlemode-LWL und NZDS-LWL

Die unterschiedlichen Modenfelddurchmesser ergeben sich aus den unterschiedlichen Brechzahlprofilen der Fasern. Während der Singlemode-Standard-LWL ein Stufenindexprofil mit einem Durchmesser von etwa 8,3 µm hat, sind die Profile der NZDS-LWL sehr viel komplizierter aufgebaut und haben Kerndurchmesser von 6 µm bis 7 µm (Bild 3.30). Die Brechzahlüberhöhung im Kernbereich in Bild 3.30 ist etwa doppelt so hoch, wie beim Standard-Singlemode-LWL.

Die zusätzlichen kleineren Indexerhöhungen neben dem eigentlichen Kern dienen dazu, dass sich das Modenfeld weiter in den Mantelbereich ausdehnt und daher die Modenfeldunterschiede nicht so extrem ausfallen, wie der große Unterschied der Kerndurchmesser zwischen Standard-Singlemode-LWL und NZDS-LWL erwarten ließe.

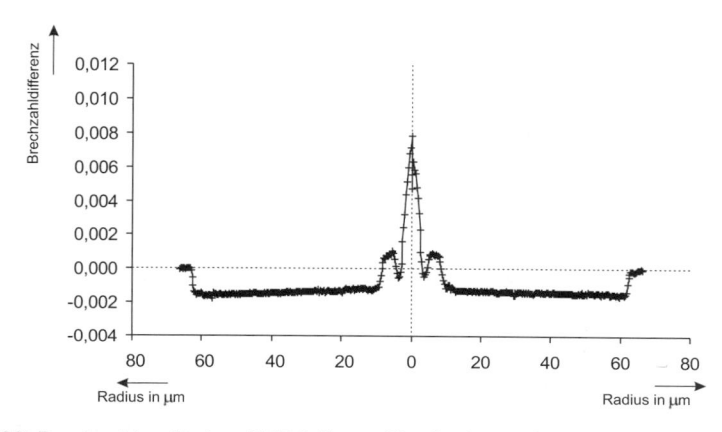

Bild 3.30: Brechzahlprofil einer NZDS-Faser (Quelle: Lucent)

Beim Spleißen solch unterschiedlicher Fasern kommt es erwartungsgemäß zu sehr inhomogenen Übergängen, an denen eine neue, ausbreitungsfähige Mode angeregt werden muss. Die verwendeten Spleißgeräte sollten nach Möglichkeit für diesen Anwendungsfall optimierte Programme besitzen.

Ziel ist es, beide Kernbereiche möglichst symmetrisch miteinander zu verbinden und Spleißzeit und Spleißstrom so zu optimieren, dass die Diffusionsprozesse der unterschiedlichen Dotierungsmaterialien beider Kerne nicht zu stark werden.

Bild 3.31 zeigt einen derartigen Spleißprozess. Im rechten Bild ist gut zu erkennen, dass der kleinere Kernbereich der TrueWave-Faser mittig mit dem Kern des Standard-Singlemode-LWL verbunden wurde, ohne dass die Brechzahlprofile sich zu stark durchmischt haben.

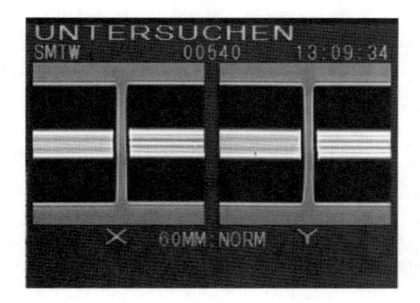

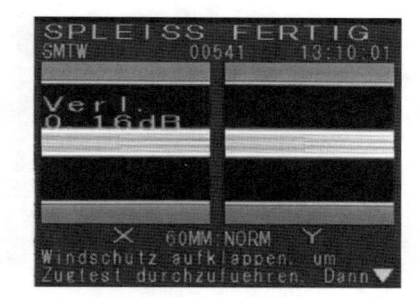

Bild 3.31: Spleißen eines Singlemode-Standard-LWL (links) auf TrueWave (rechts) mit dem Spleißgerät FITEL S175. Linkes Bild: vor dem Spleiß, rechtes Bild: fertiger Spleiß. Spleißdämpfung 0,16 dB.

Bei der messtechnischen Bestimmung der Spleißdämpfung mittels eines Rückstreumessgerätes ist es auf jeden Fall notwendig, die Messung von beiden Seiten auszuführen und das arithmetische Mittel zu bilden. Grund ist das stark unterschiedliche Rückstreuverhalten beider Fasern.

Singlemode-LWL auf hochdotierte Spezialfasern

Der wichtigste Anwendungsfall hierfür ist das Spleißen vom Singlemode-LWL auf Erbium-dotierte Fasern (Er^+-Fasern), die in optischen Verstärkern (EDFA: Erbium Doped Fiber Amplifier) verwendet werden. Das Besondere an Er^+-Fasern ist der kleine Kerndurchmesser (3 µm bis 5 µm) und die hohe Dotierungskonzentration im Kernbereich. Das führt bei einfachem Aufeinanderspleißen zu sehr hohen Fehlanpassungen und Verlusten am Übergang.

Daher wird hier ein spezieller Effekt ausgenutzt: Der Wärmeeintrag durch den Lichtbogen führt zu einer Aufweitung des Dotierungsbereiches, das heißt die Erbium-Ionen diffundieren in den Mantelbereich. Der Grad der Aufweitung ist abhängig von der Höhe der Dotierungskonzentration: Je höher die Konzentration desto stärker die Aufweitung. Im untenstehenden Bild 3.32 wird der Effekt grafisch dargestellt. Der Pfeil an der Kurve markiert den Zeitpunkt, an dem beide Kerne annähernd gleichen Durchmesser haben und der Spleißverlust am geringsten ist:

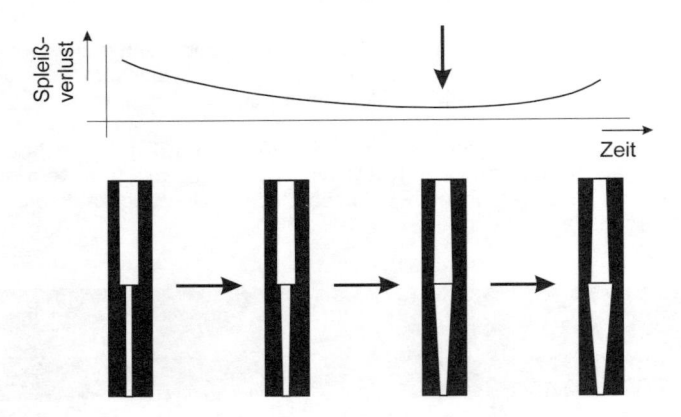

Bild 3.32: Thermische Aufweitung des Kernbereiches (oben: SMF; unten: Er^+-Faser)

In der praktischen Umsetzung übernimmt das Spleißgerät, sofern es dafür vorgesehen ist, die automatische Steuerung. Es werden nacheinander mehrere Lichtbogen gezündet und im Anschluss jeweils die beiden Kerndurchmesser vermessen. Ist der Punkt erreicht, an dem die Kerndurchmesser annähernd gleich sind, wird der Spleißvorgang beendet.

Da für die Ausbreitung des Lichtes aber nicht die Gleichheit der Kerndurchmesser, sondern die Übereinstimmung der Modenfelddurchmesser relevant ist, muss bei der

Bestimmung des optimalen Punktes die spätere Betriebswellenlänge beachtet werden. Daher bieten einige Spleißgeräte mehrere Programme für das Spleißen der gleichen Faserkombination an, beispielsweise Standard-Singlemode-LWL auf Er$^+$-Faser optimiert auf 980 nm oder auf 1550 nm.

Singlemode-LWL auf Multimode-LWL

Das Verbinden von Singlemode-LWL mit einem 8 µm-Kern mit Multimode-LWL mit 50 µm oder 62,5 µm Kerndurchmesser ist prinzipiell möglich, aber mit großen Dämpfungen in Richtung Singlemode-LWL verbunden.

Auf Grund der unterschiedlichen Kerndurchmesser und numerischen Aperturen muss mit einer Spleißdämpfung von etwa 21 dB gerechnet werden. Der Übergang von dem Singlemode-LWL auf den Multimode-LWL ist nahezu verlustfrei.

In der Praxis gibt es zwei relevante Anwendungen:

⇨ *Übergang von SMF auf MMF bei unidirektionaler Nutzung*

Dabei muss allerdings auch für die Zukunft gewährleistet sein, dass nur diese eine Richtung genutzt wird. Die Übertragung erfolgt ausschließlich bei 1300 nm.

⇨ *Gigabit-Ethernet*

Beim Gigabit-Ethernet werden auf Grund der hohen Übertragungsbandbreite ausschließlich Lasersender eingesetzt, die im Normalfall ein Singlemode-Pigtail als Ausgang besitzen. Das Netz kann aus Multimode-LWL aufgebaut sein, so dass ein Spleiß Singlemode-LWL auf Multimode-LWL notwendig wird. Sie werden mittig aufeinander gespleißt.

Dabei gibt es eine Besonderheit zu beachten: Hat der verwendete Multimode-LWL den typischen Mittendip im Indexprofil (Bild 3.9), ist nur noch eine sehr kleine Übertragungslänge möglich, wenn das Laserlicht genau mittig eingekoppelt wird.

Dieser Effekt wir als DMD (Differential Mode Delay) bezeichnet, das heißt, es treten starke Laufzeitunterschiede zwischen den einzelnen Moden auf, die zu einer starken Impulsverbreiterung führen und damit die Übertragungslänge begrenzen.

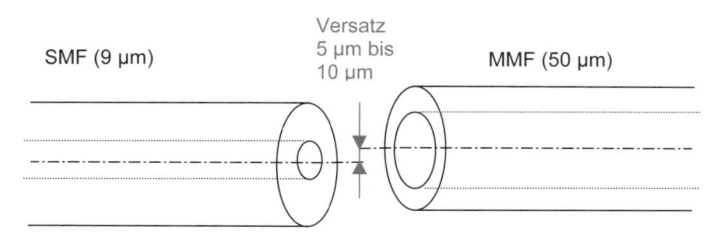

Bild 3.33: Spleißen von Singlemode-LWL auf Multimode-LWL mit radialem Versatz

In diesem Fall muss der Singlemode-LWL um etwa 5 µm bis 10 µm versetzt mit dem Multimode-LWL verbunden werden. Dazu gibt es in einigen Spleißgeräten bereits optimierte Spezialprogramme (z.B. im FITEL S176).

3.5 Ausblick

Im Weitverkehrsbereich und in Stadtnetzen haben sich Lichtwellenleiter bereits als das bevorzugte Übertragungsmedium durchgesetzt. Aber auch im Bereich der CATV-Netze und beim Erstellen von Gebäude- und Campusverkabelungen wächst zunehmend die Erkenntnis, dass das Medium Glasfaser erhebliche Vorteile gegenüber Kupferkabeln besitzt.

Kabelpreise liegen mittlerweile in der gleichen Größenordnung und die Preise für Aktivkomponenten nehmen stetig ab.

Im Inhouse-Bereich gibt es auch heute schon Projekte, wo unter Berücksichtigung aller Kosten, einschließlich Platzbedarf, Gewicht, Brandlast, elektromagnetische Beeinflussung, Potentialausgleich, Nachfolgekosten für Klimatisierung, Einsparung von Aktivkomponenten beispielsweise durch passive Etagenverteiler, usw. eine Verwendung von Lichtwellenleitern preisgünstiger als Kupfer ist.

Eine wachsende Anzahl von Schlagworten wie Fiber-to-the-Home, Fiber-to-the-Desk, Fiber-to-the-Mast u.ä. künden vom Vormarsch der Glasfaser.

In Kombination mit drahtloser Übertragung wird sie sicher in Kürze das bevorzugte und zukunftssicherste Medium für die Datenübertragung sein.

Die Entwicklung der Spleißgeräte hat heute einen Stand erreicht, der es gestattet, einfach und reproduzierbar LWL-Verbindungen von sehr guter Qualität herzustellen. Damit kommt man dem physikalisch Machbaren bereits sehr nahe.

Die Spleißgeräte selbst werden immer leichter und kleiner.

Die Entwicklung geht in Richtung Handspleißgeräte mit Kernzentrierung einerseits und andererseits in Richtung abgerüsteter, preiswerter Geräte beispielsweise für die letzte Spleißverbindung bei Fiber-to-the-Home oder im Inhousebereich, wo der Absolutwert der Spleißdämpfung unkritisch ist.

3.6 Literatur

[3.1] J. Labs: Verbindungstechnik für Lichtwellenleiter. Düsseldorf, DVS-Verlag GmbH, 1989.

4 Lichtwellenleiter-Messtechnik

Dieter Eberlein

4.1 Messung von Leistungen und Dämpfungen

4.1.1 Einleitung

Die Dämpfung der Komponenten eines LWL-Systems begrenzen deren Reichweite und damit deren Leistungsfähigkeit. Deshalb gehört die Dämpfung zu den wichtigsten Parametern in der LWL-Technik. Die Dämpfung ergibt sich aus dem Verhältnis zweier Leistungen. Man muss also zunächst in der Lage sein, Leistungen fehlerfrei und reproduzierbar zu messen.

Neben der Erklärung der Leistungs- und Dämpfungsmessung werden auch mögliche Fehlerquellen beschrieben sowie Verfahren, die eine reproduzierbare Messung ermöglichen.

Zur Realisierung einer Leistungs- und Dämpfungsmessung von Multimode-LWL mit hoher Genauigkeit müssen definierte Anregungsbedingungen des Lichtwellenleiters existieren, die eine Modengleichgewichtsverteilung im Lichtwellenleiter bewirken. Verschiedene Methoden zur Herstellung einer Modengleichgewichtsverteilung im Lichtwellenleiter kommen zur Sprache.

Die Messung von Leistungen bzw. Dämpfungen ist die wichtigste Messmethode schlechthin. Sie ist sowohl zur Charakterisierung einzelner LWL-Komponenten als auch kompletter Netze erforderlich.

4.1.2 Verfahren zur Herstellung einer Modengleichgewichtsverteilung

Im Multimode-LWL sind mindestens einige Hundert Moden ausbreitungsfähig. Diese werden in Abhängigkeit von der Abstrahlcharakteristik des Senders (Orts- und Winkelverteilung) unterschiedlich stark angeregt, das heißt, die Leistung des Senders wird auf die einzelnen Moden unterschiedlich verteilt.

Da der Lichtwellenleiter stets geringfügigen Krümmungen unterliegt, der Querschnitt nie exakt kreisförmig ist sowie weitere Störungen die Strahlenausbreitung beeinflussen, kann sich der Verlauf der einzelnen Moden ändern.

An einer Krümmung des Lichtwellenleiters kann ein Strahl flacher oder steiler werden. Die Energie des Strahls geht dabei in eine andere Mode über, da sich der Neigungswinkel gegen die optische Achse geändert hat. Solange der Akzeptanzbereich des Lichtwellenleiters dabei nicht überschritten wird, bleibt die Energie erhalten.

Wird jedoch der Winkel der Totalreflexion überschritten, tritt der betreffende Strahl aus dem Kern aus und der Teil der Leistung, der durch ihn übertragen wird, geht verloren.

Das ergibt sich aus der Tatsache, dass im Allgemeinen der Primärschutz eine höhere Brechzahl als der LWL-Mantel hat, so dass keine Totalreflexion zwischen Mantel und Primärschutz erfolgt. Die Moden treten in die Primärschicht über, werden rasch gedämpft und können nicht wieder zurück in den Kern gelangen.

Modenwandlungsprozesse und Modenmischungsprozesse bewirken, dass sich nach dem Durchlaufen einer bestimmten Länge eine ausgewogene Energieverteilung einstellt (Modengleichgewicht), die unabhängig von der ursprünglichen Leistungsverteilung am Ort der Einkopplung ist. Die LWL-Länge, die erforderlich ist, um eine Modengleichgewichtsverteilung zu realisieren, wird als Koppellänge bezeichnet und kann einige Hundert bis Tausend Meter betragen.

Im Allgemeinen erfolgt die Wandlung zwischen den Moden reversibel, im Bereich sehr hoher Moden ist dieser Wandlungsprozess jedoch irreversibel, da eine Mode, die einmal in den Mantel gelangt ist, nicht mehr zurückkehren kann. Das führt dazu, dass bei einer Modengleichgewichtsverteilung die Leistung in Kernmitte maximal ist und zur Kern-Mantel-Grenze hin abfällt.

Für reproduzierbare Dämpfungsmessungen in Multimode-LWL ist es erforderlich, dass sich die Moden im Lichtwellenleiter im Modengleichgewicht befinden. Andernfalls würden die oben beschriebenen Wandlungsprozesse das Messergebnis beeinflussen, und man würde eine zu hohe Dämpfung messen. Wird eine Genauigkeit der Dämpfungsmessung am Multimode-LWL von wenigen Zehntel Dezibel gefordert, ist mit einer Modengleichgewichtsverteilung einzukoppeln. Geht es um grobe Übersichtsmessungen, kann man darauf verzichten.

Meistens realisiert man die Modengleichgewichtsverteilung mit einer Vorlauflänge. Wenige Hundert Meter Faserlänge sind ausreichend, um die Modengleichgewichtsverteilung hinreichend anzunähern. Dabei ist zu berücksichtigen, dass die Vorlauflänge die gleichen Parameter wie der zu messende Lichtwellenleiter aufweisen muss.

Eine alternative Methoden zur Herstellung der Modengleichgewichtsverteilung ist das Modenfilter, welches die Abstrahlung der Energie der höheren Moden erzwingt. Dabei wickelt man den Lichtwellenleiters mehrfach auf einen Dorn mit geeignetem Krümmungsradius auf (vergleiche Abschnitt 4.1.4). So treten Makrokrümmungsverluste auf, die vorzugsweise auf die Moden höherer Ordnung wirken.

Aber auch durch Mikrokrümmungen versucht man, eine angenäherte Modengleichgewichtsverteilung zu realisieren. Mikrokrümmungen im Lichtwellenleiter kann man erzeugen, indem man einen primärgeschützten Lichtwellenleiter zwischen zwei rauhe Oberflächen klemmt.

Viel diskutiert wurde die sogenannte 70 %/70 %-Methode, die eine mögliche Form zur Anregung eines begrenzten Phasenraums darstellt. Dabei wird durch eine geeignete optische Anordnung mit auf 70 % reduzierter numerischer Apertur und auf 70 % reduziertem Durchmesser in den zu messenden Lichtwellenleiter eingekoppelt. Auf diese Weise simuliert man die stärkere Konzentration der Leistung in das Zentrum des Lichtwellenleiters.

Man unterscheide die Modengleichgewichtsverteilung (Equilibrium Mode Distribution: EMD) von der Modengleichverteilung (Uniform Mode Distribution: UMD). Letztere ist dadurch gekennzeichnet, dass alle Moden den gleichen Energieanteil führen.

Auch beim Singlemode-LWL ist es möglich, dass die optische Leistung nach der Einkopplung nicht nur in der Hauptmode geführt wird. Hier dient im Allgemeinen ein Rangierkabel von 2 m bis 5 m mit einem Primärschutzes, der im Vergleich zum Mantel eine höhere Brechzahl hat (Mantelmoden werden abgestreift). Das Rangierkabel ist in zwei Schleifen mit einem Durchmesser von 80 mm zu legen (vergleiche Abschnitt 4.1.4).

4.1.3 Leistungsmessung

Mit einer Leistungsmessung kann die Ausgangsleistung des Senders überprüft werden. Eine Leistungsmessung am Ende der Strecke gibt Aufschluss darüber, ob die Leistung groß genug ist, so dass der Empfänger fehlerfrei arbeiten kann. Andererseits liefert die Leistungsmessung eine Information darüber, ob die Leistung zu groß ist, so dass die Gefahr der Übersteuerung des Empfängers besteht.

Durch diese Messungen können die Herstellerangaben bezüglich Ausgangsleistung des Senders und bezüglich Empfängerempfindlichkeit überprüft werden.

Für die Leistungsmessung benötigt man einen optischen Empfänger. Dieser muss eine hohe absolute Genauigkeit haben. Das heißt er muss geeignet geeicht werden. Insbesondere ist zu berücksichtigen, dass die Empfindlichkeit des Empfängers von der Wellenlänge abhängt (vergleiche Abschnitt 1.3.5). Zur Realisierung einer hohen absoluten Genauigkeit muss die Wellenlänge des Senders möglichst genau bekannt sein und bei der Einstellung am Empfänger berücksichtigt werden.

Darüber hinaus muss das Messgerät unempfindlich gegen Temperatureinflüssen sein. Eine Übersteuerung am Messgerät ist zu vermeiden.

Prinzipiell unterscheidet man zwischen der Gleichlicht- und der Wechsellichtmessung. Bei der Gleichlichtmessung wird der zeitliche Mittelwert des optischen Pegels gemessen.

Bei der Wechsellichtmessung wird das Licht mit einer bestimmten Frequenz moduliert, und das modulierte Licht wird am optischen Empfänger selektiv nur innerhalb des Frequenzbereiches der Modulation gemessen. Der Vorteil dieses Verfahrens liegt darin, dass Fremdlicht das Messergebnis nicht beeinflusst.

Bei der Gleichlichtmessung kann Umgebungslicht beispielsweise über den Sekundärschutz des Lichtwellenleiters zum Detektor gelangen und bei der Messung von sehr kleinen Leistungen das Messergebnis verfälschen. Das ist deshalb möglich, weil der Detektor großflächig misst, das heißt sein Durchmesser ist in der Regel deutlich größer als der Kerndurchmesser des Lichtwellenleiters.

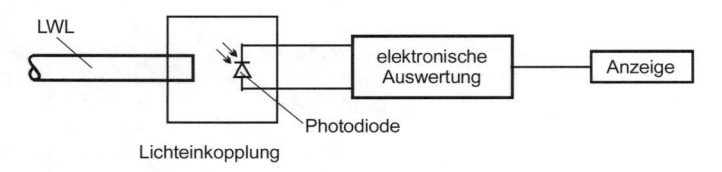

Bild 4.1: Grundprinzip der optischen Leistungsmessung

Eine prinzipielle Messanordnung zur Leistungsmessung ist in Bild 4.1 dargestellt. Das Licht des Lichtwellenleiters fällt auf die Photodiode, wird dort in ein elektrisches Signal gewandelt und anschließend elektronisch verstärkt.

Die Detektorfläche ist so bemessen, dass der gesamte Strahlungskegel, der aus dem Lichtwellenleiter austritt, auf die Photodiode fällt. Die Messung absoluter Leistungswerte unterliegt einer Reihe von Fehlerquellen, die große Toleranzen der Messergebnisse bewirken.

Bei der Dämpfungsmessung (vergleiche nächsten Abschnitt) werden stets zwei Leistungen ermittelt. Durch die Bildung des Verhältnisses aus den beiden Messwerten gehen die absoluten Fehler nicht mehr in das Messergebnis ein, wohingegen sich die relativen Fehler im ungünstigsten Fall verdoppeln können.

Die Reflexionen am Gehäusefenster und Detektor sind bei der Kalibrierung des Messgerätes berücksichtigt, bewirken also keinen Fehler. Diese Reflexionen treffen aber wieder auf die spiegelnde Frontfläche des Steckers und werden zum Detektor zurück reflektiert. Das führt zu Messfehlern.

Durch eine Lochblende vor dem Stecker mit absorbierendem Konus, der sich in Richtung Detektor öffnet (Reflexionsfalle), kann man den Effekt unterdrücken. Ein Adapter aus schwarzem Material vermeidet ebenfalls Reflexionen.

Durch einen schräg gestellten Detektor wird verhindert, dass reflektiertes Licht wieder in den Lichtwellenleiter eingekoppelt wird, zum Sender zurückläuft und dessen Emissionseigenschaften verändert. Eine solche Maßnahme ist vor allem bei rückwirkungsempfindlichen Laserdioden wichtig.

Diese Empfängereigenschaften, wie Reflexionsfalle bzw. Wellenlängenkalibrierung, sind für Leistungsmessungen erforderlich, nicht aber für Dämpfungsmessungen, da durch die Bildung des Verhältnisses aus zwei Leistungen sich diese Effekte „kürzen".

Der Messwert kann bei längerer Betriebsdauer, beispielsweise durch die Umgebungstemperatur Schwankungen unterliegen. Moderne Empfänger werden stabilisiert. Eine typische Ungenauigkeit liegt bei ±0,13 dB (±3 %).

Vor Anschaffung eines Messgerätes sollte man sich Klarheit verschaffen, ob man Absolutleistungen oder Dämpfungen messen muss. Meist ist letzteres der Fall. Dann sind an den Empfänger keine so hohen Anforderungen zu stellen. Die heute auf dem Markt verfügbaren Leistungsmesser haben einen großen Dynamikbereich und können sowohl sehr kleine als auch sehr große Leistungen detektieren.

Beispiele:

1. Hohe Empfindlichkeit:
-70 dBm bis +11 dBm, das entspricht 0,1 nW bis 13 mW. Dynamikbereich 81 dB.
2. Sehr hoher Pegel:
-47 dBm bis +30 dBm, das entspricht 20 nW bis 1000 mW. Dynamikbereich 77 dB.

4.1.4 Dämpfungsmessung

Praktische Hinweise

Während für die Leistungsmessung nur ein Empfänger erforderlich ist, benötigt man für die Dämpfungsmessung sowohl einen Sender als auch einen Empfänger. Zur Dämpfungsmessung an verlegten Lichtwellenleitern werden normalerweise zwei Personen benötigt.

Meistens werden Sender, Empfänger, Vor- und eventuell Nachlauf-LWL als komplette Messausrüstung angeboten. Diese Komponenten sind in ihren Eigenschaften aufeinander abgestimmt. Sender und Empfänger können zwischen mehreren Wellenlängen umschaltbar sein. Moderne Sender emittieren eine stabilisierte Ausgangsleistung, die mit einer bestimmten Frequenz moduliert wird.

Grundsätzlich ist bei der Dämpfungsmessung auf Folgendes zu achten:

- Absolute Sauberkeit und gut präparierte LWL-Endflächen.
- Es sind Makrokrümmungsverluste zu vermeiden. Das ist besonders wichtig bei der Messung von Singlemode-LWL (vergleiche Abschnitt 1.2.5).
- Zur Vereinfachung des Messablaufes ist es sinnvoll, nur einmal zu normieren und alle folgenden Messwerte auf diese Normierung zu beziehen. Das ist aber nur zulässig, wenn sich die Leistung des Senders, während des Zeitraumes in dem die Messungen durchgeführt werden, nicht ändert. Dafür ist ein stabilisierter Sender erforderlich. Andernfalls ist die Normierung in bestimmten Zeitabständen zu wiederholen.
- Es muss auf die Einstellung der richtigen Wellenlänge am Sender geachtet werden, da die Dämpfung stark von der Wellenlänge abhängt.
- Bei der Normierung ist darauf zu achten, dass die Leistung, die auf den Empfänger fällt, nicht zu groß ist, um eine Übersteuerung des Empfängers zu vermeiden. Bei der Übersteuerung geht der Empfänger in die Sättigung und es wird eine zu geringe Leistung angezeigt. Das heißt die Messwerte werden auf eine zu kleine Normierungsleistung bezogen: Die Dämpfungen werden zu klein gemessen. Deshalb sollte man mit einem Sender-Empfänger-Pärchen von einem Hersteller arbeiten, deren Parameter aufeinander abgestimmt sind. So wird die Gefahr der Übersteuerung vermieden.

- Zur Realisierung von Dämpfungsmessungen an Multimode-LWL mit hoher Genauigkeit muss mit einer Modengleichgewichtsverteilung eingekoppelt werden (vergleiche Abschnitt 4.1.2).
- Bei Messung mit einem unmodulierten Sender ist darauf zu achten, dass kein Fremdlicht auf den Empfänger fällt.
- Bei Messung mit einem modulierten Sender muss am Empfänger die Modulationsfrequenz des Senders eingestellt sein. Moderne Empfänger erkennen automatisch die Modulationsfrequenz (gebräuchlich sind 270 Hz, 1 kHz, 2 kHz).

Auswertung der Messergebnisse

Durch zeitliche Schwankungen der Ausgangsleistung des Senders und der Empfindlichkeit des Empfängers sowie eine nicht ideale Modengleichgewichtsverteilung (bei der Messung von Multimode-LWL) bzw. eine nicht ideale Kopplung beim Umstecken zwischen Messung und Normierung sind Fehler bei der Dämpfungsmessung von bis zu $\pm$ 0,5 dB vorstellbar.

Bei der Ausmessung von LWL-Strecken interessiert die auf die Länge des Lichtwellenleiters bezogene Dämpfung, also der Dämpfungskoeffizient. Die gemessene Dämpfung muss durch die Streckenlänge dividiert werden. Ist die Streckenlänge und damit die gemessene Dämpfung gering, so kann das zu großen Fehlern bei der Ermittlung des Dämpfungskoeffizienten führen. Der Grund hierfür ist, dass der mögliche Messfehler in der gleichen Größenordnung wie der Messwert selbst liegt.

Beispiel: Ausmessung eines 50 m langen Lichtwellenleiters bei 850 nm:

Ein typischer Dämpfungskoeffizient im ersten optischen Fenster liegt bei 3 dB/km. Die zu erwartende Dämpfung der 50 m langen Strecke beträgt folglich 0,15 dB. Legt man einen vergleichsweise geringen Messfehler von 0,1 dB zugrunde, so ergibt sich ein Schwankungsbereich von 0,15 dB $\pm$ 0,1 dB = 0,05 dB...0,25 dB. Durch Umrechnung von 50 m auf 1000 m (Faktor 20!) folgt für den Dämpfungskoeffizienten ein Schwankungsbereich zwischen 1 dB/km und 5 dB/km. Die Grenzen des Schwankungsbereiches liegen weit ab vom realen Wert des Dämpfungskoeffizienten.

Bei der Ausmessung kurzer Längen sind folglich die Werte, die sich für den Dämpfungskoeffizienten ergeben, mit äußerster Vorsicht zu genießen, und man sollte sich vor falschen Schlussfolgerungen hüten! Insbesondere ist es wenig sinnvoll in Ausschreibungen für kurze Streckenlängen bestimmte Dämpfungskoeffizienten zu fordern. Misst man im zweiten oder dritten optischen Fenster, sind die Dämpfungskoeffizienten wesentlich geringer, und es sind selbst bei einigen Kilometern LWL-Länge noch wesentliche Messfehler bezüglich des Dämpfungskoeffizienten möglich.

Dämpfungsmess-Methoden

- Rückschneidemethode oder Abschneidemethode (cut-back technique)
- Einfügemethode (Methode 6 und Methode 7)
- Dämpfungsmessung nach DIN EN 50346 (vergleiche Tabelle 4.1)
- Rückstreumessung (backscattering technique) (vergleiche Abschnitt 4.2)

Rückschneidemethode

Bei der Rückschneidemethode wird die Leistung eines optischen Senders über eine Vorschaltlänge in das Messobjekt eingekoppelt. Es wird zunächst die optische Leistung P_2 am Ende der Übertragungsstrecke gemessen (Messung). Danach wird einige Meter hinter der Koppelstelle der Lichtwellenleiter durchgeschnitten, der Empfänger an dieser Stelle angekoppelt und eine Leistung P_1 ermittelt (Normierung) (Bild 4.2).

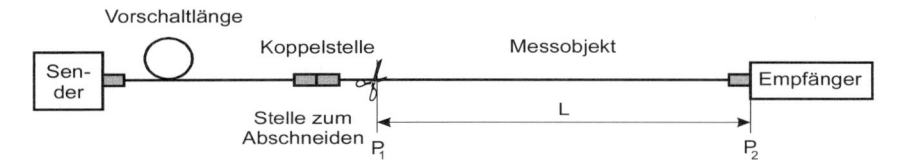

Bild 4.2: Rückschneidemethode

Die Dämpfung a des abgeschnittenen Stückes Lichtwellenleiter der Länge L ergibt sich analog Gleichung (1.9) zu:

$$a/dB = 10 \lg \frac{P_1}{P_2} \qquad (4.1)$$

Der Vorteil dieser Methode besteht darin, dass das Messergebnis nicht durch die senderseitige Koppelstelle beeinflusst wird, da diese zwischen den beiden Messungen unverändert bleibt und in gleicher Weise in das Messergebnis eingeht. So ist es unerheblich, ob diese Koppelstelle gut oder schlecht ist, eine geringe oder hohe Dämpfung hat. Durch die Bildung des Verhältnisses aus Normierung und Messung entsprechend Gleichung (4.1) kürzt sich die Dämpfung der Koppelstelle.

Es wird nur die empfängerseitige Koppelstelle verändert, die aber unkritisch ist, da am Empfänger großflächig gemessen wird, es also keine Probleme mit der Reproduzierbarkeit der Messung gibt. Nachteilig bei dieser Methode ist, dass das Messobjekt zerstört wird und nach der Messung mitunter nicht mehr brauchbar ist. Ein solches Verfahren kommt vorzugsweise bei Labormessungen an primärgeschützten unkonfektionierten Lichtwellenleitern zum Einsatz, beispielsweise bei der Ausmessung von faseroptischen Komponenten.

Einfügemethode

Entsprechend der Norm IEC 874-1 unterscheidet man neun verschiedene Messmethoden. Die größte Bedeutung hat die Methode 7 erlangt. Seit die deutsche Norm DIN EN 50346 gilt, hat die Methode 6 ihre Bedeutung verloren und soll hier nicht abgehandelt werden.

Bei der Methode 7 erfolgt die Normierung mit einer Vorschaltlänge und einem Referenzkabel (Bild 4.3). Zur Messung wird an das Referenzkabel das Messobjekt angekoppelt. Diese Anordnung ermöglicht nur die Messung des Steckers S_1 und die Dämpfung der Faser. Durch die große Fläche der Empfängerdiode ist die Dämpfung der zweiten Steckverbindung am Empfänger vernachlässigbar gering und folglich die Qualität des Steckers S_2 nicht messbar.

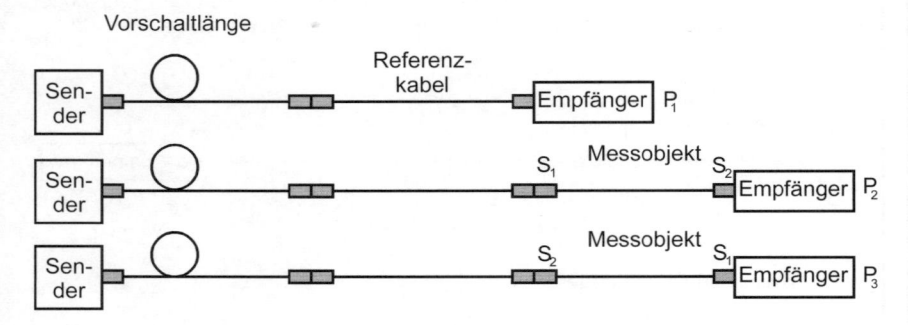

Bild 4.3: Methode 7 (oben: Normierung; Mitte, unten: Messung)

Deshalb müssen anschließend die Anschlüsse des Messobjektes vertauscht und die Messung wiederholt werden (Bild 4.3 unten). So misst man die Dämpfung des Steckverbinders S_2 und die Dämpfung der Faser, aber nicht die Dämpfung des Steckers S_1. Ist die Faser kurz, so wird im Wesentlichen jeweils nur die Dämpfung des Steckers gemessen, der an das Referenzkabel angeschlossen wurde.

Falls $P_2 < P_3$ ist der Stecker S_1 schlecht und falls $P_3 < P_2$ ist der Stecker S_2 schlecht. Auf diese Weise ist es möglich, schlechte Steckverbinder zu identifizieren. Für die Dämpfung a des Messobjekts einschließlich der beiden Steckverbinder ergibt sich für den Fall, dass die Dämpfung des Lichtwellenleiters vernachlässigbar ist:

$$a/dB = P_2/dBm + P_3/dBm - 2P_1/dBm \qquad (4.2)$$

Methode 7 ist für Steckerkonfektionäre interessant. Es lässt sich die Einfügedämpfung jedes Steckverbinders einzeln ermitteln. Nach den drei Messungen wird das Kabel zerschnitten und kann als Pigtail mit spezifizierter Dämpfung für den Stecker ausgeliefert werden.

Prinzipiell kann mit der Methode 7 ein fehlerhafter Stecker gefunden werden: Man muss die Strecke Abschnitt für Abschnitt jeweils von zwei Seiten und ohne Nachlauflänge durchmessen und die Werte paarweise vergleichen. Eine einzelne hohe Dämpfung weist dann auf den schlechten Steckverbinder hin.

Dieses Verfahren ist jedoch sehr aufwändig und in der Praxis kaum machbar. Viel einfacher lässt sich eine ortsaufgelöste Fehlersuche mit der Rückstreumessung realisieren (Abschnitt 4.2).

Dämpfungsmessung nach DIN EN 50346

LWL-Typ	Zu prüfende Verkabelung	
	Verkabelungsstrecke	**Übertragungsstrecke**
Multimode-LWL	DIN EN 50346 Anhang A Verfahren 1	DIN EN 50346 Anhang A Verfahren 2
Singlemode-LWL	DIN EN 61280-4-2 Verfahren 1.A	DIN EN 61280-4-2 Verfahren 1.C

Tabelle 4.1: Dämpfungsmessverfahren nach DIN EN 50346

Die Norm DIN EN 50346 bezieht sich auf das Prüfen installierter Verkabelung. Dabei wird zwischen der Dämpfungsmessung an Übertragungsstrecken und an Verkabelungsstrecken unterschieden (Bild 4.4):

Die Übertragungsstrecke ist eine bestimmte Anordnung von festinstallierter Verkabelung und Schnüren, an die Übertragungseinrichtungen und Endeinrichtungen angeschlossen sind.

Die Definitionen des Leistungsvermögens der Übertragungsstrecke schließen die Verbindungen an der Übertragungseinrichtung und Endeinrichtung aus.

Eine Übertragungsstrecke enthält eine oder mehrere Verkabelungsstrecken, die mit Rangierpaaren und/oder Schnüren verbunden sind. Die Definitionen des Leistungsvermögens der Verkabelungsstrecke schließen die Verbindungen an den Anschlusspunkten ein.

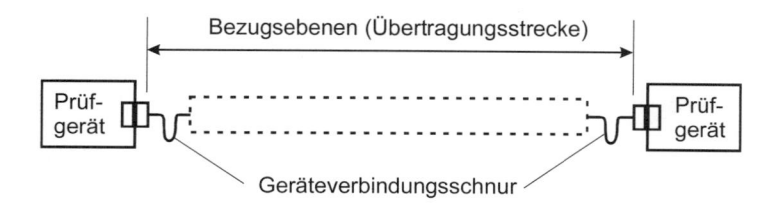

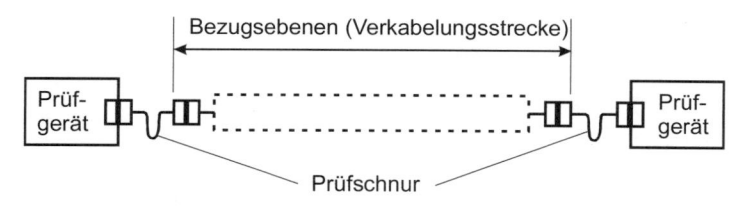

Bild 4.4: Bezugsebenen für Übertragungs- und Verkabelungsstrecken

Dämpfungsmessung an Multimode-LWL nach DIN EN 50346

Die Messung erfolgt mit einer spektral breitbandigen Lumineszenzdiode, die ausreichend stabil sein muss sowie ohne Vorlauf-LWL, aber mit Mantelmoden abstreifendem Rangierkabel 1 m bis 5 m lang (Kabel, dessen Beschichtung eine höhere Brechzahl als das Mantelglas hat). Die Prüfschnur, die mit dem Sender verbunden ist, wird in fünf Lagen auf einen Dorn gewickelt, um annähernd eine Modengleichgewichtsverteilung zu realisieren. Der Dorn muss folgenden Durchmesser haben:

- 50   µm-LWL: 15 mm für Kabel mit 0,9 mm Durchmesser
- 50   µm-LWL: 18 mm für Kabel mit 3,0 mm Durchmesser
- 62,5 µm-LWL: 17 mm für Kabel mit 0,9 mm Durchmesser
- 62,5 µm-LWL: 20 mm für Kabel mit 3,0 mm Durchmesser

Bei Verkabelung, die nur Verbindungstechnik am nahen und am fernen Ende enthält, braucht die Messung nur in einer Richtung durchgeführt werden. Enthält die Verkabelung Verbindungstechnik zur Durch-Verbindung, muss die Messung in beiden Richtungen erfolgen.

Das ist deshalb erforderlich, weil der Multimode-LWL eine richtungsabhängige Dämpfung hat. Koppelt man beispielsweise einen 50 µm-LWL an einen 62,5 µm-LWL, so wird die Dämpfung an der Koppelstelle beim Übergang vom kleineren zum größeren Durchmesser gering sein. Beim Übergang vom größeren zum kleineren Durchmesser wird es aber einen Koppelverlust von mehreren Dezibel ergeben. Nur wenn man sicher ist, dass durchgehend Multimode-LWL mit gleichen optischen Eigenschaften verlegt wurden (gleicher Kerndurchmesser, gleiche numerische Apertur, gleiches Brechzahlprofil), ist eine einseitige Dämpfungsmessung ausreichend.

Durch den Verzicht auf die Vorlauflänge nimmt man in Kauf, dass die Dämpfung etwas zu schlecht gemessen wird, weil unter Umständen noch nicht alle höheren Moden beseitigt wurden (Modengleichgewichtsverteilung noch nicht hergestellt).

Beim Verfahren 1 ist zu beachten, dass nach der Normierung das Prüf-Rangier-Kabel 1 am Sender gesteckt bleibt, da diese Kopplung kritisch ist (Bild 4.5). Zur Messung wird an das Ende des Prüf-Rangier-Kabels 1 die Kabelanlage und das Prüf-Rangierkabel 2 angekoppelt. Die Dämpfung ergibt sich aus der Kabelanlage selbst, dem ersten und letzten Stecker der Kabelanlage und dem Prüf-Rangier-Kabel 2. Dieses muss kurz sein (wenige Meter) um das Mess-Ergebnis nicht zu verfälschen.

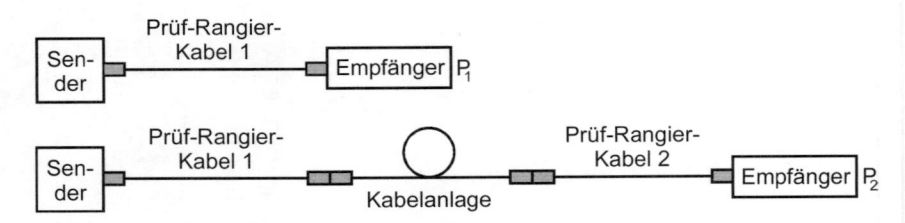

Bild 4.5: Verfahren 1 (oben Normierung, unten Messung)

Um das Messergebnis bei der Messung des ersten und letzten Steckers nicht zu verfälschen, müssen die Steckverbinder der Rangierkabel Referenzqualität haben. Das heißt, sie müssen mit wesentlich engeren Toleranzen gefertigt werden.

Toleranzen dieser Steckverbinder würden zur fehlerhaften Messung des ersten und letzen Steckers der Kabelanlage führen.

Darüber hinaus muss die hohe Qualität dieser Referenzstecker auch während ihrer gesamten Einsatzdauer gewährleistet werden. Deshalb sind die Stecker regelmäßig zu reinigen und mit einem Fasermikroskop zu überprüfen. Verschlissene Stecker müssen rechtzeitig ausgewechselt werden.

Das Verfahren 2 ist für die Messung einer Übertragungsstrecke geeignet: Das Mess-Ergebnis enthält nur die Dämpfung der Kabelanlage, nicht die Steckerdämpfungen (Bild 4.6).

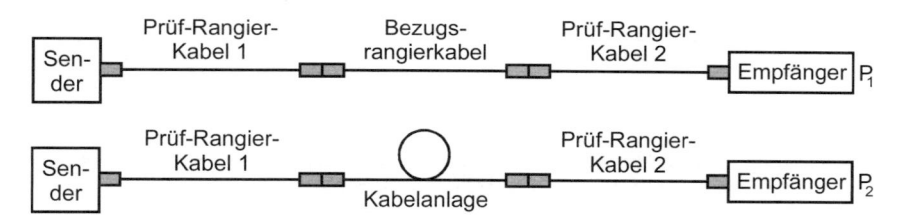

Bild 4.6: Verfahren 2 (oben Normierung, unter Messung)

Dämpfungsmessung an Singlemode-LWL nach DIN EN 61280-4-2

Für die Begutachtung der Qualität der installierten Strecke ist eine Dämpfungsmessung nur für kurze Strecken mit wenigen Ereignissen akzeptabel. Andernfalls ist eine Rückstreumessung unumgänglich (vergleiche Abschnitt 4.2).

Umgekehrt ergibt sich natürlich die Frage, wenn ohnehin eine Rückstreumessung erforderlich ist, die eine Vielzahl von Informationen über die Strecke liefert, braucht man dann noch eine Dämpfungsmessung?

Wie zuverlässig sind die Dämpfungswerte, die man aus der Rückstreukurve enthält?

In der Deutschen Norm DIN EN 61280-4-2 „Dämpfungsmessung in Einmoden-LWL-Kabelanlagen" vom Juni 2001 wird erstmals die Möglichkeit eingeräumt, auf eine Dämpfungsmessung zu verzichten und die Dämpfung der Strecke aus dem Rückstreudiagramm zu entnehmen.

Für die LWL-Kabelanlage gilt, dass sie aus LWL-Kabeln, Steckverbindern, Montagefeldern, Rangierkabeln, usw. besteht, sie darf aber keine aktiven Komponenten enthalten. Vor der Messung sind alle Anschlüsse an den optischen Prüfpunkten zu reinigen.

Man unterscheidet zwei Verfahren: Verfahren 1: Optische Leistungsmesseinrichtung; Verfahren 2: Optisches Zeitbereichs-Reflektometer. Verfahren 2 wird nicht für Kabelanlagen mit Verzweigern und/oder optischen Isolatoren empfohlen. Beim Einsatz von optischen Verzweigern überlagern sich mehrere Rückstreukurven, die nicht eindeutig ausgewertet werden können. Beim Einsatz von optischen Isolatoren hängt die Dämpfung von der Richtung ab, was zu Verfälschungen bei der Ermittlung der Dämpfung aus der Rückstreukurve führt (vergleiche Abschnitt 4.4.1).

Ein optischer Isolator ist eine optische Diode, die in Vorwärtsrichtung eine Einfügedämpfung von wenigen Zehntel Dezibel, aber in Rückrichtung eine sehr hohe Dämpfung hat (beispielsweise 35 dB).

Zwar wird nicht gefordert, dass man mit beiden Verfahren messen muss, aber es wird formuliert: „Wenn Werte aus Verfahren 1 und 2 voneinander abweichen, werden die Ergebnisse von Verfahren 1 als richtig angenommen." Das heißt, Verfahren 2 liefert ungenauere Resultate. Nach BELLCORE-Standard GR-196-CORE [4.1] wurden folgende Genauigkeiten für das Optische Rückstreumessgerät spezifiziert: Dämpfung ± 0,1 dB, Dämpfungskoeffizient ± 0,05 dB/km, Linearität ± 0,05 dB je dB Dynamik, Wellenlänge ± 15 nm.

Verfahren 1 (Optische Leistungsmesseinrichtung)

- Der Sender muss eine Wellenlänge haben, die im zu prüfenden System benutzt wird und er muss über die Messdauer hinreichend stabil sein.
- Der Empfänger muss eine hinreichende Dynamik und eine gute Linearität über den Dynamikbereich aufweisen.
- Die Prüf-Rangier-Kabel müssen physikalische und optische Eigenschaften haben, die denen der Kabelanlage gleichen (Vermeidung intrinsischer Verluste).
- Messung mit Mantelmoden abstreifendem Rangierkabel (Länge 2 m bis 5 m).
- Die Rangierkabel müssen mit einem Durchmesser von 80 mm in zwei Schleifen verlegt werden.
- Die Steckverbinder müssen Referenzqualität haben.

Man unterscheidet drei Verfahren, deren Auswahl unter dem Gesichtspunkt der Möglichkeit eines einfachen Zuganges und weiterer Kriterien erfolgt. Wegen ihrer Kürze werden die Dämpfungen der Rangierkabel vernachlässigt.

Beim Verfahren 1a erfolgt die Normierung nur mit einem Referenzkabel. Die Messanordnung entspricht Bild 4.5. Das Messergebnis schließt die Dämpfung innerhalb der Kabelanlage und zwei Verbindungsdämpfungen ein. Das Verfahren ist zur Messung einer Verkabelungsstrecke geeignet.

Beim Verfahren 1b erfolgt die Normierung mit zwei Referenzkabeln (Bild 4.7). Das Messergebnis schließt die Dämpfung innerhalb der Kabelanlage und eine Verbindungsdämpfung ein.

Beim Verfahren 1c erfolgt die Normierung mit drei Rangierkabeln. Für die Messung wird das Bezugsrangierkabel durch die Kabelanlage ersetzt. Das Messergebnis schließt dann nur noch die Dämpfung innerhalb der Kabelanlage ein (Bild 4.6).

```
 ┌───┐  Prüf-Rangier-   Prüf-Rangier-
 │Sen│    Kabel 1         Kabel 2
 │der├──────────────□□──────────────┤Empfänger│ P₁
 └───┘
 
        Prüf-Rangier-        Prüf-Rangier-
 ┌───┐    Kabel 1      ◯       Kabel 2
 │Sen│
 │der├─────────────□□─────□□─────────────┤Empfänger│ P₂
 └───┘              Kabelanlage
```

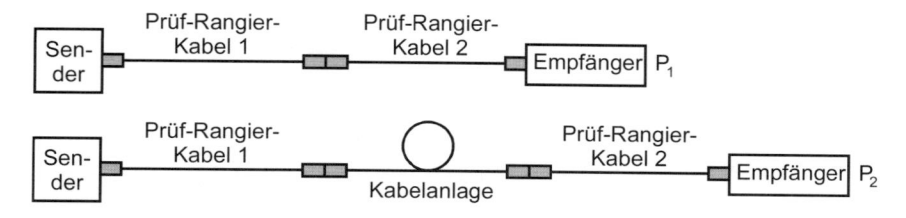

Bild 4.7: Verfahren 1b (oben: Normierung; unter: Messung)

Verfahren 2 (Optisches Rückstreumessgerät)

Bei diesem Verfahren gilt die Messanordnung entsprechend Bild 4.8. Es sind die Ausbreitungsmoden höherer Ordnung zu beseitigen (Modenfilter). Es wird mit Vorschaltlänge aber ohne Nachschaltlänge gemessen. Das Messergebnis schließt die Dämpfung der Kabelanlage und einer Verbindungsdämpfung ein.

Die Messung wird für die entgegengesetzte Richtung wiederholt und es erfolgt Mittelwertbildung. Das ist erforderlich, um die wahre Dämpfung der diskreten Ereignisse zu ermitteln (vergleiche Abschnitt 4.3.3). Da aber ohne Nachschaltlänge gemessen wird, kann der erste und der letzte Stecker jeweils nur einmal gemessen werden und es kann keine Mittelwertbildung erfolgen. Deren Dämpfungen können folglich fehlerbehaftet sein.

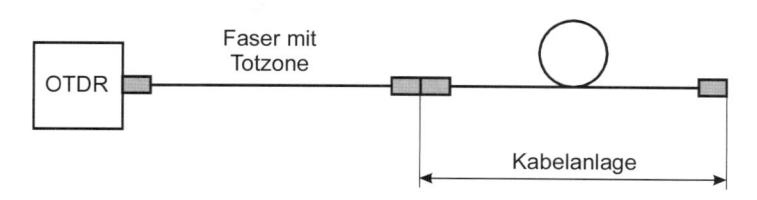

Bild 4.8: Messanordnung für Verfahren 2

Die Messergebnisse müssen mit der automatischen Auswertefunktion des Rückstreumessgerätes bzw. der Nachbearbeitungssoftware ausgewertet werden. Eine manuelle Auswertung ist zu ungenau. Eine Anpassung nach der Methode der kleinsten Quadrate (least-squares averaging: LSA) sollte nicht auf einer Strecke angewandt werden, wenn auf der OTDR-Anzeige diskrete Änderungen des Anstiegs deutlich sichtbar sind.

Generell ist Folgendes zu beachten: Wenn mehrere aufeinanderfolgende Prüfungen die Spezifikation für die zulässige Dämpfung übersteigen, wird das Rangierkabel ausgetauscht, um festzustellen, ob es fehlerhaft war. Gegebenenfalls muss es ausgesondert werden und die ausgefallenen Abschnitte müssen noch mal geprüft werden.

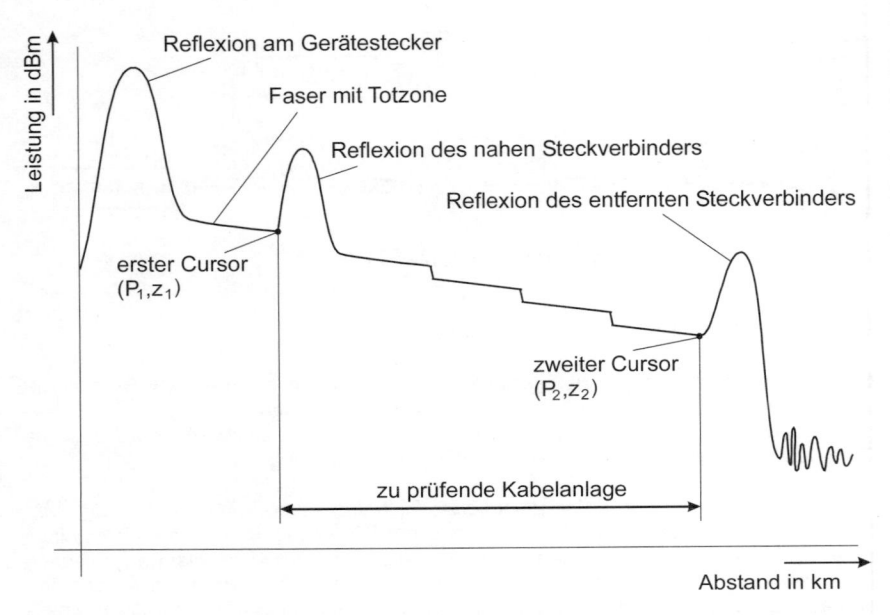

Bild 4.9: Messergebnis bei Verfahren 2 (P_1: rückgestreute Leistung am Streckenanfang, P_2: rückgestreute Leistung am Streckenende, z_1: Faserort am Streckenanfang, z_2: Faserort am Streckenende)

4.1.5 Zusammenfassung

Wir fassen die wesentlichen Erkenntnisse zur Leistungs- und Dämpfungsmessung folgendermaßen zusammen:

- Zur Realisierung reproduzierbarer Dämpfungsmessungen muss in den Lichtwellenleiter definiert eingekoppelt werden. So wird im Multimode-LWL eine Modengleichgewichtsverteilung erzeugt bzw. werden im Singlemode-LWL optische Leistungen unterdrückt, die nicht zur Hauptmode gehören.
- Bei der Leistungsmessung ist eine hohe absolute Messgenauigkeit erforderlich. Insbesondere ist die Wellenlängenabhängigkeit der spektralen Empfindlichkeit des Empfängers zu beachten.
- Die genaueste Dämpfungsmessung ist die Rückschneidemethode. Sie ist jedoch ein zerstörendes Verfahren und nicht für Installationszwecke geeignet.
- Die Methode 7 ermöglicht die Dämpfung einzelner Stecker auszumessen.
- Die Norm DIN EN 50346 definiert die Dämpfungsmessung an Multimode-Strecken.
- Die Norm DIN EN 61280-4-2 definiert die Dämpfungsmessung an Singlemode-Strecken. Entsprechend Verfahren 2 darf die Dämpfung der Strecke aus der Rückstreukurve entnommen werden.

4.2 Die Rückstreumessung als universelles Messverfahren

4.2.1 Einleitung

Die Rückstreumessung an Lichtwellenleitern ist ein universelles Messverfahren. Es ermöglicht das installierte LWL-Netz umfassend zu charakterisieren. Trotz sehr komfortabler Messgeräte ist das Verständnis der prinzipiellen Wirkungsweise des Rückstreuverfahrens erforderlich, um die Messergebnisse richtig deuten zu können.

In diesem Abschnitt wird das Prinzip der Rückstreumessung anhand eines Blockschaltbildes erläutert. Anschließend wird dargelegt, wie man aus dem Verlauf der Rückstreukurve die Parameter der LWL-Strecke erhält. Schließlich werden die Ereignisse untersucht, die die Rückstreukurve beeinflussen (Rayleighstreuung, Fresnelreflexionen) und ihre Größenordnungen abgeschätzt.

4.2.2 Das Prinzip der Rückstreumessung

Die Rückstreumessung an Lichtwellenleitern mit Hilfe optischer Rückstreumessgeräte (OTDR: Optical Time Domain Reflectometer) liefert Aussagen über die Eigenschaften des verlegten Lichtwellenleiters, wie Dämpfungen, Dämpfungskoeffizienten, Störstellen (Stecker, Spleiße, Unterbrechungen), deren Dämpfungen und Reflexionsdämpfungen sowie die Streckenlängen bis zu den jeweiligen Ereignissen auf dem Lichtwellenleiter, sofern die Brechzahl bekannt ist.

Zur Übergabe einer neu installierten LWL-Strecke gehört heute eine Dokumentation durch Rückstreudiagramme und deren Auswertung mit Hilfe einer geeigneten Software. Aus dieser Dokumentation muss beispielsweise ersichtlich sein, dass die in den entsprechenden Standards festgelegten Werte eingehalten werden.

So legt beispielsweise die DIN EN 50173-1 „Anwendungsneutrale Kommunikationskabelanlagen, Teil 1: Allgemeine Anforderungen und Bürobereiche" für den LAN-Bereich Werte für die maximale Dämpfung von Lichtwellenleitern bei verschiedenen Wellenlängen, aber auch Mindestanforderungen für die Reflexionsdämpfungen fest.

Das Prinzip der Rückstreumessung ist aus Bild 4.10 ersichtlich. Ein kurzer leistungsstarker Laserimpuls wird über einen Strahlteiler und den Gerätestecker in den zu messenden Lichtwellenleiter eingekoppelt. Der Lichtwellenleiter bewirkt aufgrund seiner physikalischen Eigenschaften den Rückfluss eines geringen Anteils der eingekoppelten Leistung. Dieser Anteil wird gemessen.

Verantwortlich für den Leistungsrückfluss sind zwei Effekte: Fresnelreflexion und Rayleighstreuung. Eine Fresnelreflexion tritt immer dann auf, wenn die Brechzahl entlang des Lichtwellenleiters unstetig ist (vergleiche Gleichung (4.4) weiter unten). Das ist insbesondere an einem Glas-Luft-Übergang am Ende eines Lichtwellenleiters der Fall. Aber auch Steckverbindungen zwischen zwei LWL-Teilstücken erzeugen in Abhängigkeit vom Typ des Steckverbinders eine mehr oder weniger große Reflexion. Der Effekt der Fresnelreflexionen ist uns in Form von Spiegelungen an Glasoberflächen allgegenwärtig.

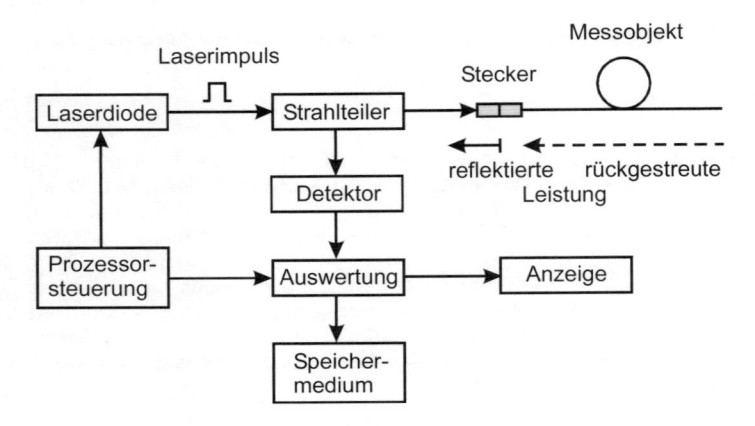

```
                              Messobjekt
        Laserimpuls      Stecker    ○
┌──────────┐  ⊓⌐  ┌──────────┐    ▬▬▬
│Laserdiode│─────▶│Strahlteiler│──▶────────────
└──────────┘      └──────────┘    ◀── ◀────────
     ▲                 │         reflektierte  rückgestreute
     │            ┌────▼─────┐    Leistung
     │            │ Detektor │
     │            └──────────┘
┌──────────┐      ┌──────────┐    ┌────────┐
│Prozessor-│─────▶│Auswertung│───▶│Anzeige │
│steuerung │      └──────────┘    └────────┘
└──────────┘           │
                  ┌────▼─────┐
                  │Speicher- │
                  │ medium   │
                  └──────────┘
```

Bild 4.10: Das Grundprinzip der Rückstreumessung

Im Gegensatz zur Fresnelreflexion ist die Rayleighstreuung kein diskretes Ereignis, sondern tritt an jedem Ort entlang der gemessenen Strecke auf. Dadurch wird es möglich, den Lichtwellenleiter auf seiner gesamten Länge zu charakterisieren. Die Ursachen für die Rayleighstreuung sind Dichte- und Brechzahl-Fluktuationen im Glasmaterial, wobei die Rayleighstreuung mit zunehmender Dotierung des Glases ansteigt. Das Licht wird in alle Richtungen gestreut. Der Anteil, der in rückwärtiger Richtung im Lichtwellenleiter geführt wird (kleiner Neigungswinkel gegen die optische Achse), kann detektiert werden.

Streueffekte begegnen uns beispielsweise an Scheinwerferstrahlen (PKW oder Leuchtturm): Wir können den Strahl wahrnehmen, obwohl wir nicht hineinblicken. Das ist möglich, weil durch Streueffekte an Staubteilchen oder Feuchtigkeitsteilchen ein Teil des Lichts seitlich austritt.

Der Strahlteiler in Bild 4.10 dient zur Richtungstrennung von hin- und rücklaufendem Signal. Er kann durch eine diskrete optische Anordnung realisiert werden. Wesentlich eleganter und in der Singlemode-Technik unumgänglich ist der Einsatz eines Singlemode-Schmelzkopplers als Strahlteiler.

Durch das Teilerprinzip entsteht sowohl in Hin- als auch in Rückrichtung ein Verlust von mindestens 3 dB. Dieser Gesamtverlust von mehr als 6 dB verringert die Dynamik des Messgerätes und damit die maximal messbare Streckenlänge. Inzwischen kann man diese Zusatzdämpfung stark reduzieren, wenn man anstelle eines Kopplers einen (allerdings noch sehr teuren) optischen Zirkulator einsetzt. Dieser bewirkt in Hin- und Rückrichtung eine Summendämpfung von kleiner 1 dB.

Das rückgestreute und reflektierte Licht gelangt zum Detektor, der extrem empfindlich sein muss, und das Signal wird der Auswertung zugeführt. Das besondere an der Rückstreumesstechnik ist, dass das Messgerät nicht einfach eine Summe über alle Leistungsrückflüsse bildet.

Statt dessen erfolgt mit der Prozessorsteuerung eine Synchronisation zwischen dem Zeitpunkt der Emission des Laserimpulses und dem der Detektierung. Aus der Verzögerung zwischen beiden Signalen kann man auf die Laufzeit des detektierten Signals schließen und damit auf den Ort des jeweiligen Ereignisses.

Das heißt, es wird nicht über alle rückfließenden Leistungen integriert, sondern entsprechend der jeweiligen Laufzeit Punkt für Punkt aufgelöst und von jedem einzelnen Ort die rückfließende Leistung ermittelt. Moderne Messgeräte erfassen heute innerhalb des jeweiligen Messbereiches typisch 32.000 Punkte.

Der Leistungsabfall im Lichtwellenleiter erfolgt exponentiell entsprechend Gleichung (1.8) (Bild 4.11 (a)). Um ein anschauliches Resultat auf dem Monitor zu erhalten, erfolgt eine Logarithmierung. Als Ergebnis erhält man für die gemessene Rayleighstreuung eine Gerade (Bild 4.11 (b)). Um das sehr kleine detektierte Signal aus dem Rauschen herausheben zu können, wird die Messung viele Male wiederholt und der Mittelwert gebildet (Rauschunterdrückung) (Bild 4.11 (c)).

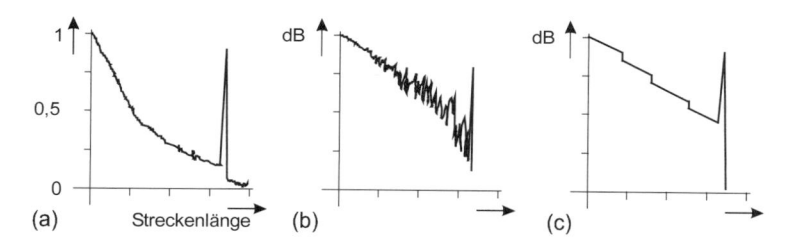

Bild 4.11: Rückstreukurve: (a) lineare Darstellung, (b) logarithmische Darstellung, (c) Mittelwertbildung

Der Laser wird mit einer bestimmten Impulswiederholrate betrieben, die so bemessen ist, dass der nächste Impuls frühestens nach dem vollständigen Hin- und Rücklauf des vorhergehenden Impulses durch den Lichtwellenleiter ausgesandt wird.

Außerdem verfügt das Rückstreumessgerät in der Regel über ein geeignetes Speichermedium, ein Diskettenlaufwerk oder eine Festplatte und unter Umständen über einen Drucker sowie eine Computerschnittstelle.

4.2.3 Die Rückstreukurve als Mess-Ergebnis

Bild 4.12 veranschaulicht eine Rückstreukurve mit typischen Ereignissen, wobei die Ordinate logarithmisch dargestellt wurde.

Die Geraden-Abschnitte im Rückstreudiagramm werden durch die Rayleighstreuung verursacht, die an jedem Punkt entlang der Strecke auftritt. Die Spitzen entstehen durch Reflexionen, die diskret sind und meist deutlich größere Leistungsrückflüsse bewirken als die Rayleighstreuung.

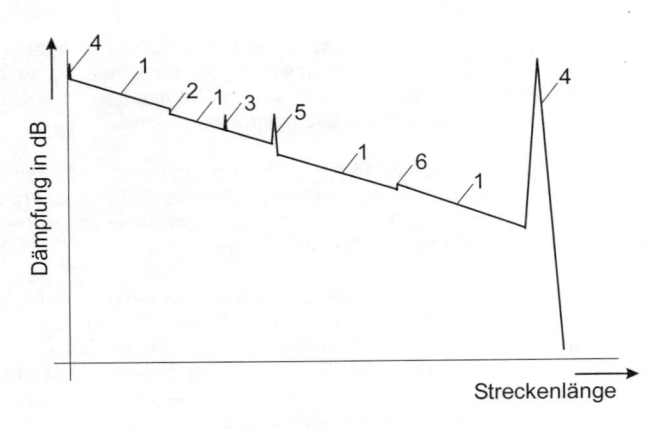

Bild 4.12: Rückstreukurve mit typischen Ereignissen

Der Verlauf des ungestörten Lichtwellenleiters wird durch die mit der Ziffer 1 gekennzeichneten Kurvenabschnitte veranschaulicht. Aus der Neigung der Geraden, also aus dem Abfall der Rayleighstreuung, schließt man auf den Dämpfungskoeffizienten des Lichtwellenleiters. Dabei setzt man voraus, dass die Rayleighstreuung entlang des jeweiligen Streckenabschnittes konstant ist. Der Streckenabschnitt kann durch das Setzen von Cursors ausgewertet werden. Entsprechend Bild 4.13 ergibt sich für den Dämpfungskoeffizient:

$$\alpha = \frac{P_1 / dBm - P_2 / dBm}{L_2 - L_1} \quad \text{in dB/km} \tag{4.3}$$

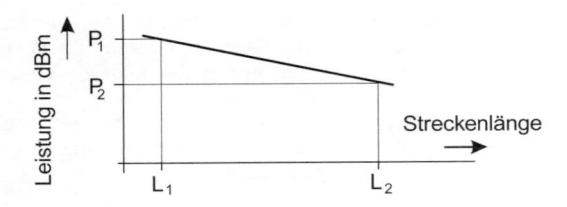

Bild 4.13: Ermittlung des Dämpfungskoeffizienten aus dem Abfall der Rayleighstreuung (L_1 und L_2: Orte der Cursors, P_1 und P_2 zugehörige gestreute Leistungen)

Prinzipiell kann man alle Ereignisse entlang der Rückstreukurve durch das manuelle Setzen von Cursors auswerten. Das ist aber zum einen sehr mühselig und zum anderen ergeben die automatischen Auswertealgorithmen des Messgerätes exaktere Resultate. Das heißt man erhält nicht nur eine Messkurve entsprechend Bild 4.12, sondern auch eine Ereignistabelle.

In dieser Ereignistabelle werden zunächst die Ereignisse durchnummeriert (entsprechend der Kennzeichnung in der Rückstreukurve) und jedes Ereignis charakterisiert: Typ des Ereignisses, Ort, Dämpfungskoeffizient, Dämpfung, Reflexionsdämpfung usw. Für Routinemessungen ist die vollautomatische Auswertung zu empfehlen.

Das Ereignis 2 in Bild 4.12 zeigt eine negative Stufe: Das kann eine Dämpfung sein. Da nicht gleichzeitig eine Reflexion auftritt, kann es sich um einen Spleiß oder eine Makrokrümmung handeln.

Das Ereignis 3 zeigt eine Reflexion ohne gleichzeitige Dämpfung: Ein solches Ereignis wird durch eine Geisterreflexion hervorgerufen (vergleiche Abschnitt 4.6.3).

Das Ereignis 4 veranschaulicht die starke Reflexion am Ende der Strecke, durch den Übergang von Glas (Brechzahl ≈ 1,5) zu Luft (Brechzahl ≈ 1,0) bzw. eine schwächere Reflexion am Anfang der Strecke.

Das Ereignis 5 zeigt sowohl eine Dämpfung als auch eine Reflexion. Das ist typisch für eine Steckverbindung. Die konkrete Gestalt des Ereignisses 5 hängt stark vom Steckertyp ab. Bei schwach reflektierenden Steckern mit physikalischem Kontakt und Schrägschliff (HRL(APC)-Stecker: vergleiche Abschnitt 2) kann die Spitze verschwinden. Folglich kann das Ereignis 2 auch durch einen HRL(APC)-Stecker hervorgerufen worden sein.

Das Ereignis 6 zeigt eine positive Stufe. Diese hat nichts mit einem Koppelverlust oder gar einer „Verstärkung" an der Koppelstelle zu tun. Um das Ereignis zu verstehen, muss man sich klarmachen, dass das Rückstreudiagramm nicht mit einem Pegeldiagramm zu verwechseln ist. Während das Pegeldiagramm den Leistungsabfall entlang der Strecke veranschaulicht (vergleiche Bild 5.2), werden im Rückstreudiagramm die rückgestreuten und reflektierten Leistungen dargestellt.

Verbindet man zwei Lichtwellenleiter mit unterschiedlichen Parametern, beispielsweise einen Lichtwellenleiter mit geringerer Dotierung mit einem Lichtwellenleiter mit höherer Dotierung, kann eine positive Stufe entstehen, da der zweite Lichtwellenleiter das Licht stärker streut. (Eine höhere Rayleighstreuung bedeutet gleichzeitig eine stärkere Dämpfung, so dass der Dämpfungskoeffizient hinter der positiven Stufe etwas größer ist.)

Misst man das gleiche Ereignis aus der entgegengesetzten Richtung, entsteht eine entsprechend große negative Stufe. Diese Stufe hat nichts mit einer Dämpfung an der Koppelstelle sondern mit Parametertoleranzen zu tun! Somit kann das Ereignis 2 auch durch Parametertoleranzen verursacht worden sein.

Das generelle Problem ist nun, dass sich jede Stufe im Rückstreudiagramm aus zwei Anteilen zusammensetzen kann: Einem Anteil, der tatsächlich durch eine Dämpfung hervorgerufen wird und einem Anteil bedingt durch Toleranzen zwischen den gekoppelten Lichtwellenleitern.

Bei der Auswertung des Rückstreudiagramms interessiert man sich nur für die Dämpfungen an den diskreten Ereignissen, nicht aber für die Effekte, die durch die

LWL-Toleranzen entstehen. Das heißt dieser Anteil an der Stufe muss eliminiert werden. Das ist möglich, indem man von beiden Seiten misst und den Mittelwert bildet.

Oftmals hört man die Argumentation, dass eine Messung aus nur einer Richtung ausreichend ist, weil die Strecke nur in einer Richtung betrieben wird. Das ist falsch! Für exakte Resultate ist stets eine bidirektionale Messung erforderlich (vergleiche Abschnitt 4.3.3). Die Tatsache, dass nur von einer Seite gemessen werden muss, wurde stets als ein besonderer Vorteil der Rückstreumessung im Vergleich zur Dämpfungsmessung herausgestellt.

Auf diesen Vorteil muss verzichtet werden, wenn man genaue Resultate erhalten möchte. Es ist tatsächlich von beiden Seiten zu messen. Dies kann prinzipiell nach wie vor eine Person allein bewältigen, sofern auf einen Nachlauf-LWL verzichtet wird. Insofern ist die Rückstreumessung immer noch vorteilhafter als die herkömmliche Dämpfungsmessung, die stets zwei Personen erfordert. Arbeitet man nicht nur mit Vor- sondern auch mit Nachlauf-LWL (vergleiche Abschnitt 4.6.2) muss aber auch dieser Vorteil der Rückstreumesstechnik aufgegeben werden, da dann zwei Personen erforderlich sind.

Der eingekoppelte Laserimpuls hat stets eine endliche Dauer. Das entspricht einer endlichen Länge des Impulszuges. Eine Impulsdauer von 5 ns entspricht beispielsweise einer Impulslänge von 1 m. Das heißt es wird immer gleichzeitig ein 1 m langer Abschnitt im Lichtwellenleiter beleuchtet.

Trifft der Impulszug auf ein diskretes Ereignis, beispielsweise eine Reflexion, benötigt er folglich eine bestimmte Zeitdauer um es zu durchlaufen. So wird dieses diskrete Ereignis im Rückstreudiagramm nicht als Nadelimpuls dargestellt, sondern es hat stets eine endliche Flankensteilheit. Die Breite der Spitzen der Fresnelreflexionen ist ein Maß für die Impulsbreite. Die endliche Breite des Laserimpulses begrenzt das Auflösungsvermögen. Kurze Impulse ermöglichen ein hohes Auflösungsvermögen. Eng beieinander liegende Ereignisse können gut voneinander getrennt werden.

Allerdings gelangt mit kurzen Impulsen eine geringe Leistung in den Lichtwellenleiter: Die Dynamik und damit die messbare Streckenlänge ist begrenzt. Durch Vergrößerung der Impulsbreite lässt sich auf Kosten des Auflösungsvermögens die Dynamik erhöhen. Denn dann ist die Rayleighstreuung größer (jeder Impuls trägt eine höhere Energie) und damit sind auch die detektierbaren Strecken länger.

Bild 4.14 zeigt ein reales Rückstreudiagramm. Die gemessene Strecke betrug mehr als 100 km und die gemessene Dämpfung mehr als 27 dB. Man erkennt, dass am Ende der Strecke das Messgerät an die Grenzen seiner Leistungsfähigkeit stößt: Der Einfluss des Rauschens macht sich zunehmend bemerkbar, so dass die Auswertung am Strecken-Ende erschwert wird.

Durch Erhöhung der Messzeit (das heißt der Anzahl der Mittelungen), kann die Messkurve geglättet werden. Allerdings ist die Messzeit ein wichtiger Kostenfaktor. So ist es ein Unterschied ob man pro Faser zehn Sekunden oder drei Minuten misst. Bei 576 Messungen (Messung eines 144-fasrigen Kabels von zwei Seiten und bei zwei Wellenlängen) benötigt man im ersten Fall einen Vormittag und im zweiten Fall eine Woche.

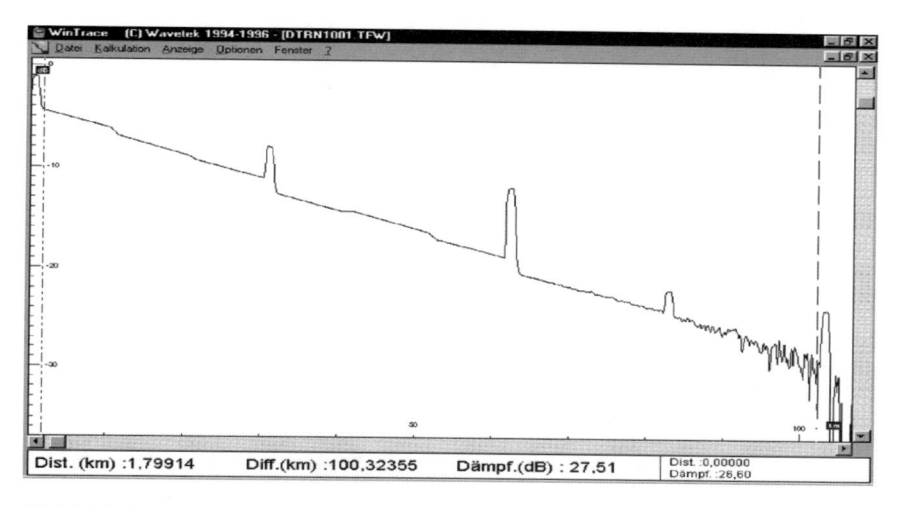

Bild 4.14: Reales Rückstreudiagramm (Quelle: Wavetek)

Eine große Messzeit ist sinnvoll, wenn man einen Fehler sucht und besonders viele Informationen aus der Messkurve herausholen möchte. Für eine routinemäßige Messung sollte man eine kürzere Messzeit wählen, insbesondere wenn viele Fasern zu messen sind. Allerdings bedeutet eine kürzere Messzeit Verlust an Dynamik. In den Datenblättern wird die Definition der Dynamik stets auf eine Messzeit von drei Minuten bezogen.

Eine weitere Möglichkeit, die Messkurve am Ende der Strecke zu glätten ist die Messung mit einer größeren Impulslänge, was aber auf Kosten des Auslösungsvermögens geht (siehe oben).

Die beste Lösung ist, mit einem OTDR-Modul mit hoher Dynamik zu messen. Insbesondere für die Singlemode-Technik werden diese Module mit unterschiedlicher Dynamik (ca. 25 dB bis ca. 45 dB) und entsprechend unterschiedlichen Preisen angeboten. Für die Messung sollte man ein Modul mit deutlich höherer Dynamik als die Dämpfung der zu messenden Strecke wählen.

Die Dynamik wird folgendermaßen definiert: Sie ist die Differenz in Dezibel zwischen der eingekoppelten Leistung und der Leistung, bei der der Empfänger ein Signal-Rausch-Verhältnis von 1 misst, bei einer Messzeit von drei Minuten (vergleiche Abschnitt 4.5.2).

Hierzu betrachten wir folgendes Beispiel: Man hat ein Modul mit höchster Dynamik (45 dB). Zur Erkennung eines Faserbruchs muss das Signal mindestens 3 dB über dem Rauschen liegen. Zur Erkennung einer Spleißdämpfung von 0,1 dB/0,05 dB/0,02 dB **am Ende der Strecke** muss das Signal mindestens 8,5 dB/10 dB/12 dB über dem Rauschen liegen. Die nutzbare Dynamik reduziert sich um diesen Betrag. Reduziert man die Messzeit von drei Minuten auf 10 Sekunden, verringert sich die Dynamik um weitere 6,3 dB.

Die angegebene Dynamik bezieht sich auf die maximale Impulslänge, typisch 10 µs. Reduziert man die Impulslänge von 10 µs auf 10 ns reduziert sich die Dynamik noch mal um etwa 20 dB.

Das bedeutet: Wenn man eine Strecke mit einem 45 dB-Modul misst, eine Impulslänge von 10 ns und eine Messzeit von 10 Sekunden einstellt und eine Spleißdämpfung von 0,02 dB am Ende der Strecke noch erkennen möchte, reduziert sich die Dynamik auf 45 dB - 12 dB - 6 dB - 20 dB = 7 dB!

Daraus erkennen wir, dass ein Modul mit höchster Dynamik, insbesondere bei Messungen an Singlemode-Fasern, erforderlich ist: Dieses ermöglicht die geringste Messzeit, die höchste Genauigkeit, das größte Auslösungsvermögen und den größten Messbereich.

In Bild 4.14 sind weiterhin Reflexionen (einschließlich Anfangs- und Endreflexion) und Dämpfungsstufen erkennbar. Etwa in der Mitte des Diagramms ist ein Stück Lichtwellenleiter mit höherer Rayleighstreuung ersichtlich. Man erkennt es an der positiven Stufe am Anfang und an der negativen Stufe am Ende dieser Strecke. Dieser LWL-Abschnitt mindert nicht die Qualität der Gesamtstrecke!

Das Rückstreudiagramm zeigt den dekadischen Logarithmus des Verhältnisses von eingekoppelter zu rückfließender Leistung als Funktion der LWL-Länge an. Die tatsächlich vom Rückstreumessgerät ermittelte Dämpfung ist doppelt so hoch, da der Lichtwellenleiter zweimal durchlaufen wird. Das heißt, es wird nur die Hälfte der gemessenen Dämpfung angezeigt.

Auch jedes diskrete Ereignis wird durch den Laserimpuls zweimal durchlaufen, sowohl in Hin- als auch in Rückrichtung. Der Laserimpuls wird geschwächt, entsprechend der Dämpfung in Hin- als auch in Rückrichtung. Das bedeutet, dass nur der Mittelwert der Dämpfung des Ereignisses gemessen werden kann. Hat beispielsweise eine Verbindung zwischen zwei Multimode-LWL mit unterschiedlichen Parametern in einer Richtung gar keinen Koppelverlust und in der anderen Richtung einen Verlust von 2 dB, so wird im Rückstreudiagramm eine Stufe von 1 dB angezeigt (vergleiche Abschnitt 4.4.2).

4.2.4 Gestreute und reflektierte Leistungen

Zum Verständnis der Ereignisse auf der Rückstreukurve werden nachfolgend die Größenordnungen der gestreuten und der reflektierten Leistungen abgeschätzt.

Rayleighstreuung

Der Nachteil der Rayleighstreuung, die durch sie hervorgerufene unvermeidbare Dämpfung im Lichtwellenleiter, wird jetzt in einen Vorteil umgemünzt, nämlich dass ein Teil der verloren gegangenen Leistung als Mess-Signal genutzt wird. Die Rayleighstreuung ist stets vorhanden und damit auch das Mess-Signal. Dieses entsteht durch örtliche Dichtefluktuationen des Quarzglases, was zu Schwankungen der Brechzahl und damit zu einer kontinuierlichen Streuung führt.

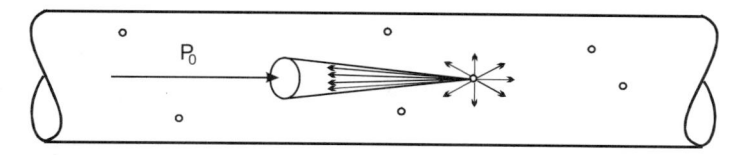

Bild 4.15: Wiedereinkopplung in Rückrichtung

Die kleinen Kreise in Bild 4.15 veranschaulichen die Streuzentren im Lichtwellenleiter. Jede Inhomogenität streut das Licht in alle Richtungen des Raumes. Ein kleiner Anteil des gestreuten Lichts liegt innerhalb des Akzeptanzkegels in rückwärtiger Richtung und kann folglich zurück zum LWL-Anfang gelangen.

Die Größe des Akzeptanzkegels hängt von der numerischen Apertur des Lichtwellenleiters und dem Brechzahlprofil ab. Der Akzeptanzkegel ist groß beim Stufenprofil-Multimode-LWL und klein beim Singlemode-LWL.

Die Rückstreudämpfung ist das Verhältnis der einfallenden Lichtleistung zu der im Lichtwellenleiter gestreuter Lichtleistung, die in rückwärtiger Richtung ausbreitungsfähig ist. Meist Angabe in Dezibel (positive Werte). Sie hängt ab:

- vom Wiedereinkopplungswirkungsgrad (hängt von der numerischen Apertur des Lichtwellenleiters ab)
- vom Rayleighstreudämpfungskoeffizient (verringert sich mit der vierten Potenz der Wellenlänge)
- von der Länge des Impulses

Entsprechend unterscheiden sich die Rückstreudämpfungen verschiedener Lichtwellenleiter voneinander.

Tabelle 4.2 zeigt Werte für verschiedene Lichtwellenleiter und für die jeweils kürzeste bzw. längste Impulslänge, die ein typisches Rückstreugerät emittiert.

LWL-Typ	Impulslänge	Rückstreudämpfung
850 nm Multimode 50 µm	5 ns/200 ns	59 dB/43 dB
850 nm Multimode 62,5 µm	5 ns/200 ns	56 dB/40 dB
1300 nm Multimode 50 µm	5 ns/200 ns	65 dB/49 dB
1300 nm Multimode 62,5 µm	5 ns/200 ns	62 dB/46 dB
1310 nm Singlemode	5 ns/ 10 µs	72 dB/39 dB
1550 nm Singlemode	5 ns/ 10 µs	75 dB/42 dB

Tabelle 4.2: Rückstreudämpfungen typischer Lichtwellenleiter

Man erkennt aus Tabelle 4.2, dass sich die Rückstreudämpfungen mit zunehmender Wellenlänge und beim Übergang von Multimode-LWL zu Singlemode-LWL erhöhen. Die höchsten Dämpfungen erzielt man mit kürzesten Impulslängen und bei der größten Wellenlänge.

Das heißt, das rückgestreute Signal kann 75 dB unter dem eingekoppelten Signal liegen. Zusätzlich bewirkt der Koppler im Rückstreumessgerät nach zweimaligem Durchlauf eine Dämpfung von etwa 7 dB. Außerdem soll eine Streckenlänge mit einer bestimmten Dämpfung (die doppelt wirksam wird, da das Signal hin und zurück läuft) überbrückt werden. Das bedeutet, dass das Rückstreumessgerät eine „interne" Dynamik von mindestens 100 dB (10 Zehnerpotenzen) haben muß! (Damit ist das Verhältnis von Laserdiodenleistung zu Empfängerempfindlichkeit gemeint.)

Deshalb wird als Lichtquelle ein Impulslaser mit hoher Spitzenleistung verwendet. Die eingekoppelte Leistung darf allerdings einen bestimmten Wert nicht überschreiten, da sonst die Leistungsdichte im Lichtwellenleiter zu hoch wird, so dass nichtlineare optische Effekte (vergleiche Abschnitt 6.4.1) die Messung stören können. Der verwendete Empfänger muss sehr rauscharm sein, um extrem kleine Leistungen messen zu können.

Bezüglich Detektierung, Signalverarbeitung und Mittelwertbildung verfügt man heute über ausgereifte leistungsfähige Messgeräte, die die Möglichkeiten bis nahe an die theoretische Grenze ausschöpfen.

Reflektierende Ereignisse

Neben den gestreuten Signalen gelangen auch reflektierte Signale zurück zum Empfänger. Reflexionen treten stets auf, wenn entlang der Übertragungsstrecke die Brechzahl unstetig ist (Brechzahlsprung). Die Größe der Reflexion R berechnet sich für senkrechten Einfall nach Fresnel aus:

$$R = \left(\frac{n_1 - n_0}{n_1 + n_0}\right)^2 \quad (4.4)$$

Für die Reflexionsdämpfung a_r gilt dann:

$$a_r = -10 \lg R \quad \text{in dB} \quad (4.5)$$

Am Ende der Übertragungsstrecke ändert sich die Brechzahl von Glas $n_1 \approx 1,48$ zu Luft $n_0 \approx 1$. Mit Hilfe der Gleichungen (4.4) und (4.5) berechnet sich daraus eine Reflexionsdämpfung von etwa 14 dB. Dieser Wert liegt 25 dB bis 60 dB über den üblichen Rayleighstreudämpfungen (vergleiche Tabelle 4.2).

Das bedeutet, dass die Reflexionsspitzen weit über die Rückstreukurve hinaus ragen und meist gesättigt sind. Aber auch kleinere Reflexionen liegen meist noch deutlich über der Rückstreukurve und können problemlos erkannt werden (vergleiche Tabelle 4.3). Insbesondere bei kurzen Impulslängen und großen Wellenlängen, also bei hohen Rayleighstreudämpfungen, sind auch noch sehr kleine Reflexionen erkennbar.

Ereignis	Reflexionsdämpfung
senkrecht gebrochenes LWL-Ende	14 dB
5° schräg gebrochener Parabelprofil-LWL	≈ 20 dB
zerkratzte Oberfläche, schlechter Bruch	(20...40) dB
PC-Stecker (physikalischer Kontakt)	(30...50) dB
Schrägschliff-Stecker (8 °)	> 55 dB
Brechzahldifferenz 0,004	57 dB
Brechzahldifferenz 0,001	69 dB
HRL- bzw. APC-Stecker (Schrägschliff + PC)	> 70 dB

Tabelle 4.3: Größenordnungen typischer Reflexionen

Werden zwei Lichtwellenleiter mit geringfügig unterschiedlichen Kernbrechzahlen (bedingt durch Toleranzen) miteinander verspleißt, kann die Brechzahldifferenz eine messbare Reflexion bewirken (vergleiche drittletzte und vorletzte Zeile in Tabelle 4.3). Der Spleiß erscheint dann im Rückstreudiagramm mit einer winzigen Spitze und bedeutet keinen Mangel der Spleißverbindung.

4.2.5 Zusammenfassung

Wir fassen die wesentlichen Erkenntnisse zur Rückstreumessung als universelles Messverfahren folgendermaßen zusammen:

- Die Besonderheit der Rückstreumessung im Vergleich zu herkömmlichen Reflektometer-Verfahren ergibt sich aus der Tatsache, dass nicht nur Leistungsrückflüsse von diskreten Ereignissen detektiert werden, sondern dass der Lichtwellenleiter durch die Rayleighstreuung entlang der gesamten Strecke ausgemessen werden kann. Das ermöglicht die vollständige Charakterisierung der installierten LWL-Strecke und begründet damit die Universalität dieses Mess-Verfahrens.
- Die Rückstreukurve liefert eine anschauliche Darstellung des Dämpfungs- und des Reflexionsverhaltens des Lichtwellenleiters.
- Signalreflexionen entstehen an Inhomogenitäten der Brechzahl entlang der LWL-Strecke. Die reflektierten Leistungen sind meist wesentlich größer als die rückgestreuten Leistungen und damit deutlich im Rückstreudiagramm nachweisbar.
- Leistungsfähige Rückstreumesstechnik ist in der Lage, die Strecke in 32.000 Messpunkte aufzulösen, eine Messzeit deutlich unter einer Minute und eine Dynamik im Singlemode-Bereich von bis zu 45 dB zu realisieren.
- Bei der Messung an Singlemode-Strecken ist ein Modul mit möglichst hoher Dynamik zu einzusetzen.

4.3 Die Analyse von Rückstreudiagrammen

4.3.1 Einleitung

Im Folgenden legen wir dar, wie man möglichst umfassende Informationen über die LWL-Strecke aus dem Rückstreudiagramm erhält. Zunächst wird die Längenmessung und die Dämpfungsmessung mit Hilfe der Rückstreumesstechnik erläutert. Im Weiteren wird darauf eingegangen, wie Toleranzen der Parameter der Lichtwellenleiter die Rückstreukurve beeinflussen. Es wird gezeigt, wie man den Einfluss der Toleranzen auf das Messergebnis reduzieren kann, um zu zuverlässigen Aussagen über die Eigenschaften der LWL-Strecke zu kommen.

4.3.2 Die Interpretation der Rückstreukurve

Längenmessung

Prinzipielle Aussagen zu den Ereignissen auf der Rückstreukurve wurden bereits im vorhergehenden Abschnitt gemacht. Auf der Abszisse im Rückstreudiagramm wird die LWL-Länge L aufgetragen (vergleiche Bild 4.13), die aus der gemessenen Signallaufzeit t berechnet wird. Es gilt folgender Zusammenhang:

$$L = \frac{t}{2} \frac{c}{n_{gr}} \tag{4.6}$$

Der Faktor ½ ergibt sich aus der Tatsache, dass der Lichtwellenleiter zweimal durchlaufen wird, nämlich in Hin- und in Rückrichtung. Die gemessene Signallaufzeit muss folglich halbiert werden.

Die Ausbreitungsgeschwindigkeit ist die Gruppengeschwindigkeit im LWL-Kern. Diese ergibt sich aus der Lichtgeschwindigkeit im Vakuum (c ≈ 300.000 km/s) dividiert durch die Gruppenbrechzahl des Glases n_{gr}. Näherungsweise gilt für die Gruppenbrechzahl n_{gr} ≈ 1,5, somit für die Ausbreitungsgeschwindigkeit im LWL-Kern:

$$v_{gr} = \frac{c}{n_{gr}} \approx 200.000 \text{ km/s} \tag{4.7}$$

Sollen die LWL-Längen exakt ermittelt werden, was insbesondere bei der Fehlersuche aber auch für der Ermittlung des richtigen Aufmaßes wichtig ist, muss die Gruppenbrechzahl exakt bekannt sein.

Diese kann am Rückstreumessgerät eingestellt werden. Die Gruppenbrechzahlen sollte man vom Lieferant der Lichtwellenleiter erfragen.

Anbieter	LWL-Typ	Brechzahl	Wellenlänge/nm
Corning	SMF-28e™	1,4677	1310
		1,4682	1550
	MetroCor	1,469	1550
	LEAF	1,468	1550
		1,469	1625
	Submarine SMF-LS	1,470	1550
	InfiniCor	1,481	850
	Durchmesser 50 μm	1,476	1300

Hersteller	Fasertyp	Gruppenbrechzahl	Wellenlänge (nm)
SIECOR	SMF 1528	1,4675	1310
		1,4681	1550
AT&T	TrueWave (1995)	1,4738	1310
		1,4732	1550
Lucent (OFS)	TrueWave (1997)	1,471	1310
		1,470	1550
	TrueWave RS (1998)	1,471	1310
	TrueWave REACH	1,470	1550/1625
	Allwave	1,466	1310
		1,467	1550
	LaserWave	1,483	850
	Durchmesser 50 µm	1,479	1300
Alcatel	Standard-SM-LWL	1,470	1310/1550
	Enhanced-SM-LWL	1,4640	1310
		1,4645	1550
	TeraLight	1,470	1310/1550
	TeraLight Metro	1,470	1550
	Multimode-LWL Durchmesser 50 µm	1,482	850
		1,480	1300
	Multimode-LWL Durchmesser 62,5 µm	1,497	850
		1,492	1300
	GLight Durchmesser 62,5µm	1,497	850
		1,492	1300
Sumitomo	PureGuide	1,470	1550
Pirelli	FreeLight	1,470	1550
Draca Comteq	Multimode-LWL Durchmesser 50 µm	1,482	850
		1,477	1300
	Multimode-LWL Durchmesser 62,5 µm	1,496	850
		1,491	1310
	Standard-SM-LWL	1,4677	1310
		1,4682	1550
Dätwyler	Standard-SM-LWL	1,468	1310
		1,467	1550
j-fiber	Multimode-LWL Durchmesser 50 µm	1,483	850
		1,478	1300
	Multimode-LWL Durchmesser 62,5 µm	1,497	850
		1,493	1300
	Standard-SM-LWL	1,467	1310
		1,467	1310
Leoni	Multimode-LWL Durchmesser 50 µm	1,483	850
		1,478	1300
	Multimode-LWL Durchmesser 62,5 µm	1,497	850
		1,493	1300
	Standard-SM-LWL	1,4695	1310
		1,4701	1550

Tabelle 4.4: Gruppenbrechzahlen laut Angaben in den Datenblättern

In Tabelle 4.4 wurden einige effektive Gruppenbrechzahlen verschiedener LWL-Typen (laut Angaben in den Datenblättern) zusammengestellt. Sind die Gruppenbrechzahlen nicht bekannt, kann man für die gängigen LWL-Typen in guter Näherung die Werte entsprechend Tabelle 4.5 einsetzen. Diese Brechzahlen gelten unter der Voraussetzung, dass der Mantel des Lichtwellenleiters aus reinem Quarzglas besteht (SiO_2) und der Kern mit Germaniumdioxid (GeO_2) dotiert wurde.

Dabei ergeben sich die Kernbrechzahlen aus den Mantelbrechzahlen entsprechend Gleichung (1.5) unter Berücksichtigung der für den jeweiligen LWL-Typ geltenden numerischen Apertur.

LWL-Typ	Kernbrechzahl	Mantelbrechzahl
Multimode-LWL, 850nm, Klasse A1a	1,481	1,465
Multimode-LWL, 1300nm, Klasse A1a	1,476	1,462
Multimode-LWL, 850nm, Klasse A1b	1,495	1,465
Multimode-LWL, 1300nm, Klasse A1b	1,490	1,462
Singlemode-LWL, 1310nm, Klasse B 1.1	1,467	1,462
Singlemode-LWL, 1550nm, Klasse B 1.1	1,467	1,462

Tabelle 4.5: Gruppenbrechzahlen typischer Lichtwellenleiter

Umgekehrt kann man aus einer bekannten Faser-Länge auf die Gruppenbrechzahl schließen: Dabei setzt man den Cursor auf das Ende der Strecke und liest die angezeigte Länge ab. Dann verändert man so lange die Einstellung der Brechzahl, bis die angezeigte Länge mit der bekannten Länge übereinstimmt.

So können die Brechzahlen einzelner Teilabschnitte ermittelt werden.

Bei der Längenmessung muss man zwischen Faser-Länge und Kabel-Länge unterscheiden. Im LWL-Kabel ist eine Faserüberlänge (Verseilzuschlag) vorhanden, da die Faser lose im Kabel liegt. Diese ist erforderlich, damit bei Biegung des Kabels die Faser nicht reißt. Außerdem ist der Verseilzuschlag wegen unterschiedlicher thermischer Ausdehnungskoeffizienten von Kabelmaterialien und Faser erforderlich.

Der Verseilzuschlag hängt stark von der Art der Verseilung und von der Anzahl der Fasern im Kabel ab. Er liegt typisch bei 0,5 %. Bei größeren Streckenlängen ist es wichtig zwischen Kabel-Länge und Faser-Länge zu unterscheiden.

Zum Durchlaufen einer bestimmten Kabel-Länge benötigt das Licht eine größere Zeit als zum Durchlaufen einer gleich großen Faser-Länge, da die Faser im Kabel um den Verseilzuschlag länger ist. Das bedeutet, dass die effektive Gruppenbrechzahl des Kabels um den Faktor des Verseilzuschlages größer als die der Faser ist.

Für eine genaue Lokalisierung des fehlerhaften Ortes legt man die Kabel-Länge zugrunde, da deren Länge dem tatsächlichen Abstand zwischen Messort und Ort des Fehlers entspricht.

Die Gruppenbrechzahl des Kabels kann man ermitteln, wenn die exakte Kabellänge bekannt ist. (Diese erhält man aus dem Zählstreifen oder dem Kabelaufdruck.) Dann macht man eine Rückstreumessung, setzt den Cursor auf das Ende der Strecke (an den Punkt, ehe der Reflexionspeak ansteigt) und verstellt die Brechzahl solange, bis die angezeigte Länge mit der Kabellänge übereinstimmt.

Diese Kabelbrechzahl hinterlegt man zusammen mit dem Messprotokoll. Im Havariefall stellt man vor der Messung die Kabelbrechzahl ein und erhält den tatsächlichen Ort des Ereignisses.

Dämpfungsmessung

An der Ordinate der Rückstreukurve werden Dämpfungen in Dezibel abgelesen. Die angezeigten Werte entsprechen nur der Hälfte der tatsächlichen Dämpfung, da die Strecke zweimal durchlaufen und das Signal tatsächlich doppelt gedämpft wird. So werden die Dämpfungen der Stufen im Rückstreudiagramm, aber auch die Neigung der Rückstreukurve richtig angezeigt. Ebenso der Dämpfungskoeffizient, der sich aus dem Dämpfungsabfall, bezogen auf die LWL-Länge, ergibt (vergleiche Gleichung (4.3) und Bild 4.13).

Die Reflexionsspitzen über dem Rückstreusignal werden allerdings nur mit halber Höhe dargestellt, da dieser Teil des Kurvenverlaufs ja auch durch zwei dividiert wird (vergleiche Abschnitt 4.7).

Generell sollten die Anregungsbedingungen die gleichen sein, wie bei der Dämpfungsmessung (vergleiche Abschnitt 4.1.2). Werden diese nicht realisiert, führt das zu Fehlern im Dämpfungskoeffizienten am Anfang der Strecke. Um Fehler zu vermeiden, darf zur Bestimmung des Dämpfungskoeffizienten des Lichtwellenleiters der erste Cursor erst gesetzt werden, wenn der Dämpfungsabfall linear erfolgt. Hieraus ist ersichtlich, dass durch manuelles Setzen der Cursors Messfehler entstehen können.

Die Dämpfungsstufen werden vom Rückstreumessgerät automatisch ausgewertet. Dabei wird meist so vorgegangen, dass in die Messkurve vor und hinter dem Ereignis jeweils eine Ausgleichsgerade gelegt wird (Minimierung der quadratischen Abweichung aller Messpunkte: LSA-Methode, Fünf-Punkt-Methode) und diese Geraden bis zum Ort des Ereignisses extrapoliert werden. Der Abstand der Geraden ist dann die (scheinbare) Dämpfung a (Bild 4.16).

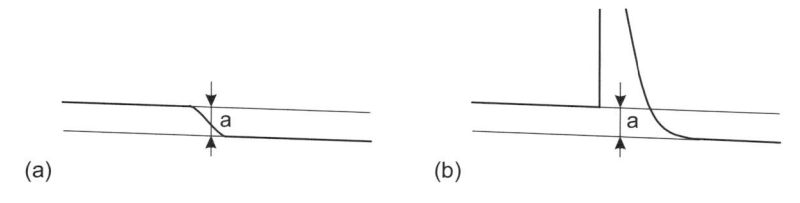

(a) (b)

Bild 4.16: Messung einer Dämpfung (a) ohne bzw. (b) mit Reflexion

Auf diese Weise werden auch geringfügige Schwankungen der Messwerte durch Rauscheffekte eliminiert. Die LSA-Methode darf nicht angewandt werden, wenn Stufen in der Rückstreukurve sind (beispielsweise Spleiße). Dann sind die Abschnitte zwischen den Stufen mit der LSA-Methode separat auszuwerten.

Bei der Zwei-Punkt-Methode wird eine Gerade durch zwei Punkte der Messkurve gelegt. Dadurch wird das Messergebnis durch Rauscheffekte verfälscht.

Die Länge des Abklingvorganges in Bild 4.16 (a) entspricht der halben Impulslänge (vergleiche Abschnitt 4.5.4).

Um festzustellen, ob ein diskretes Ereignis und nicht eine Ungleichmäßigkeit des Dämpfungsverlaufs vorliegt, ist das Gebiet um die fragliche Stelle mit verschiedenen Impulslängen zu prüfen. Ein diskretes Ereignis bewirkt eine unendlich schmale Störung, welche nur bedingt durch die endliche Impulsbreite auch eine endliche Signalbreite im Rückstreudiagramm bewirkt.

Ändert man die Impulsbreite, so ändert sich auch die Signalbreite. Wenn sich die Kurvenform bei Veränderung der Impulsbreiten nicht ändert, handelt es sich um eine Ungleichmäßigkeit des Dämpfungsverlaufs.

Die Länge des Abklingvorganges in Bild 4.16 (b) hängt von den Empfängereigenschaften, der Reflexionsdämpfung und der Impulsbreite ab.

4.3.3 Die Auswertung problematischer Rückstreudiagramme

Das Prinzip der bidirektionalen Messung

Werden zwei Lichtwellenleiter mit identischen Parametern miteinander gekoppelt (Spleiß oder Stecker), so ist aus der Stufe im Rückstreudiagramm unmittelbar die Dämpfung ablesbar. Weisen die miteinander gekoppelten Lichtwellenleiter unterschiedliche Parameter auf, so überlagern sich den negativen Stufen durch Koppelverluste positive oder negative Stufen bedingt durch Toleranzen der LWL-Parameter. Die Stufe zeigt also mehr als nur die Qualität des Spleißes oder des Steckers!

Dieser Effekt tritt insbesondere bei der Kopplung von Multimode-LWL mit unterschiedlichen Dotierungen (unterschiedliche Dämpfungsklassen) auf. Besonders deutlich sind die Stufen, wenn ein 50 µm-LWL mit einem 62,5 µm-LWL verbunden wird. Beim Singlemode-LWL entstehen die Stufen durch Toleranzen in den Modenfelddurchmessern (vergleiche Abschnitt 4.3.4).

Wir betrachten zur Veranschaulichung zunächst zwei idealisierte Fälle. Bild 4.17 (a) zeigt zwei Lichtwellenleiter mit identischen Parametern und folglich identischem Rückstreuverhalten. Diese beiden Lichtwellenleiter werden über einen schlechten Spleiß miteinander verbunden.

Es ergibt sich ein Koppelverlust zwischen den beiden Lichtwellenleitern, der als negative Stufe im Rückstreudiagramm erscheint, sowohl wenn von A nach B (Bild 4.17 (b)) als auch wenn von B nach A (Bild 4.17 (c)) gemessen wird.

```
           ╱LWL 1         A╲    ╱LWL 1         B╲    ╱LWL 2
                                     ╲━━━B              ╲━━━A
    ╲LWL 2               ╲LWL 2                ╲LWL 1
(a)                 (b)                  (c)
```

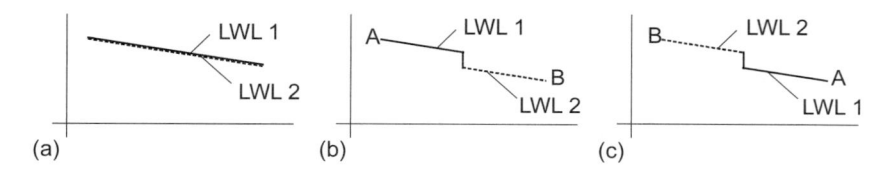

Bild 4.17: Kopplung zweier Lichtwellenleiter mit identischer Rayleighstreuung, schlechter Spleiß

Der zweite idealisierte Fall veranschaulicht zwei Lichtwellenleiter mit unterschiedlichen Rayleighstreuungen. Der Lichtwellenleiter 1 habe eine größere Rayleighstreuung als der Lichtwellenleiter 2. Entsprechend liegt die Rückstreukurve des ersten Lichtwellenleiters höher als die des zweiten Lichtwellenleiters (Bild 4.18 (a)).

Alle anderen Parameter seien identisch (keine intrinsischen Verluste), und die Verbindung sei ideal (keine extrinsischen Verluste).

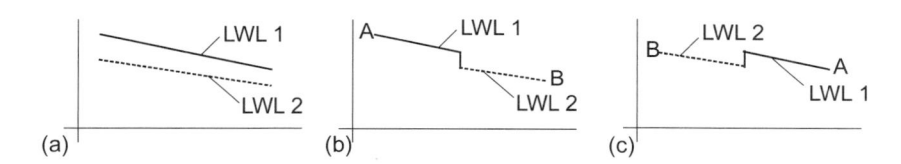

```
           ╱LWL 1         A╲   ╱LWL 1          B╲   ╱LWL 2
                                    ╲━━━B              ╲━━━A
     ╲LWL 2               ╲LWL 2               ╲LWL 1
(a)                 (b)                  (c)
```

Bild 4.18: Kopplung zweier Lichtwellenleiter mit unterschiedlicher Rayleighstreuung, idealer Spleiß

Beim Übergang vom Lichtwellenleiter 1 zum Lichtwellenleiter 2 (A nach B) (Bild 4.18 (b)) entsteht eine negative Stufe infolge der unterschiedlichen Rayleighstreuungen. Misst man in entgegengesetzter Richtung von B nach A (Bild 4.18 (c)), entsteht eine gleich große positive Stufe, da der Unterschied in den Rayleighstreuungen in entgegengesetzter Richtung gemessen wird.

In der Realität überlagern sich beide Fehlerquellen (Parametertoleranzen und Koppelverlust). Folglich addieren sich auch die Effekte von Bild 4.17 und 4.18. Wie können nun diese Einflüsse getrennt werden? Wie kann man die Effekte durch Parametertoleranzen, die eigentlich nicht interessieren, eliminieren?

Dies wird möglich durch Messung von A nach B, von B nach A und Mittelwertbildung: Führt man eine Mittelwertbildung der Ereignisse von 4.17 (b) und (c) durch, addiert man eine negative Stufe zu einer negativen Stufe und dividiert durch 2: Es bleibt eine negative Stufe als Ergebnis.

Führt man eine Mittelwertbildung der Ereignisse von 4.18 (b) und (c) durch, addiert man eine positive zu einer gleich großen negativen Stufe: Diese kompensieren sich zu Null, es bleibt kein beobachtbares Ereignis mehr übrig.

Daraus wird anschaulich klar, dass Einflüsse, die Koppelverluste auf der Strecke verursachen, durch die Mittelwertbildung erhalten bleiben. Einflüsse, die durch unterschiedliche Rayleighstreuung verursacht werden kürzen sich und können auf diese Weise eliminiert werden.

Prinzipiell ist es möglich, dass eine positive Stufe an der Koppelstelle - bedingt durch unterschiedliche Rayleighstreuungen, durch einen gleich großen Koppelverlust - bedingt durch eine schlechte Kopplung oder Toleranzen der LWL-Parameter - kompensiert wird und das Rückstreudiagramm an dieser Stelle keine Stufe zeigt.

Misst man in entgegengesetzter Richtung, tritt eine entsprechend große negative Stufe auf. Diese ergibt sich aus der Summe einer negativen Stufe infolge unterschiedlicher Rayleighstreuungen und einer negativen Stufe durch schlechte Kopplung.

Beispiel:

Scheinbare Dämpfung in Vorwärtsrichtung: a_{12} = 0,32 dB, scheinbare Dämpfung in Rückrichtung: a_{21} = -0,28 dB. Mittelwert: $\overline{a} = 0{,}5 \cdot (a_{12} + a_{21}) = 0{,}02$ dB.

Namhafte Hersteller sind in der Lage, Lichtwellenleiter mit sehr engen Toleranzen zu fertigen. Verbindet man solche Fasern, sind die oben beschriebenen Effekte gering. Andererseits lassen die gültigen Normen relativ große Toleranzen für die Fasern zu. Faserhersteller, die den Herstellungsprozess weniger gut beherrschen, liefern Fasern mit starken Parameterschwankungen, so dass die oben beschriebenen Probleme auftreten.

Vorteile der bidirektionalen Messung

1. Bestimmung der wahren Dämpfung diskreter Ereignisse:
Die tatsächliche Dämpfung jedes einzelnen Ereignisses ergibt sich aus der Mittelwertbildung aus den Messungen in Hin- und Rückrichtung. Die Rückstreumessung von nur einer Seite ist nicht ausreichend. Die Mittelwertbildung hat sich in den Abnahmevorschriften (insbesondere im Singlemode-Bereich) weitgehend durchgesetzt.

2. Vergrößerung des messbaren Bereiches:
Durch die bidirektionale Messung kann der Messbereich vergrößert werden. Man misst von einer Seite, wobei die Rayleighstreukurve ab einer bestimmten Länge im Rauschen verschwindet. Dann misst man von der anderen Seite, wobei hier die Verhältnisse ebenso sind. Die beiden Messkurven werden gespiegelt einander zugeordnet, und die Endreflexion der einen Kurve wird auf den Anfang der anderen Kurve gelegt. Durch Überlagerung erhält man das Rückstreudiagramm der gesamten Strecke, wobei nur im mittleren Streckenbereich Messwerte aus beiden Richtungen vorliegen. Das heißt eine bidirektionale Auswertung ist nicht möglich.

3. Erkennung von Ereignissen, die sonst in der Totzone liegen:
Sind ein reflektierendes Ereignis (Stecker) und ein nicht reflektierendes Ereignis (Spleiß) eng benachbart, so kann die Totzone (vergleiche Abschnitt 4.5.5) des Steckers so groß sein, dass der Spleiß innerhalb der Totzone liegt und nicht messbar ist.

Das kann man vermeiden, wenn man die Richtung der Messung so wählt, dass erst der Spleiß und dann der Stecker durchlaufen wird. Misst man aus beiden Richtungen, kann das für alle Kombinationen Spleiß/Stecker gewährleistet werden.

Änderung der Rückstreudämpfung an einer Koppelstelle

Es sei P_1 die Leistung unmittelbar vor der Koppelstelle. Durch Rayleighstreuung gelangt die Leistung $P_1 D_{s1}$ zurück zum Empfänger. Dabei ist D_{s1} der Rückstreufaktor vor der Koppelstelle. Hinter der Koppelstelle wird die Leistung P_1 entsprechend des Koppelverlustes η_{12} gedämpft, und der Rückstreufaktor hat den Wert D_{s2} (Bild 4.19).

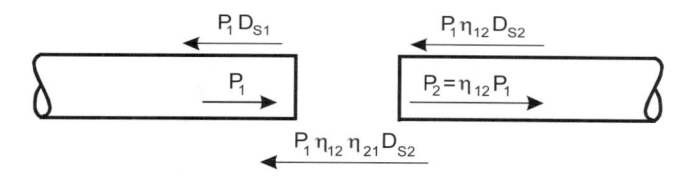

Bild 4.19: Änderung der Rückstreudämpfung an einer Koppelstelle

Das rückgestreute Signal erleidet an der Koppelstelle nochmals einen Koppelverlust von η_{21}. Das Leistungsverhältnis LV aus den rückgestreuten Leistungen unmittelbar hinter der Koppelstelle zu derjenigen vor der Koppelstelle ergibt sich dann aus:

$$LV = \frac{\eta_{12} \eta_{21} D_{s2}}{D_{s1}} \qquad (4.8)$$

Am Rückstreumessgerät wird die Hälfte der gemessenen Dämpfung angezeigt:

$$a_{12} = \frac{1}{2} \cdot 10 \lg LV = 5 \lg \frac{\eta_{12} \eta_{21} D_{s2}}{D_{s1}} \quad \text{in dB} \qquad (4.9)$$

Misst man von der anderen Seite, so erhält man:

$$a_{21} = 5 \lg \frac{\eta_{12} \eta_{21} D_{s1}}{D_{s2}} \quad \text{in dB} \qquad (4.10)$$

Durch Mittelwertbildung kürzen sich die Rückstreufaktoren, und die unterschiedlichen Rückstreudämpfungen haben auf das Ergebnis keinen Einfluss mehr:

$$\bar{a} = \frac{a_{12} + a_{21}}{2} = 5 \lg(\eta_{12} \eta_{21}) \quad \text{in dB} \qquad (4.11)$$

In diesem Mittelwert sind nach wie vor außer dem Spleißverlust auch die Koppelverluste zwischen den Lichtwellenleitern enthalten. Es ist trotz Mittelwertbildung keine

Aussage über die Qualität des Spleißes möglich, sofern die LWL-Parameter unterschiedlich sind. Bildet man die Differenz aus (4.9) und (4.10), so kürzen sich die Koppelverluste und man erhält eine Aussage über das Verhältnis der Rückstreudämpfungen allein:

$$\Delta a = \frac{a_{12} - a_{21}}{2} = 5 \lg \frac{D_{s2}}{D_{s1}} \quad \text{in dB} \tag{4.12}$$

4.3.4 Kopplung von Singlemode-Lichtwellenleitern mit unterschiedlichen Modenfelddurchmessern

Der Modenfelddurchmesser wird mit einer bestimmten Toleranz spezifiziert. So gilt für den Standard-Singlemode-LWL für den Modenfelddurchmesser bei 1310 nm: $2w_0$ = 8,6 µm bis 9,5 µm. Der typische Modenfelddurchmesser bei 1550 nm liegt bei 10,5 µm. Eine Toleranz ist nicht spezifiziert. Wegen Gleichung (1.39) ist jedoch davon auszugehen, dass die Toleranz im dritten optischen Fenster in der gleichen Größenordnung liegt. Unterscheiden sich die Modenfelddurchmesser der beiden Lichtwellenleiter an der Koppelstelle, können Koppelverluste und Stufen im Rückstreudiagramm entstehen. Der Koppelverlust berechnet sich folgendermaßen:

$$a = 20 \lg \left(\frac{w_1^2 + w_2^2}{2 w_1 \cdot w_2} \right) \quad \text{in dB} \tag{4.13}$$

Aus der Formel ist ersichtlich, dass der Koppelverlust zwischen Singlemode-LWL von der Richtung **un**abhängig ist. Das heißt beim Übergang vom kleineren zum größeren Modenfelddurchmesser als auch umgekehrt entsteht ein gleich großer Koppelverlust. Man spricht von einer Fehlanpassung von gaußschen Strahlen. Nur wenn die Modenfelddurchmesser identisch sind, entsteht kein Koppelverlust.

Diese Tatsache hat sehr weitreichende Konsequenzen, insbesondere wenn es um die Frage geht, ob aus dem Rückstreudiagramm auf die Dämpfung der Strecke geschlossen werden kann (vergleiche Abschnitt 4.4.1). Bei Kopplung eines Lichtwellenleiters mit einem Modenfeldradius w_1 und einer Brechzahl n_1 an einen Lichtwellenleiter mit einem Modenfeldradius w_2 und einer Brechzahl n_2 berechnet sich die Stufe a_{12} im Rückstreudiagramm nach der Gleichung [4.2]:

$$a_{12} = \overline{a} + 10 \lg \frac{n_2}{n_1} + 10 \lg \frac{w_2}{w_1} \quad \text{in dB} \tag{4.14}$$

Dabei ist $\overline{a}$ der Koppelverlust. Die Brechzahlunterschiede sind meist so gering, dass der zweite Summand vernachlässigt werden kann. In entgegengesetzter Richtung entsteht eine Stufe nach folgender Gleichung:

$$a_{21} = \overline{a} + 10 \lg \frac{n_1}{n_2} + 10 \lg \frac{w_1}{w_2} \quad \text{in dB} \tag{4.15}$$

Für einen Singlemode-LWL mit einem mittleren Modenfelddurchmesser von 10,5 µm ergeben sich in Abhängigkeit von der Toleranz Koppelverluste und Stufen entsprechend Tabelle 4.6. Die Stufe, die bei der Messung mit dem OTDR aus jeweils einer Richtung angezeigt wird, unterscheidet sich stark von der wahren Dämpfung.

Toleranz	w_1	w_2	$\bar{a}$	a_{12}	a_{21}
±0,1 µm	10,4 µm	10,6 µm	0,001 dB	0,08 dB	-0,08 dB
±0,2 µm	10,3 µm	10,7 µm	0,006 dB	0,17 dB	-0,16 dB
±0,3 µm	10,2 µm	10,8 µm	0,014 dB	0,26 dB	-0,23 dB
±0,4 µm	10,1 µm	10,9 µm	0,025 dB	0,36 dB	-0,31 dB
±0,5 µm	10,0 µm	11,0 µm	0,039 dB	0,45 dB	-0,38 dB

Tabelle 4.6: Koppelverluste $\bar{a}$ und Stufen a_{12}, a_{21} in Abhängigkeit von den Modenfelddurchmessern

Misst man nur aus einer Richtung deutet man die Stufe als Spleißdämpfung. Bei einer Toleranz von 2w = 10,5 µm ± 0,3 µm misst man beispielsweise eine negative Stufe von 0,26 dB, wohingegen der Koppelverlust nur 0,014 dB beträgt.

Deshalb ist für die Messung der Dämpfung eines Steckers oder Spleißes in jedem Fall eine bidirektionale OTDR-Messung mit anschließender Mittelwertbildung notwendig!

Kleine Toleranzen äußern sich in vernachlässigbaren Koppelverlusten aber in deutlichen Stufen im Rückstreudiagramm! Noch größere Stufen als in Tabelle 4.6 angegeben weisen auf die Mischung von verschiedenen Fasertypen hin (vergleiche Tabelle 1.13).

4.3.5 Zusammenfassung

Wir fassen die Erkenntnisse zur Analyse von Rückstreudiagrammen folgendermaßen zusammen:

- Längen, Dämpfungen und Dämpfungskoeffizienten können aus dem Rückstreudiagramm relativ problemlos entnommen werden. Dabei sollten die automatischen Auswertefunktionen des Rückstreumessgerätes genutzt werden. Diese liefern eine höhere Genauigkeit als eine manuelle Auswertung.
- Bei der Längenmessung ist auf die richtige Einstellung der Brechzahl zu achten.
- Man beachte den Unterschied zwischen Phasenbrechzahl und Gruppenbrechzahl, zwischen Mantelbrechzahl und Kernbrechzahl sowie zwischen Kabelbrechzahl und Faserbrechzahl.
- Die Auswertung des Rückstreudiagramms wird erschwert, falls die miteinander gekoppelten Lichtwellenleiter Toleranzen aufweisen. Dann können im Rückstreudiagramm zusätzliche positive und negative Stufen auftreten.

- Die Dämpfung diskreter Ereignisse (Stecker, Spleiße) lässt sich nur exakt bestimmen, wenn von zwei Seiten gemessen und der Mittelwert aus beiden Messungen berechnet wird.
- Besonders deutlich sind die Stufen, wenn Singlemode-LWL mit unterschiedlichen Modenfelddurchmessern oder Multimode-LWL mit unterschiedlichen Dotierungen gekoppelt werden.

4.4 Interpretation der Mess-Ergebnisse

4.4.1 Vergleich zwischen Dämpfungs- und Rückstreukurve

Bild 4.20 veranschaulicht den Unterschied zwischen Pegeldiagramm und Rückstreudiagramm bei einer richtungsabhängigen Dämpfung. Als Beispiel werden zwei Multimode-LWL mit unterschiedlichen Kerndurchmessern, aber ansonsten identischen Parametern betrachtet. (Das Rückstreuverhalten beider Lichtwellenleiter sei identisch.)

Beim Übergang vom kleineren zum größeren Kerndurchmesser entsteht (theoretisch) kein Verlust. Das Pegeldiagramm (a) zeigt keine Stufe. Beim Übergang vom größeren zum kleineren Kerndurchmesser gibt es Verluste, und im Pegeldiagramm (b) tritt eine Stufe auf.

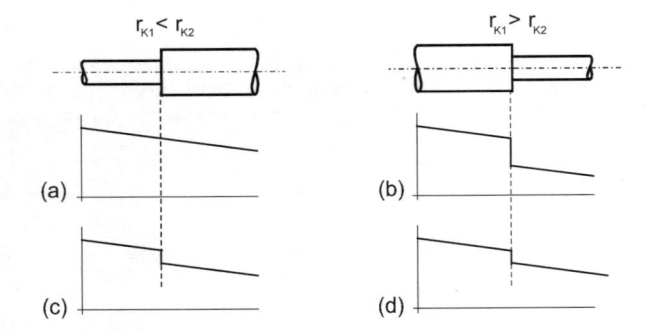

Bild 4.20: Dämpfungsverlauf im Pegeldiagramm (a) und (b) und im Rückstreudiagramm (c) und (d) bei einer richtungsabhängigen Dämpfung (Voraussetzung: beide Lichtwellenleiter haben gleiches Rückstreuverhalten)

Das Rückstreudiagramm zeigt den Mittelwert der Dämpfungen aus beiden Richtungen an, da jedes Ereignis (Stecker, Spleiß) durch das hin- und wieder zurücklaufen des Impulses zweimal durchlaufen wird. Folglich ergibt der Mittelwert der Stufen von (a) und (b) die Stufe in der Rückstreu-Kurven (c) bzw. (d), die folglich gleich groß sind. Aus dem Rückstreudiagramm ist folglich nicht erkennbar, auf welcher Seite der Lichtwellenleiter mit dem großen Durchmesser und auf welcher Seite der Lichtwellenleiter mit dem kleinen Durchmesser liegt.

Würde man die Cursor an den Anfang und das Ende der Kurven (c) bzw. (d) setzen um die Dämpfung der Strecke auszuwerten, würde man in beiden Fällen das gleiche Ergebnis erhalten, was falsch ist.

Immer dann, wenn man Ereignisse mit einer richtungsabhängigen Dämpfung auf der Strecke hat, ist die Rückstreumessung für die Ermittlung der Streckendämpfung nicht geeignet.

Hat man auf Multimodestrecken identische Lichtwellenleiter, dann kann man aus der Rückstreumessung die richtigen Dämpfungswerte entnehmen. Das ist aber im Allgemeinen nicht gewährleistet.

Deshalb lässt die Norm DIN EN 50346 eine Rückstreumessung für die Dämpfungsermittlung nicht zu (vergleiche Abschnitt 4.1.4).

Der Koppelverlust zwischen zwei Singlemode-LWL ist von der Richtung unabhängig (Gleichung (4.13)). Deshalb ist der Mittelwert aus Hin- und Rückrichtung gleich dem Messwert in einer Richtung und folglich darf aus der Rückstreumessung auf die Dämpfung geschlossen werden (Bild 4.21).

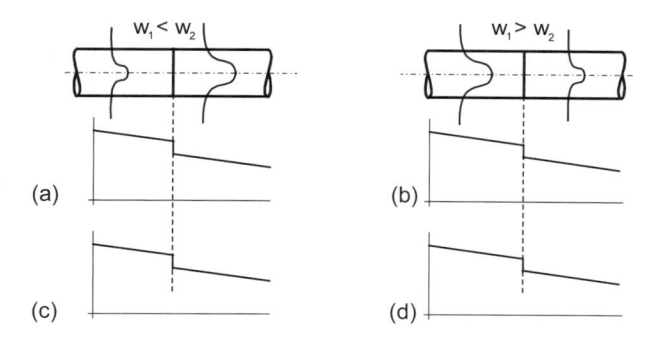

Bild 4.21: Dämpfungsverlauf im Pegeldiagramm (a) und (b) und im Rückstreudiagramm (c) und (d) bei einer richtungsunabhängigen Dämpfung. (Voraussetzung: beide Lichtwellenleiter haben gleiches Rückstreuverhalten).

In den Darstellungen wurde das unterschiedliche Streuverhalten vernachlässigt, was dazu führen würde, dass die Stufen in (c) und (d) dann doch unterschiedlich groß sind (vergleiche Abschnitt 4.3.3).

Der Einfluss des Streuverhaltens wird durch Mittelwertbildung der Messungen (c) und (d) eliminiert und die exakte Dämpfung wird angezeigt.

Allerdings dürfen keine Bauelemente auf der Strecke sein die eine richtungsabhängige Dämpfung haben, wie ein optischer Isolator. Diese Forderung wurde in DIN EN 61280-4-2 gestellt (vergleiche Abschnitt 4.1.4).

4.4.2 Mittelung der Mess-Ergebnisse

Bei der Mittelung von Messergebnissen ergibt sich oftmals die Frage, ob die Ergebnisse in der linearen Darstellung oder in der logarithmischen Darstellung (Angabe in Dezibel) zu erfolgen hat und wie groß die Fehler sind, falls man die falsche Art der Mittelwertbildung wählt.

Es ist zwischen zwei Fällen zu unterscheiden: Mittelung der Messwerte in einer Richtung und bidirektionale Mittelung.

Der erste Fall ist beispielsweise relevant, wenn viele Fasern eines Kabels gemessen werden und man die mittlere Faserdämpfung berechnen möchte. Um ein exaktes Resultat zu erhalten, muss man alle Dämpfungswerte in Dezibel in lineare Werte umrechnen, mitteln und dann wieder in Dezibel umrechnen. Das wird in der Praxis selten gemacht. Meist mittelt man über die Werte in Dezibel direkt. Das ist zwar nicht exakt, aber falls die Schwankungsbreite der Messergebnisse nicht allzu groß ist, durchaus in guter Näherung möglich:

Beispiele:

1. Die Messergebnisse weichen maximal um 1 dB ab, beispielsweise 4 dB und 5 dB. Die (unzulässige) Mittelwertbildung in Dezibel ergibt 4,500 dB. Aus der exakten Mittelwertbildung folgt: (0,3981+0,3162)/2 = 0,3572 das entspricht 4,472 dB. Der Fehler beträgt also lediglich 0,008 dB oder 0,2 %.

2. Die Messergebnisse weichen maximal um 3dB ab, beispielsweise 4dB und 7dB. Die (unzulässige) Mittelwertbildung in Dezibel ergibt 5,500 dB. Aus der exakten Mittelwertbildung folgt: (0,3981+0,1995)/2 = 5,246 dB. Der Fehler beträgt 0,254 dB oder 6 %.

In Abhängigkeit von den Genauigkeitsanforderungen und der Schwankungsbreite der Messwerte ist zu entscheiden, ob eine Mittelwertbildung über die Werte in Dezibel zulässig ist.

Beim zweiten Fall (Mittelwertbildung über bidirektionale Messergebnisse) liegen die Dinge anders: Das Signal wird in Vorwärtsrichtung um einen bestimmten Faktor η_{12} gedämpft (Koppelverlust) und in Rückrichtung ebenfalls (η_{21}). Insgesamt wird die eingekoppelte Leistung in Hin- und Rückrichtung um den Faktor $\eta_{12} \cdot \eta_{21}$ reduziert. Das entspricht aber exakt einer arithmetischen Mittelwertbildung der Messwerte in Dezibel: siehe Gleichung (4.11).

4.4.3 Zusammenfassung

Wir fassen die Erkenntnisse zum Vergleich von Dämpfungsmessung und Rückstreumessung folgendermaßen zusammen:

- Aus der Rückstreumessung kann immer dann auf die Gesamtdämpfung der Strecke geschlossen werden, wenn die bidirektionalen Messergebnisse gemittelt wer-

den und die Bauelemente oder Fasern eine von der Richtung unabhängige Dämpfung haben.
- Eine Mittelwertbildung über unidirektional ermittelte Dämpfungen in Dezibel ist nur näherungsweise richtig.
- Eine Mittelwertbildung über bidirektional ermittelte Dämpfungen in Dezibel ist exakt.

4.5 Parameter und Definitionen

4.5.1 Einleitung

In den Datenblättern werden die Rückstreumessgeräte durch verschiedene Parameter charakterisiert. Mitunter liegen den angegebenen Parametern unterschiedliche Definitionen zugrunde (beispielsweise bei der Definition der Dynamik), so dass dadurch ein Gerätevergleich erschwert wird. Im Folgenden sollen einige Definitionen erklärt und unterschiedliche Definitionen ein und desselben Begriffes verglichen werden [4.3].

4.5.2 Dynamik

Wegen der extrem hohen Rückstreudämpfungen sind sehr hohe Anforderungen an die Dynamik des Messgerätes zu stellen. Eine große Bedeutung für die Erzielung einer großen Dynamik hat die Rauschunterdrückung. Dabei sind mehrere Verfahren möglich.

Bei allen Geräten wird das Verfahren der Mittelwertbildung zur Rauschunterdrückung angewandt. Durch Mittelwertbildung addieren sich die nichtkorrelierten Rauschanteile entsprechend ihrer Leistung, die Signalanteile aber entsprechend ihrer Spannung. Dadurch verbessert sich das Signal-Rausch-Verhältnis um einen Faktor $\sqrt{N}$, wobei N die Anzahl der Messungen ist.

Eine Mittelwertbildung über viele Messungen erfordert eine bestimmte Messdauer. Die Messbedingungen dürfen sich während dieser Zeit nicht ändern. Die Definitionen der Dynamik beziehen sich üblicherweise auf eine Messdauer von drei Minuten. Will man die spezifizierte Dynamik nutzen, muss man auch die vorgeschriebene Messdauer einhalten. Reduziert man beispielsweise die Dauer der Messung von 180 Sekunden auf 45 Sekunden, verringert sich die Dynamik um 3 dB. Nimmt man sich gar nur 10 Sekunden für eine Messung Zeit büßt man 6,3 dB Dynamik ein.

Das bedeutet, dass ein OTDR-Modul mit großer Dynamik auch nützlich ist, wenn man die Dynamik nicht ausnutzt. Denn dann hat man genügend Spielraum, um die Messzeit zu verkürzen und Kosten zu sparen.

Umgekehrt kann man im Falle einer verrauschten Messkurve die Messzeit erhöhen, um das Rauschen, das sich mit der Messkurve überlagert, stärker zu unterdrücken.

Allerdings gibt es physikalisch bedingte Begrenzungen, die ab einer bestimmten Messdauer keine Verbesserungen mehr ermöglichen.

Einige Geräte verfügen über die Möglichkeit, eine Kurvenglättung durchzuführen, indem jeweils über einen bestimmten Bereich gemittelt wird. (Dabei handelt es sich nicht um eine zeitliche, sondern um eine räumliche Mittelung.) Bei einer zu starken Glättung besteht allerdings die Gefahr, dass kleine Ereignisse, beispielsweise Spleißdämpfungen von wenigen Hundertstel Dezibel, nicht erkannt werden.

Die Definition der Dynamik, die die Gerätehersteller zu Grunde legen, hat nichts mit der „internen" Dynamik entsprechend Abschnitt 4.2.4 zu tun. Unter der Dynamik versteht man das Verhältnis von rückgestreuter Leistung am Faseranfang zum Rauschen des OTDR, das üblicherweise in Dezibel angegeben wird. Damit wird die maximal mögliche Streckenlänge definiert, die mit dem ODTR ausgemessen werden kann (Bild 4.22).

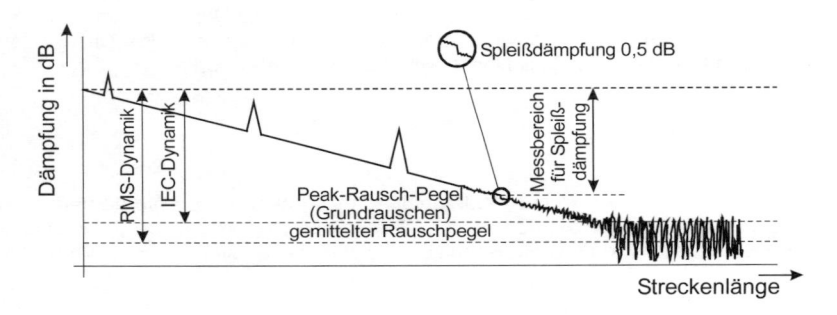

Bild 4.22: Definition der Dynamik von Rückstreumessgeräten

Es gibt verschiedene Definitionen, die sich dadurch unterscheiden, dass die untere Grenze des Dynamikbereiches unterschiedlich festgelegt wird.

Während bei der IEC-Definition die Peakwerte des Rauschens den Dynamikbereich begrenzen (98% des Rauschens liegen unterhalb der Grenzlinie), wird bei der Definition nach der RMS-Methode über eine Zeitdauer von drei Minuten gemittelt und das Rauschen mit dem Signal verglichen.

Dabei wird meist angenommen, dass das Signal-Rausch-Verhältnis an der Grenzlinie gleich 1 sein soll. Dabei können sich die angegebenen Bedingungen für die Mittelung unterscheiden (Impulsbreite, Mittelungsdauer, LWL-Typ).

Beim Vergleich der Datenblätter verschiedener Anbieter beachte man die jeweilige Definition, die für den Dynamikbereich angewandt wurde. RMS- und IEC-Dynamik unterscheiden sich um 1,5 dB bis 4 dB. Schöpft man die RMS-Dynamik aus, so wird das Signal verrauscht sein (vergleiche Abschnitt 4.2.3).

Eine realitätsnahe Definition nach BELLCORE legt die untere Grenze des Dynamikbereiches an eine Stelle, wo bei einer Messzeit von drei Minuten ein Spleiß mit einer Dämpfung von 0,5 dB mit einer Messunsicherheit von ± 0,1 dB in vier von fünf Fällen detektiert werden kann. Der entsprechende Zahlenwert ist etwa 6 dB geringer als der nach IEC-Definition. Das ist sicher der Grund, weshalb die meisten OTDR-Anbieter diese Definition nicht verwenden: Der geringere Zahlenwert täuscht eine geringere Dynamik vor und lässt damit die Parameter des OTDR ungünstiger erscheinen. Im Allgemeinen wird die RMS-Dynamik angegeben.

4.5.3 Impulswiederholrate

Die Impulswiederholrate ist ein Geräteparameter, der nicht in den Datenblättern zu finden ist, da er automatisch vom Messgerät eingestellt wird. Indirekt kann man auf die Einstellung der Impulswiederholrate durch Wahl des Messbereiches Einfluss nehmen.

Erst nachdem der Impuls die gesamte LWL-Länge in Hin- und in Rückrichtung durchlaufen hat und zum Detektor gelangt ist, darf der nächste Impuls emittiert werden. Andernfalls gibt es Überlagerungseffekte, die zu verfälschten Rückstreudiagrammen führen. Die Laufzeit des Impulses auf einer Strecke der Länge L berechnet sich nach Gleichung (4.6) folgendermaßen:

$$t = \frac{2Ln_{gr}}{c} \qquad (4.16)$$

Beispielsweise benötigt ein Impuls auf einer 50 km langen Strecke etwa 0,5 ms, um wieder zum Ausgangspunkt zu gelangen. Folglich kann man 2000 Impulse innerhalb einer Sekunde in einem zeitlichen Abstand von 0,5 ms emittieren, ohne dass es zu Überlagerungen kommt. Die Impulswiederholrate ist die Anzahl der Impulse innerhalb einer bestimmten Zeiteinheit.

So ist es möglich, trotz der relativ großen Streckenlänge innerhalb einer Sekunde über 2000 Messungen vorzunehmen. Jede Messung beinhaltet Informationen über eine bestimmte Anzahl von Messpunkten entlang der Strecke. Legt man 32.000 Messpunkte zugrunde, so fallen 64 Millionen Messwerte pro Sekunde an! Daraus ergeben sich hohe Anforderungen an die Verarbeitungsgeschwindigkeit des OTDR!

Selbst bei langen Strecken stehen innerhalb einer kurzen Zeit so viele Messwerte zur Verfügung, dass durch Mittelwertbildung eine hinreichend glatte Kurve entsteht. So liefert die OTDR-Messung durch die hohen Verarbeitungsgeschwindigkeiten der Prozessoren binnen kürzester Zeit umfassende Informationen über die installierte Strecke.

Wird der Messbereich verkürzt, erhöht das Messgerät die Impulswiederholrate. So werden bereits Impulse, während noch Leistungsrückflüsse vom Ende der Strecke eintreffen. So kommt es zur Überlagerung der rückfließenden Leistungen vom vorhergehenden Impuls (vom Ende der Strecke) und vom neuen Impuls (Anfang der Strecke).

Das Streckenende wird in der Rückstreukurve abgeschnitten und zum Anfang der Strecke addiert. Das führt zu Verfälschungen und täuscht unter Umständen Ereignisse auf der Messkurve vor, die nicht vorhanden sind. Einen zu kurz eingestellten Messbereich erkennt man daran, dass im Rückstreudiagramm die Kurve abrupt endet und kein Rauschen am Streckenende zu sehen ist.

Zur Vermeidung von Verfälschungen muss der Messbereich generell größer als die zu messende Länge eingestellt werden. Dann ist am Ende der dargestellten Kurve Rauschen sichtbar.

Bei stark reflektierenden Steckern (vorzugsweise im Multimode-Bereich) ist es üblich, den Messbereich mindestens doppelt so groß einzustellen, wie die zu messende Länge, da Geisterreflexionen (vergleiche Abschnitt 4.6.3) dazu führen können, dass die Impulse mehrfach den Lichtwellenleiter durchlaufen und folglich „verspätet" am Detektor eintreffen.

Hier ist in Abhängigkeit vom jeweiligen Einsatzfall zu entscheiden. In hochwertigen Systemen, in denen wegen hoher Reflexionsdämpfungen der Steckverbinder keine Geisterreflexionen zu erwarten sind (vergleiche Abschnitt 4.7) ist es ausreichend, den Messbereich mindestens so groß wie die einfache zu messende Länge zu wählen.

4.5.4 Impulslänge und Auflösungsvermögen

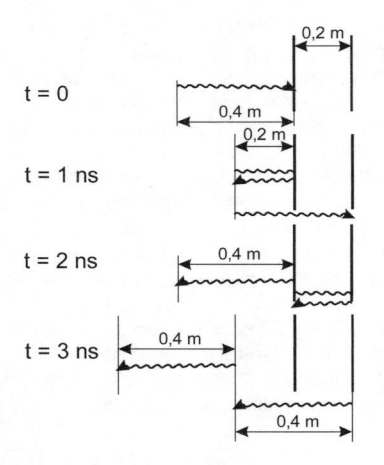

Die Impulslänge bestimmt das Auflösungsvermögen der Messung. Das Auflösungsvermögen ist der Abstand zwischen zwei Ereignissen, bei welchem das Messgerät das zweite Ereignis noch exakt erkennen und messen kann. Dabei ist das erste Ereignis stets reflektierend, und das zweite Ereignis kann reflektierend oder nicht reflektierend sein.

Als Beispiel betrachten wir zwei diskrete reflektierende Ereignisse, die einen Abstand von 0,2 m voneinander haben. Ein Impuls mit einer Dauer von 2 ns hat entsprechend Gleichung (4.6) eine Länge von 0,4 m. Dieser Impuls treffe zum Zeitpunkt $t = 0$ auf das erste Ereignis.

Bild 4.23: Zusammenhang zwischen Impulslänge und Auflösungsvermögen

Nach 1 ns trifft ein Teil des Impulses auf das zweite Ereignis. Nach 2 ns hat der erste Teilimpuls am ersten Ereignis seine Richtungsumkehr vollzogen. Nach 3 ns trifft das auch auf den zweiten Teilimpuls zu. Obwohl die Ereignisse einen Abstand von nur 0,2 m hatten, überlappen sich die beiden doppelt so langen Teilimpulse nach der Reflexion nicht. Das liegt darin begründet, weil der Abstand zwischen den beiden Ereignissen doppelt durchlaufen wird. Das Auflösungsvermögen ist deshalb halb so groß (oder doppelt so hoch) wie die Länge des Impulszuges.

Gewöhnlich werden die Impulsbreiten als Zeiten und das Auflösungsvermögen als Abstand angegeben. Tabelle 4.7 stellt einige typische Werte gegenüber.

Impulslänge	2 ns	5 ns	10 ns	100 ns	1 µs	2 µs	10 µs
Auflösungsvermögen	0,2 m	0,5 m	1 m	10 m	100 m	200 m	1000 m

Tabelle 4.7: Impulslänge und Auflösungsvermögen

Kurze Impulse bewirken eine hohe Rückstreudämpfung und damit nur ein kleines messbares Signal. Lange Impulse bewirken eine geringe Rückstreudämpfung und damit ein großes messbares Signal.

Wir betrachten in Tabelle 4.3 die vorletzte Zeile: Singlemode-LWL bei 1310 nm. Man sieht aus der Tabelle, dass eine Impulsbreite von 5 ns eine Rückstreudämpfung von 72 dB und eine Impulsbreite von 10 µs eine Rückstreudämpfung von 39 dB bewirkt.

Das heißt, bei maximaler Impulsbreite ist das messbare Signal um 33 dB angewachsen! Das wirkt sich natürlich auf die Dynamik des Messgerätes aus.

Dieser Gewinn an Dynamik wird mit einem Verlust an Auflösungsvermögen bezahlt. Dieses hat sich von 0,5 m auf 1000 m verringert. Es muss stets ein Kompromiss zwischen diesen beiden wesentlichen Parametern gefunden werden.

Die Genauigkeit der Ortsbestimmung ergibt sich aus der Impulsbreite, dem Einfluss des Rauschens und dem Abstand der Messpunkte.

Der Abstand der Messpunkte ergibt sich aus dem eingestellten Messbereich und der Anzahl der Messpunkte pro Entfernungsbereich.

Bei 32.000 Messpunkten und einem Messbereich von 2,5 km entspricht das einem Abstand von etwa 8 Zentimetern. Bei einem Messbereich von 160 km und gleicher Messpunktanzahl beträgt der Abstand 5 m.

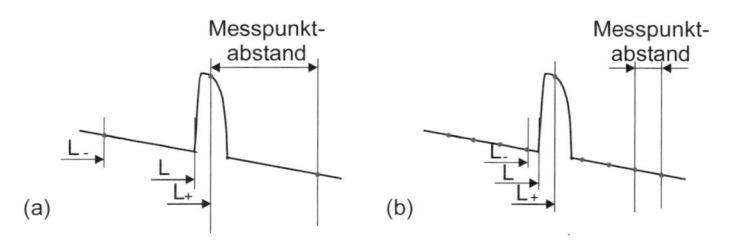

Bild 4.24: Unterschiedliche Messpunktdichte an einem diskreten Ereignis

Bild 4.24 veranschaulicht den Einfluss des Abstandes der Messpunkte auf die Genauigkeit der Ortsbestimmung. Der reale Ort L eines diskreten Ereignisses - hier eine Reflexion - liegt zwischen zwei Messpunkten an den Orten L_- und L_+. Der angezeigte Ort weicht vom realen Ort maximal um $(L_+-L_-)/2$ ab.

Das ist dann der Fall, wenn der reale Ort genau in der Mitte zwischen zwei Abtastpunkten liegt. Im obigen Beispiel kann die Streckenlänge auf ± 4 cm (Messbereich 2,5 km) beziehungsweise auf ±2,5 m (Messbereich 160 km) genau gemessen werden. Entsprechend wird auch die Genauigkeit bei einer Längenmessung beeinflusst.

Aus dem Vergleich von Bild 4.24 (a) mit Bild 4.24 (b) wird deutlich, wie sich die Genauigkeit mit sinkendem Messpunktabstand erhöht. Unter diesem Gesichtspunkt sollte man den Messbereich nicht zu groß einstellen. Er darf aber auch nicht kleiner als die Streckenlänge sein (vergleiche Abschnitt 4.5.3).

Das Ergebnis der OTDR-Messung besteht aus vielen Tausend Datenpunkten. Da das Auflösungsvermögen des Monitors begrenzt ist, können nicht alle diese Punkte dargestellt werden. Ein typischer OTDR-Monitor zeigt etwa 500 Datenpunkte gleichzeitig an. Wenn die gesamte Kurve angezeigt wird, repräsentiert jeder Punkt auf dem Monitor einen Mittelwert über Dutzende von Messpunkten.

Eine Zoom-Funktion ermöglicht eine detaillierte Darstellung einzelner LWL-Abschnitte. Bei vollem Zoom entspricht jeder angezeigte Punkt einem Messwert.

4.5.5 Totzonen

Totzonen bezeichnen Distanzen, in denen auf Grund einer Übersteuerung des Empfängers des Rückstreumessgerätes keine genaue Auswertung der Rückstreukurve möglich ist. Totzonen werden durch Reflexionen auf der Strecke verursacht.

Man kann sie als eine temporäre Blendung des Messgerätes auffassen.

Der Detektor und der angeschlossene Verstärker benötigen nach der Übersteuerung eine bestimmte Erholzeit. Als Geräte-Totzone bezeichnet man den Abstand vom Fußpunkt bis zum Ende der Abfallflanke am Anfang der zu messenden Strecke (Bild 4.25).

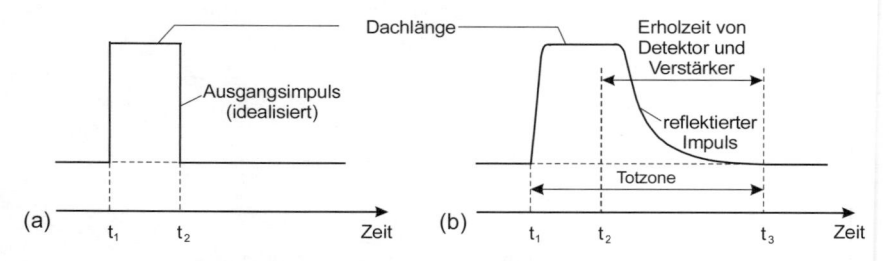

Bild 4.25: (a) Ausgangsimpuls und (b) Geräte-Totzone

Während dieser Zeit werden die Rayleighstreuung und kleine Reflexionen überdeckt und können nicht gemessen werden.

Die Länge der Totzone hängt von der Reflexionsdämpfung, der Impulsbreite und der Qualität des Empfängers ab.

Die Ereignis-Totzone gibt den minimalen Abstand zwischen dem Beginn eines reflektierenden Ereignisses und dem Punkt eines aufeinanderfolgenden reflektierenden Ereignisses an, so dass dieses noch erkannt werden kann (Bild 4.26 (a)).

Als Kriterium für das Erkennen des zweiten reflektierenden Ereignisses wird angenommen, dass das erste reflektierende Ereignis um mindestens 1,5 dB bezüglich seines Spitzenwertes abgefallen sein muss.

Zwar kann man jenseits der Ereignis-Totzone die beiden Reflexionen voneinander trennen, die Dämpfungen der Ereignisse lassen sich jedoch im einzelnen nicht ermitteln, da das erste Ereignis noch nicht bis auf den Pegel der Rayleighstreuung abgefallen ist.

Hierfür muss der Abstand zwischen den beiden Ereignissen noch größer sein.

Die Dämpfungs-Totzone ist der minimale Abstand, hinter welchem eine zweite Reflexion bezüglich ihrer Dämpfung ausgemessen werden kann (Bild 4.26 (b)).

Als Kriterium wird festgelegt, dass die erste Reflexion bis auf die Rückstreukurve abgefallen sein muss (erstmaliges Erreichen einer 0,5 dB-Toleranzmaske), ehe das zweite Ereignis beginnt.

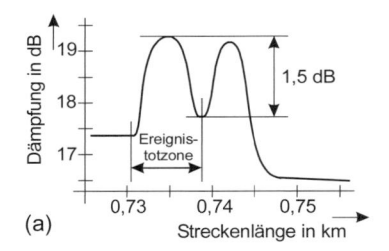

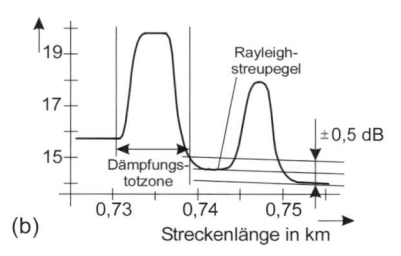

Bild 4.26: (a) Ereignis-Totzone, (b) Dämpfungs-Totzone

Um die Totzonen vergleichen zu können, müssen die Daten für eine bestimmte Reflexionsdämpfung und eine bestimmte Impulsbreite spezifiziert werden. Die kürzesten Totzonen erhält man mit sehr kurzen Impulsen.

Die in den Datenblättern angegebenen Werte für Ereignis- und Dämpfungs-Totzonen beziehen sich meist auf eine Reflexionsdämpfung von 35 dB. Bei höheren Reflexionsdämpfungen sind die Totzonen kürzer!

4.5.6 Weitere Parameter

Die Betriebswellenlänge der OTDRs liegt im Multimode-Bereich bei 850 nm bzw. 1300 nm und im Singlemode-Bereich bei 1310 nm bzw. 1550 nm. Vorzugsweise für LWL-Überwachungssysteme steht die Wellenlänge 1625 nm zur Verfügung. Die Toleranzen der Nennwellenlängen betragen meist ± 30 nm. Für genauere Messungen werden ± 15 nm gefordert.

Kommt das OTDR gleichzeitig als CD-Messgerät zum Einsatz, liegt die Wellenlängentoleranz bei ± 5 nm.

Die Genauigkeit bei der Entfernungsmessung wird durch drei Faktoren beeinflusst: Die Kalibrierung, die zeitliche Stabilität und Ungenauigkeiten der Brechzahl. Für die Genauigkeit bei der Entfernungsmessung ist ein relativer Fehler von $\pm 10^{-4}$, ein Offsetfehler von ± 2 m und ein Abtastfehler von ± 0,5 m zulässig.

Die Genauigkeit der Dämpfungsmessung liegt bei ± 0,1 dB, die Genauigkeit bei der Messung des Dämpfungskoeffizienten bei ± 0,05 dB/km und die Genauigkeit bei der Messung von Reflexionen bei ± 4 dB.

Da bei der OTDR-Messung keine absoluten Werte gemessen werden, ist die Linearität für die Genauigkeit der Messung maßgebend. Die Linearität gibt Abweichungen zwischen der detektierten Leistung im Verhältnis zur angezeigten Leistung über den gesamten Dynamikbereich an. Hier werden üblicherweise maximal ± 0,05 dB je Dezibel Dynamik gefordert.

Die meisten Rückstreumessgeräte gewährleisten die Laserschutzklasse 1 (sicher unter allen Bedingungen). Bei einigen Geräten gilt die Laserschutzklasse 3A. Man beachte die jeweilige Kennzeichnung.

4.5.7 Zusammenfassung

Wir fassen die Erkenntnisse zu den Parametern von optischen Rückstreumessgeräten und deren Definitionen folgendermaßen zusammen:

- Es gibt unterschiedliche Definitionen für die Dynamik optischer Rückstreu-Messgeräte. Meist wird die RMS-Dynamik spezifiziert. Dann liegt die messbare Streckendämpfung deutlich unter der angegebenen Dynamik.
- Die nutzbare Dynamik hängt von der Impulslänge und der Dauer der Messung ab.
- Der Messbereich muss mindestens so groß eingestellt werden, wie die zu messende Streckenlänge. Ein zu geringer Messbereich verfälscht die Messkurve.
- Ein zu großer Messbereich reduziert die Genauigkeit bei der Längenmessung.
- Im Interesse eines hohen Auflösungsvermögens ist die Impulsbreite möglichst kurz eingestellt werden.
- Totzonen durch reflektierende Ereignisse führen zu einer weiteren Verschlechterung des Auflösungsvermögens. Man unterscheidet Geräte-Totzonen, Ereignis-Totzonen und Dämpfungs-Totzonen.

4.6 Praktische Hinweise zur Rückstreumessung

4.6.1 Allgemeine Hinweise

Die praktischen Hinweise zur Rückstreumessung sollen helfen, die richtige Messstrategie zu wählen, Messfehler zu vermeiden und die Mess-Ergebnisse richtig zu verstehen. Generell sollten folgende Hinweise beachtet werden:

- Es ist während des Messens darauf zu achten, dass keine fremden Signale auf dem Lichtwellenleiter sind. Infolge der hohen Empfindlichkeit des Empfängers würde dieser übersteuern, und eine Messung wäre nicht möglich. Bei sehr hohen Pegeln, beispielsweise wenn versehentlich zwei OTDR an ein und demselben Lichtwellenleiter gegeneinander arbeiten, kommt es zur Zerstörung der Empfänger. Moderne Messgeräte erkennen Fremdlicht und blocken dieses ab.

- Bei bekannter Faserlänge kann man auf die Kernbrechzahl und bei bekannter Kernbrechzahl auf die Faserlänge schließen. Zur Ermittlung des geografischen Ortes des Fehlers empfiehlt es sich, anstelle der Faserlänge die Kabellänge zu Grunde zu legen und dem Kabel eine Brechzahl zuzuweisen (vergleiche Abschnitt 4.3.2).

- Steckverbinder nur mit den zulässigen Reinigungsmitteln aus dem Reinigungskoffer säubern (Reinigungsband, Reinigungsflüssigkeit, Reinigungstücher oder Trockenluft. Ansonsten werden die Steckverbinder beschädigt und es kommt zu Messfehlern, einen unterbrochenen physikalischen Kontakt (vergleiche Abschnitt 4.6.5) und damit einer Erhöhung der Dämpfung und Reflexion. Außerdem wird die Standzeit des Steckverbinders stark herabgesetzt.

- Es sind Vorlauf- und gegebenenfalls Nachlauf-LWL zu verwenden (vergleiche Abschnitt 4.6.2).

- Es ist auf eine hohe Qualität der Einkopplung am Anfang der zu messenden Strecke zu achten. Koppelverluste bringen einen Verlust an Dynamik. Deshalb ist auf Sauberkeit, auf gute Qualität der LWL-Stirnfläche, Zustand und Sitz des Steckers zu achten. Es ist zu gewährleisten, dass mit dem richtigen Stecker eingekoppelt wird (vergleiche Abschnitt 4.6.5).

- Eine hohe Reflexion am Anfang der Strecke bewirkt eine große Geräte-Totzone und Geisterbilder (vergleiche Abschnitt 4.6.3). Hohe Reflexionen sind durch reflexionsarme Stecker zu vermeiden (vergleiche Abschnitt 2.4.3).

- Die Messung bei zwei Wellenlängen bringt zusätzliche Informationen:
  ⇒ Bei einer höheren Wellenlänge ist die Rayleighstreuung geringer. Dadurch können unter Umständen sehr kleine reflektierende Ereignisse sichtbar gemacht werden, die in einem höheren Rayleighstreupegel verschwinden würden.
  ⇒ Man kann bei einer höheren Wellenlänge wegen der geringeren LWL-Dämpfung größere Streckenlängen ausmessen.

⇒ Messkurven, die bei höheren Wellenlängen aufgenommen wurden, reagieren empfindlicher auf Makrokrümmungen (gilt für Singlemode-LWL: vergleiche Abschnitt 1.2.5). So ist es heute üblich bei zwei Wellenlängen zu messen und die Messkurven zu vergleichen. Sind die Stufen im Rückstreudiagramm bei der höheren Wellenlänge größer, liegt ein Installationsmangel vor.

- Nur bei Messung von beiden Seiten erhält man zuverlässige Aussagen über die Dämpfung diskreter Ereignisse (vergleiche Abschnitt 4.3.3 und 4.6.4).

- Der eingestellte Messbereich muss mindestens so groß sein, wie die einfache bis doppelte Streckenlänge (vergleiche Abschnitt 4.5.3), ansonsten kommt es zu Verfälschungen des Messergebnisses.

4.6.2 Vor- und Nachlauf-LWL

Die Verwendung eines Vorlauf-LWL hat folgende Vorteile:

- In der Multimodetechnik kann der Vorlauf-LWL dazu dienen eine angenäherte Modengleichgewichtsverteilung zu realisieren, wodurch reproduzierbare Dämpfungsmessungen möglich werden (vergleiche Abschnitt 4.1.2).
- Durch Reflexionen an der Einkoppelstelle übersteuert der Empfänger (Geräte-Totzone). Ohne Vorlauflänge wäre der erste Stecker der Übertragungsstrecke nicht messbar. Um den ersten Stecker der Übertragungsstrecke messen zu können, muss die Vorlauflänge größer als die Totzone sein.
- Der Gerätestecker wird geschont. Während der Messungen bleibt der Vorlauf-LWL mit dem Rückstreumessgerät verbunden. Es wird jeweils nur zwischen Vorlauf-LWL und zu messender Strecke neu gesteckt. Zwar unterliegt der hintere Stecker des Vorlauf-LWL auch einem Verschleiß, aber die Nacharbeit dieses Steckers oder das Tauschen des Vorlauf-LWL ist einfacher und preiswerter, als den internen Gerätestecker zu erneuern.
- Meist ist das Rückstreumessgerät auf einen bestimmten Steckertyp festgelegt. Eine Anpassung an unterschiedliche Steckertypen der zu messenden Strecke ist nur mit Hilfe geeigneter Adapterkabel möglich, wobei der Vorlauf-LWL die Funktion des Adapter-LWL übernehmen kann.
- Innerhalb gewisser Grenzen kann man mit einem Vorlauf-LWL eine Anpassung an unterschiedliche LWL-Parameter des zu messenden Lichtwellenleiters realisieren. Ist beispielsweise das Rückstreumessgerät für 50 µm-LWL ausgelegt und ist ein 62,5 µm-LWL zu messen, so wählt man für die Vorlauflänge einen 62,5 µm-LWL. Dann entsteht zwar zwischen Messgerät und Vorlauf-LWL ein Koppelverlust, der auf Kosten der Dynamik geht, aber zwischen Vorlauf-LWL und Messobjekt sind die LWL-Typen identisch, so dass bereits ab dem ersten Stecker richtig gemessen werden kann.

Die Verwendung eines Nachlauf-LWL hat folgende Vorteile:

- Vertauschungen können festgestellt werden.
- Der letzte Stecker der Übertragungsstrecke kann gemessen werden.

Der Nachteil bei Einsatz eines Nachlauf-LWL besteht darin, dass zwei Personen zum Messen erforderlich sind. Die gleichzeitige Verwendung eines Vorlauf- und eines Nachlauf-LWL hat folgenden Vorteil:

- Bei bidirektionaler Messung mit Vor- und Nachlauflänge kann die Einfügedämpfung des ersten und des letzten Steckers durch Mittelwertbildung exakt bestimmt werden.

Beachte: Die Steckverbinder von Vor- und Nachlauflänge müssen Referenzqualität haben (vergleiche Abschnitt 4.1.4). Der Stecker darf an die Vor- bzw. Nachlauflänge nicht angespleißt werden. Der Spleiß würde zu einer scheinbar erhöhten Steckerdämpfung führen.

4.6.3 Geisterbilder

Geisterbilder entstehen, wenn Steckverbinder große Reflexionen auf der Übertragungsstrecke bewirken. Dann läuft das Signal mehrfach zwischen reflektierenden Objekten hin und her und bringt zusätzliche Beiträge zur Rückstreukurve.

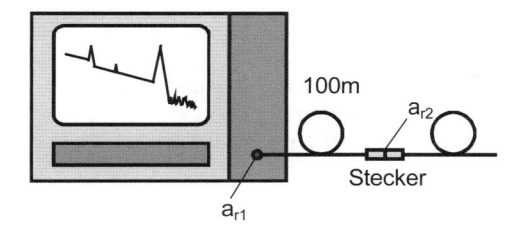

Wir veranschaulichen uns das an folgender Anordnung: An ein OTDR wird ein 100 m-Vorlauf-LWL mit einer Reflexionsdämpfung von a_{r1} angeschlossen. Der Vorlauf-LWL wird mit einer Reflexionsdämpfung a_{r2} an das Messobjekt angekoppelt.

Bild 4.27: Anordnung zur Simulation von Geisterbildern

Nun betrachten wir zwei Beispiele:

Erstes Beispiel:

Gerätestecker: a_{r1} = 35 dB; Stecker auf der Strecke: a_{r2} = 35 dB. In den Vorlauf-LWL werde eine Leistung von 0 dBm eingekoppelt. Nach der Reflexion am Stecker auf der Strecke gelangen -35 dBm Leistung zurück zum OTDR. Der Gerätestecker reflektiert und koppelt wieder -70 dBm in die Strecke ein. Eine nochmalige Reflexion am Stecker auf der Strecke bewirkt einen Leistungsrückfluss von -105 dBm. Diese Leistung ist so gering, dass keine Geister entstehen.

Zweites Beispiel:

Gerätestecker unverändert: a_{r1} = 35 dB; Stecker auf der Strecke: a_{r2} = 14 dB (Geradschliff-Stecker oder unterbrochener physikalischer Kontakt). In den Vorlauf-LWL wird wieder eine Leistung von 0 dBm eingekoppelt. Nach der Reflexion am Stecker auf der Strecke gelangen -14 dBm zurück zum OTDR. Der Gerätestecker reflektiert und koppelt wieder -49 dBm in die Strecke ein. Auch dieser Impuls bewirkt eine Rückstreukurve, die allerdings gegenüber der Originalkurve 49 dB niedriger liegt und zeitlich verschoben ist. (Der Impuls läuft erst einmal hin und zurück, ehe er die Geisterkurve erzeugt). Eine nochmalige Reflexion am Stecker auf der Strecke bewirkt einen Leistungsrückfluss von -63 dBm.

	1. Beispiel	2. Beispiel
hin	0 dBm	0 dBm
zurück	-35 dBm	-14 dBm
hin	-70 dBm	-49 dBm
zurück	-105 dBm	-63 dBm
	kein Geist	Geist wahrscheinlich

Tabelle 4.8: Gegenüberstellung der beiden Beispiele

a_r = 35 dB entspricht der typischen Reflexionsdämpfung eines Steckers mit physikalischem Kontakt. Die Reflexionsdämpfung a_r = 14 dB entsteht nicht nur bei einem Geradschliffstecker, sondern auch bei einem unterbrochenen physikalischen Kontakt (vergleiche Abschnitt 4.6.5):

Ein Staubkörnchen im PC-Stecker kann dazu führen, dass der physikalische Kontakt, das heißt die Berührung der Steckerstirnflächen im Bereich des LWL-Kerns nicht mehr möglich wird. Es entsteht ein Luftspalt zwischen den Steckerstirnflächen und damit eine hohe Reflexion.

Wie wir im Folgenden sehen werden, wird dadurch eine Geisterreflexion bewirkt. Deshalb kann man umgekehrt aus Geisterbildern unter Umständen auf mangelhafte Steckverbindungen schließen.

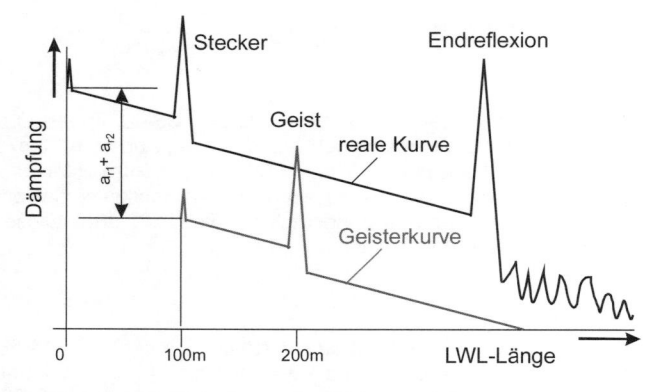

Bild 4.28: Entstehung des Geistes auf der Rückstreukurve

Die Geisterreflexion entsteht erst, wenn die Strecke das zweite Mal durchlaufen wird. Deshalb ist die Geisterkurve gegenüber der Originalkurve zeitlich verschoben (Bild 4.28). Das Messgerät bildet die Summe aus richtiger Messkurve und Geisterkurve und bringt diese zur Anzeige.

Dort wo die Geisterkurve eine hohe Spitze aufweist (starke Reflexion) und die Originalkurve durchstößt, entsteht ein Geist auf der Rückstreukurve.

Die Geisterkurve ergibt sich aus der Summe zweier Reflexionen. Das heißt, es tragen stets zwei Stecker zur Geisterreflexion bei. Meist ist es ein Stecker, der den dominierenden Einfluss bringt, beispielsweise durch eine Glas-Luft-Reflexion.

Besteht aber die gesamte Strecke aus HRL(APC)-Steckern mit $a_{r1} > 70dB$, so wird ein einziger Stecker mit Glas-Luft-Übergang $R_2 = 14$ dB keinen Geist bewirken! Man darf also nicht umgekehrt schlussfolgern, wenn es keine Geisterreflexionen auf der Rückstreukurve gibt, dass alle Stecker in Ordnung sind!

Der schlechte Stecker kann dann anhand seiner starke Reflexion und hohen Dämpfung erkannt werden (große Spitze und Stufe im Rückstreudiagramm.)

Die Geister treten in regelmäßigen Abständen auf, die sich aus dem Abstand der beiden Reflexionen ergeben. Liegt die erste Reflexion am Streckenanfang und die zweite Reflexion am Ende der Strecke, dann entsteht der Geist außerhalb der eigentlichen Rückstreukurve, nämlich bei der doppelten Streckenlänge und würde die Rückstreukurve nicht stören.

Wurde der Messbereich des Gerätes entsprechend der einfachen Streckenlänge eingestellt, so kommt dieser Geist erst zurück, wenn bereits der nächste Impuls ausgesandt wurde, und der Geist fällt in die Messkurve.

Wenn hohe Reflexionen zu erwarten sind, ist es deshalb zweckmäßig, am Gerät den doppelten Messbereich im Vergleich zur Streckenlänge einzustellen. Dann fällt ein Teil der Geister außerhalb des Messbereiches und stört nicht.

Ein weiteres wichtiges Merkmal des Geistes ist die Tatsache, dass er keine Dämpfung im Rückstreudiagramm bewirkt, wie aus Bild 4.28 sofort plausibel wird. Bild 4.29 zeigt den Unterschied zwischen Geist und Steckerreflexion.

(a) Geist (b) Stecker

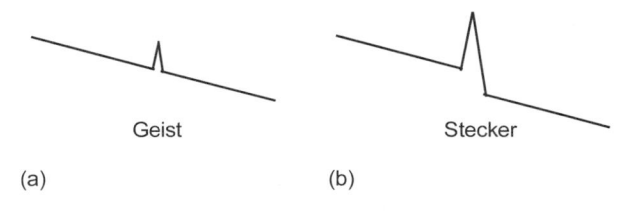

Bild 4.29: (a) Geist, (b) Steckerreflexion

Wenn unklar ist, ob das fragliche Ereignis eine Geisterreflexion oder tatsächlich ein Fehler ist, benetze man den Stecker, den man als Ursache des Geistes vermutet, mit einer Flüssigkeit, die annähernd die gleiche Brechzahl wie das Glas hat (Immersion oder Alkohol). Verschwindet das Ereignis, so handelte es sich um einen Geist (Bild 4.30). (Nach dieser Prozedur reinige man den Stecker sorgfältig!)

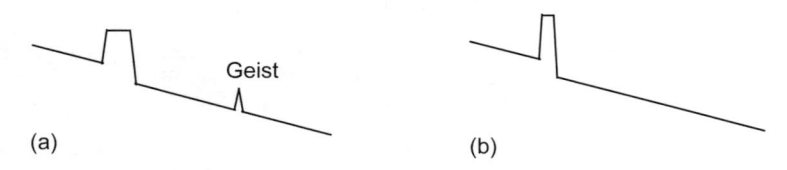

Bild 4.30: (a) Stecker mit hoher Reflexion, (b) Flüssigkeit mit passender Brechzahl am Stecker

Geister können bei unterbrochenem physikalischen Kontakt, mangelhaftem Steckerschliff, bei zerkratzten oder verschmutzten Steckerstirnflächen oder bei Toleranzen der Stecker und Kupplungshülsen auftreten.

Geister weisen auf hohe Reflexionen der Übertragungsstrecke hin. Sie sind in Systemen störend, in denen hohe Reflexionsdämpfungen gefordert werden (digitale Systeme mit hohen Bitraten, analoge Systeme, DWDM-Systeme mit DFB-Lasern). Rückfließende Leistungen beeinflussen das Emissionsverhalten des Lasers.

Im LAN-Bereich, wo rückwirkungs**un**empfindliche Sender zum Einsatz kommen, stören Leistungsrückflüsse nicht. Dennoch empfiehlt es sich auch hier, den Ursachen der Geister auf den Grund zu gehen: Steckerstirnfläche mit Fasermikroskop betrachten, gegebenenfalls reinigen, nacharbeiten oder den Stecker auswechseln.

Denn falls ein unterbrochener physikalischer Kontakt vorhanden ist, besteht unter Umständen die Gefahr, dass sich der Abstand der Steckerstirnflächen weiter vergrößert, die Dämpfung erhöht und die Strecke ausfällt.

Wird ausschließlich mit Steckern gearbeitet, die keinen physikalischen Kontakt aufweisen, beispielsweise ST-Stecker mit Luftspalt, lassen sich die Geisterbilder im Rückstreudiagramm nicht beseitigen.

4.6.4 Kurvenauswertung

Bidirektionale Auswertung

Die bidirektionale Auswertung hat entsprechend Abschnitt 4.3.3 folgende Vorteile:

- Bestimmung der wahren Dämpfung diskreter Ereignisse.
- Vergrößerung des Messbaren Bereiches.
- Erkennung von Ereignissen, die sonst in der Totzone liegen.

Auswertung der Messungen bei verschiedenen Wellenlängen

Durch Messung von Singlemode-Strecken bei 1310 nm und 1550 nm und Vergleich der Messkurven kann man auf Makrokrümmungen schließen (vergleiche Abschnitt 4.6.1). Singlemode-Fasern für DWDM-Systeme misst man sinngemäß bei 1550 nm und 1625 nm.

Mehrfachkurvenauswertung

Moderne Spleißgeräte ermöglichen problemlos Spleißdämpfungen < 0,05 dB, wenn mit Lichtwellenleitern guter Qualität gearbeitet wird. Dadurch ist es mitunter schwierig, die Orte der Spleiße im Rückstreudiagramm zu ermitteln.

Das ist vor allem der Fall, wenn die Kurve verrauscht ist, insbesondere am Ende einer langen Übertragungsstrecke oder wenn mit sehr kurzen Messzeiten gearbeitet wird (vergleiche Abschnitt 4.2.3).

Bild 4.31 (a) zeigt, dass die automatische Kurvenauswertung am Ende der Strecke wegen des erhöhten Rauschpegels scheitert. Es wurde eine 16 km lange Strecke mit 1 km Vorlauf-LWL ausgemessen. Die Abstände der Spleiße betragen jeweils 2 km. Man sieht, dass die automatische Auswertung den Spleiß bei 11 km und bei 15 km nicht erkennt.

Die meisten Lichtwellenleiter haben eine feste Länge, beispielsweise 2 km. Gibt man diese Information in die Auswertesoftware ein, dann kann der Ort durch eine detaillierte Analyse im fraglichen Bereich erkannt werden.

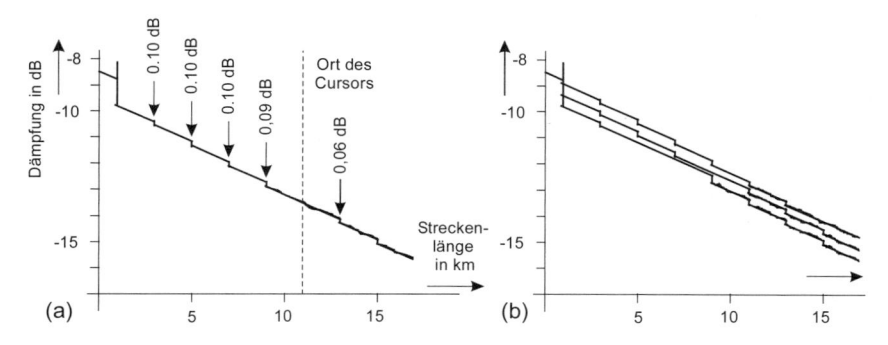

Bild 4.31: (a) Einzelne Rückstreukurve mit mangelhafter Spleißauswertung; (b) gleichzeitige Anordnung der Rückstreukurven verschiedener Lichtwellenleiter eines Kabels

Der nächste Schritt ist die integrierte Analyse der Daten mehrerer Lichtwellenleiter. Bild 4.31 (b) zeigt die Rückstreudiagramme mehrerer Lichtwellenleiter ein- und desselben Kabels. Die Orte der Spleiße befinden sich jeweils an derselben Stelle. Eine intelligente Software erhält die Informationen über den Kabelverlauf und ist dann in der Lage, eine umfassende Auswertung der Messkurven vorzunehmen und alle Ereignisse zu erkennen.

Auswertung und Dokumentation

Die Auswertung, Nachbearbeitung und Dokumentation der Rückstreumessungen erfolgt mit einer geeigneten Software.

Während fast alle OTDR-Anbieter ihre eigene Dokumentations-Software anbieten, ist FiberDoc eine OTDR-Software, die die Datenformate verschiedener OTDR-Anbieter unterstützt (Acterna, Ando, Anritsu, Nettest, Siemens, Tektronix).

Die Dateiformate der verschiedenen Anbieter können in das Bellcore-Format (Dateityp x.sor) transformiert und gelesen werden.

Neben der bidirektionalen Auswertung ermöglicht die Dokumentations-Software auch, viele Kurven gleichzeitig darzustellen. Auf diese Weise kann die Lage der Muffen zugeordnet werden (vergleiche vorhergehender Abschnitt).

4.6.5 Fehlanpassungen

Unterschiedliche LWL-Parameter

Kopplungen zwischen verschiedenen LWL-Typen bewirken stets Verluste und gehen auf Kosten der Dynamik des Messgerätes. Zwischen den Lichtwellenleitern auf der Übertragungsstrecke sind Fehlanpassungen zu vermeiden.

Unvermeidbar sind Fehlanpassungen, wenn der LWL-Typ am Messgeräte-Ausgang mit einem Adapterkabel (Vorlauflänge) an einen anderen Typ des zu messenden Lichtwellenleiters anzupassen ist.

Ein typisches Beispiel wurde bereits oben genannt: Die Anpassung eines 50 µm-LWL an einen 62,5 µm-LWL. Durch die unterschiedlichen Kerndurchmesser und numerischen Aperturen entsteht in einer Richtung (in Richtung vom größeren zum kleineren Kerndurchmesser und von der größeren zur kleineren numerischen Apertur) ein Koppelverlust von theoretisch bis zu 4,7 dB und in der entgegengesetzten Richtung kein Verlust. Das OTDR misst den Mittelwert, der folglich maximal 2,35 dB betragen kann. Um diesen Wert verringert sich die Dynamik des Messgerätes.

Ähnlich gelagert ist der Fall der Kopplung eines Multimode-Stufenprofil-LWL an einen Multimode-Parabelprofil-LWL. Der Koppelverlust durch Fehlanpassung der Brechzahlprofile beträgt in Richtung vom Parabelprofil-LWL zum Stufenprofil-LWL 3 dB.

In Richtung Stufenprofil-LWL zum Parabelprofil-LWL gibt es keinen Koppelverlust. Der vom OTDR gemessene Mittelwert und damit Verlust an Dynamik beträgt 1,5 dB.

Eine Fehlanpassung der Modenfelddurchmesser von Singlemode-LWL hat nur geringe Auswirkungen (vergleiche Abschnitt 4.3.4).

Grundsätzlich ist die Kopplung eines Multimode-LWL mit einem Singlemode-LWL zu vermeiden. Der Verlust durch Fehlanpassung der Kerndurchmesser liegt dann bei 15 dB und durch Fehlanpassung der numerischen Aperturen bei 6 dB. Folglich ist der Gesamtverlust in einer Richtung etwa 21 dB, und der Verlust an Dynamik liegt bei 10,5 dB. Dadurch wird fast der gesamte Dynamikbereich aufgezehrt, der für hochauflösende Messungen zur Verfügung steht.

Da moderne Rückstreumessgeräte auswechselbare Einschübe haben, kann man problemlos von einem LWL-Typ auf den anderen wechseln, ohne die oben genannten Verluste in Kauf nehmen zu müssen. Alle angegebenen Dämpfungswerte infolge der Fehlanpassungen sind nur als grobe Richtwerte zu verstehen, da sie von vielfältigen Faktoren abhängen, beispielsweise in der Multimodetechnik von der Modenverteilung.

Unterschiedliche Steckerstirnflächen

Außerdem sollte man grundsätzlich eine Kopplung zwischen einem PC-Stecker und einem HRL(APC)-Stecker vermeiden. Bei einer derartigen Kopplung entsteht ein keilförmiger Luftspalt und damit ein Koppelverlust von etwa 3 dB.

Bild 4.32 (a) zeigt das Rückstreudiagramm einer HRL-Steckverbindung. Dieses ist durch eine geringe Einfügedämpfung ($\approx$ 0,2 dB) und eine hohe Reflexionsdämpfung (> 70 dB) gekennzeichnet: Im Rückstreudiagramm entsteht keine Spitze.

Bei einer Fehlsteckung PC gegen HRL entsteht außer dem Koppelverlust eine hohe Reflexion (Reflexionsdämpfung etwa 14 dB) am PC-Stecker wegen des Glas-Luft-Übergangs (Bild 4.32 (b)). Da dem PC-Stecker das Gegenstück fehlt, gibt es keinen physikalischen Kontakt.

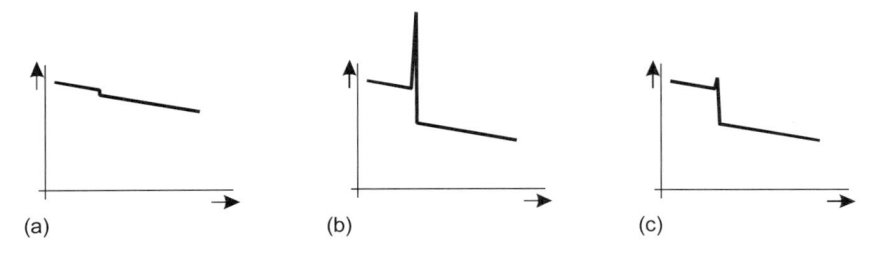

(a)   (b)   (c)

Bild 4.32: Rückstreudiagramme: (a) HRL gegen HRL, (b) PC gegen HRL, (c) HRL gegen PC

Bei einer Fehlsteckung HRL gegen PC entsteht der gleiche Koppelverlust (Bild 4.33 (c)). Die Reflexion an der schrägen Stirnfläche bewirkt nur eine geringe Spitze (Reflexionsdämpfung > 55 dB) im Rückstreudiagramm.

Während die meisten HRL(APC)-Stecker einen Neigungswinkel der Stirnfläche von 8 ° haben, sind bei der Deutschen Telekom auch 9 °-Schrägschliff-Stecker im Einsatz. Eine Fehlsteckung 8 ° gegen 9 ° bewirkt eine Dämpfung von typisch einem Dezibel. Die Reflexionsdämpfung reduziert sich auf typisch 55 dB.

Eine Fehlsteckung zwischen PC-Stecker und HRL(APC)-Stecker ist also unbedingt zu vermeiden! Dies wird möglich, wenn man die farbliche Kennzeichnung beachtet. HRL(APC)-Stecker haben eine grüne und PC-Stecker eine blaue Markierung. Das ist auch am Messgeräte-Ausgang, beispielsweise am Rückstreumessgerät zu beachten.

Unterbrochener physikalischer Kontakt

Werden nicht konsequent Staubschutzkappen verwendet, kann sich Staub auf den Steckerstirnflächen oder in der Kupplung absetzen. Verbindet man die Stecker miteinander, schiebt der Steckverbinder ein Staubkörnchen vor sich her bis es zum Kontakt mit dem anderen Stecker kommt (Bild 4.33).

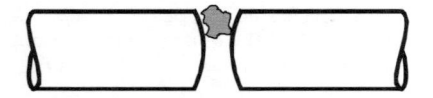

Bild 4.33: Unterbrochener physikalischer Kontakt

Das Staubkörnchen verhindert, dass sich die Steckerstirnflächen im Kernbereich berühren: der physikalische Kontakt ist unterbrochen. Liegt das Staubkörnchen im Bereich des Kernes, fällt die Strecke aus. Liegt es außerhalb, kommt es zu einer Erhöhung der Reflexion im Stecker. Die Reflexionsdämpfung beim PC-Stecker beträgt dann etwa 14 dB und beim HRL-Stecker etwa 55 dB. Das entspricht einer gravierenden Verschlechterung der Reflexionsdämpfung.

Deshalb ist ein hoher Reinigungsstandard zu gewährleisten (Stecker und Kupplungen). Fehler auf der Strecke werden etwa zur Hälfte durch verschmutzte Koppelstellen verursacht.

Gleiche Steckerstirnflächen

Die Bilder 4.32 (b) und 4.32 (c) zeigen auch, wie groß die Reflexion am Ende der Strecke in Abhängigkeit vom Steckertyp ist. Denn man kann den Glas-Luft-Übergang im Luftkeil als Strecken-Ende auffassen, da dort auch ein Übergang von Glas zu Luft erfolgt. Ein PC-Stecker am Strecken-Ende hat kein Gegenstück, das den physikalischen Kontakt bewirkt. Folglich arbeitet der PC-Stecker gegen Luft und bewirkt eine gleich große Reflexion wie ein Geradschliffstecker (Bild 4.34 (a)).

Hat der Stecker auf der Strecke unterbrochenen physikalischen Kontakt entsteht eine gleiche große Reflexion (Bild 4.34 (b)). Die beiden Glas-Luft-Reflexionen beim Übergang von Glas zu Luft und beim Übergang von Luft zu Glas im Stecker bewirken zweimal 4 % Verlust. Das entspricht einer rein physikalisch bedingten zusätzlichen Einfügedämpfung von etwa 0,35 dB. Entsprechend ist die Stufe in Bild 4.34 (b) größer als in Bild 4.34 (a).

(a) (b)

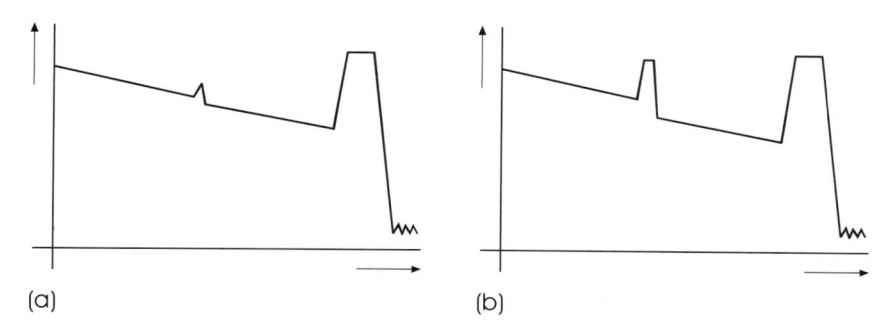

Bild 4.34: (a) PC-Stecker auf der Strecke und am Ende der Strecke
(b) PC-Stecker mit unterbrochenem physikalischen Kontakt

Ein HRL(APC)-Stecker am Streckenende hat ebenfalls kein Gegenstück, das den physikalischen Kontakt bewirkt. Unverändert ist aber die Wirkung des Schrägschliffes, der das meiste reflektierte Licht in den Mantel transportiert. So bleiben noch Reflexionsdämpfungen von mindestens 55 dB (Tabelle 4.3).

Ob dadurch noch eine nachweisbare Reflexionsspitze entsteht, hängt von der Höhe der Rückstreukurve ab (Bild 4.34 (c)).

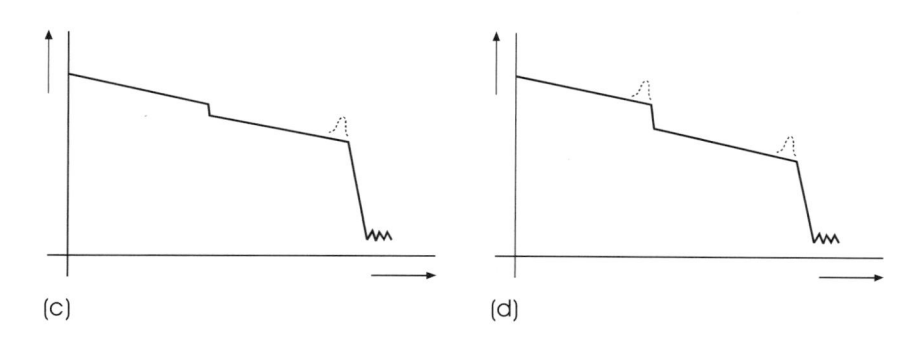

(c) (d)

Bild 4.34: (c) HRL(APC)-Stecker auf der Strecke und am Ende der Strecke
(d) HRL(APC)-Stecker mit unterbrochenem physikalischen Kontakt

Wird der physikalische Kontakt auf der Strecke unterbrochen, erhöht sich die Dämpfung um etwa 0,35 dB. Ob eine Reflexionsspitze erkennbar ist, hängt von der Höhe der Rückstreukurve ab (Bild 4.34 (d)).

Zusammenfassend werden in Tabelle 4.9 die typischen Ereignisse in der Rückstreukurve zusammengestellt:

Steckertyp	auf der Strecke		am Streckenende
	Spitze	Stufe	Spitze
Geradschliff bzw. unterbrochener PC	sehr groß, gesättigt	groß	sehr groß, gesättigt
PC	moderat	klein	sehr groß, gesättigt
HRL(APC)	nicht vorhanden	sehr klein	klein oder nicht vorhanden
HRL(APC) unterbrochener PC	klein oder nicht vorhanden	mindestens 0,35 dB	klein oder nicht vorhanden

Tabelle 4.9: Größenordnungen typische Ereignisse im Rückstreudiagramm in Abhängigkeit vom Steckertyp/-kontakt und Ort des Ereignisses

Zusammenfassung

Folgende Tabelle fasst die wesentlichen Erkenntnisse dieses Abschnittes zusammen:

Fehlertyp	Auswirkungen
Unterbrochener physikalischer Kontakt; axialer Versatz	Dämpfungs- und Reflexionserhöhungen instabil!!!
Geradschliff auf Schrägschliff (Steckerfehlanpassung)	starke Dämpfungserhöhung geringe bis starke Reflexionserhöhung
Stirnflächen-Rauigkeit, unebene bzw. zerkratzte Stirnflächen, Verschmutzung	Dämpfungs- und Reflexionserhöhung
Exzentrizität, radialer Versatz	Dämpfungserhöhung
unterschiedliche Modenfelddurchmesser	Dämpfungserhöhung positive und negative Stufen
Verkippung	Dämpfungs- und Reflexionserhöhung

Tabelle 4.10: Fehler an Koppelstellen und deren Auswirkungen

4.6.6 Kriterien zur Beurteilung der Qualität der installierten Strecke

Es wird empfohlen folgende Messungen an Multimode-Fasern durchzuführen

- Allgemeine Fehlersuche mit roter Laserlichtquelle: Faserbrüche, defekte Stecker, zu geringe Biegeradien, Vertauschungen können gefunden werden.
- Dämpfungsmessung in Anlehnung an DIN EN 50346 Anhang A.
- Optische Rückstreumessung; vorzugsweise bidirektional und Mittelwertbildung.
- Als preiswerte Alternative Verwendung eines Messgerätes, welches eine Längen- und Dämpfungsmessung einer bidirektionalen Strecke bei zwei Wellenlängen ermöglicht (FOX, Turbotester). Das ist sinnvoll, bei kurzen Strecken und/oder bei Strecken mit wenigen Ereignissen.
- Empfehlung: Reflexionsmessung. Die Reflexionsdämpfungen der Ereignisse fallen bei der OTDR-Messung mit an und stehen in der Ereignistabelle. Man benötigt kein gesondertes Messgerät und es ist kein zusätzlicher Arbeitsschritt erforderlich.

Aus den Reflexionswerten kann man auf schlechte Steckverbinder und Ursachen von Geisterreflexionen schließen.
- Bandbreitenmessungen können in Ausnahmefällen erforderlich sein, beispielsweise bei hohen Bitraten und/oder großen Streckenlängen (Gigabit-Ethernet, 10 Gigabit-Ethernet).

Es wird empfohlen folgende Messungen an Singlemode-Fasern durchzuführen

- Dämpfungsmessung in Anlehnung an DIN EN 61280-4-2.
- Optische Rückstreumessung aus beiden Richtungen und Mittelwertbildung nur so können die wahren Dämpfungen diskreter Ereignisse erkannt werden.
- Optische Rückstreumessung bei 1310 nm und 1550 nm bzw. in DWDM-Systemen bei 1550 nm und 1625 nm. Ein Vergleich der beiden Mess-Kurven ermöglicht Rückschlüsse auf Installationsmängel.
- Soll mit der Faser optional ein breiter Wellenlängenbereich übertragen werden (CWDM), ist eine Messung bei 1383 nm (Wasserpeak: vergleiche Abschnitt 1.2.6) wichtig. Erste OTDR-Module stehen für diese Wellenlänge zur Verfügung.
- Empfehlung: Reflexionsmessung. Reflexionen müssen in Singlemode-Systemen vermieden werden, da die Laser sehr empfindlich auf Leistungsrückflüsse reagieren.
- Spektrale Messungen sind nur in DWDM-Systemen erforderlich.
- PMD-Messungen sind im Allgemeinen erst ab 10 Gbit/s erforderlich.
- Bandbreitenmessungen bzw. Messung der chromatischen Dispersion kann ab 2,5 Gbit/s bei großen Streckenlängen und direkt modulierten Lasern (CWDM-Systeme) erforderlich sein.

Allgemeine Hinweise Abnahmevorschriften [4.4]

Abnahmevorschriften zur Charakterisierung herkömmlicher Übertragungsstrecken fordern meist eine Dämpfungsmessung, eine Rückstreumessung und zunehmend auch eine Reflexionsmessung.

Die Reflexionsmessung erfolgt mit dem OTDR. Die reflektierenden Ereignisse können ortsaufgelöst ermittelt werden.

Falls die Strecken sehr kurz und/oder keine Ereignisse auf der Strecke sind, kann auf eine Rückstreumessung verzichtet werden. Eine Dämpfungsmessung ist ausreichend. Das gilt nur, wenn die Streckenlänge nicht aus der Rückstreumessung ermittelt werden muss.

Bei Singlemode-Strecken ist es entsprechend DIN EN 61280-4-2 Verfahren 2 zulässig, auf eine explizite Dämpfungsmessung zu verzichten (vergleiche Abschnitt 4.1.4) und die Dämpfung der Strecke aus der Rückstreukurve zu entnehmen.

Insbesondere ist zu beachten:

- Die Messtechnik ist jährlich zu kalibrieren.
- Vor der Messung sind die Steckverbinder zu reinigen und mit dem Fasermikroskop zu kontrollieren. Das betrifft sowohl die Steckverbinder der zu messenden

Strecke als auch die Steckverbinder von Vor- und Nachlaufkabel bzw. Rangierkabel.
- Verschlissene Steckverbinder von Vor- und Nachlaufkabel bzw. Rangierkabel sind rechtzeitig auszuwechseln.
- Die Vor- und Nachlaufkabel dürfen keine Pigtailspleiße enthalten.
- Das Vorlauf- und Nachlaufkabel bzw. das Rangierkabel müssen physikalische und optische Eigenschaften haben, die denen der Kabelanlage gleichen.
- Es lässt sich keine allgemein gültige Abnahmevorschrift formulieren, da die Anforderungen an die Qualität der Strecke unterschiedlich sind. Die folgenden Abnahmevorschriften sind Beispiele. Sie veranschaulichen die generelle Herangehensweise bei der Durchführung von Abnahmemessungen.
- Zur Reduzierung der Kosten wird mitunter auf einen Teil der nachfolgend beschriebenen Messungen verzichtet.

Vorschlag Abnahmevorschrift Multimode-LWL

- Dämpfungsmessung:
  - In Anlehnung an DIN EN 50346, Verfahren 1 (vergleiche Abschnitt 4.1.4).
  - Es wird empfohlen, anstelle Prüf-Rangier-Kabel 1 und Wickelung auf einen Dorn, eine Vorlauflänge von mindestens 100 m verwenden.
  - Meist Messung nur bei 850 nm.
  - Enthält die Verkabelung Verbindungstechnik zur Durch-Verbindung, muss die Dämpfungsmessung in beiden Richtungen erfolgen. Ansonsten ist eine Messung in nur einer Richtung ausreichend.
- Rückstreumessung:
  - Messung in beiden Richtungen mit Vor- und Nachlauflänge (jeweils mindestens 100 m), Mittelwertbildung, Dokumentation der gemittelten Kurve und der Ereignistabelle.
  - Meist Messung nur bei 850 nm.
- Zulässige Parameter (nach arithmetischer Mittelung der Messwerte aus Hin- und Rückrichtung) (Beispiele):
  - Maximaler Dämpfungskoeffizient bei 850 nm: 2,7 dB/km.
  - Maximaler Dämpfungskoeffizient bei 1300 nm: 0,7 dB/km.
  - Einfügedämpfung Steckverbindung (typisch):   0,25 dB.
  - Einfügedämpfung Steckverbindung (maximal):   0,50 dB.
  - Einfügedämpfung Spleißverbindung (typisch):   0,10 dB.
  - Einfügedämpfung Spleißverbindung (maximal):   0,30 dB.
  - Reflexionsdämpfung: 35 dB.
- Erforderliche Rückstreumesstechnik: Kleine Impulslänge (5 ns), hohe Dynamik, hohes Auflösungsvermögen, minimale Ereignistotzone und Dämpfungstotzone.

Vorschlag Abnahmevorschrift Singlemode-LWL

- Dämpfungsmessung:
  - In Anlehnung an DIN EN 61280-4-2, Verfahren 1.A (vergleiche Abschnitt 4.1.4).
  - Es wird empfohlen, das Mantelmoden abstreifende Rangierkabel durch eine Vorlauflänge von mindestens 1000 m ersetzen.
  - Meist Messung nur bei 1310 nm.
  - Die Messung braucht nur in einer Richtung durchgeführt zu werden.

- Rückstreumessung:
  - In beiden Richtungen mit Vor- und Nachlauflänge (jeweils mindestens 1000 m), Mittelwertbildung, Dokumentation der gemittelten Kurve und Ereignistabelle.
  - Generell Messung sowohl bei 1310 nm als bei 1550 nm.
- Zulässige Parameter (nach arithmetischer Mittelung der Messwerte aus Hin- und Rückrichtung) (Beispiele):
  - Maximaler Dämpfungskoeffizient bei 1310 nm: 0,36 dB/km.
  - Maximaler Dämpfungskoeffizient bei 1550 nm: 0,23 dB/km.
  - Einfügedämpfung Steckverbindung (typisch): 0,20 dB.
  - Einfügedämpfung Steckverbindung (maximal): 0,40 dB.
  - Einfügedämpfung Spleißverbindung (typisch): 0,10 dB.
  - Einfügedämpfung Spleißverbindung (maximal): 0,30 dB.
  - Reflexionsdämpfung: 40 dB für PC-Stecker und 70 dB für HRL(APC)-Stecker.
- Die Rückstreumesstechnik sollte eine hohe Dynamik und ein hohes Auflösungsvermögen haben.

Generell ist zu beachten

- Nicht die Werte aus den Datenblättern in die Abnahmevorschriften schreiben, sondern realistische Werte.
- Die angegebenen Einfügedämpfungen für die Steckverbindung gelten nicht für einen einzelnen Stecker sondern für die komplette Verbindung.
- Im Singlemode-Bereich müssen nicht nur Singlemode-Steckverbinder, sondern auch Singlemode-Kupplungen zum Einsatz kommen.

4.6.7 Zusammenfassung

Wir fassen die wesentlichen Erkenntnisse zu den praktischen Hinweisen zur Rückstreumessung folgendermaßen zusammen:

- Der Umgang mit der Rückstreumesstechnik hat mit großer Sorgfalt zu erfolgen und die Richtlinien zur Bedienung und Parametereinstellung sind unbedingt einzuhalten.
- In Abhängigkeit vom Einsatzfall ist mit Vorlauf- und eventuell auch mit Nachlauf-LWL zu messen.
- Geisterbilder werden durch stark reflektierende Steckverbinder verursacht und täuschen Ereignisse auf der Strecke vor.
- Eine Mehrfachkurvenauswertung ermöglicht das Auffinden von Spleißen mit geringen Dämpfungen.
- Die Auswertung, Nachbearbeitung und Dokumentation der Rückstreumessungen erfolgt mit einer geeigneten Software.
- Vielfältige Effekte durch Fehlanpassungen (unterschiedliche LWL-Parameter, unterschiedliche Steckerstirnflächen, unterbrochener physikalischer Kontakt) können das Messergebnis verfälschen.
- Es lässt sich keine allgemein gültige Abnahmevorschrift formulieren, da die Anforderungen an die Qualität der Strecke unterschiedlich sind.

4.7 Reflexionsmessungen

4.7.1 Einleitung

Reflexionen entstehen an Unstetigkeiten der Brechzahl entlang der Übertragungsstrecke (vergleiche Abschnitt 4.2.4). Sie können die Eigenschaften der Sender nachteilig beeinflussen (Fluktuationen der Ausgangsleistung, Modensprünge, Beschädigung der Laserdiode) und dürfen deshalb bestimmte Grenzwerte nicht überschreiten. Außerdem bewirken Reflexionen Verluste bei der übertragenen Leistung. Deshalb ist das LWL-Netz auch bezüglich Reflexionen zu charakterisieren.

Die meisten Rückstreumessgeräte ermöglichen eine Reflexionsmessung. Verfügt das OTDR nicht über diese Funktion, so können mit einer geeigneten Auswertesoftware die Reflexionsdämpfungen der Ereignisse entlang der Strecke berechnet werden. Die Reflexionsmessung ermöglicht die Charakterisierung der Steckverbinder und die Überprüfung der Qualität der Installation.

Die Norm DIN EN 50173-1 („Anwendungsneutrale Kommunikationskabelanlagen, Teil 1: Allgemeine Anforderungen und Bürobereiche") stellt geringe Anforderungen an die zulässigen Leistungsrückflüsse (Tabelle 4.11).

LWL-Typ	kleinste Reflexionsdämpfung
Singlemode	35 dB
Multimode	20 dB

Tabelle 4.11: Anforderungen laut DIN EN 50173-1

Schärfer sind die Anforderungen, die durch das Bellcore-Standard „Bellcore´s Generic Requirements for Fiber Optics" gestellt werden (Tabelle 4.12).

Anwendung	kleinste Reflexionsdämpfung
digitale Systeme	40 dB
analoge Systeme	55 dB

Tabelle 4.12: Anforderungen gemäß GR-1222-CORE

Neuerdings gibt es Projekte in Deutschland, wo für die Reflexionsdämpfung der Steckverbinder 70 dB gefordert wird. Das ist für den Anbieter von HRL(APC)-Steckern kein Problem.

Allerdings muss er einen erhöhten Aufwand treiben, wenn er dieser Wert auch tatsächlich nachzuweisen hat. Aber auch bei Messung dieses Wertes auf der installierten Strecke wachsen die Anforderungen (vergleiche hierzu das Beispiel im Bild 4.39).

4.7.2 Besonderheiten

Zur Vermeidung von Messfehlern sind einige Besonderheiten bei der Durchführung der Reflexionsmessungen zu beachten: Die Reflexionsdämpfung ist das Verhältnis aus einfallender Lichtleistung zur reflektierten Lichtleistung; meist Angabe in Dezibel (positive Werte). Das Rückstreumessgerät ist aber wegen seiner extrem hohen Empfindlichkeit nicht in der Lage, sein eigenes Ausgangssignal zu messen.

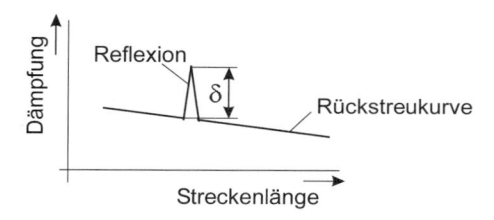

Statt dessen werden die reflektierten Signale auf die rückgestreuten Signale bezogen: Man misst den Abstand δ zwischen der Rückstreukurve und der Spitze der Reflexion.

Bild 4.35: Bestimmung der Reflexionsdämpfung aus der Rückstreukurve

Die Reflexionsdämpfung a_r berechnet sich aus der Rückstreudämpfung a_s und der Höhe der Spitze nach Gleichung (4.17). Der Ausdruck hinter dem Näherungszeichen gilt, falls $\delta > 5$ dB. Der Faktor 2 ergibt sich aus der Tatsache, dass das OTDR wegen des zweimaligen Durchlaufens der Strecke nur die halben Dämpfungswerte anzeigt (vergleiche Abschnitt 4.3.2).

$$a_r = a_s - 10\lg(10^{\delta/5} - 1) \approx a_s - 2\delta \qquad (4.17)$$

Die Rückstreudämpfung hängt vom LWL-Typ und von der Impulsbreite ab. Üblicherweise kann die Rückstreudämpfung, bezogen auf eine bestimmte Impulsbreite (beispielsweise 1 ns), am Rückstreumessgerät eingestellt werden.

Entsprechend der Impulsbreite, mit der jeweils gearbeitet wird, erfolgt eine Umrechnung der Rückstreudämpfungen automatisch im Gerät.

Beachte: Einige Messgeräteanbieter beziehen die Rückstreudämpfung nicht auf 1 ns sondern auf 1 µs Impulsbreite. Dann sind die Werte in der rechten Spalte von Tabelle 4.13 um 30 dB geringer!

Die Rückstreudämpfung für den jeweiligen Lichtwellenleiter muss bekannt sein, wenn eine zuverlässige Reflexionsmessung erfolgen soll. Die meisten Geräte geben Standardwerte vor.

Man sollte sich aber darüber im klaren sein, dass die möglichen Rückstreudämpfungen der Lichtwellenleiter einen sehr großen Bereich überstreichen können.

In Tabelle 4.12 wurden die Rückstreudämpfungen für verschiedene Lichtwellenleiter zusammengestellt.

LWL-Typ	Wellenlänge in nm	Kerndurchmesser in µm	numerische Apertur	Rayleighstreudämpfungskoeffizient in dB/km	Rückstreudämpfung in dB
PCF-Stufenprofil-LWL	850	200	0,37	6,1	55
				4,9	56
		100	0,29	4,9	58
		62,5	0,275	4,3	59
				3,4	60
Gradientenprofil-LWL	850	62,5	0,275	3,2	62
				2,6	63
				2,0	64
		50	0,2	3,0	65
				2,4	**66**
				1,9	67
	1300	62,5	0,275	1,0	67
				0,8	68
				0,6	69
				0,5	70
		50	0,2	1,0	70
				0,8	71
				0,6	**72**
				0,5	73
Single-mode-LWL	1310	8	0,12	0,45	78
				0,36	**79**
				0,29	80
	1550	8	0,12	0,29	80
				0,23	**81**
				0,18	82

Tabelle 4.13: Rückstreudämpfungen typischer Lichtwellenleiter bei 1 ns Impulsbreite (typische Werte fett hervorgehoben).

Ein Fehler bei der Eingabe der Rückstreudämpfung bewirkt einen entsprechenden Fehler der Reflexionsdämpfung. Umgekehrt kann man bei bekannter Reflexionsdämpfung mit Hilfe der Rückstreukurve auf die Rückstreudämpfung des Lichtwellenleiters schließen.

Eine weitere Besonderheit ist, dass bei geringen Reflexionsdämpfungen (also bei hohen Reflexionen) die Gefahr der Übersteuerung besteht. Die Reflexionsspitze wird gesättigt, δ wird zu klein und die Reflexionsdämpfung zu groß gemessen.

Bild 4.36 zeigt eine gesättigte und eine ungesättigte Reflexion. Die gesättigte Reflexion am Ende der Strecke wird anstelle mit 35 dB mit 40,2 dB gemessen. Die Sättigung erkennt man daran, dass die Spitze des Signals ein waagerechtes Dach hat, also beschnitten wurde. Das heißt gerade die Reflexionen, die unter Umständen problematisch sein können, sind wegen der Sättigung nicht messbar.

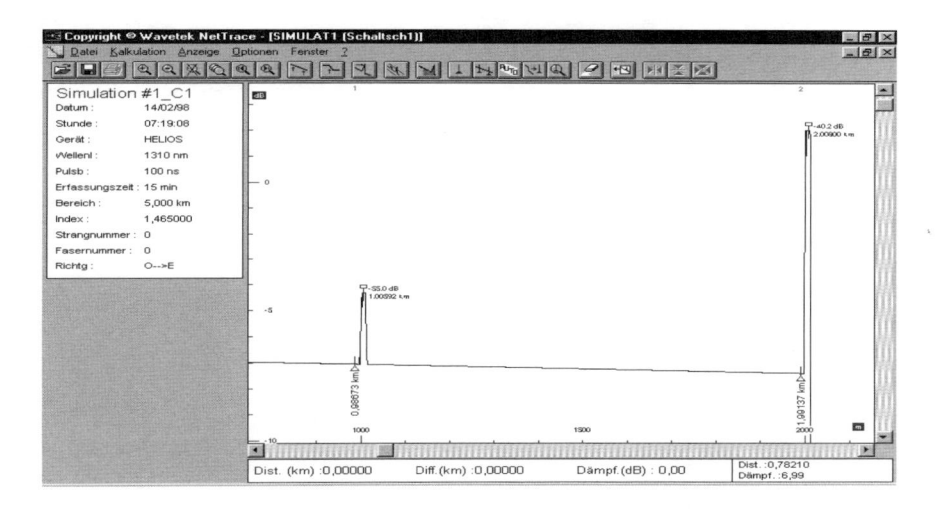

Bild 4.36: Ungesättigte Reflexion (55 dB) und gesättigte Reflexion (35 dB) (Quelle: Wavetek)

Hier kann man sich folgendermaßen behelfen: Man beschafft sich beispielsweise ein 10 dB- und 20 dB-Festwertdämpfungsglied und setzt eines von beiden oder beide an den Anfang der zu messenden Strecken.

So kann man die Rückstreukurve um 10 dB, 20 dB oder 30 dB absenken und damit die Dynamik der Reflexionsmessung um diesen Betrag erhöhen. Das Reflexionspeak wächst und die Sättigung verschwindet. Eine einfachere, aber kostenintensivere Variante ist die Verwendung eines variablen Dämpfungsgliedes.

Bei einigen Rückstreumessgeräten ist es auch möglich, für die Reflexionsmessung die Ausgangsleistung zu reduzieren, wodurch der gleiche Effekt erzielt wird.

Ein weiterer interessanter Punkt ist die Tatsache, dass sich im Rückstreudiagramm stets die Reflexionsspitze mit der Rückstreukurve überlagert. Das heißt, es wird stets die Summe aus diesen beiden Signalen dargestellt, nie die Reflexion allein.

Diese Überlagerung hat zur Folge, dass man auch eine extrem geringe Reflexionsdämpfung, die kleiner als die Rückstreudämpfung selbst ist, darstellen kann. Bild 4.37 veranschaulicht ein Beispiel. Hier wurde bei einer Wellenlänge von 1550 nm und einer Impulsbreite von 5 ns eine Reflexionsdämpfung von 82 dB gemessen. So werden auch die neuerdings geforderten Reflexionsdämpfungen von 70 dB messbar.

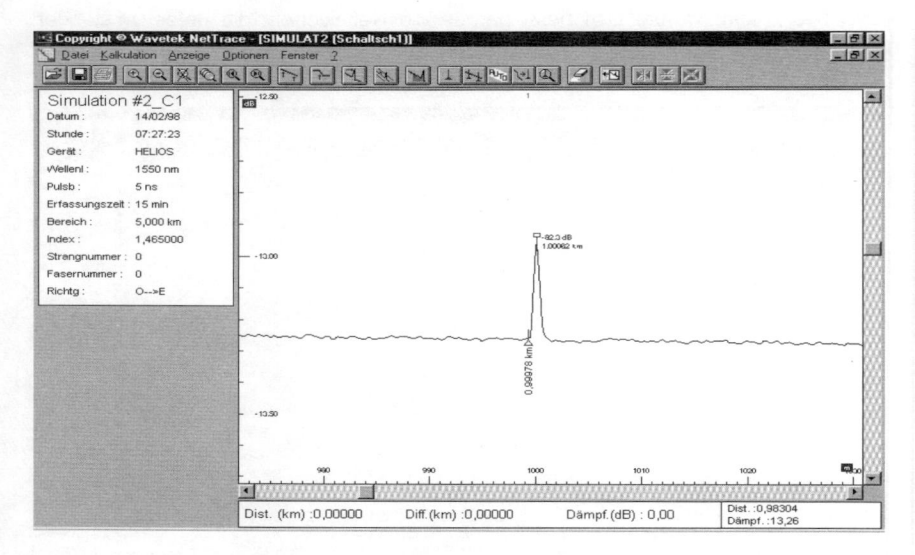

Bild 4.37: Messung einer Reflexionsdämpfung von 82 dB bei einer Rückstreudämpfung von 74 dB (Quelle: Wavetek)

Zur Messung hoher Reflexionsdämpfungen muss die Rückstreukurve niedrig liegen. Das erreicht man durch minimale Impulslänge und maximale Wellenlänge.

4.7.3 Zusammenfassung

Wir fassen die wesentlichen Erkenntnisse zu den Reflexionsmessungen zusammen:

- Neuerdings hat man die Bedeutung von Reflexionen auf der Strecke erkannt und fordert zunehmend Reflexionsmessungen in den Abnahmevorschriften.
- Die Reflexionsmessung der Ereignisse auf der Strecke erfordert keine gesonderte Messtechnik und keinen zusätzlichen Arbeitsaufwand. Die Messwerte kann man der Ereignistabelle, die bei der Rückstreumessung anfällt, entnehmen.
- Es ist die richtige Rückstreudämpfung des Lichtwellenleiters am Messgerät einzustellen und Sättigungen sind zu vermeiden.

4.8 LWL-Überwachungssysteme

Die Sicherheit und die Verfügbarkeit des LWL-Netzes wird immer wichtiger [4.4]. Das betrifft insbesondere sicherheitsrelevante Bereiche (Regierung, Militär, Banken, Börsen, Versicherungen) sowie Strecken, über die hohe Bitraten übertragen werden (hohe Verluste im Havariefall).

Das LWL-Überwachungssystem ermöglicht die Fernüberwachung von LWL-Strecken. Die Überwachung erfolgt durch Rückstreumessung von einer Seite des Lichtwellenleiters, wobei mit optischen Schaltern viele Lichtwellenleiter in einer bestimmten Abfolge an das Messgerät gekoppelt werden.

Die gemessene Rückstreukurve wird mit der Rückstreukurve verglichen, die bei der Einmessung aufgenommen wurde (Referenzkurve). Bei Abweichungen wird eine Warnmeldung oder Alarmmeldung ausgelöst.

Mögliche Fehler im Netz kann man in zwei Kategorien unterteilen:

- Allmähliche Veränderungen der Übertragungsstrecke durch Komponentenalterung (Stecker, Spleiße), durch Einwirkung von Wasser, Staub und andere Umwelt-Einflüsse.
- Plötzliche Änderungen der Eigenschaften der Übertragungsstrecke durch Baumaßnahmen, Feuer, Tiere, Verkehrsunfälle oder Sabotage.

Im ersten Fall registriert das LWL-Überwachungssystems die Veränderungen, setzt eine Warnmeldung ab und der Ausfall der Strecke kann verhindert werden.

Im zweiten Fall ermöglicht das LWL-Überwachungssystem eine schnelle Lokalisierung des Fehlerortes. So können Ausfallzeit und damit verbundene Einnahmeausfälle reduziert werden.

4.8.1 Dunkelfasermessung

Bei der Dunkelfasermessung werden eine oder mehrere für die Übertragung nicht genutzte Fasern gemessen. Ein Eingriff in das eigentliche Übertragungssystem erfolgt nicht (Bild 4.38). Damit können etwa 90 % aller Fehler erkannt werden. Das sind diejenigen Fehler, die auf alle Fasern im Kabel gleichzeitig wirken.

Bei Überwachung von SM-LWL wählt man als Überwachungswellenlänge 1550 nm, weil hier die Faserdämpfung am geringsten und die Makrokrümmungsempfindlichkeit groß ist.

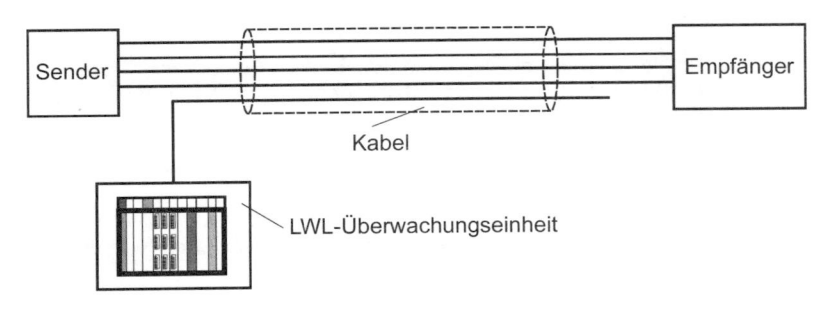

Bild 4.38: Prinzip der Dunkelfasermessung

4.8.2 Messung der aktiven Faser

Es wird der aktive, tatsächlich für die Übertragung genutzte Lichtwellenleiter gemessen. Jeder LWL kann individuell beobachtet und annähernd 100 % der Fehler können erkannt werden (Bild 4.39).

Um die Übertragung nicht zu stören, muss sich die Überwachungswellenlänge von der Wellenlänge der Übertragung unterscheiden. Mit einem wellenlängenselektiven Koppler wird das Überwachungssignal in den aktiven LWL eingekoppelt.

Erfolgt die Übertragung bei 1550 nm, so wird für die Überwachungswellenlänge 1625 nm gewählt.

Am Ende der Strecke befindet sich ein Filter mit wellenlängenselektiven Eigenschaften. Es hat eine geringe Einfügedämpfung für die Übertragungswellenlänge, aber eine hohe Einfügedämpfung für die Überwachungswellenlänge.

Damit wird vermieden, dass das Überwachungssignal auf den Empfänger trifft und diesen stört.

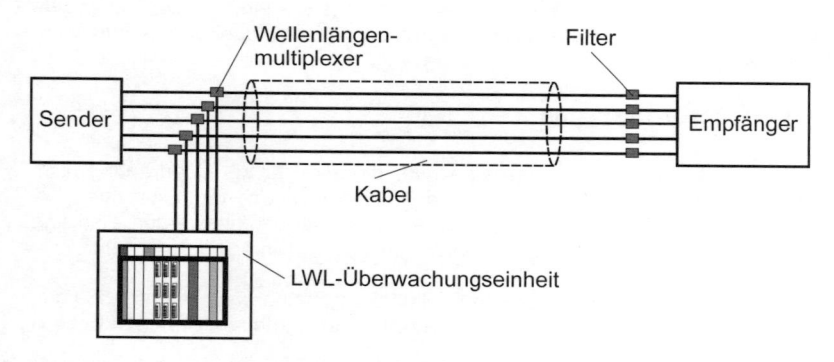

Bild 4.39: Prinzip der Messung der aktiven Faser

Mit dem Prinzip der Messung der aktiven Faser können alle Fehler erkannt werden, die zwischen Wellenlängenmultiplexer und Filter liegen. Fehler durch Alterung des Senders oder Empfängers werden nicht erfasst.

Die Kosten bei Messung der aktiven Faser sind deutlich höher als die Dunkelfasermessung, da wesentlich mehr Lichtwellenleiter zu messen sind.

Außerdem sind zusätzliche optische Komponenten (Multiplexer, Filter) erforderlich, die in die Strecke eingespleißt werden müssen.

4.9 Messungen an DWDM-Systemen

4.9.1 Modifikation der herkömmlichen Messungen

Die rasante Entwicklung der Wellenlängenmultiplex-Technik [4.5] wirft natürlich auch die Frage auf, welche Messungen an einer derartigen Strecke erforderlich sind. Um die ordnungsgemäße Installation zu überprüfen sind generell die gleichen Messungen durchzuführen, wie an einer Singlemode-Strecke, über die nur eine Wellenlänge übertragen wird.

Das ist zum einen die Rückstreumessung, die bidirektional zu erfolgen hat. Allerdings ist eine Messung bei einer Wellenlänge von 1310 nm wenig sinnvoll, da ja vorzugsweise im C-Band, also im Wellenlängenbereich um 1550 nm, gearbeitet wird und ein Teil der neuen (in Abschnitt 1.2 besprochenen) Lichtwellenleiter gar nicht mehr für das zweite optische Fenster spezifiziert sind (beispielsweise der G.655-LWL: vergleiche Abschnitt 1.2.9).

Auf jedem Fall sollte eine Messung bei 1550 nm erfolgen. Werden Wellenlängen oberhalb von 1550 nm genutzt, beispielsweise das L-Band mit Wellenlängen größer als 1600 nm, so ist eine Messung nur bei 1550 nm nicht ausreichend, um die Strecke hinreichend zu charakterisieren. Die wachsende Makrokrümmungsempfindlichkeit bei erhöhter Wellenlänge kann nicht nachgewiesen werden. Obwohl die Dämpfung bei 1550 nm in Ordnung ist, kann sie bei größeren Wellenlängen unakzeptable Werte annehmen. Deshalb muss die Messwellenlänge mindestens so groß wie die größte Übertragungswellenlänge sein.

Hier bietet sich die Wellenlänge 1625 nm an, die als OTDR-Wellenlänge bereits vor Jahren für Faser-Überwachungssysteme eingeführt wurde (vergleiche Abschnitt 4.8). Die Messung bei 1550 nm und 1625 nm ermöglicht wieder den Vergleich der Dämpfungen der diskreten Ereignisse und Rückschlüsse auf Installationsmängel. So ist auch jede Faser für DWDM-Systeme viermal zu messen.

Reflexionsmessungen sind dringend zu empfehlen (vergleiche Abschnitt 4.7), da in DWDM-Systemen rückwirkungsempfindliche Laser arbeiten. Außerdem hat eine Dämpfungsmessung zu erfolgen oder die Dämpfung ist aus der Rückstreukurve zu entnehmen.

4.9.2 Spektrale Messungen

Das entscheidende Messverfahren in DWDM-Systemen sind die spektralen Messungen. Diese erfolgen mit einem optischen Spektrumanalysator (OSA). Das Messgerät zerlegt die optische Leistung in seine Wellenlängenanteile. Das Mess-Ergebnis ist sehr aussagekräftig (Bild 4.40). In Bild 4.40 sind 16 Linien zu erkennen. Diese entsprechen den 16 Wellenlängen, die über den Lichtwellenleiter übertragen werden. Diese Wellenlängen werden exakt gemessen, in einer Tabelle dargestellt und mit den genormten Werten verglichen. Die Höhe der einzelnen Linien entspricht den optischen Kanalleistungen. Leistungsdifferenzen äußern sich in unterschiedlich hohen Linien.

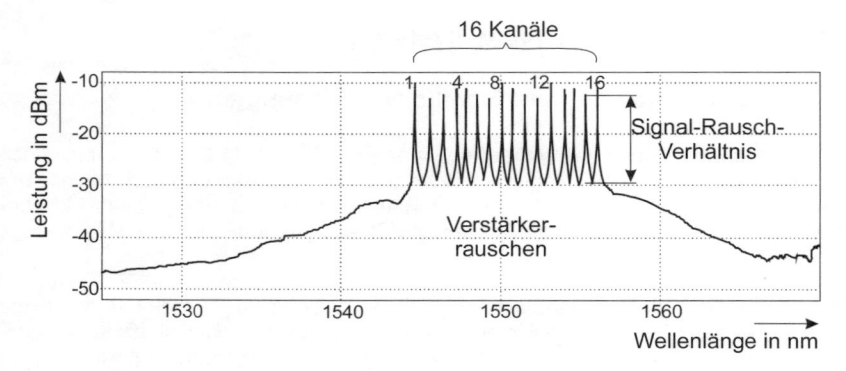

Bild 4.40: Typisches Spektrum eines DWDM-Systems mit 16 Kanälen

Sofern das DWDM-Signal einen Faserverstärker durchlaufen hat, sitzen diese Linien auf einem Rauschsockel, der durch den Faservrstärker verursacht wird.

Der Abstand zwischen Rauschsockel und Spitze der Linie entspricht dem Signal-Rausch-Verhältnis in dem jeweiligen Kanal. Der Vorteil der spektralen Messungen besteht darin, dass alle Kanäle gleichzeitig gemessen werden können.

Das Signal-Rausch-Verhältnis ist zwar ein notwendiges, aber kein hinreichendes Gütekriterium. Durch das Signal-Rausch-Verhältnis werden keine dispersionsbedingten Laufzeitverzerrungen erfasst, die gerade bei hohen Datenraten der begrenzende Effekt sind.

Jeder einzelne Kanal ist durch seine eigene Bitfehlerrate gekennzeichnet. Für die Bitfehlerratenmessung müssen die einzelnen Kanäle selektiert und gemessen werden. Die benötigte Messzeit wächst proportional zur Anzahl der Wellenlängen. Sie ist noch moderat, falls Bitfehlerraten von 10^{-9} gefordert werden.

Sie erhöht sich aber um einen Faktor 1000, falls Bitfehlerraten von 10^{-12} nachzuweisen sind. Dann kann eine Messung am DWDM-System Wochen bis Monate dauern. Dies ist natürlich nicht akzeptabel.

So sucht man nach alternativen Messmethoden. Die Q-Faktor-Messung ermöglicht in guter Näherung einen Wert für die Bitfehlerrate innerhalb einer Minute pro Kanal zu ermitteln. Dabei wird die statistische Verteilung der Einsen und Nullen im Augendiagramm analysiert.

4.9.3 Dispersionsmessungen

Dispersionsmessungen sind nicht generell erforderlich und sind auch keine Besonderheit von DWDM-Systemen. Da aber über DWDM-Systeme meist hohe Einzelkanalbitraten übertragen werden, können Dispersionsmessungen erforderlich werden.

Die Messung der Polarisationsmodendispersion ist erforderlich:

- an Lichtwellenleitern von No-Name-Anbietern bei Bitraten ab 2,5 Gbit/s
- an herkömmlichen Lichtwellenleitern (Fertigung etwa bis 1995) mit nicht minimiertem und unbekanntem PMD-Koeffizient bei Bitraten größer als 2,5 Gbit/s
- an gemischten LWL-Strecken (alte und neue Fasern) bei Bitraten größer als 2,5 Gbit/s
- an allen LWL-Strecken bei Bitraten größer als 10 Gbit/s.

Eine Messung an modernen Lichtwellenleitern mit spezifiziertem (minimiertem) PMD-Koeffizient bis Bitraten von 10 Gbit/s ist meist nicht erforderlich.

Die chromatische Dispersion sollte gemessen werden:

- bei der Anmietung von LWL-Strecken, sofern keine ausreichende Dokumentation vorliegt. Die Strecke kann aus unterschiedlichen Fasertypen bestehen.
- bei großen Streckenlängen und hohen Bitraten (ab 10 Gbit/s) in DWDM-Systemen, die einen breiten Wellenlängenbereich nutzen. Da die chromatische Dispersion von der Wellenlänge abhängt, ermöglicht die CD-Messung eine exakte Dimensionierung der dispersionskompensierenden Bauelemente bzw. Fasern, wodurch eine hohe Kostenersparnis möglich wird.
- in 40Gbit/s-Systemen.

4.9.4 Zusammenfassung

Wir fassen die wesentlichen Erkenntnisse zur Messung an DWDM-Systemen folgendermaßen zusammen:

- An jeder Faser müssen vier Rückstreumessungen durchgeführt werden: aus zwei Richtungen und bei zwei Wellenlängen. Eine der beiden Messwellenlängen sollte mindestens so groß wie die größte Übertragungswellenlänge sein.
- Reflexionsmessungen werden dringend empfohlen.
- Das entscheidende Messverfahren ist die optische Spektrumanalyse.
- Unter Umständen kann eine PMD- bzw. CD-Messung erforderlich sein.

4.10 Literatur

[4.1] Bellcore Standard GR-196-Core, Issue 1, September 1995.
[4.2] M. Ratuszek, J. Zakrzewski, J. Majewski, M. J. Ratuszek.: Process optimisation of the arc fusion splicing different types of single mode telecommunication fibres. Opto-Electr. Rev., 8, no. 2, 2000, S. 161-170.
[4.3] D. Eberlein: OTDR richtig beurteilen. Funkschau Heft 12/2000, S. 32-35.
[4.4] D. Eberlein: Leitfaden Fiber Optic. 1. Auflage, Dr. M. Siebert GmbH, Berlin 2005.
[4.5] D. Eberlein: DWDM - Dichtes Wellenlängenmultiplex. 1. Auflage, Dr. M. Siebert GmbH, Berlin 2003.

5 Optische Übertragungssysteme
Dieter Eberlein

5.1 Systemparameter

Die entscheidenden Parameter zur Realisierung einer optischen Übertragung sind die zu überbrückende Streckenlänge und die zu übertragende Bitrate bzw. Bandbreite [5.1].

Die Streckenlänge wird durch Dämpfung des Nutzsignals entlang der Strecke begrenzt. Der Empfänger benötigt eine bestimmte Mindestleistung, um das Signal von den Rauscheinflüssen, denen der Empfänger stets unterliegt, trennen zu können. Diese Mindestleistung (Empfängerempfindlichkeit) hängt von der Bandbreite ab. Bei höheren Bandbreiten sind höhere Leistungen erforderlich, da der Empfänger stärker rauscht.

Der erforderliche Abstand zwischen Signal und Rauschen hängt auch von der Art der Modulation ab: Während ein digitales System bei einem Signal-zu-Rausch-Verhältnis von 20 dB fehlerfrei arbeitet, sind bei analogen Systemen Signal-zu-Rausch-Verhältnisse bis 55 dB erforderlich. Ein höheres Signal-zu-Rausch-Verhältnis am Empfänger erfordert eine höhere Senderleistung oder eine geringere Streckenlänge, sofern die wesentlichen Rauschanteile durch den Empfänger verursacht werden.

Weitere Rauschanteile können durch den Sender, den Lichtwellenleiter und durch die Wechselwirkung zwischen beiden verursacht werden (Modenverteilungsrauschen, Amplitudenintensitätsrauschen, Rauschen durch optische Rückkopplung, Modenrauschen).

Die übertragbare Bitrate bzw. Bandbreite wird durch Dispersionseffekte (vergleiche Abschnitt 1.2) auf dem Lichtwellenleiter begrenzt. Durch die Dispersion wird der Impuls entlang der Strecke verbreitert.

Die Systemkomponenten sind so zu wählen, dass die Übertragung mit hinreichender Sicherheit weder dämpfungsbegrenzt noch dispersionsbegrenzt ist. Es ist jedoch wenig sinnvoll, einen hohen Aufwand bezüglich der Reduktion der Dispersion zu treiben, wenn das System dämpfungsbegrenzt ist und umgekehrt. Es ist bezüglich der Erfüllung beider Anforderungen zu optimieren.

Für die Systemplanung müssen die Parameter der einzelnen Komponenten bekannt sein.

Bei der Planung unter dem Aspekt der Dämpfung müssen die Leistung des Senders, die Empfindlichkeit des Empfängers in Abhängigkeit von der zu übertragenden Bitrate bzw. Bandbreite, die Dämpfungskoeffizienten und Längen der Lichtwellenleiter, die Dämpfung der Stecker, der Spleiße und der optischen Komponenten bekannt sein.

Bei der Planung unter dem Aspekt der Dispersion müssen die Bitrate bzw. Bandbreite und Längen der Lichtwellenleiter vorliegen.

Bei Multimode-Übertragung benötigt man das Bandbreite-Längen-Produkt. Bei hochbitratigen Systemen (beispielsweise Gigabit-Ethernet) müssen außerdem der Koeffizient der Materialdispersion des LWL und die spektralen Eigenschaften des Senders bekannt sein (vergleiche Abschnitte 1.2.4 und 5.4.4).

In der Singlemode-Technik sind die Kenntnis des Koeffizienten der chromatischen Dispersion des LWL und die spektralen Eigenschaften des optischen Senders erforderlich (vergleiche Abschnitt 1.2.5).

In hochbitratigen Singlemode-Systemen ist auch der Koeffizient der Polarisationsmodendispersion des Lichtwellenleiters zu berücksichtigen (vergleiche Abschnitt 1.2.11). Schließlich sind die Bandbreite von Sender und Empfänger zu beachten.

Auch spielt der Aspekt der Reflexionen, die durch die Strecke bewirkt werden, bei der Systemplanung eine wichtige Rolle. Zur Reduktion der Reflexionen setze man geeignete reflexionsarme Stecker ein (vergleiche Abschnitt 2.4.3). Außerdem kann ein optischer Isolator am Ausgang des Senders die rückfließenden Leistungen unterdrücken.

Zusammenfassend ist zu vermerken: Bei der Planung eines LWL-Systems muss die Auswahl der Komponenten so erfolgen, dass weder Dämpfung noch Dispersion die Übertragung stören. Darüber hinaus sind bestimmte Anforderungen bezüglich der Leistungsrückflüsse zu erfüllen.

5.2 Planung des Dämpfungsbudgets

Es sei P_T^{max} die maximale und P_T^{min} die minimale Leistung, die der Sender in die Faser koppelt. Es sei P_R^{max} die maximale Leistung, die der Empfänger verarbeiten kann (Sättigungsleistung) und P_R^{min} die minimale Leistung, die der Empfänger benötigt (Empfängerempfindlichkeit).

Die maximal zulässige Streckendämpfung a_{zul}^{max} in Dezibel ist die Differenz aus minimal eingekoppelter Leistung (in dBm) und Empfängerempfindlichkeit (in dBm):

$$a_{zul}^{max} \text{ in dB} = P_T^{min} \text{ in dBm} - P_R^{min} \text{ in dBm} \tag{5.1}$$

Die mindestens erforderliche Streckendämpfung a_{zul}^{min} in Dezibel ist die Differenz aus maximal eingekoppelter Leistung (in dBm) und Sättigungsleistung (in dBm):

$$a_{zul}^{min} \text{ in dB} = P_T^{max} \text{ in dBm} - P_R^{max} \text{ in dBm} \tag{5.2}$$

Falls $P_R^{max} \geq P_T^{max}$, ist keine minimale Streckendämpfung erforderlich. Die Dynamik des Empfängers in dB ist die Differenz aus Sättigungsleistung des Empfängers (in dBm) und Empfängerempfindlichkeit (dBm):

$$D \text{ in dB} = P_R^{max} \text{ in dBm} - P_R^{min} \text{ in dBm} \tag{5.3}$$

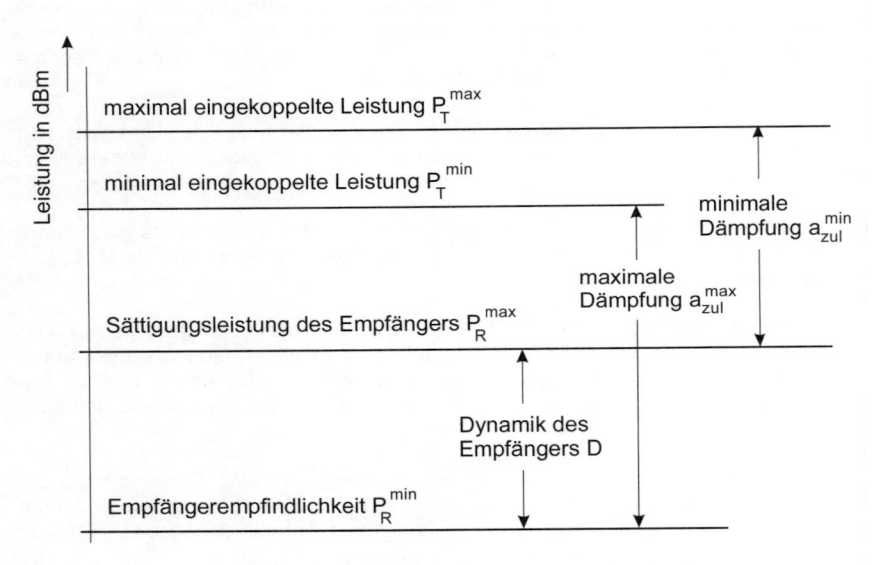

Bild 5.1: Beziehungen zwischen den Leistungen von Sender und Empfänger

Beispiel:

P_T^{max} = 0 dBm, P_T^{min} = -5 dBm, P_R^{max} = -10 dBm, P_R^{min} = -34 dBm:
Daraus ergibt sich: a_{zul}^{max} = 29 dB, a_{zul}^{min} = 10 dB, D = 24 dB.

Die Summe der Dämpfungen der Systemkomponenten ergibt die Streckendämpfung a_{St}. Es ist $a_{zul}^{min} \leq a_{St} \leq a_{zul}^{max}$ zu gewährleisten.

Die Streckendämpfung ist sowohl nach oben, kann aber auch nach unten begrenzt sein.

Falls die Streckendämpfung zu gering ist, kommen optische Dämpfungsglieder zum Einsatz. Die Streckendämpfung a_{St} berechnet sich folgendermaßen:

$$a_{St} = \sum_{n=1}^{N} L_n \cdot \alpha_n + k \cdot a_{Spleiß} + m \cdot a_{Stecker} + a_{Komponente} + L_{ges} \cdot \alpha_{Res} \tag{5.4}$$

Dabei sind N die Anzahl, L_n die Längen der LWL-Abschnitte und α_n die zugehörigen Dämpfungskoeffizienten. Es ist k die Anzahl der Spleiße, $a_{Spleiß}$ die mittlere Spleißdämpfung, m die Anzahl der Stecker, $a_{Stecker}$ die mittlere Steckerdämpfung, $a_{Komponente}$ die Dämpfung optischer Komponenten auf der Strecke (Koppler, dispersionskompensierende Bauelemente usw.) und der letzte Summand steht für eine Systemreserve.

Es ist L_{ges} die Gesamtlänge, die sich aus der Summe der Teillängen L_n ergibt und α_{Res} ein Dämpfungskoeffizient, der die Systemreserve bezogen auf die Streckenlänge, beinhaltet. Eine Systemreserve ist stets zu berücksichtigen, da sich durch Reparaturen und Umwelteinflüsse die Dämpfung der Strecke erhöhen kann.

Die Dämpfungskoeffizienten der Faserabschnitte α_n hängen vor allem von der Wellenlänge ab (vergleiche Abschnitt 1.1.6). Typische mittlere Spleißdämpfungen liegen bei 0,10 dB. Die Steckerdämpfungen hängen von einer Vielzahl von Parametern ab. Sie können zwischen < 0,1 dB und 1,5 dB liegen.

Der Dämpfungskoeffizient der Systemreserve unterliegt ebenfalls einem großen Schwankungsbereich. Bei langen Strecken und Übertragung bei 1550 nm kann er mit 0,05 dB/km veranschlagt werden.

Bei kurzen Strecken kann die Systemreserve als eine Größe angegeben werden, die unabhängig von der Streckenlänge ist, beispielsweise 3 dB.

Die anzusetzenden Werte hängen stark vom LWL-Typ, der Qualität des LWL, der Leistungsfähigkeit des Spleißgerätes und vom Steckverbindertyp ab.

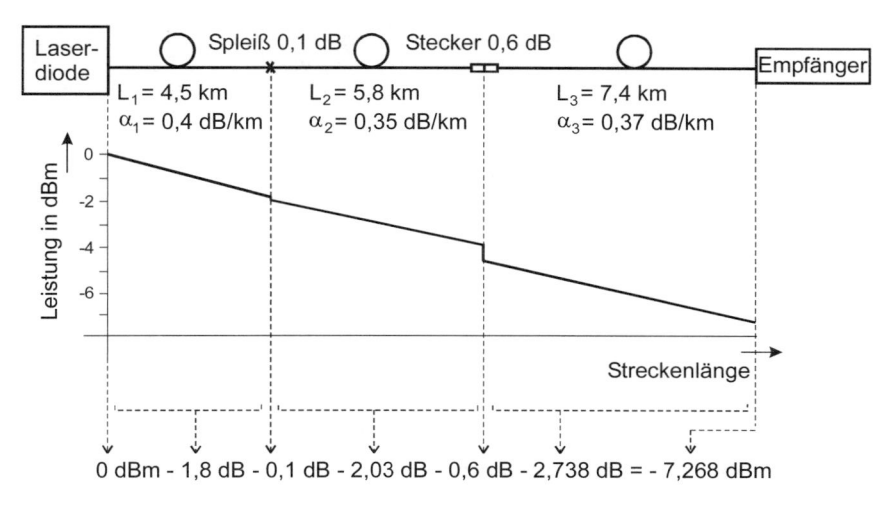

Bild 5.2: Pegeldiagramm

Im Pegeldiagramm wird die Leistung im Lichtwellenleiter als Funktion der Länge aufgetragen. Die Leistung wird in logarithmischen Einheiten dargestellt, so dass der exponentielle Abfall im Lichtwellenleiter als Gerade erscheint. Die obere Zeile im Bild 5.2 zeigt die Leistung des Senders und die Leistung am Empfänger sowohl in mW als auch in dBm. In der unteren Zeile stehen die zu den einzelnen Teilen der Übertragungsstrecke gehörenden Dämpfungen.

Man erkennt drei Teilstrecken mit unterschiedlichen Dämpfungskoeffizienten. Diese äußern sich in einer unterschiedlich starken Neigung im Pegeldiagramm. Stecker- und Spleißdämpfungen werden als Stufen sichtbar.

Beispiel: Budgetplanung Multimode-Strecke, Länge 3 km, Wellenlänge 850 nm

- Ausgangsleistung des Senders: -10 dBm bis -5 dBm.
- Empfängerempfindlichkeit: -31 dBm
- Sättigungsleistung des Empfängers: -10 dBm.

Daraus ergibt sich eine maximal zulässige Streckendämpfung von 21 dB und eine mindestens erforderliche Streckendämpfung von 5 dB.

- Dämpfungskoeffizient: 2,5 dB/km bis 3 dB/km => Faserdämpfung 7,5 dB/km bis 9 dB.
- Vier Stecker á 0,2 dB bis 0,5 dB: Gesamt 0,8 dB bis 2 dB.
- Fünf Spleiße á 0,0 dB bis 0,1 dB: Gesamt 0,0 dB bis 0,5 dB.
- Systemreserve: 3 dB.

Daraus ergibt sich eine Streckendämpfung von 8,3 dB bis 14,5 dB.
Die Streckendämpfung liegt innerhalb des Toleranzbereiches der Faserdämpfung!

Zusammenfassend halten wir fest: Bei der Planung des Leistungsbudgets müssen die Parameter aller Systemkomponenten berücksichtigt werden. Das Pegeldiagramm ist ein Hilfsmittel, um sich den Leistungsabfall im Lichtwellenleiter zu veranschaulichen.

5.3 Systemplanung

5.3.1 Grundlagen

Dämpfungsbegrenzung und Dispersionsbegrenzung

Ab einer bestimmten Streckenlänge wird die Dispersion so groß, dass keine fehlerfreie Übertragung mehr möglich ist. Bei sehr hohen Bandbreiten kann diese Länge geringer sein, als diejenige, bei der Dämpfungsbegrenzung eintritt. Dann ist das System nicht mehr dämpfungsbegrenzt sondern dispersionsbegrenzt.

Bei welchen Streckenlängen und Bandbreiten die Dispersionsbegrenzung wirksam wird, hängt vom konkreten System ab. Die Zusammenhänge sind sehr komplex. Die folgenden Darlegungen sollen die prinzipielle Herangehensweise bei der Systemplanung und die grundlegenden Zusammenhänge aufzeigen. Die Ergebnisse hängen von den jeweiligen Parametern der Komponenten des Systems ab.

Ziel der Überlegungen ist es, zwei Beziehungen zwischen Streckenlänge und Bandbreite zu finden. Die eine Relation soll die Dämpfungsbegrenzung und die andere Relation die Dispersionsbegrenzung beschreiben. Beide Gleichungen werden in einem Diagramm „Streckenlänge als Funktion der Bandbreite" grafisch dargestellt. Die Lage der beiden Kurven lässt dann Aussagen über die Eigenschaften des Systems in Abhängigkeit von den Parametern der Komponenten des Systems zu.

Zunächst wird der Zusammenhang zwischen Streckenlänge und Bandbreite für den Fall der Dämpfungsbegrenzung abgeleitet:

Die maximal zulässige Dämpfung hängt von der Empfängerempfindlichkeit ab. Dabei wird die Empfängerempfindlichkeit als der Leistungspegel definiert, der erforderlich ist, um ein bestimmtes Signal-Rausch-Verhältnis zu realisieren. Die Empfängerempfindlichkeit hängt wiederum von der Bandbreite, dem geforderten Signal-Rausch-Verhältnis (bzw. bei digitaler Übertragung von der Bitfehlerrate) aber auch von der konkreten Empfängerkonfiguration ab.

Die Empfängerempfindlichkeit verringert sich etwa umgekehrt proportional zur Bandbreite. Theoretisch erreichbare Empfängerempfindlichkeiten liegen deutlich über den praktisch realisierten Werten. Die realen Empfängerempfindlichkeiten hängen vom optischen Fenster und damit vom Material der Empfängerdiode, vom Typ des Vorverstärkers und vom Typ der Photodiode (PIN- oder Lawinen-Photodiode) ab.

Die Abhängigkeit der Empfängerempfindlichkeit P_R^{min} von der Bandbreite für digitale Systeme (Bitfehlerrate 10^{-9}) kann man näherungsweise durch folgende Beziehung modellieren, die als ein Mittelwert aus den Parametern der auf dem Markt befindlichen Empfänger zu verstehen ist:

$$P_R^{min}/dBm \sim -10(n - \lg\frac{B}{B_0}) \quad \text{wobei } B_0 = 1\text{ MHz und } B \geq 1\text{ MHz} \tag{5.5}$$

Dabei ist n eine gebrochene Zahl, die von der Übertragungswellenlänge abhängt. Näherungsweise ist n = 5,5 für $\lambda \approx 650$ nm, n = 5,8 für $\lambda \approx 850$ nm, n = 6,1 für $\lambda \approx 1300$ nm und n = 6,3 für $\lambda \approx 1550$ nm.

Hieraus folgt für eine Übertragungsbandbreite von 1 MHz eine Empfängerempfindlichkeit von $P_R^{min} \approx -55$ dBm bei 650 nm, $P_R^{min} \approx -58$ dBm bei 850 nm, $P_R^{min} \approx -61$ dBm bei 1300 nm und $P_R^{min} \approx -63$ dBm bei 1550 nm. Die Empfängerempfindlichkeit wächst mit wachsender Wellenlänge an.

Gleichung (5.5) ist nützlich für die weiteren Ausführungen, um die Zusammenhänge zwischen Dämpfungsbegrenzung und Dispersionsbegrenzung darzustellen. Es sei jedoch darauf hingewiesen, dass im konkreten Fall die jeweilige Empfängerempfindlichkeit zu Grunde zu legen ist, die von Gleichung (5.5) abweichen kann!

Mit wachsender Bandbreite sinkt die Empfängerempfindlichkeit. Aus Gleichung (5.5) ergibt sich für eine Bandbreite von 1 GHz im 2. optischen Fenster $P_R^{min} \approx -31$ dBm und im 3. optischen Fenster $P_R^{min} \approx -33$ dBm.

Die am Empfänger ankommende Leistung hängt von der in den Lichtwellenleiter am Anfang der Strecke eingekoppelten Leistung und der Dämpfung des Übertragungssystems ab. Legt man einen mittleren Dämpfungskoeffizienten $\bar{\alpha}$ zu Grunde, der außer dem Dämpfungskoeffizienten des Lichtwellenleiters auch alle anderen Dämpfungseffekte bezogen auf die Länge enthält (Spleiße, Stecker, usw.), so ergibt sich aus Gleichung (5.1):

$$\bar{\alpha}L = P_T^{min}/dBm - P_R^{min}/dBm \qquad (5.6)$$

Für P_T^{min} ist die Leistung einzusetzen, die auf der Senderseite mindestens in den Lichtwellenleiter eingekoppelt wird und P_R^{min} ist durch (5.5) zu ersetzen. Dann erhält man die gesuchte Beziehung zwischen Bandbreite und Streckenlänge für den Fall der Dämpfungsbegrenzung.

Modifiziertes Bandbreite-Längen-Produkt

Üblicherweise wird das Bandbreite-Längen-Produkt BLP als das Produkt aus übertragbarer Bandbreite B und überbrückbarer Streckenlänge L definiert:

$$BLP = B \cdot L \quad \Leftrightarrow \quad B = BLP/L \qquad (5.7)$$

In kurzen Multimode-Fasern wachsen tatsächlich die Laufzeitunterschiede zwischen den Moden proportional zur Faserlänge L an. Die Bandbreite B reduziert sich umgekehrt proportional zur Streckenlänge. Das Produkt aus Bandbreite und Länge ist konstant (Gleichung (5.7)).

In langen Multimode-Fasern dagegen, wachsen die Laufzeitunterschiede infolge von Modenmischung langsamer als die Faserlänge und daher ist in der Regel B > BLP/L. Bei sehr großen Längen wird die Bandbreite aus statistischen Gründen nicht mehr proportional 1/L (Gleichung (5.7)), sondern proportional $1/\sqrt{L}$ sein. Allgemein gilt folgende Abhängigkeit:

$$B = K_0 \cdot L^{-\gamma} \qquad (5.8)$$

Dabei ist K_0 ein Maß für die Bandbreite und γ der sogenannte Längenexponent (γ-Faktor). Dieser kann folgende Werte annehmen:

$$0{,}5 < \gamma \leq 1 \qquad (5.9)$$

Der Längenexponent hängt selbst von der Länge ab. Er ist bei kurzen LWL-Längen ($\approx$ 1 km) gleich 1 und nähert er sich 0,5 bei sehr großen Längen. Typische Werte liegen bei 0,8.

Die Bestimmung des Längenexponenten ist nur experimentell möglich, indem man die Bandbreite des Lichtwellenleiters als Funktion der Länge misst.

Hierfür muss man die Strecke schrittweise verlängern, durch Ankopplung einzelner LWL-Abschnitte. Wir schreiben nun anstelle Gleichung (5.7):

$$BLP_1 = B_1 \cdot L_1 \qquad (5.10)$$

Dabei ist BLP_1 das Bandbreite-Längen-Produkt bei einem Kilometer Streckenlänge, B_1 die Bandbreite bei einem Kilometer Streckenlänge und $L_1 = 1$ km. Gleichung (5.8) formen wir folgendermaßen um:

$$\frac{B}{B_1} = \left(\frac{L}{L_1}\right)^{-\gamma} \qquad (5.11)$$

Das heißt es wird die tatsächliche Bandbreite B auf die Bandbreite B_1 bei 1 km Streckenlänge und die Länge L auf $L_1 = 1$ km normiert. Jetzt setzen wir noch B = BLP/L und $B_1 = BLP_1/L$. Nach einigen Umformungen folgt aus Gleichung (5.11):

$$BLP_1 = \left(\frac{L}{L_1}\right)^{\gamma-1} \cdot BLP \qquad (5.12)$$

Bei Fasern mit optimiertem Brechzahlprofil für hochbitratige Anwendungen im ersten optischen Fenster (Gigabit-Ethernet, 10 Gigabit-Ethernet) wird die Bandbreite für eine typische Länge angegeben (beispielsweise 550 m für Gigabit-Ethernet bzw. 300 m für 10 Gigabit-Ethernet). Hier sind Streckenlängen von einem Kilometer oder darüber nicht von praktischem Interesse.

Laut ITU-T G.651 und IEC 60793-2-10 wird bei herkömmlichen Fasern die Bandbreite linear auf 1 km genormt. Entsprechend spezifizieren die Faserhersteller die Bandbreiten-Längen-Produkte ihrer Fasern. Sie beziehen die Bandbreite linear auf einen Kilometer.

Das heißt der Längenexponent wird nicht berücksichtigt. Das bei einer bestimmten Fertigungslänge (1,1 km; 2,2 km; 4,4 km; 8,8 km; 17,6 km) ermittelte Bandbreite-Längen-Produkt wird gleich dem Bandbreite-Längen-Produkt bei einem Kilometer gesetzt. Wie groß ist der Fehler wenn so vorgegangen wird?

Wir können BLP_1 in Gleichung (5.12) als das tatsächliche Bandbreiten-Längen-Produkt bei einem Kilometer Faserlänge auffassen, L ist die Länge bei der das Bandbreite-Längen-Produkt gemessen wurde und BLP die bei dieser Länge ermittelte Bandbreite. Ein typischer Wert des Längenexponenten ist $\gamma \approx 0{,}8$. Dann folgt aus Gleichung (5.12):

$$BLP_1 = \left(\frac{L}{L_1}\right)^{\gamma-1} \cdot BLP = \left(\frac{L}{L_1}\right)^{-0{,}2} \cdot BLP \qquad (5.13)$$

BLP =	600 MHz·km	1000 MHz·km	1200 MHz·km	2000 MHz·km
L = 1,1 km	588 MHz·km	981 MHz·km	1177 MHz·km	1962 MHz·km
L = 2,2 km	512 MHz·km	854 MHz·km	1025 MHz·km	1708 MHz·km
L = 4,4 km	446 MHz·km	744 MHz·km	893 MHz·km	1488 MHz·km
L = 8,8 km	388 MHz·km	647 MHz·km	776 MHz·km	1294 MHz·km
L = 17,6 km	338 MHz·km	564 MHz·km	677 MHz·km	1128 MHz·km

Tabelle 5.1: Tatsächliches Bandbreite-Längen-Produkt bei einem Kilometer (BLP_1) in Abhängigkeit vom spezifiziertem Bandbreite-Längen-Produkt BLP (obere Zeile) und der gemessenen Faserlänge L (linke Spalte) bei einem Längenexponenten $\gamma = 0,8$.

Aus Tabelle 5.1 ist ersichtlich, dass die Abweichung zwischen dem tatsächlichen Bandbreite-Längen-Produkt bei einem Kilometer und dem angegebenen Bandbreite-Längen-Produkt umso größer ist, je größer die gemessene Länge ist.

Überlagerung der Bandbreiten der Einzelkomponenten

Die Systembandbreite B_{System} wird nicht nur durch die Dispersionseffekte im Lichtwellenleiter begrenzt, sondern sie ergibt sich aus der Überlagerung der Bandbreiten der Einzelkomponenten des Übertragungssystems, also auch der Bandbreite des Senders B_{Sender} und des Empfängers $B_{Empfänger}$.

Die Frequenzabhängigkeit einer Systemkomponente wird durch die Übertragungsfunktion H(f) beschrieben.

Die Bandbreite ist diejenige Frequenz, bei der das übertragene Signal um 50 % gegenüber dem Wert bei der Frequenz Null abgefallen ist:

$$\frac{H(f = B)}{H(f = 0)} = 0,5 \tag{5.14}$$

Die Übertragungsfunktion $H(f)_{System}$ des LWL-Systems ergibt sich aus dem Produkt der Übertragungsfunktionen der einzelnen Komponenten des Systems:

$$H(f)_{System} = H(f)_{Sender} \cdot H(f)_{LWL} \cdot H(f)_{Empfänger} \tag{5.15}$$

Dabei ist:

- $H(f)_{Sender}$: Übertragungsfunktion des Senders
- $H(f)_{LWL}$: Übertragungsfunktion des Lichtwellenleiters
- $H(f)_{Empfänger}$: Übertragungsfunktion des Empfängers

Oftmals kann man in guter Näherung annehmen, dass die Übertragungsfunktion den Verlauf einer Gaußfunktion hat. Dann gilt für die Frequenzabhängigkeit der Übertragungsfunktion von Sender, Lichtwellenleiter bzw. Empfänger:

$$H(f)_{Sender} = H(f=0)_{Sender} \cdot e^{-\ln 2 \cdot \left(\frac{f}{B_{Sender}}\right)^2}$$

$$H(f)_{LWL} = H(f=0)_{LWL} \cdot e^{-\ln 2 \cdot \left(\frac{f}{B_{LWL}}\right)^2} \quad (5.16)$$

$$H(f)_{Empfänger} = H(f=0)_{Empfänger} \cdot e^{-\ln 2 \cdot \left(\frac{f}{B_{Empfängerr}}\right)^2}$$

Durch Einsetzen der Gleichungen (5.16) in Gleichung (5.15) erhält man:

$$H(f)_{System} = H(f=0)_{Sender} \cdot H(f=0)_{LWL} \cdot H(f=0)_{Empfänger} \cdot e^{-\ln 2 \cdot f^2 \cdot \left(\frac{1}{B_{Sender}^2 + B_{LWL}^2 + B_{Empfänger}^2}\right)} \quad (5.17)$$

Die Übertragungsfunktion des Systems kann ebenfalls als gaußförmig angenommen werden:

$$H(f)_{System} = H(f=0)_{System} \cdot e^{-\ln 2 \cdot \left(\frac{f}{B_{System}}\right)^2} \quad (5.18)$$

Durch Vergleich von (5.17) mit (5.18) erhält man zum einen:

$$H(f=0)_{System} = H(f=0)_{Sender} \cdot H(f=0)_{LWL} \cdot H(f=0)_{Empfänger} \quad (5.19)$$

Zum anderen ergibt sich durch Vergleich der Exponenten für die Systembandbreite:

$$B_{System} = \frac{1}{\sqrt{\left(\frac{1}{B_{Sender}}\right)^2 + \left(\frac{1}{B_{LWL}}\right)^2 + \left(\frac{1}{B_{Empfänger}}\right)^2}} \quad (5.20)$$

Aus Gleichung (5.20) erkennt man, dass die Systembandbreite stets kleiner als die kleinste Bandbreite der Einzelkomponenten ist. In den Beispielen im folgenden Abschnitt wird der Einfluss des Senders und des Empfängers vernachlässigt.

Für sehr geringe Streckenlängen ist jedoch die Bandbreite des Lichtwellenleiters sehr groß. Dann wird die Systembandbreite durch die Sender- und die Empfängerschaltung begrenzt.

Sinngemäß ergibt sich die Bandbreite des Lichtwellenleiters aus einer Überlagerung (im Allgemeinen) mehrerer Dispersionseffekte:

- Im Stufenprofil-LWL dominiert die Modendispersion, alle anderen Dispersionseffekte sind vernachlässigbar. Man kann $B_{LWL} = B_{MOD}$ setzen.

- Im Parabelprofil-LWL ist die Modendispersion wesentlich geringer und wird als Profildispersion wirksam. Hier kann bereits die Materialdispersion Einfluss haben (vergleiche Abschnitt 1.2.4). Die Bandbreite des Lichtwellenleiters ergibt sich nach

Division durch L aus Gleichung (1.27) und erhält die analoge Gestalt wie Gleichung (5.20):

$$B_{LWL} = \frac{1}{\sqrt{\left(\dfrac{1}{B_{MAT}}\right)^2 + \left(\dfrac{1}{B_{MOD}}\right)^2}} \tag{5.21}$$

- Im Singlemode-LWL entfällt die Modendispersion, aber neben der Materialdispersion wirkt noch die Wellenleiterdispersion (vergleiche Abschnitt 1.2.5). Aus den Gleichungen (1.29), (1.31) und (1.32) folgt für die Bandbreite:

$$B_{LWL} \approx \frac{0{,}4}{L \cdot HWB \cdot (D_{MAT} + D_{WEL})} \tag{5.22}$$

- Während sich Materialdispersion und Modendispersion im Multimode-LWL stets addieren und damit zu einer Verringerung der Bandbreite führen, können sich Materialdispersion und Wellenleiterdispersion im Singlemode-LWL (zumindest teilweise) kompensieren (vergleiche Abschnitt 1.2.5), was eine Erhöhung der Bandbreite verursacht.

5.3.2 Digitale Systeme

LWL-Systeme sind vorwiegend für die Übertragung digitalen Signale ausgelegt. Bei einem digitalen Signal sind nur bestimmte diskrete Werte zulässig. Dadurch kann der digitale Empfänger prinzipiell das Originalsignal perfekt rekonstruieren, sofern die Störungen bestimmte Grenzen nicht überschreiten. Die große Toleranz der Digitalübertragung gegenüber Störungen ist der Grund für die große Verbreitung der Digitaltechnik. Signal-Rausch-Verhältnisse von weniger als 20 dB ermöglichen bereits sehr kleine Bitfehlerraten $<10^{-9}$. Die folgenden Beispiele beziehen sich ausschließlich auf digitale Systeme.

Bild 5.3 auf der folgenden Seite zeigt charakteristische Systeme im ersten optischen Fenster. Die begrenzende (durchgezogene) Linie setzt sich im Allgemeinen aus zwei Abschnitten zusammen: Links die Kurve der Dämpfungsbegrenzung, rechts die Kurve der Dispersionsbegrenzung. Der Teil der Kurve, der das System nicht begrenzt, ist gestrichelt dargestellt. Beachte: Länge: lineare Darstellung; Bandbreite: logarithmische Darstellung!

Für die Empfängerempfindlichkeit wurde Formel (5.5) berücksichtigt. Der Längenexponent wurde gleich 1 gesetzt. Kleinere Längenexponenten würden die Kurve der Dispersionsbegrenzung und damit auch den Schnittpunkt mit der Kurve der Dämpfungsbegrenzung nach rechts verschieben. Die Dispersionsbegrenzung würde später einsetzen. Es wurden die folgenden Beispiele dargestellt:

1. Stufenprofil-LWL (PCF): $BLP_{LWL} = 20$ MHz·km, $\overline{\alpha} = 7$ dB/km, Laserdiode: $P_T = 5$ mW $\equiv 7$ dBm. Man erkennt aus Kurve 1, dass bereits bei sehr geringen Bandbreiten (etwa 2 MHz) die Dispersionsbegrenzung eintritt.

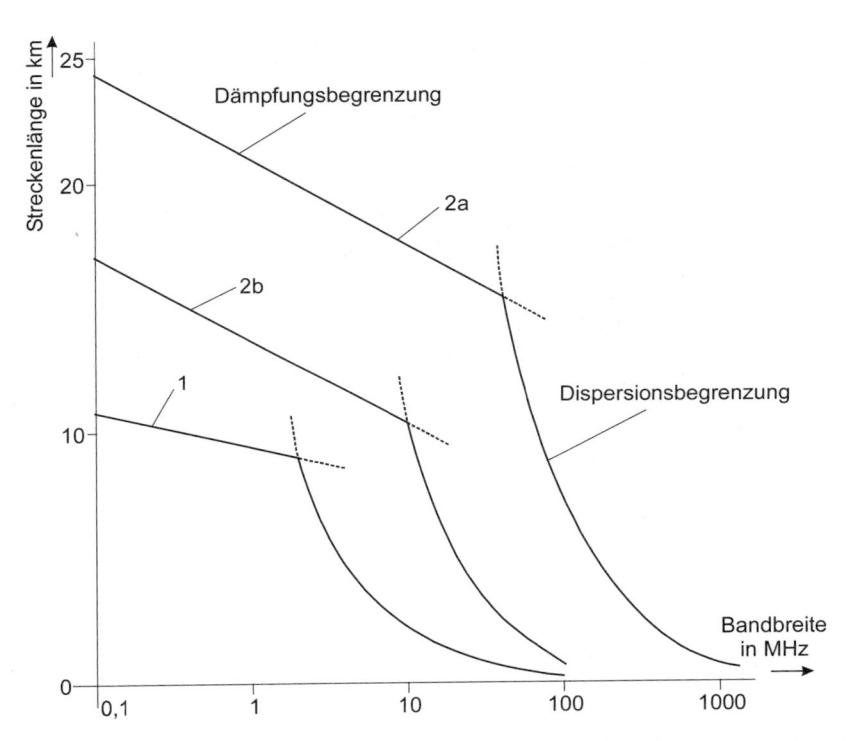

Bild 5.3: Beispiele für überbrückbare Entfernungen in Abhängigkeit von der Bandbreite für Systeme im ersten optischen Fenster

2a. Parabelprofil-LWL, Typ A1a: BLP_{LWL} = 700 MHz·km (Materialdispersion vernachlässigt), $\overline{\alpha}$ = 3 dB/km, Laserdiode: P_T = 3 mW ≙ 4,8 dBm: Dispersionsbegrenzung etwa bei 45 MHz.

2b. Parabelprofil-LWL, Typ A1a: BLP_{MOD} = 700 MHz·km, $\overline{\alpha}$ = 3 dB/km, Lumineszenzdiode: P_T = 20 µW ≙ -17 dBm, HWB = 40 nm, D_{MAT} = -100 ps/nm/km, BLP_{MAT} = 100 MHz·km. Im Gegensatz zu Beispiel 2a bewirkt jetzt der Sender eine nicht vernachlässigbare Materialdispersion.

Das resultierende Bandbreite-Längen-Produkt ergibt sich aus der Überlagerung der Bandbreite-Längen-Produkte infolge Materialdispersion und infolge Modendispersion. Durch Multiplikation von Gleichung (5.21) mit L folgt:

$$BLP_{LWL} = \frac{1}{\sqrt{\left(\frac{1}{BLP_{MAT}}\right)^2 + \left(\frac{1}{BLP_{MOD}}\right)^2}} = 99 \text{ MHz·km} \qquad (5.23)$$

Die Kurve 2b liegt folglich unter der Kurve 2a wegen der geringeren eingekoppelten Leistung (im Bereich der Dämpfungsbegrenzung) und wegen des geringeren Bandbreite-Längen-Produktes (im Bereich der Dispersionsbegrenzung). Die Dispersionsbegrenzung wird etwa ab 9,6 MHz wirksam.

Bild 5.4 zeigt die Verhältnisse bei Verwendung eines 62,5 µm-LWL:

3a. Parabelprofil-LWL, Typ A1b: BLP_{LWL} = 350 MHz·km (Materialdispersion vernachlässigt), $\bar{\alpha}$ = 3,3 dB/km, Laserdiode: P_T = 4 mW ≡ 6 dBm: Dispersionsbegrenzung etwa bei 23 MHz.

3b. Parabelprofil-LWL, Typ A1b: BLP_{MOD} = 350 MHz·km, $\bar{\alpha}$ = 3,3 dB/km, Lumineszenzdiode: P_T = 60µW ≡ -12,2 dBm, HWB = 40 nm, D_{MAT} = -100 ps/nm/km, BLP_{MAT} = 100 MHz·km, BLP_{LWL} = 96,1 MHz·km. Dispersionsbegrenzung etwa ab 8,5 MHz, ähnlicher Wert wie beim 50 µm-LWL. Das heißt, falls eine Lumineszenzdiode im ersten optischen Fenster zum Einsatz kommt, verliert der 50 µm-LWL gegenüber dem 62,5 µm-LWL seine Überlegenheit.

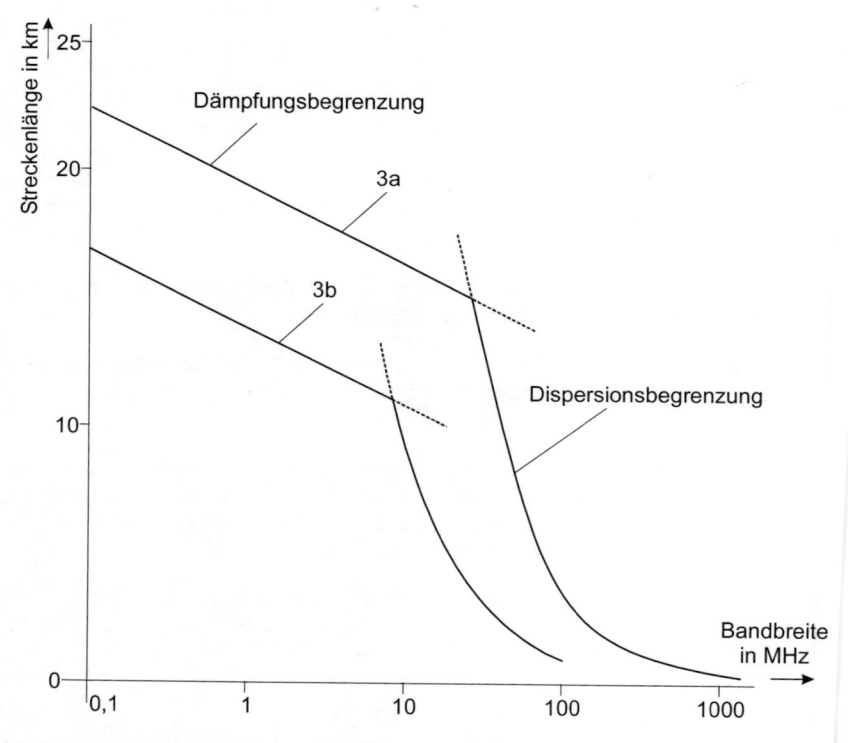

Bild 5.4: Beispiele für überbrückbare Entfernungen in Abhängigkeit von der Bandbreite für Systeme im ersten optischen Fenster (62,5 µm-LWL)

Bild 5.5 zeigt charakteristische Systeme im zweiten optischen Fenster. Es wurden die folgenden Beispiele dargestellt:

4. Parabelprofil-LWL, Typ A1a, BLP_{MOD} = 700 MHz·km (Materialdispersion vernachlässigbar), $\bar{\alpha}$ = 1 dB/km, Laserdiode: P_T = 1mW ≡ 0 dBm: Die Dispersionsbegrenzung wird etwa bei 14 MHz wirksam.
5. Singlemode-LWL, $\bar{\alpha}$ = 0,5 dB/km, Laserdiode: P_T = 1 mW ≡ 0 dBm, HWB = 3 nm, BLP_{CHROM} = 38 GHz·km. Die Dispersionsbegrenzung wird etwa bei 550 MHz und bei einer Streckenlänge von 66 km wirksam.

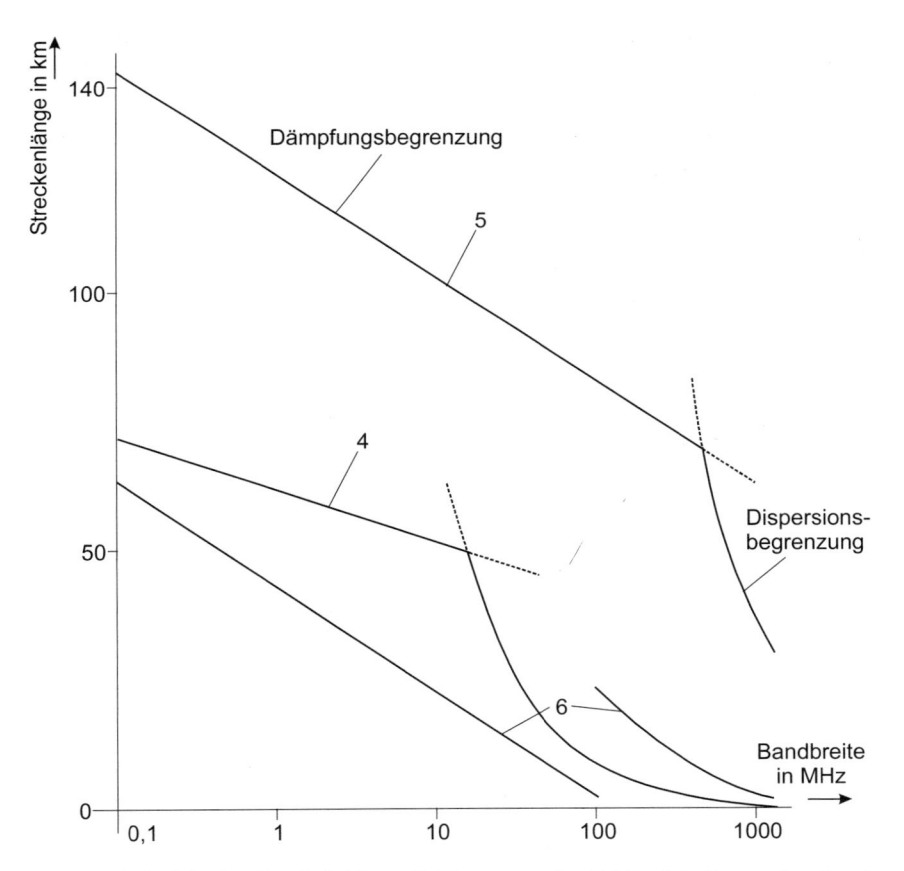

Bild 5.5: Beispiele für überbrückbare Entfernungen in Abhängigkeit von der Bandbreite für Systeme im zweiten optischen Fenster

6. Singlemode-LWL, $\bar{\alpha}$ = 0,5 dB/km, Lumineszenzdiode: P_T = 0,1 µW ≡ -40 dBm, HWB = 60 nm, BLP_{CHROM} = 2,3 GHz·km. Trotz der geringen eingekoppelten

Leistung ist dies eine durchaus interessante Anwendung. Man erkennt aus Bild 5.5, dass Kurve 6 und Kurve 4 für hohe Bandbreiten einander sehr nahe kommen. Verwendet man einen Parabelprofil-LWL mit geringerem Bandbreite-Längen-Produkt als oben angenommen wurde (beispielsweise einen 62,5 µm-LWL), so schneiden sich beide Kurven. Für größere Bandbreiten kann folglich die Kombination LED/Singlemode-LWL leistungsfähiger als die Kombination Laserdiode/Multimode-LWL sein! (In den Beispielen 5 und 6 wurde eine chromatische Dispersion von 3,5 ps/nm/km vorausgesetzt, die dem maximal zulässigen Wert des Standard-Singlemode-LWL im zweiten optischen Fenster entspricht.) In der Realität ist dieser Wert kleiner und somit verschieben sich die Kurven, die die Dispersion begrenzen weiter nach rechts. Im Beispiel 6 gibt es keinen Schnittpunkt zwischen der Kurve, die die Dämpfung begrenzt und der Kurve, die die Dispersion begrenzt. Das heißt, das System ist stets dämpfungsbegrenzt.

In Bild 5.6 wurde die Leistungsfähigkeit des Singlemode-LWL im zweiten und dritten optischen Fenster gegenübergestellt.

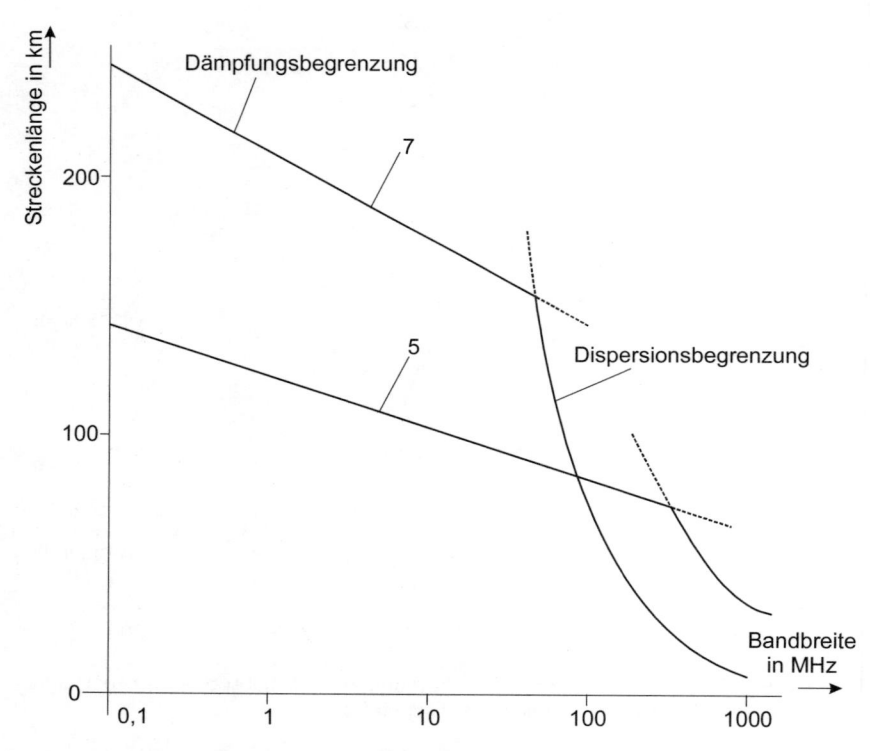

Bild 5.6: Vergleich der Leistungsfähigkeit des Standard-Singlemode-LWL im zweiten (Kurve 5) und im dritten (Kurve 7) optischen Fenster bei Verwendung einer Laserdiode

Dabei wurden im Beispiel 7 folgende Annahmen gemacht: Singlemode-LWL, $\overline{\alpha}$ = 0,3 dB/km, Laserdiode: P_T = 1 mW $\equiv$ 0 dBm, HWB = 3 nm, chromatische Dispersion: 18 ps/nm/km: BLP_{CHROM} = 7,4 GHz·km. Infolge der geringeren Dämpfung im dritten optischen Fenster sind bei niedrigen Bandbreiten wesentlich höhere Streckenlängen überbrückbar als im zweiten optischen Fenster. Jedoch wird mit zunehmender Bandbreite die Dispersionsbegrenzung rasch wirksam.

Bei 89 MHz schneidet Kurve 7 die Kurve 5. Bei größeren Bandbreiten ist eine Übertragung im zweiten optischen Fenster leistungsfähiger als im dritten optischen Fenster. Um dennoch das dritten optische Fenster nutzen zu können, muss man die Impulsverbreiterung reduzieren. Dazu gibt es folgende Möglichkeiten:

- Einsatz von dispersionskompensierenden Bauelementen oder Lichtwellenleitern.
- Verwendung eines Senders mit geringer Halbwertsbreite (DFB-Laser).
- Verwendung eines Lichtwellenleiters, dessen Dispersionsnulldurchgang in den Bereich des 3. optischen Fensters verschoben wurde (vergleiche Abschnitt 1.2.7).

5.3.3 Analoge Systeme

Analoge Systeme dienen beispielsweise zur Übertragung von Videosignalen (Kabelfernsehen: Cable Television: CATV) oder Hörfunksignalen. CATV-Netze auf LWL-Basis nutzen vorzugsweise das zweite und dritte optische Fenster. Bei Analogübertragung wird eine Eigenschaft des übertragenen Signals (Amplitude, Frequenz oder Phase), welches vom Sender zum Empfänger übertragen wird, moduliert. Bei kleinsten Störungen kann der Empfänger nie genau das Originalsignal wieder herstellen.

Das Empfängersignal unterscheidet sich wegen unvermeidlicher Rauscheffekte stets vom Originalsignal. Eine ideale Rekonstruktion des Originalsignals ist nicht mehr möglich. Bei Überbrückung mehrerer Teilstrecken überlagern sich die Störungen. Deshalb erfordern analoge Systeme wesentlich höhere Signal-Rausch-Verhältnisse (bis zu 55 dB) als digitale Systeme. Außerdem sind hohe Anforderungen an die Linearität der Laserdioden zu stellen. Ansonsten kommt es zu Intermodulationsprodukten und Verzerrungen, was zu Störungen der Nutzsignale führt.

Höhere Signal-Rausch-Verhältnisse erfordern höhere Leistungen am Empfänger. Hohe Leistungen können nichtlineare Effekte in der Faser bewirken (vergleiche Abschnitt 6.4.1). Bei unveränderter Leistung liegen die Kurven in den Bildern 5.3, 5.4, 5.5 und 5.6, die die Dämpfungsbegrenzung veranschaulichen, deutlich tiefer liegen. Die überbrückbaren Streckenlängen bei niedrigen Bandbreiten (das heißt solange das System dämpfungsbegrenzt ist) sind folglich geringer.

Der Schnittpunkt der Kurve der Dämpfungsbegrenzung mit der Kurve der Dispersionsbegrenzung verschiebt sich zu größeren Bandbreiten. Die Dispersionsbegrenzung wird erst bei größeren Bandbreiten wirksam.

Außerdem ist der Bandbreitenbedarf eines analogen Systems im Vergleich zu einem digitalen System, welches die gleiche Information überträgt, ohnehin geringer.

5.3.4 Zusammenfassung

Wir fassen die wesentlichen Erkenntnisse zur Systemplanung folgendermaßen zusammen:

- Der Entwurf von LWL-Systemen erfordert ein komplexes Herangehen. Es muss sowohl der Gesichtspunkt der Dämpfungsbegrenzung als auch der Dispersionsbegrenzung berücksichtigt werden.
- Die Parameter sämtlichen Systemkomponenten sind zu beachten.
- Es ist wenig sinnvoll, einen hohen Aufwand zur Reduktion der Dämpfung zu treiben, wenn das System dispersionsbegrenzt ist oder umgekehrt. Es ist bezüglich der Erfüllung beider Anforderungen zu optimieren.
- Im Pegeldiagramm wird die Leistung im Lichtwellenleiter als Funktion der Länge aufgetragen. Die Leistung wird in logarithmischen Einheiten dargestellt, so dass der exponentielle Abfall im Lichtwellenleiter als Gerade erscheint.
- Die Leistung am Empfänger darf sowohl einen bestimmten Wert nicht überschreiten (Sättigung) als unterschreiten (Übertragungsfehler).
- Das Bandbreite-Längen-Produkt von Multimode-LWL hängt von der Länge ab. Durch den Einfluss des Längenexponenten wächst es mit der Länge.
- Analoge Systeme erfordern wesentlich höhere Signal-Rausch-Verhältnisse als digitale Systeme. Die Bandbreite des Signals ist vergleichsweise geringer.

5.4 Lichtwellenleiter-Systeme

5.4.1 Topologien

Das LWL-System besteht aus Sender- und Empfängerstationen, LWL-Strecken und gegebenenfalls Elementen, die eine Verzweigung oder Zusammenführung von mehreren LWL-Strecken bewirken. Die grafische Darstellung der Netzwerkstruktur nennt man Netzwerk-Topologie. Die konkrete Topologie wird durch eine Vielzahl von Faktoren beeinflusst, beispielsweise durch die Minimierung der LWL-Längen in Abhängigkeit von der Lage der Teilnehmer, dadurch, ob unidirektionale oder bidirektionale Übertragung erfolgt und durch Forderungen an die Übertragungssicherheit (Redundanz). In Bild 5.7 wurden einige wichtige Topologien dargestellt.

Eine Punkt-zu-Punkt-Topologie (a) liegt vor, wenn zwei Stationen durch eine Übertragungsstrecke direkt miteinander verbunden sind. Eine derartige Struktur erfordert maximale Leitungslängen.

Bei der Stern-Topologie (b) sind mehrere Stationen Punkt-zu-Punkt mit einem zentralen Knoten verbunden. Alle Kommunikationsvorgänge werden über diesen zentralen Knoten abgewickelt.

Beim Doppelstern (c) führt ein Lichtwellenleiter als Zuführungsleitung bis in die Nähe des Teilnehmers. Über ein geeignetes Koppelelement (beispielsweise einen Sternkoppler) wird dann jeder einzelne Teilnehmer über eine eigene Anschlussleitung angeschlossen.

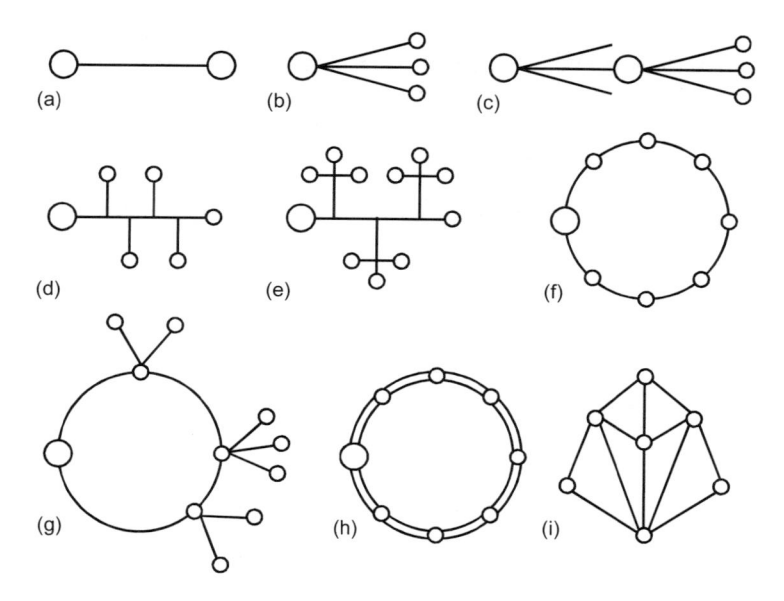

Bild 5.7: Wichtige Topologien: (a) Punkt-zu-Punkt-Verbindung, (b) Einfachstern, (c) Doppelstern, (d) Busstruktur, (e) Baumstruktur, (f) Ringstruktur, (g) Ringstruktur mit Sternstruktur kombiniert, (h) Doppelring-Struktur, (i) vermaschtes Netz

Bus-Topologien (d) verbinden Stationen mit Hilfe eines gemeinsam genutzten Lichtwellenleiters. Wird von der sendenden Station eine Nachricht auf den Bus gegeben, so passiert diese alle an den Bus angeschlossenen Stationen. Kommunikation über eine derartige Netz-Topologie ist nur in Verbindung mit einem Protokoll möglich, welches gewährleistet, dass die Information zu dem richtigen Empfänger gelangt.

Eine Baumstruktur (e) kann man als Kombination von Bus- und Sternstruktur auffassen.

Werden die Enden des Busses am gleichen Ort zusammengeführt und gibt es keine Stichleitung vom Bus zum jeweiligen Teilnehmer, so erhält man eine Ringstruktur (f). Bei der Ring-Topologie erfolgt der Nachrichtentransport stets in eine Richtung.

Die gesendete Nachricht durchläuft den Ring und passiert dabei alle Stationen des Rings. Der jeweilige Empfänger erkennt seine Nachricht anhand des gleichzeitig übertragenen Protokolls. Nach einem vollständigen Umlauf gelangt die Nachricht wieder zum Sender zurück und wird dort vom Ring genommen.

Üblich sind auch Ringstrukturen in Verbindung mit Sternen (g). Diese zweigen von den einzelnen Stationen des Rings ab.

Insbesondere unter dem Gesichtspunkt der Gewährleistung einer hohen Übertragungssicherheit ist es erforderlich, redundante Strukturen zu schaffen, damit im Falle von Störungen Ersatzwege geschaltet werden können. Eine Möglichkeit ist die Installation einer Doppelring-Struktur (h), wobei der zweite Ring als Reserve eingeplant wird.

Dadurch wird es möglich, im Falle eines Kabelbruchs, die Ringstruktur mit allen angeschlossenen Netzknoten selbstheilend wieder herzustellen (vergleiche Bild 5.8). Bei mehreren Kabelbrüchen entstehen immer noch selbstheilende Teilringe.

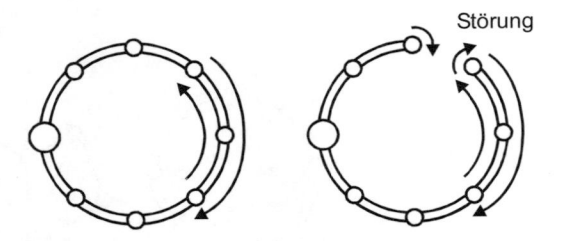

Bild 5.8: Fehlerbehebung an einer Doppelring-Struktur

In modernen hochbitratigen Übertragungssystemen (insbesondere in DWDM-Systemen) werden zunehmend Maschenstrukturen (i) geschaffen, um eine automatische Wiederherstellung der optischen Verbindung im Falle von Störungen oder Überlastungen zu ermöglichen.

5.4.2 Industrielle Anwendungen

Bei den industriellen Anwendungen des Lichtwellenleiters, beispielsweise in der Steuerungs- und Regelungstechnik oder in Verkehrsmitteln, geht es weniger darum, die hohe Bandbreitenkapazität des Lichtwellenleiters bzw. die geringe Dämpfung zu nutzen. Hier kommen andere Vorteile, nämlich die galvanische Trennung und die elektromagnetische Verträglichkeit, zum Tragen.

An die optischen Parameter der Lichtwellenleiter werden deshalb keine besonderen Anforderungen gestellt. Meist kommen Stufenprofil-LWL zum Einsatz. Um Produkte verschiedener Hersteller gemeinsam nutzen zu können, wurden die Schnittstellen standardisiert.

So ist beispielsweise das SERCOS-Interface (Serial Realtime Communication System) (IEC 601491) eine Schnittstelle für eine serielle Echtzeit-Kommunikation zwischen Steuerungen und digitalen Antrieben in numerisch gesteuerten Maschinen.

Das SERCOS-Interface ist für optische Punkt-zu-Punkt-Übertragungsstrecken in Ringstruktur geeignet. Als Übertragungsmedium kommen Kunststoff-LWL (K-LWL) zum Einsatz.

Der PROFIBUS sieht neben der elektrischen auch eine optische Schnittstelle vor (DIN 19245). Diese Schnittstelle ermöglicht eine maximale Übertragungsrate von 1,5 Mbit/s und kann mit 820 nm-Komponenten für Glas-LWL oder mit 650 nm-Komponenten für Kunststoff-LWL realisiert werden. Als LWL-Steckverbinder wird der ST-Steckverbinder vorgeschrieben.

Der Interbus (DIN 19258) sieht neben der elektrischen Schnittstelle (RS 485) eine optische Schnittstelle für Kunststoff- und PCF-LWL vor. Beide LWL-Typen sind für die Übertragung im sichtbaren roten Wellenlängenbereich (650 nm) geeignet. Wegen der geringeren Dämpfung kommt der PCF-LWL für lange Übertragungsstrecken des Fernbus zum Einsatz. Der Kunststoff-LWL ist besonders für den Lokalbus mit Streckenlängen bis 70 Metern geeignet. Bei diesem Standard wird der FSMA-Steckverbinder vorgeschrieben.

Zur Übertragung von Fast Ethernet über Kunststoff-LWL wurde Profinet standardisiert.

Neben den bereits vorhandenen Systemspezifikationen laufen weitere Aktivitäten, die speziell den K-LWL als Übertragungsmedium spezifizieren. So hat das ATM-Forum 1997 erstmals die Übertragungsparameter für Verbindungen mit K-LWL spezifiziert. Dabei wurde eine Wellenlänge von 650 nm, eine Bitrate von 155 Mbit/s und eine Streckenlänge von 50 Metern zu Grunde gelegt.

Das Datenbus-System (MOST: Media Oriented Systems Transport) wurde bereits 1998 auf der Basis von Kunststoff-LWL spezifiziert und kommt in PKWs zum Einsatz. Mittlerweile gibt es weitere Datenbus-Systeme für den Einsatz im PKM: Byteflight, FlexRay, IDB-1394.

Die Notwendigkeit von optischen Übertragungslösungen im PKW ergibt sich aus der wachsenden Anzahl elektromagnetischer Strahlungsquellen innerhalb und in der Umgebung mobiler Systeme und aus den zunehmenden Sicherheits- und Bandbreitenanforderungen.

5.4.3 Systeme mit Kunststoff-Lichtwellenleitern

Der steigende Bedarf an kostengünstigen Übertragungsmedien lässt den K-LWL für geringe Entfernungen und Bitraten als interessante Alternative zum Kupferkabel, teilweise auch zum Glas-LWL, erscheinen [5.2].

Auf Grund des großen Faserquerschnitts und der großen numerischen Apertur ist das Positionieren zwischen den Elementen der Übertragungsstrecke problemlos möglich. Man kann mit gutem Koppelwirkungsgrad in den K-LWL einkoppeln.

Die Handhabung des Kunststoff-LWL ist unproblematisch, insbesondere auch die Steckerkonfektionierung. Vorteilhaft sind seine hohe Flexibilität und die kleinen zulässigen Krümmungsradien. Wegen des großen Faserquerschnitts führen im Allgemeinen Verschmutzungen im Steckverbinder nicht zum Ausfall der Übertragungsstrecke. Der Kunststoff-LWL ist robust, auch in industrieller Umgebung.

Der im Allgemeinen eingesetzte Faserkern-Werkstoff Polymethylmethacrylat (PMMA) lässt sich gut schneiden, schleifen oder schmelzen. Das ermöglicht die problemlose Realisierung einer guten Qualität der Stecker-Stirnfläche. Die hohe Dämpfung des K-LWL ergibt sich aus physikalisch bedingten Dämpfungseffekten im verwendeten Werkstoff (PMMA). Dieses Material hat (wie auch der Glas-LWL) einen stark von der Wellenlänge abhängigen Dämpfungskoeffizienten (Bild 5.9).

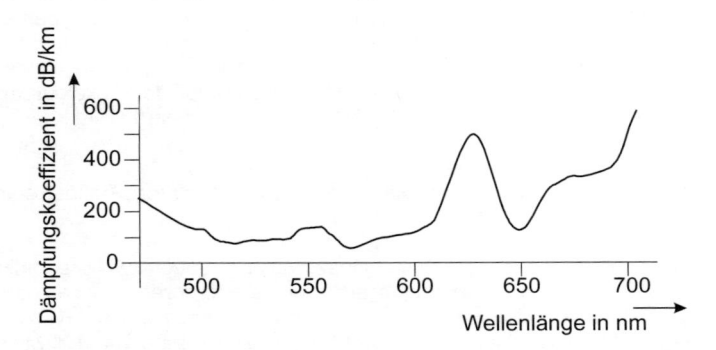

Bild 5.9: Dämpfungskoeffizient eines PMMA-LWL in Abhängigkeit von der Wellenlänge

Für Wellenlängen oberhalb 700 nm wächst der Dämpfungskoeffizient sehr stark an, so dass für die Übertragung im Gegensatz zum Glas-LWL nicht der nahe infrarote Bereich, sondern der sichtbare Bereich des Lichts genutzt wird. Der Kunststoff-LWL besitzt mehrere lokale Minima im Dämpfungsverlauf (Tabelle 5.2).

Wellenlänge	Dämpfung
516 nm	91 dB/km
568 nm	66 dB/km
650 nm	130 dB/km

Tabelle 5.2: Dämpfungsminima des Standard-PMMA-Kunststoff-LWL

Eine hohe Dispersion des Kunststoff-LWL ergibt sich aus der hohen numerischen Apertur und der Tatsache, dass kommerziell verfügbare Kunststoff-LWL nur mit Stufenprofil angeboten werden. Im Stufenprofil bewirkt die Modendispersion eine starke Impulsverbreiterung. Eine Erhöhung des Bandbreite-Längen-Produktes erzielt man mit einem K-LWL mit reduzierter numerischer Apertur, aber ansonsten unveränderten Eigenschaften.

Komponenten für Kunststoff-LWL-Systeme

Wegen der stark wellenlängenabhängigen Dämpfung des Kunststoff-LWL müssen Sender verwendet werden, deren Emissionswellenlängen möglichst exakt in den jeweiligen Dämpfungsminima des Kunststoff-LWL liegen.

Da die Dämpfung bei 568 nm am geringsten ist, erscheint diese Wellenlänge für eine Übertragung besonders interessant. Allerdings arbeiten die Sender mit den besten Parametern im roten Wellenlängenbereich, also bei 650 nm. Aus Kostengründen wird man in Kunststoff-LWL-Systemen im Allgemeinen Lumineszenzdioden einsetzen. Die realisierbaren Bitraten sind meist ausreichend.

Problematisch ist hierbei, dass das Dämpfungsminimum des Lichtwellenleiters bei 650 nm sehr schmal ist. Abweichungen der Peakwellenlänge der Lumineszenzdioden von diesem Minimum und die große spektrale Breite der Lumineszenzdioden (typische Werte: 20 nm bis 30 nm) führen dazu, dass die wirksame Dämpfung deutlich über dem Dämpfungsminimum des LWL bei 650 nm liegt.

Der Kunststoff-LWL dämpft das LED-Spektrum außerhalb des Dämpfungsminimums besonders stark. Es kommt zur Verschmälerung und gegebenenfalls zu einer Verschiebung der Peakwellenlänge des ursprünglichen LED-Spektrums (Filtereffekt).

Die heute eingesetzten roten Quellen weichen mehr oder weniger stark vom Dämpfungsminimum bei 650 nm ab. Auch oberflächenemittierende Laserdioden (VCSEL) kommen in K-LWL-Systemen zum Einsatz.

Die Vorteile dieser Laser sind die geringe Strahldivergenz von etwa zehn Grad und das kreisförmige Strahlprofil, welches eine hohe Koppeleffektivität bewirkt. Weiterhin ist die geringe spektrale Linienbreite (< 1 nm) von Vorteil (vergleiche Abschnitt 1.3.4).

Allerdings arbeiten die VCSEL bei 670 nm und sind folglich dem Dämpfungsminimum des K-LWL nicht angepasst. Die Dämpfung beträgt bei dieser Wellenlänge etwa 300 dB/km.

Für Standardanwendungen sind als Empfängerbauelemente Silizium-Detektoren ausreichend, die auch bei der Übertragung über Glas-LWL im ersten optischen Fenster (850 nm) zum Einsatz kommen. Jedoch besitzen sie bei 650 nm eine geringere Empfindlichkeit als bei 850 nm (vergleiche Bild 1.46).

Verbindungstechnik

Die Anforderungen an die Verbindungstechnik in Systemen mit Kunststoff-LWL sind wesentlich geringer als in Systemen mit Glas-LWL. Das ergibt sich aus dem großen Durchmesser und der großen numerischen Apertur des Kunststoff-LWL, aber auch aus der Tatsache, dass an die Reflexionsdämpfungen der Steckverbinder keine besonderen Anforderungen gestellt werden. Die miteinander gekoppelten Stirnflächen sind stets eben und somit einfach herstellbar.

Nichtlösbare Verbindungen (Spleiße) kommen derzeit in der Kunststoff-LWL-Technik nicht zum Einsatz. Wegen der relativ kurzen Strecken erfolgt im Allgemeinen keine LWL-LWL-Kopplung. Meist geht es um die Kopplung des Kunststoff-LWL an die Sende- und Empfangsbauelemente.

Bei Systemen ohne Stecker wird die Kunststoff-LWL-Ader direkt in das aktive Bauelement eingesetzt. Das ist beispielsweise mit einer Klemmverbindung möglich. Man spart dabei das Konfektionieren des Steckers sowie den Stecker selbst. Dennoch ist es erforderlich, die Stecker-Stirnfläche sauber zu präparieren.

Als Stecksysteme kommen teilweise bereits in der Glas-LWL-Technik standardisierte Systeme zum Einsatz. Daneben wurden spezifische Systeme für den Kunststoff-LWL entwickelt. Typische Stecksysteme FSMA (Schraubverschluss), ST (Bajonettverschluss) und die Push-Pull-Systeme Versatile Link (Hewlett Packard), F05 oder F07 (japanische Standards) sowie neuerdings SC bzw. SC-RJ.

Die Stirnflächen-Präparation erfolgt entweder durch einfaches Schneiden, durch Schleifen und Polieren, wie aus der Glastechnik bekannt, oder durch Schmelzen (Hot-Plate-Verfahren). Die beiden letzten genannten Verfahren ermöglichen die Realisierung einer geringen Einfügedämpfung, wobei mit dem Hot-Plate-Verfahren eine vergleichsweise höhere Produktivität erreicht werden kann.

Bild 5.10: Hot-Plate-Gerät der Firma LEONI Fiber Optics GmbH. Mit diesem Gerät werden die Faserstirnflächen von Kunststoff-LWL durch Schmelzen bearbeitet. Dabei wird die Faserstirnfläche auf etwa 160 °C erhitzt, unter geringer Kraftanwendung an eine hochpolierte Fläche gedrückt und anschließend abgekühlt. Der Hauptvorteil dieser Methode liegt in der einfachen Handhabung und einer hohen Reproduzierbarkeit.

Passive optische Komponenten

Analog zur Glas-LWL-Technik können auch in Kunststoff-LWL-Systemen Koppler und Dämpfungsglieder zum Einsatz kommen. Koppler dienen dazu, optische Signale auf mehrere Signalwege aufzuteilen bzw. diese Signale aus mehreren Signalwegen zusammenzuführen. Das heißt, man benötigt sie zum Aufbau von optischen Netzen.

Als ein mögliches Abzweig-Prinzip nutzt man die Eigenschaften des ebenen Wellenleiters. Die Herstellung dieser Abzweige erfolgt mit dem sogenannte Ligaverfahren (Abkürzung für Lithographie, Galvanoformung, Abformung). Man erzielt eine Einfügedämpfung von < 5 dB mit einem 1 x 2-Koppler und von < 10 dB mit einem 1 x 4-Koppler.

Der Einsatz von Kunststoff-LWL-Systemen

Kunststoff-LWL werden in der Datenkommunikation, in Wohnungen und Gebäuden, in Autos, Zügen und Flugzeugen sowie in Navigationssystemen und Türkontrollen, in der Sensor-, HiFi-, Anzeigen- und Beleuchtungstechnik und in der Bildübertragung verwendet.

Insbesondere der Einsatz des Kunststoff-LWL in PKWs der oberen Preisklasse wird zu einem starken Wachstum des Marktes und zu einem starken Preisverfall führen.

Das Datenbussystem MOST wurde 1998 von Daimler-Benz, BMW und Audi eingeführt. Mittlerweile verwenden 19 Autohersteller dieses System. Das System arbeitet mit Lumineszenzdioden bei 650 nm und einer Bitrate von 25 Mbit/s. Bitraten von 50 Mbit/s und 150 Mbit/s sind in Planung.

Auch die Flugzeugindustrie (Boeing) überprüft die Möglichkeit, den Kupferleiter in nicht-sicherheitsrelevanten Bereichen durch den Kunststoff-LWL zu ersetzen.

In Japan ist der Kunststoff-LWL bereits das dominierende Medium zur Übertragung von digitalen Rundfunksignalen. TV-Decoder, HiFi-Technik, PC-Notebooks und digitale elektronische Kameras werden wegen der Immunität gegenüber elektromagnetischer Beeinflussung mit Kunststoff-LWL verbunden.

Seit Mitte 1995 arbeiten eine Reihe der bedeutendsten Telekommunikationsunternehmen und Hersteller von Kommunikationstechnik im Rahmen der Full Service Access Network (FSAN)-Aktion zusammen.

Das Hauptziel dieser Aktion ist die Definition einer möglichst einheitlichen Strategie zur Einführung breitbandiger digitaler interaktiver Teilnehmeranschlüsse für private und kleine geschäftliche Kunden.

Ein Schwerpunkt der FSAN-Arbeit war die Untersuchung der Möglichkeiten für die Gestaltung von breitbandigen Netzen in Wohnungen und Gebäuden.

Neben verdrillten Doppeladern oder Koaxialkabeln kann der K-LWL hier eine sehr interessante Alternative sein.

Weitere Entwicklungen

Die prognostizierte Leistungsfähigkeit des Kunststoff-LWL ist wesentlich größer, als sie derzeit genutzt wird. So wird seit längerem über einen Kunststoff-LWL mit Gradientenprofil berichtet. In einem solchen LWL wird die Modendispersion minimiert.

Diese Gradientenprofil-Kunststoff-LWL haben einen typischen Kerndurchmesser von 420 µm und ein wesentlich höheres Bandbreite-Längen-Produkt als Stufenprofil-Kunststoff-LWL.

Zur Herstellung von Gradientenprofil-Kunststoff-LWL verwendet man sogenanntes deuteriertes PMMA. Dieses Material besitzt einen völlig anderen Dämpfungsverlauf als der Standard-PMMA-LWL mit Minima bei 688 nm (56 dB/km) und 780 nm (94 dB/km). Mit einem solchen Lichtwellenleiter wurde bereits eine Übertragung von 1 Gbit/s über 30 Meter und von 2,5 Gbit/s über 100 Meter realisiert.

Mit einem sogenannten perfluorierten Gradientenprofil-Kunststoff-LWL wurde bei der Wellenlänge 1300 nm eine Übertragung von 2,5 Gbit/s über 200 Meter und von 5 Gbit/s über 140 Meter demonstriert.

Asahi Glass (Japan) verfügt über einen Kunststoff-LWL mit Gradientenprofil, bestehend aus einem perfluorierten polymeren Material (CYTOP, Markenname Lucina).

Dieser Lichtwellenleiter ermöglicht Dämpfungskoeffizienten kleiner als 50 dB/km im Wellenlängenbereich von 650 nm bis 1350 nm. Im Wellenlängenbereich 1000 nm bis 1100 nm liegt der Dämpfungskoeffizient bei kleiner als 10 dB/km.

Bitraten größer als 1 Gbit/s wurden über 200 m bis 500 m realisiert.

In Tabelle 5.3 wurden einige Parameter der oben besprochenen Kunststoff-LWL-Typen zusammengestellt. Die angegebenen Dämpfungswerte entsprechen dem Dämpfungsminimum bei der jeweiligen Wellenlänge.

Eigenschaft	K-LWL	K-LWL mit reduzierter NA	K-LWL (deuteriert)	K-LWL (perfluoriert)
Durchmesser Kern/Mantel	980/1000 µm	980/1000 µm	420/500 µm	980/1000 µm
Indexprofil	Stufenprofil	Stufenprofil	Gradientenprofil	Gradientenprofil
Wellenlänge	650 nm	650 nm	780 nm	1300 nm
Dämpfung	130 dB/km	150 dB/km	50 dB/km	< 10 dB/km
Numerische Apertur	0,5	0,25	0,19	0,29
Bandbreite (1 km)	5 MHz	15 MHz	2.000 MHz	> 500 MHz

Tabelle 5.3: Vergleich verschiedener Kunststoff-LWL-Typen

Für den perfluorieten PMMA-LWL werden theoretische Dämpfungswerte bei 1300 nm von 0,25 dB/km und bei 1550 nm von 0,2 dB/km vorausgesagt. Diese optischen Fenster liegen an der gleichen Stelle wie beim Glas-LWL und haben auch vergleichbare Dämpfungen!

Auch über Singlemode-Kunststoff-LWL mit Kerndurchmessern von 3 µm bis 15 µm wurde berichtet. Da man von der theoretischen Dämpfungsgrenze insbesondere im nahen Infrarotbereich noch weit entfernt ist, spielen die Singlemode-Kunststoff-LWL vorerst keine Rolle.

Denn solange das System dämpfungsbegrenzt und nicht dispersionsbegrenzt ist, ist es wenig sinnvoll, die Reduktion der Dispersion weiter voranzutreiben, zumal man viele Vorteile des Kunststoff-LWL wie den großen Kerndurchmesser und die große numerische Apertur dann aufgeben muss.

Parallel zur Weiterentwicklung des Kunststoff-LWL werden auch die zugehörigen Komponenten verbessert.

5.4.4 Gigabit-Ethernet

Von Ethernet zu 10 Gigabit-Ethernet

Ethernet ist weltweit die populärste LAN-Technologie. 1985 erfolgte die Spezifizierung des 10 Mbit/s-Betriebes in IEEE 802.3. Wachsende Bandbreitenanforderungen, bedingt durch das Internet, schnellere Rechner und durch Grafikverarbeitung führten 1995 zur Weiterentwicklung zum 100 Mbit/s-Ethernet (Fast Ethernet).

Angetrieben durch die wachsenden Bandbreiten-Anforderungen, wurde drei Jahre später, im Juni 1998 das Gigabit-Ethernet spezifiziert. Ein Ziel des Gigabit-Ethernet-Standards ist es, trotz zehnfacher Bitrate die Kompatibilität zu den existierenden 10 Mbit/s- bzw. 100 Mbit/s-Standards im Wesentlichen zu gewährleisten.

Wie beim Fast-Ethernet wird auch beim Gigabit-Ethernet die physikalische Sternstruktur favorisiert. Es erfolgt eine 8B/10B-Kodierung, so dass die Bitrate auf dem Übertragungsmedium 1,25 Gbit/s beträgt.

Das Standard 1000 Base-SX spezifiziert die Übertragung im ersten optischen Fenster (780 nm...860 nm). Derart hohe Bitraten führen im Multimode-LWL rasch zu Längenbeschränkungen durch Modendispersion und gegebenenfalls Materialdispersion (vergleiche Abschnitt 1.2.4).

Zur Unterdrückung der Materialdispersion wird der Einsatz von spektral schmalbandigen Lasern (VCSEL) vorgeschrieben.

Das Standard 1000 Base-LX spezifiziert die Übertragung im zweiten optischen Fenster. Hier ist der Einsatz eines Fabry-Perot-Lasers ausreichend, weil die Materialdispersion bei dieser Wellenlänge annähernd Null ist.

In Tabelle 5.4 wurden die entsprechend IEEE 802.3z genormten Streckenlängen für das Gigabit-Ethernet zusammengestellt.

Um die geforderten Streckenlängen realisieren zu können, sind an die Multimode-LWL bestimmte Anforderungen bezüglich des Bandbreite-Längen-Produktes zu stellen.

LWL-Typ	1000 Base-SX (850 nm)		1000 Base-LX (1300 nm)		
	Multimode		Multimode		Singlemode
Kern-/Modenfeld-durchmesser	50 µm	62,5 µm	50 µm	62,5 µm	9 µm
Streckenlänge/ Bandbreite-Längen-Produkt	500 m bei 400 MHz·km 550 m bei 500 MHz·km	220 m bei 160 MHz·km 275 m bei 200 MHz·km	550 m bei 400 MHz·km bzw. 500 MHz·km	550 m bei 500 MHz·km	3000 m

Tabelle 5.4: Entsprechend IEEE 802.3z genormte Streckenlängen für das Gigabit-Ethernet

Aus Tabelle 5.4 ist ersichtlich, dass der 50 µm-LWL im ersten optischen Fenster die doppelte Streckenlänge im Vergleich zum 62,5 µm-LWL ermöglicht. Deshalb sollte unbedingt ein 50 µm-LWL zum Einsatz kommen.

Bereits wenige Monate nach der Veröffentlichung dieser Norm im Juli 1998 begann man bei IEEE mit den Arbeiten an der nächsten Entwicklungs- und Geschwindigkeitsstufe, dem 10 Gigabit-Ethernet. Dieses wurde mittlerweile als Standard verabschiedet (IEEE 802.3ae).

Um 10 Gigabit-Ethernet übertragen zu können, gibt es verschiedene Lösungsansätze:

1. 50 µm-LWL mit optimiertem Brechzahlprofil und Licht-Einkopplung mit VCSEL-Laser bei 850 nm (10 GBase-SR/SW).
2. 4-Kanal-Wellenlängenmultiplex (WWDM) über herkömmlichen Multimode-LWL oder über Singlemode-LWL im 1300 nm-Fenster: Jeder Kanal überträgt nur ein Viertel der Gesamtbitrate von 12,5 Gbit/s (10 GBase-LX4 bzw. 10 GBase-LW4).
3. Übertragung über Singlemode-LWL bei 1310 nm (10 GBase-LR/LW).
4. Übertragung über Singlemode-LWL bei 1550 nm (10 GBase-ER/EW).
5. 4 x 2,5Gbit/s Übertragung über ein Multimode-Bändchenkabel bei 850 nm („Raummultiplex")

	Wellenlänge	Sender	Länge	LWL-Typ
10 GBase-SR/SW	850 nm	VCSEL	2 m...300 m	neuer 50 µm-LWL
4-Kanal-WDM: 3,125 Gbit/s pro Kanal; Kanalabstand 20 nm				
10 GBase-LX4	1300 nm-	DFB	2 m...300 m	50 µm-LWL
10 GBase-LW4	Fenster		2 m...10.000 m	Singlemode
10 GBase-LR/LW	1310 nm	DFB	2 m...10.000 m	Singlemode
10 GBase-ER/EW	1550 nm	DFB	2 m...40.000 m	Singlemode

Tabelle 5.5: Genormte Streckenlängen entsprechend IEEE 802.3ae

Aus Tabelle 5.5 ist ersichtlich, dass im ersten optischen Fenster 10 Gigabit-Ethernet über 300 m realisierbar ist, wenn ein neuer verbesserter 50 µm-LWL zum Einsatz kommt. Mit einem herkömmlichen Lichtwellenleiter kann man im zweiten optischen Fenster 10 Gigabit-Ethernet realisieren, allerdings nur mit 4-Kanal-Wellenlängenmultiplex. Pro Wellenlänge wird nur ein Viertel der Bitrate übertragen und damit die Dispersion im Lichtwellenleiter stark reduziert. Wesentlich größere Streckenlängen lassen sich mit Singlemode-LWL erreichen.

Physikalische Begrenzungen

Die Übertragungskapazität herkömmlicher Multimode-LWL ist begrenzt. Ursachen:

1. Fehler im Brechzahlverlauf des Parabelprofil-LWL
2. Der Brechzahlverlauf ist nicht an die Übertragungswellenlänge angepasst.
3. Endliche spektrale Halbwertsbreite des Senders.

Diese drei Ursachen führen zu Laufzeitunterschieden zwischen den Moden und damit zu einer Impulsverbreiterung durch Modendispersion und Materialdispersion. Die Punkte 1 und 2 werden im Folgenden besprochen. Zu Punkt 1 und 3 vergleiche auch Abschnitt 1.2.4.

Bei hochbitratiger Übertragung kommen anstelle von Lumineszenzdioden Laserdioden zum Einsatz. Diese haben eine geringere spektrale Halbwertsbreite. Dadurch wird die Materialdispersion reduziert. Außerdem lassen sich Laserdioden mit höheren Bitraten modulieren als Lumineszenzdioden. Die Bandbreite von Lumineszenzdioden ist etwa auf 500 MHz begrenzt.

Während eine Lumineszenzdiode wegen ihrer breiten Abstrahlcharakteristik die Stirnfläche des Multimode-LWL überstrahlt und alle Moden anregt (überfüllte Einkopplung), bewirkt eine Laserdiode nur eine begrenzte Einkopplung des Lichts in den Lichtwellenleiter. Koppelt man mittig ein, machen sich Fehler im Brechzahlprofil (Mittendip) besonders stark bemerkbar. Das führt zu Laufzeitunterschieden zwischen den einzelnen Modengruppen (DMD: Differential Mode Delay).

Zusammenhang zwischen Einkopplung und Bandbreiten-Längen-Produkt [5.3]

Bild 5.11 zeigt die Impulsverbreiterung bei überfüllter Anregung mit einer Lumineszenzdiode. Man kann zwischen unterschiedlichen Modengruppen unterscheiden:

- LOW (Low Order Modes): Moden niedrigster Ordnung: bewegen sich im Faserzentrum.
- HOM (High Order Modes): Moden hoher Ordnung: bewegen sich in der Nähe der Kern-Mantel-Grenze.
- IMM (Intermediate Modes): dazwischen liegende Moden: übertragen die meiste Leistung.

Abweichungen vom idealen Brechzahlverlauf führren zu Laufzeitunterschieden:

- Falls Brechzahleinbruch: Brechzahl zu klein => Geschwindigkeit zu groß => LOW treffen zu zeitig ein.
- Falls Brechzahl in den Außenbereichen zu groß => Geschwindigkeit zu klein => HOM treffen zu spät ein.

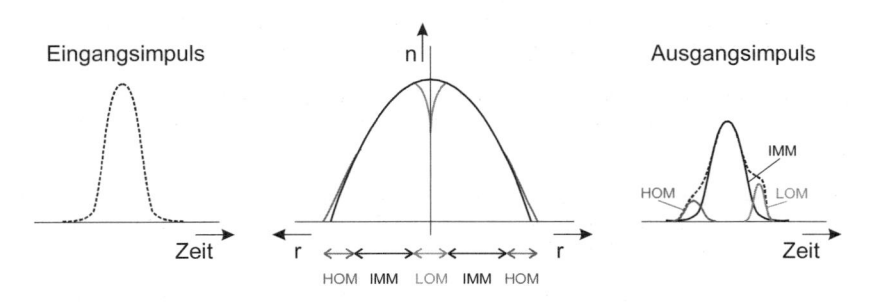

Bild 5.11: Impulsverbreiterung bei überfüllter Anregung mit Lumineszenzdiode

Diese Effekte führen zu einer Impulsverbreiterung und damit zu einer Verringerung der Bandbreite. Falls das Licht nur im Zwischenbereich eingekoppelt wird, verschwinden die Peaks LOM und HOM im Ausgangsimpuls und der Impuls wird nicht verbreitert.

Durch die Art der Einkopplung und die Gestalt des Brechzahlprofils kann das Bandbreite-Längen-Produkt beeinflusst werden!

Außermittige Einkopplung

Herkömmliche Fasern haben oftmals, bedingt durch das Herstellungsverfahren, einen Brechzahleinbruch in der Mitte (Mittendip). Das führt zu Laufzeitunterschieden.

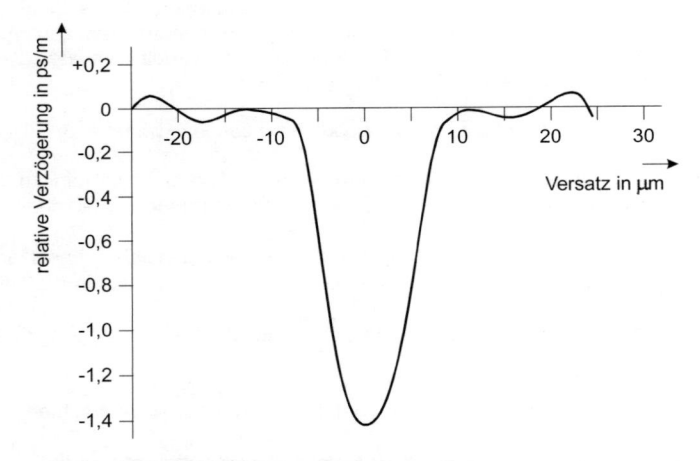

Bild 5.12: Laufzeitunterschiede in Abhängigkeit vom Ort der Einkopplung bei einer Faser mit Mittendip

Im äußeren Bereich (Bild 5.12) ist der Kurvenverlauf relativ flach. Koppelt man mit einem Laser außermittig ein, beispielsweise unter Verwendung eines modenkonditionierenden Patchkabels, wird nur ein begrenztes Phasenraumvolumen angeregt.

Der fehlerhafte Brechzahlverlauf im Zentrum wird ausgespart. Das ist eine gängige Methode für ältere Lichtwellenleiter: Das Bandbreite-Längen-Produkt kann etwa verdoppelt werden.

Diese Vorgehensweise ist jedoch nicht reproduzierbar. Bei neuen Fasern wird durch eine wesentlich aufwändigere Technologie das Brechzahlprofil optimiert und dadurch das Bandbreite-Längen-Produkt erhöht.

Dann wird eine außermittige Einkopplung und damit der Einsatz von modenkonditionierenden Patchkabeln hinfällig.

Vergleich der beiden optischen Fenster

Die Brechzahl des Glases hängt von der Wellenlänge ab: $n = n(\lambda)$ (vergleiche Bild 1.16). Dadurch ergeben sich je nach Wellenlänge unterschiedliche Ausbreitungsgeschwindigkeiten: $v = c/n(\lambda)$. Aus Bild 5.13 sind die Laufzeitunterschiede bei 850 nm und 1300 nm ersichtlich. Man erkennt, dass sich das Brechzahlprofil für beide optische Fenster nicht gleichzeitig optimieren lässt.

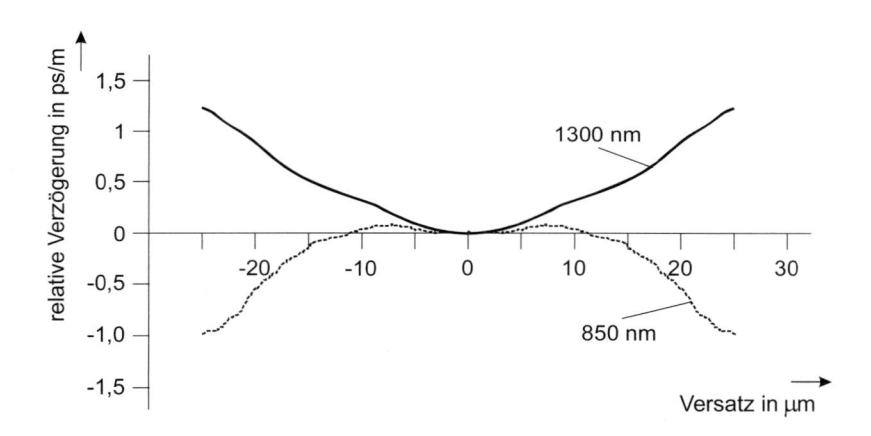

Bild 5.13: Laufzeitunterschiede in Abhängigkeit vom Ort der Einkopplung für 850 nm und 1300 nm

Das maximale theoretische Bandbreite-Längen-Produkt eines Multimode-LWL wird durch die maximale Anzahl der Moden begrenzt: Der 62,5 μm-LWL hat etwa 2,5 mal so viele Moden, wie der 50 μm-LWL. Das theoretische Bandbreite-Längen-Produkt bei 1100 nm beträgt beim 50 μm-LWL etwa 9 GHz·km und beim 62,5 μm-LWL etwa 3,5 GHz·km (Bild 5.14).

Bei amerikanischen Faserherstellern liegt das Maximum für beide LWL-Typen etwa bei 1100 nm, also etwa in der Mitte zwischen den beiden optischen Fenstern. Das erste optische Fenster liegt auf der linken und das zweite optische Fenster auf der rechten Flanke der Kurve. Die Bandbreiten-Längen-Produkte sind in den beiden optischen Fenstern etwa gleich groß.

Bei europäischen Faserhestellern ist das Maximum nach rechts verschoben: Das Bandbreite-Längen-Produkt ist bei 1300 nm etwa doppelt so groß wie bei 850 nm.

Bei Multimode-Fasern, die für 10 Gigabit-Ethernet optimiert wurden (OM3), wird das Maximum des Peaks in das erste optische Fenster verschoben. Das theoretische Bandbreite-Längen-Produkt beträgt bei 850 nm 16 GHz·km.

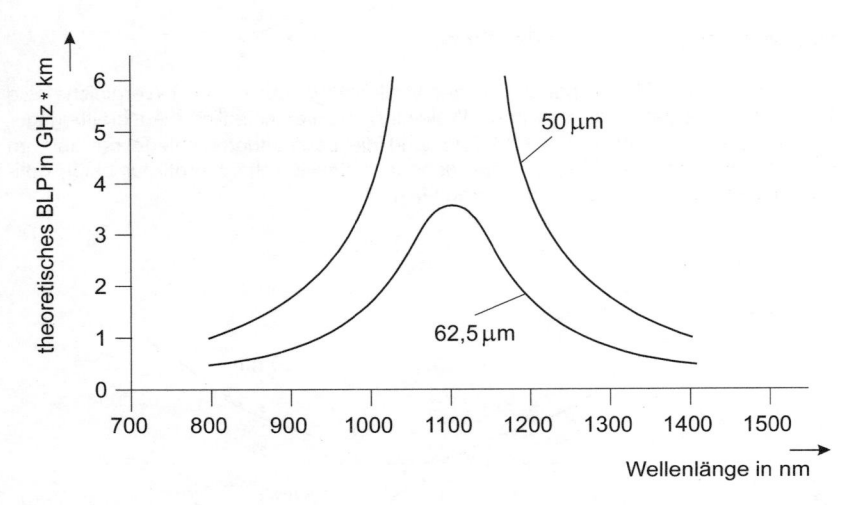

Bild 5.14: Theoretisches Bandbreite-Längen-Produkt des Parabelprofil-LWL in Abhängigkeit von der Wellenlänge

In der Praxis erreicht man etwa 5 GHz·km. Die in den Datenblättern spezifizierten Werte liegen nochmals deutlich darunter.

Die Entwicklungsarbeiten konzentrierten sich auf das erste optische Fenster. Der Grund dafür ist, dass für 1300 nm keine so preiswerten Laserdioden zur Verfügung stehen, wie sie bei 850 nm zum Einsatz kommen (VCSEL).

Die 10 Gigabit-Ethernet-Übertragung über Multimode-LWL erfolgt deshalb vorzugsweise bei 850 nm und nicht bei 1300 nm.

Durch begrenzte Anregung mit einem Laser in Fasermitte, reduziert sich die Wellenlängenabhängigkeit der Laufzeitunterschiede (vergleiche Bild 5.13) und das Bandbreite-Längen-Produkt wächst an. Das erfordert allerdings ein ideales Brechzahlprofil in der Mitte.

Laseroptimierte Multimode-LWL

Die Norm IEEE 802.ae für 10 Gigabit-Ethernet bezieht sich auf einen Lichtwellenleiter, der für die Anregung mit einer oberflächenemittierenden Laserdiode (VCSEL: vertical-cavity surface-emitting laser) bei 850 nm optimiert wurde (vergleiche Bild 1.38).

Eine mit einem Laser angeregte Multimode-Faser verhält sich anders als eine Faser, die mit einer Lumineszenzdiode angeregt wurde. Deshalb unterscheidet man jetzt zwei unterschiedliche Bandbreite-Definitionen:

LED-Bandbreite (BLP)

Das ist die ursprünglich standardisierte Bandbreitenmessung: Licht wird mit einer Lumineszenzdiode annähernd gleichmäßig in alle Moden des Multimode-LWL eingekoppelt (überfüllte Einkopplung, overfilled launch: OFL). Das Messergebnis ist das herkömmliche Bandbreite-Längen-Produkt (BLP).

Laserbandbreite (EMB)

Die Laserbandbreite (effektive modale Bandbreite: EMB) dient der Charakterisierung von laserbasierten Systemen. Die Laserdiode regt nur einen Bruchteil der möglichen Moden im Lichtwellenleiter an.

Die Laserbandbreite erhält man durch eine alternative Fasermessung, die den Laufzeitunterschied zwischen den Modengruppen im Multimode-LWL charakterisiert: Modenlaufzeitdifferenz (DMD: Differential Mode Delay). Die Laufzeitunterschiede werden in Abhängigkeit vom radialen Ort der Einkopplung in den Kern des Multimode-LWL gemessen.

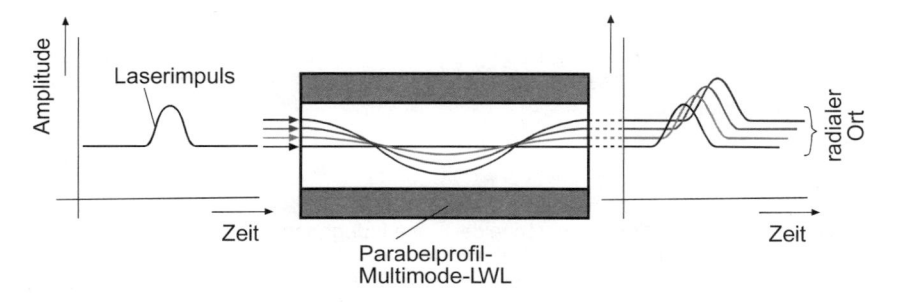

Bild 5.15: Verfahren zur Messung der Modenlaufzeitdifferenzen beim Multimode-LWL

Die Laufzeiten werden am Ende der Strecke in Abhängigkeit vom Ort der Einkopplung gemessen und mit vorgegebenen Masken verglichen. Der Unterschied zwischen den schnellsten und langsamsten Impulsen ist die Modenlaufzeitdifferenz (DMD).

In der Norm IEEE 802.3ae wurden sechs verschiedene Masken definiert, die zulässige Werte für die Modenlaufzeitdifferenz in ps/nm als Funktion des Radius festlegen. Werden die Grenzwerte einer der sechs Masken nicht überschritten, beträgt die Laserbandbreite 2000 MHz·km. Zum Nachweis von höheren Laserbandbreiten, wird mit engeren Masken verglichen.

Die LED-Bandbreite korreliert nicht mit der Laserbandbreite. Mit Laseranregung erzielt man größere Bandbreiten und damit größere Streckenlängen, als mit LED-Anregung. Mit der Laserdiode wird der Faserkern anfangs nicht voll ausgeleuchtet. Dadurch werden weniger Moden angeregt. Diese bewirken geringere Laufzeitunterschiede.

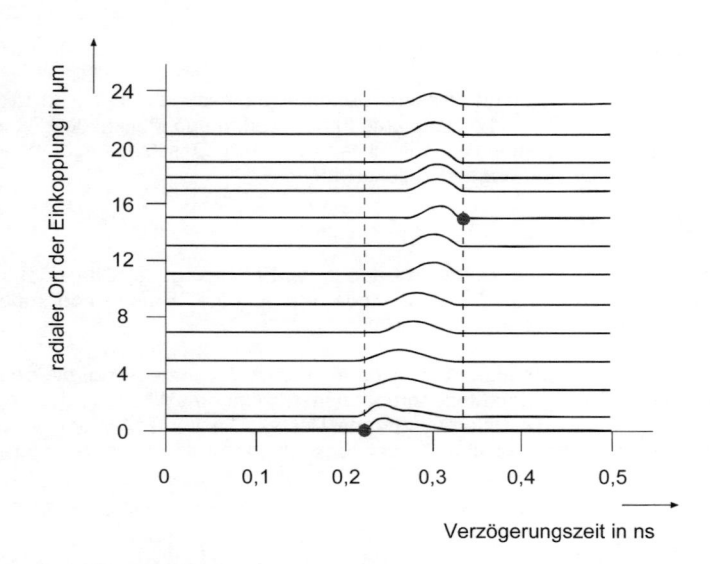

Bild 5.16: Ergebnis einer DMD-Messung an einem 50 µm-LWL. Der maximale Laufzeitunterschied besteht zwischen r = 0 (vordere Flanke) und r = 15 µm (hintere Flanke).

Klassen von Multimode-LWL

Die Norm DIN EN 50173-1 unterscheidet Faserkategorien entsprechend der Bandbreite bei 850 nm. Die Kategorie OM3 wurde speziell für die Realisierung von Gigabit-Ethernet bzw. 10 Gigabit-Ethernet entwickelt. Bei der OM3-Faser beträgt die Bandbreite bei Anregung mit Lumineszenzdiode 1500 MHz·km und bei Anregung mit Laserdiode 2000 MHz·km. Die Laseranregung wurde nur für das erste optische Fenster und nur für den 50 µm-LWL spezifiziert.

Derzeit beträgt die Dispersionsbegrenzung bei Gigabit-Ethernet 1040 m (λ = 850 nm) bzw. 2000 m (λ = 1300 nm) und bei 10 Gigabit-Ethernet 600 m (λ = 850 nm; EMB = 5000 MHz·km) bzw. 900 m (λ = 1300 nm).

		Minimale modale Bandbreite in MHz x km		
		Vollanregung (BLP)		Laseranregung (EMB)
	Wellenlänge	850 nm	1300 nm	850 nm
Fasertyp	Kerndurchmesser			
OM1	50 µm oder 62,5 µm	200	500	nicht spezifiziert
OM2	50 µm oder 62,5 µm	500	500	nicht spezifiziert
OM3	50 µm	1500	500	2000

Tabelle 5.6: Unterscheidung von Kategorien entsprechend der Bandbreite

5.4.5 Optische Freiraumübertragung

Als interessante Lösung, ein lokales Netz zu realisieren, insbesondere „die letzte Meile", soll in diesem Abschnitt die optische Freiraumübertragung besprochen werden [5.4].

Optische Freiraumübertragungs-Systeme unterstützen verschiedene Schnittstellen wie Ethernet (10 Mbit/s-Ethernet, Fast Ethernet, Gigabit-Ethernet, 10 Gigabit-Ethernet) und SDH (STM-1, STM-4, STM-16, STM-64). Die optische Freiraumübertragung bietet eine Alternative zur Richtfunktechnik, aber auch zur LWL-gebundenen optischen Übertragung.

Vergleich mit herkömmlichen Verfahren

Analog zur Richtfunktechnik, wo sich elektrische Signale durch den freien Raum ausbreiten, kann man auch ein optisches Signal durch den freien Raum übertragen (optische Freiraumübertragung, optische Richtfunktechnik). Die ersten Versuche zur Realisierung einer optischen Freiraumübertragung sind viel älter als eine elektrische Signalübertragung oder die optische Übertragung über Lichtwellenleiter.

Die optische Freiraumübertragung wurde durch Rauchzeichen, mit Flügeltelegrafen, durch ein Photophon, durch Flaggen-Signalisierung, Lichtmorsen usw. mit sehr einfachen technischen Mitteln realisiert. Mit der Erfindung des Lasers 1960 und der fortschreitenden Entwicklung der Sender- und Empfängerkomponenten ist die optische Freiraumübertragung (optischer Richtfunk) heute sehr leistungsfähig.

Die optische Freiraumübertragung kann sich nur dort durchsetzen, wo sie Vorteile gegenüber der Richtfunktechnik und/oder der LWL-Übertragung hat.

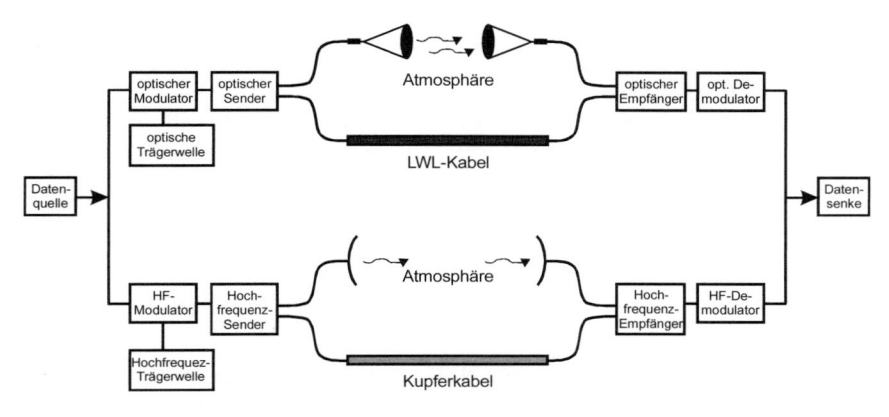

Bild 5.17: Vergleich optischer und elektrischer Signalübertragung ohne und mit Trägermedium (LWL bzw. Kupfer)

Sie wird nur innerhalb ganz bestimmter Anwendungssegmente eine Berechtigung haben, da die alternativen Verfahren einen sehr hohen technischen Stand aufweisen.

Bild 5.17 zeigt den Vergleich verschiedener Verfahren (von oben nach unten): optische Freiraumübertragung, optische Übertragung über Lichtwellenleiter, (elektrischer) Richtfunk, elektrische Übertragung über Kupferleiter. Die optische Freiraumübertragung hat folgende Vorteile gegenüber der Richtfunktechnik:

- Sehr gute Richtwirkung. Die realisierbare Strahlaufweitung beträgt etwa ein Millirad. Das bedeutet, dass der Lichtstrahl in einem Kilometer Entfernung einen Durchmesser von einem Meter erreicht. Dies ermöglicht eine sehr gute Bündelung der Strahlung des Senders auf den Empfänger. Zum Vergleich: Der Öffnungswinkel der Abstrahlung beträgt in der Richtfunktechnik 1 ° bis 2,5 °, bei der optischen Freiraumübertragung < 0,1 °.
- Durch die hohe Richtwirkung treten keine Störbeeinflussungen zwischen benachbarten Anlagen auf.
- Keine Störbeeinflussungen durch Überreichweiten.
- Hohe Abhörsicherheit, da nur wenig Licht gestreut wird. Es müsste ein Fremdempfänger in den Strahl gebracht werden. Dies kann durch den Empfänger registriert werden.
- Elektromagnetische Verträglichkeit.
- Keine Restriktionen bezüglich Frequenzbandnutzung.
- Übertragungsgeschwindigkeit bis in den Gbit/s-Bereich.
- Weitgehende Transparenz bezüglich Bitrate und Codierung.
- Für die optoelektronische Signalwandlung können in der Regel Bauelemente eingesetzt werden, die auch in der LWL-Übertragung in großen Stückzahlen Anwendung finden.
- Geringe Beschaffungs- und Betriebskosten.
- Vergleichsweise einfache rechtliche Vorgaben.

Die optische Freiraumübertragung hat folgende Vorteile gegenüber der LWL-Übertragung:

- Die Installation der optischen Sende-Empfangs-Geräte auf dem Dach oder hinter Glasfenstern kann in wenigen Stunden erfolgen.
- Der Anfangs- und Endpunkt der Übertragung ist variabel wählbar.
- Hohe Kostenersparnis, da weder der Kauf eines Trägermediums (Lichtwellenleiter) noch deren Verlegung (Erdarbeiten) erforderlich sind. (Diese hohen Investitionen nimmt man nur in Kauf, wenn die Verbindung für 20 bis 30 Jahre Lebensdauer ausgelegt ist.)

Einsatzfelder

Die optische Freiraumübertragung hat folgende typischen Einsatzfelder erschlossen:

- Innerhalb von geschlossenen Räumen:
Fernsteuerung von Geräten der Unterhaltungselektronik.
Datenübertragung zwischen PC und einer peripheren Einheit.
Übertragung zwischen dem Datennetz und einer mobilen Endeinrichtung.

- Im Weltall zur Verbindung zwischen Nachrichtensatelliten.
- Außerhalb von geschlossenen Räumen in der Atmosphäre zur Realisierung von LAN-Netzen.

Der Einsatz in geschlossenen Räumen ist milliardenfach verbreitet und hat keine vernünftige Alternative. Eine derartige Freiraumübertragung ist wegen der geringen Entfernungen und der vernachlässigbaren atmosphärischen Einflüsse unproblematisch.

Der Einsatz im Weltall (Intersatellite Links) erlangt wegen der großen Zahl an Satelliten, die insbesondere für Mobilfunknetze auf erdnahen Umlaufbahnen kreisen, zunehmend Bedeutung. Diese müssen sich bei der Übertragung genau anpeilen und dürfen benachbarte Satelliten nicht stören. Wegen der wesentlich besseren Richtwirkung der optischen Freiraumübertragung wird hier die Richtfunktechnik zunehmend abgelöst.

Das dritte Einsatzfeld (Realisierung von LAN-Netzen), wird im folgenden behandelt.

Das Grundprinzip der optischen Freiraumübertragung

Das Grundprinzip der optischen Freiraumübertragung besteht darin, dass ein optischer Sender im Brennpunkt einer Linse angeordnet wird, die den Strahlengang annähernd parallelisiert. Am Ende der Übertragungsstrecke fokussiert eine zweite Linse das ankommende Strahlenbündel auf einen Empfänger.

Die optische Freiraumübertragung ist in allen drei optischen Fenstern möglich. Zwischen den Endpunkten der Strecke muss Sichtverbindung bestehen. Für diese Wellenlängen stehen sowohl leistungsfähige Halbleiter-Strahlungsquellen (Laser- und Lumineszenzdioden) als auch empfindliche Empfänger (PIN- bzw. Lawinen-Photodioden) zur Verfügung. Im ersten optischen Fenster kommen zunehmend VCSEL (vergleiche Abschnitt 1.3.4) zum Einsatz.

Bild 5.18 zeigt eine mögliche Realisierungsvariante der optischen Freiraumübertragung unter Nutzung einer koaxialer Optik. Die Anordnung ist vollkommen symmetrisch aufgebaut und arbeitet bidirektional.

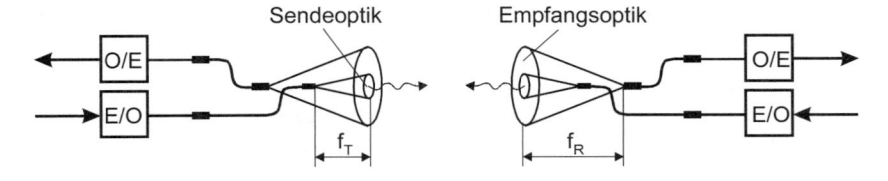

Bild 5.18: Bidirektionale optische Freiraumübertragung

Wir betrachten den Signalverlauf von links nach rechts. Das ankommende elektrische Signal (Pfeil links unten) wird mit einer Lumineszenzdiode oder einer Laserdiode in ein optisches Signal gewandelt. Es gelangt über einen Lichtwellenleiter in den kombinierten Sende- und Empfangskopf. Im Punkt A endet der Lichtwellenleiter mit einer senkrechten Stirnfläche. Von dort tritt das Licht in den freien Raum aus. Der Divergenzwinkel ergibt sich aus der numerischen Apertur des Lichtwellenleiters.

Der Punkt A befindet sich im hinteren Brennpunkt einer Sendeoptik mit der Brennweite f_S (kleine Linse). Diese wandelt den divergenten Strahl theoretisch in ein exakt paralleles Strahlenbündel. In der Praxis gibt es eine Reihe von Effekten, die Abweichungen von dem exakt parallelen Strahlengang bewirken: Endliche Ausdehnung der Querschnittsfläche des Lichtwellenleiters, nicht idealen Korrekturzustand der Linse.

Insbesondere die sphärische Aberration der Linse muss gut korrigiert sein. Das wird um so problematischer, je größer der Durchmesser der Linse und die numerische Apertur der Anordnung ist. Aber auch Beugungseffekte bewirken Abweichungen von der Parallelität.

Untersuchungen haben gezeigt, dass es nicht sinnvoll ist, die hohe Richtwirkung der optischen Anordnung vollkommen auszuschöpfen. Denn ein sehr schmaler Strahl erfordert eine hohe Stabilität seiner optischen Achse, damit der Empfänger getroffen werden kann. Die Richtungsstabilität des abgestrahlten Bündels muss eine kleinere Toleranz aufweisen als der Divergenzwinkel des Strahls.

Als brauchbare Divergenzwinkel haben sich 3 mrad, also weniger als 0,2 °, erwiesen. (Im Vergleich zur Richtfunktechnik ist das weniger als ein Zehntel!) Bei Systemen mit automatischer Strahlnachführung (auto tracking), die Unstabilitäten des Montagestandortes ausgleichen, sind Winkel von 0,5 mrad sinnvoll.

Der aufgeweitete Strahl trifft auf eine Empfangsoptik, die einen wesentlich größeren Durchmesser hat, um möglichst viel von dem divergenten Strahl zu erfassen (große Linse in Bild 5.18). Die Empfangsoptik hat in der Mitte eine Bohrung, in der sich die Sendeoptik befindet, die in entgegengesetzte Richtung strahlt. So wird gewährleistet, dass die Optiken koaxial aufgebaut sind, wodurch eine parallaxenfreie vollkommen symmetrische Übertragung möglich wird. Im Bereich der Sendeoptik ist die Empfangsoptik blind. Man nimmt einen kleinen Verlust in Kauf.

Im hinteren Brennpunkt der Empfangsoptik mit der Brennweite f_E wird das Licht in einen Lichtwellenleiter mit möglichst großem Durchmesser eingekoppelt. Dabei wird sinnvollerweise die numerischen Apertur der Optik an die numerische Apertur des Lichtwellenleiters angepasst.

Schließlich gelangt das Licht zu einer Empfängerdiode und wird in ein elektrisches Signal gewandelt. Der Strahlverlauf in entgegengesetzter Richtung ist völlig identisch. Gegenseitige Beeinflussungen gibt es nicht.

Besonderheiten der optischen Freiraumübertragung

Die oben besprochenen Effekte der Strahlaufweitung bewirken eine sogenannte „geometrische Grunddämpfung", die einen definierten und stabilen Wert hat. Diese Dämpfung erhöht sich proportional zum Quadrat des Abstandes zwischen Sender und

Empfänger ab dem Abstand, bei dem die Empfangsoptik durch den gesendeten Strahl voll ausgeleuchtet wird.

Nicht reproduzierbar und schwierig kalkulierbar sind die Einflüsse der Atmosphäre, des Klimas und der Sonneneinstrahlung, die eine Erhöhung der Dämpfung und des Rauschens bewirken. Diese Einflüsse können bis zum Systemausfall führen.

Somit ist die Übertragungssicherheit geringer als bei der (elektrischen) Richtfunktechnik. Jedoch ist man heute in der Lage bei einer Streckenlänge von einem Kilometer im Jahresmittel in Frankfurt/M. eine Verfügbarkeit von 99,9 % und in Dresden von 99,3 % zu realisieren. Das wird auch dadurch möglich, weil die optischen Freiraumübertragungssysteme in der Regel auf der Sende- und Empfangsseite optoelektronische Verstärker enthalten.

Dämpfungen des optischen Freiraumsignals entstehen durch molekulare Absorption an Gasen, die sich in der Atmosphäre befinden, und durch Streuung an Wassertröpfchen. Insbesondere Dunst, Nebel, Schneefall und Regen lassen die Dämpfung rasch ansteigen (Tabelle 5.7).

Wetter	Dämpfung in dB/km
klares Wetter	3
Regen (30 mm/h)	10
Wolkenbruch (100 mm/h)	17
mäßiger Schneefall	17
Schneesturm	30
leichter Nebel	30
mäßiger Nebel	50
starker Nebel	100
Wolken	300

Tabelle 5.7: Dämpfung der Atmosphäre in Abhängigkeit von der Wetterlage

Turbulenzen bewirken relativ schnelle Schwankungen der Dämpfung. Durch Luftdruck- und -temperaturschwankungen ändert sich die Brechzahl. Eine veränderliche Brechzahl bewirkt wie beim Gradientenprofil-LWL eine Veränderung der Richtung des Strahlenverlaufs. Insbesondere wenn die Strahlenführung nur wenig über der Erdoberfläche erfolgt und eine starke Sonneneinstrahlung herrscht, können die Turbulenzeffekte sehr störend werden.

Auch Sturm und Temperaturänderungen können die Stabilität der installierten Sende- und Empfangs-Optiken beeinflussen. Die optische Achse verändert sich und führt zur Auswanderung des Strahlungskegels. Dadurch werden starke Schwankungen des empfangenen Signals bewirkt.

Schließlich verursacht auch das Sonnenlicht Störungen. Die zum Fokussieren des Lichts notwendige Optik kann auch das Sonnenlicht auf die Sende- und Empfangselemente konzentrieren, was zu einer Zerstörung durch Überhitzung führen kann.

Die indirekte Sonneneinstrahlung, die Licht aus einem breiten Frequenzspektrum auf den Empfänger wirft, löst im Empfänger störendes Rauschen aus, das die Qualität der Übertragung deutlich herabsetzt. Man kann diese Effekte durch eine spektrale Bandfilterung unterdrücken.

Weiterhin können Abschattungen des Empfangssignals auftreten, wenn innerhalb der Öffnungswinkel der Sende- bzw. Empfangsoptik Hindernisse wirksam werden. Das können durchfliegende Vögel oder kleine Kondenswolken aus Heizungsschächten oder auch Baukräne und hineinwachsende Bäume sein.

Optische Freiraumübertragungs-Systeme

Ein Entwickler von optischen Freiraumübertragungs-Systemen wird mit anderen Problemen konfrontiert, als ein Entwickler LWL-gebundener Systeme. Er muss mit wesentlich höheren Systemreserven kalkulieren und Lösungen finden, die die statistischen Schwankungen auszugleichen. Ziel ist, eine Informationsübertragung mit definierter Übertragungssicherheit zu gewährleisten.

Statistischen Veränderungen kann man durch einen großen Dynamikbereich des Empfängers begegnen. Außerdem ist es möglich, die Sendeleistung adaptiv an die Dämpfung der Übertragungsstrecke anzupassen. Dazu wird die Streckendämpfung mit Hilfe eines Pilotsignals während des Betriebs gemessen.

Dynamische Veränderungen durch Turbulenzen kann man rein optisch minimieren. Dabei wird berücksichtigt, dass der Durchmesser der Turbulenzzellen, in denen die Schwankungen korreliert sind, nur wenige Zentimeter beträgt.

Wählt man den Durchmesser der Empfangsoptik so groß, dass dieser wesentlich größer als der Durchmesser der Turbulenzzellen ist, so sind die Schwankungen der entsprechenden Empfangssignale nicht mehr vollständig korreliert. Summiert man diese Anteile, so verringert sich die Streuung der Schwankung.

Unter Verwendung einer Empfangslinse mit einem sehr großen Durchmesser könnte man folglich die Turbulenzeffekte minimieren. Der Preis gut korrigierter Linsen steigt jedoch bei Durchmessern größer als 100 mm sehr stark an.

Alternativ kann man mehrere parallele Strahlen mit hinreichendem Abstand übertragen, die alle in gleicher Weise mit dem zu übertragenden Signal moduliert sind. Das führt zur Konzeption eines optischen Mehrstrahl-Übertragungs-Systems.

Bei Mehrstrahlsystemen ist es sehr unwahrscheinlich, dass die gesamte Schwundreserve des Systems durch Vogelflug aufgebraucht wird. Kritischer ist insbesondere im dicht bebauten Stadtgebiet die warme Abluft aus Heizungsanlagen.

Bild 5.19 zeigt ein derartiges Mehrstrahl-Übertragungs-System von Lightpointe. Das von vier parallel angesteuerten Lumineszenzdioden oder Lasersendern kommende Signal wird über Lichtwellenleiter vier Sendeoptiken zugeführt. Diese fokussieren die Strahlung in die Empfangsebene. Das Empfangssignal wird ebenfalls von vier Optiken aufgenommen und über ein Additionsglied auf den optischen Empfänger geführt.

Bild 5.19:
Optisches Richtfunksystem
Flight Strata von Lightpointe

Optische Freiraumübertragungs-Systeme stehen für unterschiedliche Bitraten und Reichweiten zur Verfügung.

Neben den Optionen der adaptiven Leistungsanpassung, der Mehrstrahltechnik und der integrierte Scheibenheizung kommen für höherwertige Systeme auch optische Verstärker auf der Senderseite und das sogenannte Tracking-System zum Einsatz, welches bei Veränderungen der Abstrahlrichtung den Strahl automatisch nachführt.

Für die Multimode-Übertragung hat sich die Wellenlänge 850 nm und für die Singlemode-Übertragung die Wellenlänge 1550 nm durchgesetzt. Bitraten bis 10 Gbit/s wurden bereits realisiert.

Die Weiterentwicklung der optischen Freiraumübertragung wird vor allem die Erhöhung der Verfügbarkeit zum Ziel haben. Es ist zu erwarten, dass in den nächsten Jahren die optische Freiraumübertragung als breitbandiges kostengünstiges Übertragungsverfahren zur Verfügung stehen wird und auch im Zugangsnetz breitere Anwendung findet.

5.4.6 Digitale Hierarchien und Netzstrukturen

Die Digitaltechnik ist die Voraussetzung für die Integration von Diensten. Sie ermöglicht das Zusammenschalten von Bitraten unterschiedlichster Quellen (Sprache, Daten, Video).

Plesiochrone Digitale Hierarchie

Die Plesiochrone Digitale Hierarchie (PDH) wurde in den 60er Jahren standardisiert und in vielen Postverwaltungen der Welt eingeführt. Die Grundstufe der PDH stellt das PCM-30-System dar. Dieses wiederum ergibt sich aus einer Bündelung (Zeitmultiplex) von 30 Fernsprechkanälen plus zwei Dienstkanälen mit je 64 kbit/s zu einer Bitrate von 2048 kbit/s.

Das ist die Bitrate des Primärsystems. Der Aufbau von Systemen mit höherer Hierarchie ergibt sich jeweils durch das Bündeln von vier Einheiten der niedrigeren Hierarchiestufe. So führen vier Primärsysteme zu einem Sekundärsystem usw. In Europa wurden fünf Hierarchiestufen standardisiert (Tabelle 5.8).

Hierarchiestufe	Bitrate	Anzahl der Kanäle
1	2,048 Mbit/s	30
2	8,448 Mbit/s	120
3	34,368 Mbit/s	480
4	139,264 Mbit/s	1920
5	565,992 Mbit/s	7680

Tabelle 5.8: Plesiochrone Digitale Hierarchien

Bei der plesiochronen Technik entsteht ein Problem beim Zugriff auf einen Unterkanal des Multiplexsignals. Dieses muss komplett in seine Einzelkanäle zerlegt werden, selbst wenn die meisten Kanäle nicht benötigt werden. Dieses Problem wird mit der Synchronen Digitalen Hierarchie (SDH) überwunden und der Zugriff auf die einzelnen Kanäle wesentlich vereinfacht.

Synchrone Digitale Hierarchie

Die Basisbitrate dieser Hierarchie wird durch die STM-1-Ebene (STM: Sychrones Transport Modul) gebildet und beträgt 155,52 Mbit/s. SDH wurde 1988 standardisiert und in die heutigen Netzen eingeführt. Wegen der universelleren Einsatzmöglichkeiten von SDH-Systemen, werden diese die PDH-Technik ablösen.

SDH arbeitet mit einer anderen Grundbitrate und anderen Bündelungsfaktoren als PDH, die so gewählt wurden, um den Übergang in amerikanische und japanische Netze und Systeme zu erleichtern. SDH wurde aus der nordamerikanischen SONET-Spezifikation (Synchronous Optical Network) abgeleitet.

Bitrate	SONET		SDH	
Mbit/s	Stufe	Signalbezeichnung	Stufe	Signalbezeichnung
51,84	STS-1	OC-1		
155,52	STS-3	OC-3	1	STM-1
466,56	STS-9	OC-9		
622,08	STS-12	OC-12	4	STM-4
933,12	STS-18	OC-18		
1244,16	STS-24	OC-24		
1866,24	STS-36	OC-36		
2488,32	STS-48	OC-48	16	STM-16
9953,28	STS-192	OC-192	64	STM-64
39813,12	STS-768	OC-768	256	STM-256

Tabelle 5.9: Vergleich zwischen SONET und SDH

Die Bitrate der ersten Hierarchiestufe des SONET-Systems beträgt 51,840 Mbit/s und die erste Hierarchiestufe des SDH-Systems hat exakt den dreifachen Wert. Tabelle 5.9 veranschaulicht die Zusammenhänge zwischen diesen beiden Systemen (STS: Synchronous Transport Signal; OC: Optical Carrier).

Netzstrukturen

Die Digitalisierung der Übertragungs- und Vermittlungstechnik ermöglicht eine weitgehende Strukturänderung der Netze. Während früher im Bereich der Deutschen Telekom eine streng hierarchische Struktur vorherrschte, bei der es nur begrenzte Querverbindungen gab, ermöglicht die synchrone Technik im Zusammenspiel mit der elektronischen Vermittlung eine beliebige Verbindung zwischen den Knoten, wodurch eine Optimierung der Datenströme möglich wird.

Hinzu kommt der Auftritt vieler alternativer Netzbetreiber, was letztendlich zu einer mehr sporadischen Entwicklung der Netzstrukturen führt. Die prinzipielle Struktur des Fernnetzes wird in Bild 5.20 veranschaulicht.

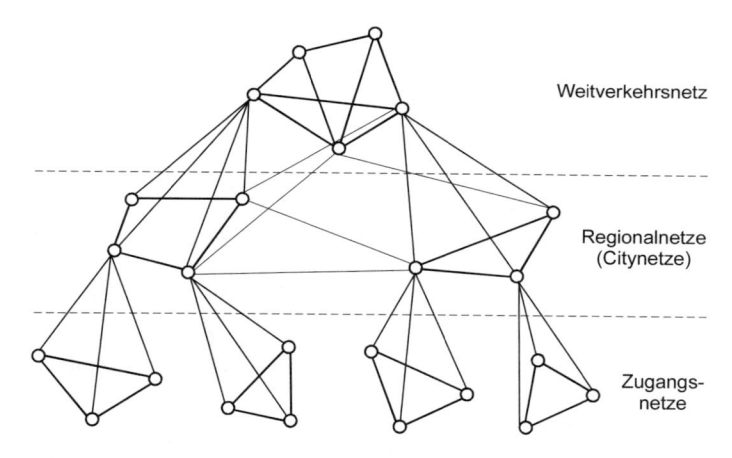

Bild 5.20: Prinzipielle Struktur des Fernnetzes

Die oberste Ebene ist das Netz, das den überregionalen Verkehr abwickelt. Durch die Vielzahl von Telekommunikations-Dienstleistern gibt es heute nicht nur ein Weitverkehrsnetz sondern mehrere Weitverkehrsnetze, die sich regional überlappen. In der nächst niederen Ebene liegen die Regionalnetze, die heute oftmals durch Citynetze realisiert werden. Die unterste Netzebene bilden die Zugangsnetze.

5.4.7 Zugangsnetze

Das Zugangsnetz dient der Anschaltung der Teilnehmer an die zugeordneten Netz- und Vermittlungsknoten. Hieraus ergeben sich vielfältige Anforderungen:

- Die Teilnehmer sind mit Diensten (Verteildienste, wie TV-Programm oder interaktive Dienste) mit stark unterschiedlichen Bitraten zu versorgen. Es müssen die verschiedensten Kommunikationsarten unterstützt werden.
- Die Teilnehmer selbst sind regional sehr heterogen verteilt.
- Die Forderungen der Teilnehmer sind sehr unterschiedlich.

Das größte und wichtigste Zugangsnetz ist das Fernsprechanschlussnetz. Weitere Beispiele sind das diensteintegrierende digitale Fernmeldenetz (ISDN) und das Breitbandverteilnetz (BK-Netz).

5.4.8 Passive Optische Netze

Passive Optische Netze (PON) als ein Spezialfall des Zugangsnetzes haben sich in den letzten Jahren insbesondere im Ausland rasant entwickelt. Sie ermöglichen einen Zugang zum Kunden (Fiber to the Home) ohne den Einsatz von aktiven Komponenten im Signalpfad. Es werden nur passive Bauelemente eingesetzt: Lichtwellenleiter, Koppler, Stecker, Spleiße.

Beim Passiven Optischen Netz handelt es sich um eine Punkt-zu-Mehrpunkt-Topologie. Das ermöglicht eine Kostenreduktion im Vergleich zu herkömmlichen Strukturen.

Das Passive Optische Netz besteht aus:

- einer OLT (Optical Line Termination) in der Vermittlungsstelle
- Kopplern (sowohl wellenlängenteilend als auch leistungsteilend)
- einem Endgerät (Termination Unit) beim Privat- oder Geschäftskunden.

Die Standardisierung erlaubt mehrere Varianten für Passive Optische Netze:

- A-PON (ATM-PON): für Datenkommunikation in Unternehmen
- B-PON (Breitband-PON): Weiterentwicklung von A-PON; unterstützt insbesondere auch Videodienste
- E-PON (Ethernet-PON): nutzt die paketorientierte Datenübertragung
- G-PON (Giga-PON): ermöglicht Bitraten bis in den Gigabit-Bereich hinein.

Die größte Bedeutung hat heute B-PON erlangt, das in der Norm ITU-T G.983 standardisiert wurde: Bis zu 32 Teilnehmer können über Entfernungen von bis zu 20 km bidirektional über einen einzigen LWL versorgt werden (Bild 5.21).

In Richtung Kunde („Downstream") erfolgt die Übertragung mit bis zu 622 Mbit/s (Wellenlänge 1490 nm: Sprache und Daten; Wellenlänge 1550 nm: Video). In Richtung Vermittlungsstelle („Upstream") erfolgt die Übertragung mit bis zu 155 Mbit/s für Sprache und Daten.

Die Richtungstrennung und Auftrennung der einzelnen Dienste übernimmt beim Teilnehmer ein sogenannter Triplexer, ein wellenlängenselektives passives optisches Bauelement.

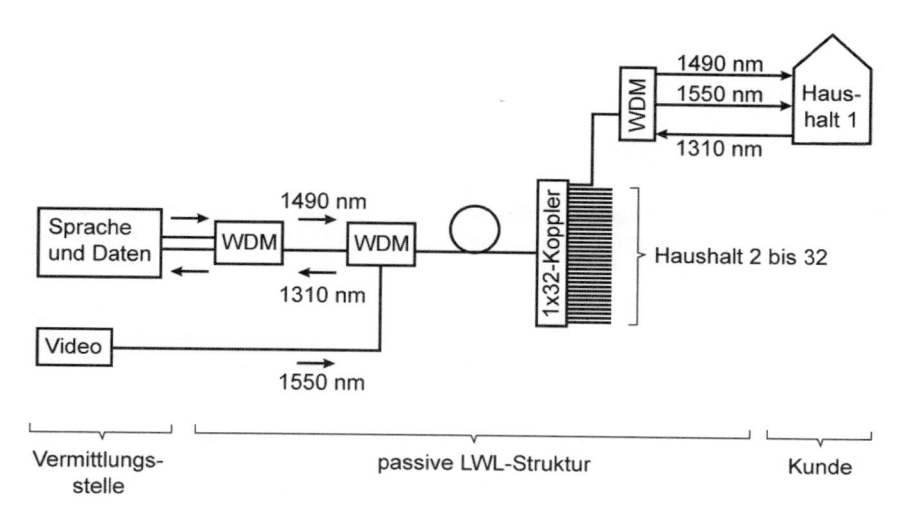

Bild 5.21: Prinzip des Breitbandigen Passiven Optischen Netzes (WDM: wellenlängenselektives Bauelement; 1 x 32-Koppler: leistungsteilendes Bauelement)

Die größte Verbreitung haben Breitbandige Passive Optische Netze in Japan erlangt. Weitere Wachstumsmärkte sind Korea, China, Indien, USA gefolgt von Europa.

5.4.9 Citynetze

Seit der Liberalisierung des Telekommunikationsmarktes haben sich in weit über 100 Städten Deutschlands private Netzanbieter etabliert. Einige Anbieter treten als Vollsortimenter auf, das heißt sie bieten die gesamte Palette der Sprachtelefonie inklusive Internet-Zugang und Teilnehmeranschluss. Sie arbeiten also nicht nur im Regional- sondern auch im Zugangsbereich.

Andere Citynetzanbieter verfügen über umfangreiche Infrastrukturreserven, die weit über das Stadtgebiet hinausreichen. Diese nutzen sie für das eigene Endkundengeschäft aus oder es werden Kapazitäten vermietet. Teilweise gibt es auch grenzüberschreitende Allianzen. Die meisten Ciytnetzbetreiber versuchen vor allem Großkunden ihre Dienstleistungen anzubieten. Die Netze entsprechen dem neuesten Stand der Technik. Die Übertragung erfolgt über Lichtwellenleiter unter Nutzung von ATM oder SDH bis zu 2,5 Gbit/s.

5.4.10 Weitverkehrsnetze

Die Weitverkehrsnetze (WAN: Wide Area Network) verbinden Städte, Länder, Kontinente. Sie umspannen die ganze Welt. Sie unterscheiden sich jedoch von den Zugangsnetzen nicht nur durch ihre räumliche Ausdehnung sondern auch dadurch, dass Betreiber und Nutzer nicht identisch sind. Im Allgemeinen bieten Netzbetreiber (Telekom, Arcor, usw.) die Übertragungskapazität der Weitverkehrsnetze als Dienstleistung an.

Im Weitverkehrsnetz erfolgt die Übertragung in Punkt-zu-Punkt-Verbindungen zwischen den verschiedenen Knoten des Netzes.

Die LWL-Übertragung über große Streckenlängen ist heute so kostengünstig geworden, dass selbst Unterwasserverbindungen wirtschaftlicher als Satellitenübertragungs-Systeme sind.

Zunächst nutzte man das zweiten optische Fenster (1310 nm) für die Übertragung. Wegen der niedrigeren LWL-Dämpfung bei 1550 nm und wegen der Verfügbarkeit von optischen Verstärkern erlangt zunehmend das dritte optische Fenster Bedeutung.

Als Übertragungsmedium kamen zunächst nur Standard-Singlemode-LWL zum Einsatz. Arbeitet man im dritten optischen Fenster bei Bitraten von 10 Gbit/s, begrenzt die chromatische Dispersion die maximale Übertragungslänge.

Deshalb kommen in modernen (DWDM-)Weitverkehrssystemen zunehmend NZDS-LWL zum Einsatz (vergleiche Abschnitt 1.2.9).

5.4.11 Netze mit optischen Verstärkern

Insbesondere in Verbindung mit DWDM-Systemen sind optische Verstärker vorteilhaft einsetzbar (vergleiche Abschnitt 6.3). Entsprechend ITU-T G.681 unterscheidet man zwischen drei Hauptkategorien von Übertragungsstrecken:

- L: Long-Haul-Strecken: Dämpfung 22 dB, Länge $\approx$ 80 km.
- V: Very-Long-Haul-Strecken: Dämpfung 33 dB, Länge $\approx$ 120 km
- U: Ultra-Long-Haul-Strecken: Dämpfung 44 dB, Länge $\approx$ 160 km.

Diese Streckenlängen ergeben sich aus den spezifizierten Dämpfungen, wenn ein mittlerer Dämpfungskoeffizient von 0,275 dB/km zugrunde gelegt wird.

Beim Long-Haul-Typ dürfen bis zu sieben optische Verstärker (8L) hintereinander geschaltet werden. Somit ergibt sich eine maximale Streckenlänge von 8 x 80 km = 640 km. Bild 5.22 zeigt die Varianten L und 3L.

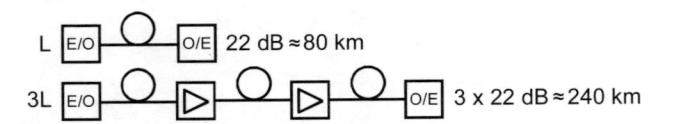

Bild 5.22: Beispiele für Long-Haul-Strecken

Bei den Very-Long-Haul-Strecken dürfen bis zu vier optische Verstärker hintereinander geschaltet werden. Folglich kann man mit diesem System maximal bis zu 5 x 120 km = 600 km überbrücken. Bild 5.23 zeigt die Varianten V, 3V und 5V.

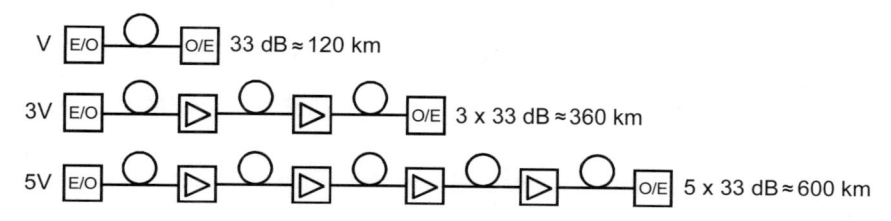

V [E/O]──◯──[O/E] 33 dB ≈ 120 km

3V [E/O]──◯──▷──◯──▷──◯──[O/E] 3 x 33 dB ≈ 360 km

5V [E/O]──◯──▷──◯──▷──◯──▷──◯──▷──◯──[O/E] 5 x 33 dB ≈ 600 km

Bild 5.23: Beispiele für Very-Long-Haul-Strecken

Während die Verstärker in Long-Haul-Strecken eine LWL-Dämpfung von 22 dB kompensieren müssen, ist in den Very-Long-Haul-Strecken eine Verstärkung von 33 dB erforderlich. Eine höhere Verstärkung bringt einen höheren Rauschbeitrag. Das Rauschen summiert sich entlang der Strecke über die einzelnen Verstärker auf. Das heißt, bei den Very-Long-Haul-Strecken reduziert sich das Signal-Rausch-Verhältnis rascher, weshalb nur weniger optische Verstärker eingesetzt werden dürfen.

Für die Ultra-Long-Haul-Strecken wurde keine optische Verstärkung vorgesehen, da es keine optischen Verstärker gibt, die 44 dB verstärken können. In diesem Fall unterteilt man die Strecke in zweimal 22 dB und die Variante Long-Haul-Strecke wird wirksam.

5.4.12 Zusammenfassung

Wir fassen die wesentlichen Erkenntnisse zu den LWL-Systemen zusammen:

- Die konkrete Topologie des Netzes wird von einer Vielzahl von Faktoren beeinflusst, beispielsweise durch die Minimierung der LWL-Längen in Abhängigkeit von der Lage der Teilnehmer und durch die Forderungen an die Übertragungssicherheit (Redundanz).
- Bei den industriellen Anwendungen kommen vor allem folgende Vorteile des Lichtwellenleiters zum Tragen: galvanische Trennung und elektromagnetische Verträglichkeit.
- Kunststoff-LWL sind eine preiswerte Alternative zum Glas-LWL, wenn es um die Realisierung geringer Streckenlängen und Bandbreite-Längen-Produkte geht.
- Kunststoff-LWL-Systeme erfordern - bis auf den optischen Empfänger - die Entwicklung spezifischer Komponenten. Diese weisen heute ein gutes technologisches Niveau auf.
- Die Einsatzfelder der Kunststoff-LWL-Systeme sind sehr breit gefächert. Insbesondere die Autoindustrie und die Heimelektronik wird das Umsatzvolumen für Kunststoff-LWL-Komponenten vorantreiben.

- Der Kunststoff-LWL hat seinen Durchbruch bei industriellen Anwendungen und beim Einsatz im PKW erreicht.
- Das Leistungsvermögen des K-LWL ist noch lange nicht ausgeschöpft. Sobald ein preiswerter Gradientenprofil-Kunststoff-LWL zur Verfügung steht, wird der Kunststoff-LWL auch im LAN-Bereich zum Einsatz kommen und damit eine noch größere Bedeutung erlangen.
- Zur Übertragung hoher Bitraten (Gigabit-Ethernet, 10-Gigabit-Ethernet) über Multimode-LWL ist das Brechzahlprofil zu optimieren und die Materialdispersion durch Verwendung von schmalbandigen optischen Sendern im ersten optischen Fenster zu minimieren.
- Die optische Freiraumübertragung hat sich als ernst zu nehmende Alternative zur Richtfunktechnik und zur kabelgebundenen Übertragung etabliert. Sie kommt in geschlossenen Räumen, außerhalb geschlossener Räume und im Weltall zum Einsatz.
- Die optische Freiraumübertragung wird durch eine Reihe zufälliger Faktoren beeinflusst, die zu einer starken Erhöhung der Streckendämpfung bis hin zu Systemausfällen führen können. Dadurch werden die Einsatzfelder der optischen Freiraumübertragung eingeschränkt.
- Trotz statistischer Schwankungen des optischen Freiraumsignals ist es jedoch möglich, durch Nutzung innovativer Verfahren, die Zuverlässigkeit der optischen Freiraumübertragung beträchtlich zu steigern.
- Die Plesiochrone Digitale Hierarchie wird zunehmend durch die Synchrone Digitale Hierarchie abgelöst. Diese ist mittlerweile bis 40 Gbit/s standardisiert.
- Passive Optische Netze (PON) versorgen den Kunden mit Sprach-, Daten- und Videosignalen. Bis zu 32 Teilnehmer können über Entfernungen von bis zu 20 km bidirektional über einen einzigen Lichtwellenleiter versorgt werden. Breitband-PON entwickeln sich weltweit rasant.
- Im Weitverkehrsbereich erfolgt die Übertragung ausschließlich über Singlemode-LWL im zweiten sowie zunehmend im dritten optischen Fenster.
- Systeme mit optischen Verstärkern wurden für Streckenlängen bis 640 km standardisiert.

5.5 Literatur

[5.1]   D. Eberlein: Leitfaden Fiber Optic. 1. Auflage, Dr. M. Siebert GmbH, Berlin 2005.
[5.2]   W. Daum, J. Krauser, P. E. Zamzow, O. Ziemann: POF - Optische Polymerfasern für die Datenkommunikation. 1. Auflage, Springer-Verlag, Berlin 2001.
[5.3]   M. J. Hackert: Characterizing Multimode Fiber Bandwidth for Gigabit Ethernet Applications. Corning Optical Fiber, White Paper 4062, 11/98.
[5.4]   A. Bluschke: Zugangsnetze für die Telekommunikation. 1. Auflage Carl Hanser Verlag, München Wien 2004. Abschnitt 7.3 von E. Kube: Optischer Richtfunk.

6 Entwicklungsrichtungen
Wolfgang Glaser

6.1 Kanalbündelung in der Lichtwellenleiter-Technik

6.1.1 Verfahren der Kanalbündelung

Auf elektrischen Leitungen und Kabeln sowie im Funkverkehr werden seit langem Bündelungsverfahren (Multiplexverfahren) verwendet, um die verfügbare Bandbreite der Übertragungswege besser auszulasten und speziell die Übertragungskosten je Einzelsignal zu minimieren.

Dazu stehen folgende Verfahren zur Verfügung:

- Raummultiplex (SDM - space division multiplex): Die einzelnen Signale werden räumlich getrennt, also etwa auf getrennten Leitungen oder (als Funksignale) durch Richtantennen über getrennte Wege übertragen.

- Frequenzmultiplex (FDM - frequency division multiplex): Die einzelnen Signale werden unterschiedlichen Trägerfrequenzen aufmoduliert. Zur fehlerfreien Demultiplexierung auf der Empfängerseite dürfen sich die einzelnen Modulationsbänder nicht überdecken. Die Demultiplexierung erfolgt durch Frequenzfilter.

- Zeitmultiplex (TDM - time divison multiplex): Die einzelnen zeitdiskreten (abgetasteten, in der Regel digitalen) Signale werden zeitlich nacheinander übertragen. Zur fehlerfreien Demultiplexierung dürfen sie sich zeitlich nicht überdecken.

- Codemultiplex (CDM - code division multiplex): Den binären Zeichen der einzelnen Signale werden Codeworte zugeordnet; die für verschiedene Signale verwendete Codeworte müssen orthogonal (unkorreliert) sein. Die codierten Signale überdecken sich dann zwar spektral und zeitlich, können aber infolge ihrer Orthogonalität fehlerfrei demultiplexiert werden.

Alle diese Verfahren können auch auf optischen Übertragungsleitungen verwendet werden, und zwar unabhängig von ihrem Einsatz in der elektrischen Signalebene. Da heute noch alle zur Diskussion stehenden Quellensignale senderseitig als elektrische Signale zur Verfügung gestellt und empfängerseitig wieder als elektrische Signale bereitgestellt werden müssen, kann eine optische Übertragungsstrecke allgemein wie in Bild 6.1 dargestellt werden.

Auf einen elektrischen Modulator oder Wandler folgt eine Bündelung mehrerer solcher Signale in einem elektrischen Multiplexer. Dieses elektrische Multiplexsignal durchläuft anschließend nach einer elektrooptischen Wandlung in einer Laserdiode oder Lumineszenzdiode eine optische Modulation und wird in einem optischen Multiplexer mit anderen so aufbereiteten Signalen zu einem optischen Multiplexsignal zusammengefasst. Auf der Empfängerseite geschieht die Demultiplexierung in der spiegelbildlichen Wiederholung der gleichen Baugruppen.

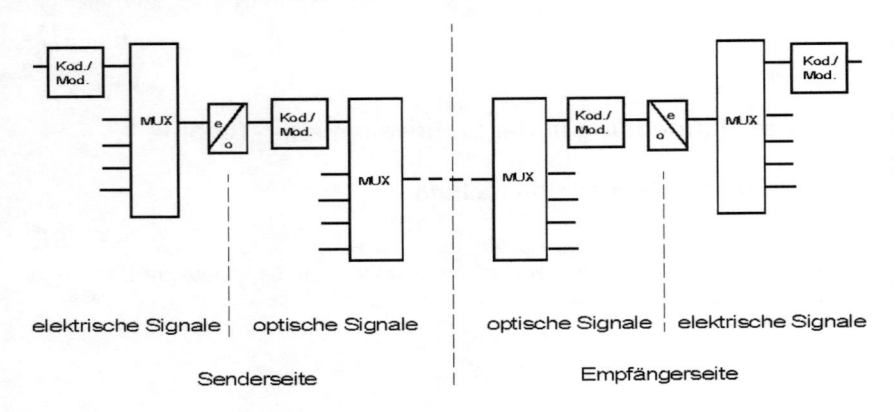

Bild 6.1: Kanalbündelung auf elektrischer und optischer Ebene

In realen Übertragungssystemen müssen alle diese Baugruppen keinesfalls immer vorhanden sein. Im einfachsten Fall besteht eine optische Übertragungskette nur aus einem elektrooptischen Wandler auf der Sendeseite und einem optoelektrischen Wandler (Photodiode) auf der Empfängerseite.

Die ersten optischen Mehrkanalsysteme nutzten nur die elektrische Bündelung mit Zeitmultiplexverfahren (SDH - synchrone digitale Hierarchie) und keine optische Bündelung bzw. mit der Übertragung mehrerer SDH- Signale auf getrennten Fasern nur ein optisches Raummultiplex.

6.1.2 Realisierung optischer Bündelungstechniken

Neben dem bereits erwähnten Raummultiplex (Übertragung auf getrennten Fasern) ist heute vor allem das optische Frequenzmultiplexverfahren technisch interessant [6.11]. Hier werden einzelne Signale unterschiedlicher optischer Frequenzen, also unterschiedlichen Wellenlängen aufmoduliert.

Prinzipiell beschreiben demnach die Bezeichnungen Wellenlängenmultiplex und Frequenzmultiplex den gleichen Sachverhalt (Oberbegriff WDM - wavelength division multiplex).

Werden nur wenige Wellenlängen im Multiplexbetrieb benutzt, können vergleichsweise große Kanalabstände bei geringen Anforderungen and die Selektionselemente genutzt werden. Man spricht dann von CWDM-Systemen (CWDM – coarse wavelength division multiplex, „grobes" Wellenlängenmultiplex; siehe Abschnitt 6.1.4).

Von optischem Frequenzmultiplex (OFDM - optical frequency division multiplex) oder gleichbedeutend dichtem Wellenlängenmultiplex (DWDM - dense wavelength division multiplex) wird speziell bei Systemen mit geringen Kanalabständen und in der Regel hohen Kanalzahlen gesprochen; diese werden dann oft nicht im Wellenlängenmaßstab, sondern als optische Frequenzdifferenzen angegeben.

Bild 6.2 zeigt in einem Nomogramm den Zusammenhang zwischen kleinen Wellenlängen- und Frequenzdifferenzen in den Wellenlängenbereichen 1,3 µm und 1,55 µm.

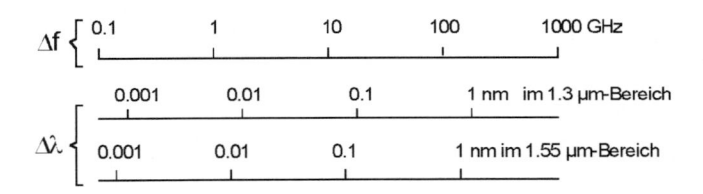

Δf { 0.1   1   10   100   1000 GHz

$\Delta \lambda$ {
0.001   0.01   0.1   1 nm im 1.3 µm-Bereich
0.001   0.01   0.1   1 nm im 1.55 µm-Bereich

Bild 6.2: Umrechnung geringer Wellenlängendifferenzen $\Delta \lambda$ und Frequenzdifferenzen Δf

In einem DWDM-System werden senderseitig einmodige Laserdioden mit entsprechend unterschiedlichen Wellenlängen als elektrooptische Wandler verwendet.

Ihre optischen Frequenzen werden über eine Regelung stabilisiert. Die optischen Ausgangssignale aller Dioden werden in passiven Elementen (optischen Kopplern) zusammengefasst und in einer einzigen Faser übertragen (Bild 6.3 (a)).

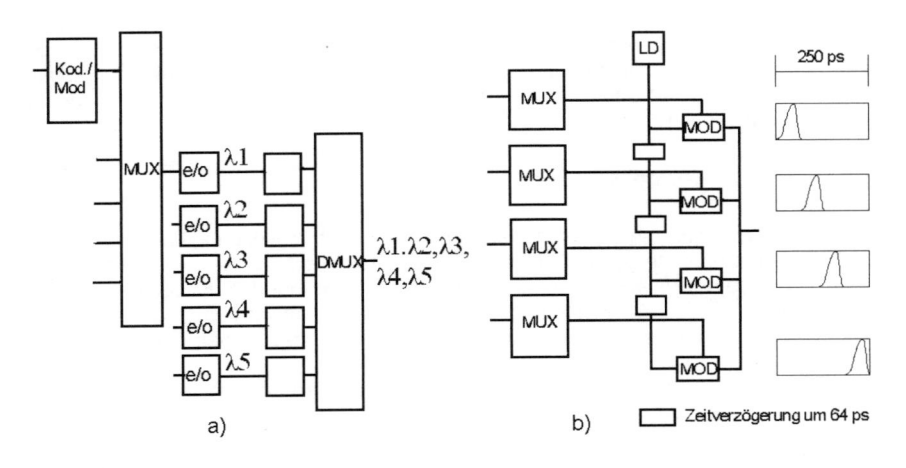

Bild 6.3: (a) Optisches Frequenzmultiplex , (b) Optisches Zeitmultiplex

Auf der Empfängerseite oder auch während der Signalverarbeitung innerhalb von optischen Netzen erfolgt eine Trennung (Demultiplexierung) in optischen Filtern. Solche Filter können als Mehrschichtenfilter (Interferenzfilter), mit konventionellen Gitterstrukturen oder als Fasergitter (Brechzahl-Gitterstrukturen, die in den Kern von Singlemode-Fasern eingebracht werden) oder insbesondere als planare AWG-Filter (arrayed waveguide grating filter) [6.1] aufgebaut werden.

Eine weitere prinzipielle Möglichkeit zur Kanaltrennung ist das optische Überlagerungsprinzip (Mischung zweier optischer Frequenzen mit dem Ergebnis einer Zwischenfrequenz und anschließender Filterung im elektrischen Bereich [6.2].) Dieses Verfahren stellt jedoch technologisch erhebliche Anforderungen (vgl. Bild 6.14 (b)).

Beim optischen Zeitmultiplex (OTDM; Bild 6.3 (b)) wird von einer einzigen Laserpulsquelle ausgegangen, deren Impulsfrequenz gleich der Bitfrequenz eines der zu multiplexenden elektrischen Signalbündel ist. Der Impulsausgang dieses Lasers wird über Laufzeitglieder (im einfachsten Fall Stücken von Lichtwellenleitern) den Eingängen optischer Modulatoren (z.B. Schaltern nach dem Mach-Zehnder-Prinzip; siehe Abschnitt 6.2.4) schrittweise verzögert zugefügt. Die Modulatoren werden durch die elektrischen Signalbündel (die Ausgangssignale elektrischer Multiplexer) gesteuert und ihre Ausgangssignale über Koppler zusammengeführt.

Während DWDM- und CWDM-Systeme heute in großem Umfang angewendet werden, befand sich die OTDM-Technik lange in Wartestellung, bedingt durch die Fortschritte der elektronischen Zeitmultiplextechnik (ETDM), die inzwischen auch 40 Gbit/s-Folgen noch als elektrische Bündelsignale bereitstellen kann. Da einer weiteren Erhöhung der Bündelstärke mit elektronischen Mitteln aber in absehbarer Zeit durch die realisierbaren mikroelektronischen Technologien Grenzen gesetzt sind, ist die OTDM-Technik inzwischen aktuell geworden; entsprechende Systeme sind in Entwicklung (siehe Abschnitt 6.1.4).

Optische Codemultiplexsysteme wurden verschiedentlich für den Teilnehmer-Anschlussbereich des Netzes untersucht und könnten sich zukünftig dort möglicherweise neben anderen Multiplexverfahren durchsetzen, vor allem für die Übertragungsrichtung vom Teilnehmer zur Vermittlungsstelle [6.10].

6.1.3 DWDM-Systeme

Als in den achtziger Jahren zunehmend und schließlich nur noch LWL-Kabel verlegt wurden, konnte der steigende Bedarf an Bandbreite in den Übertragungsnetzen noch durch das Raummultiplexprinzip beherrscht werden: Da in jedem Kabel mehrere Fasern enthalten waren, die zunächst nur zum Teil beschaltet werden mussten, wurden diese Reserveadern nacheinander für den Ausbau der Strecken herangezogen.

Ab Mitte der neunziger Jahre stieg jedoch der Bedarf an Übertragungskapazität so stark an, dass die Nutzung von Bündelungsverfahren vordringlich wurde. Während bisher der Datenverkehr immer klein gegenüber dem Bedarf an Übertragungskapazität für Fernsprechsignale war, wurde in Europa etwa um 2001 der Schnittpunkt beider Wachstumskurven erreicht. In den folgenden Jahren erfolgte ein weiterer Anstieg des Datenverkehrs über den in Festnetzen fast stagnierenden Fernsprechverkehr.

Der zunehmende Datenaustausch in Form von Ton- und Bewegtbildern, die selbst in hochkomprimierter Form noch Datenflüsse von über 50 kbit/s bedeuten, insbesondere aber auch die Entwicklung des Internets und extrem breitbandiger spezieller Netze (Wirtschaftsnetz, „Internet II") führte in manchen Netzen und Netzknoten zu notwendigen Übertragungskapazitäten im Tbit/s-Bereich.

Die Einführung und zunehmende Nutzung des Wellenlängen-Multiplexbetriebes lag daher als ökonomisch zweckmäßige Lösung auf der Hand.

Für die Anwendung des DWDM-Prinzips steht heute das konventionelle C-Band (1530 nm bis 1565 nm) sowie der untere Teil des L-Bandes (1565 nm bis etwa 1610 nm) zur Verfügung. Die damit nutzbare Bandbreite von $\approx$ 80 nm oder $\approx$ 10 THz zeigt die großen Möglichkeiten auf, die in der vollständigen Nutzung allein dieser Bänder liegen. Typisch ist ein Kanalabstand von 0,8 nm (100 GHz) und 1,6 nm (200 GHz).

Wie schon erwähnt, hat die immer vollkommenere Beherrschung der mikroelektronischen Technologien dabei in den vergangenen Jahren gleichzeitig zu einer ständigen Verschiebung der oberen Grenze für elektrische TDM-Verfahren (ETDM) geführt. Nach bisher überwiegend 2,5 Gbit/s- bzw. 10 Gbit/s-Bündeln sind nun inzwischen 40 Gbit/s-Bündel möglich geworden. Diese Werte sind jedoch für die optische Übertragung aus folgenden Gründen nicht unproblematisch.

Aus Gleichung (1.31) (Abschnitt 1.2.5) ergibt sich die Impulsverbreiterung ΔT durch chromatische Dispersion zu $\Delta T = HWB \cdot L \cdot D_{CHROM}(\lambda)$ und daraus eine erreichbare Streckenlänge infolge Bandbreitenbegrenzung

$$L \approx \frac{0,4}{HWB \cdot B \cdot D_{CHROM}(\lambda)} \quad (6.1)$$

Dabei ist HWB die von dem jeweiligen Signal insgesamt eingenommene Bandbreite. Sie setzt sich zusammen aus der Rauschbandbreite der Sendequelle und der durch die Modulation der Sendequelle verursachten Modulationsbandbreite.

Bei der Verwendung von Lumineszenzdioden und auch noch bei Fabry-Perot-Laserdioden ist die Rauschbandbreite groß gegenüber der Modulationsbandbreite, und damit die HWB eine von der Modulation unabhängige Größe.

Es wächst also in Gleichung (6.1) die Halbwertsbreite proportional zur Signalbandbreite B, die erreichbare Streckenlänge nimmt somit **quadratisch** mit der übertragenen Bandbreite und damit auch der steigenden Bitrate ab. Bild 6.4 zeigt diesen Zusammenhang; der Koeffizient der chromatischen Dispersion wurde dabei näherungsweise zu 15 ps/nm/km angesetzt.

Während danach ein 10 Gbit/s-Signal rechnerisch gerade noch über 100 km übertragen werden kann, führt eine Übertragung bei 40 Gbit/s offensichtlich bereits zu undiskutabel kleinen Streckenlängen von nur wenigen Kilometern. Diese Problematik tritt insbesondere auch dann auf, wenn die früher für den Wellenlängenbereich von 1,3 µm ausgelegten LWL-Strecken nun auch im 1,55 µm-Bereich genutzt werden sollen, wo die Dispersion dieser LWL wesentlich von Null verschieden ist.

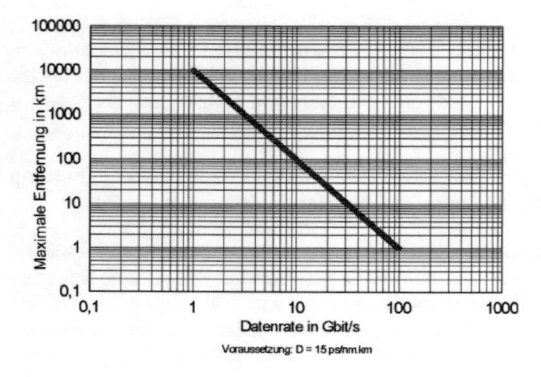

Bild 6.4:
Einfluss der chromatischen Dispersion auf die maximal überbrückbare Entfernung

Heute haben sich eine ganze Reihe von verschiedenen Verfahren durchgesetzt, die eine wirkungsvolle Dispersionskorrektur ermöglichen, etwa indem man dispersionskompensierende Stücke speziellen Lichtwellenleiter in den Übertragungsweg einfügt, die über eine begrenzte Länge eine veränderte Kernstruktur mit hoher negativer Dispersion aufweisen. Mit steigender Bandbreite wächst jedoch die erforderliche Länge des kompensierenden Lichtwellenleiters und damit auch dessen Dämpfung, die sich wiederum als Zusatzdämpfung der Übertragungsstrecke auswirkt.

Darüber hinaus wurden für Systeme mit extrem hohen Bitraten auch Versuche und Erfolge mit elektrischen dispersionskompensierenden Netzwerken bekannt [6.4].

In jedem Fall folgt aber aus Bild 6.4 der prinzipielle Vorteil und die Zweckmäßigkeit, eine erforderliche große Übertragungsbandbreite mit DWDM auf mehrere optische Träger aufzuteilen.

Eine extreme Erhöhung der Vielfachnutzung des einzelnen Lichtwellenleiters stößt auch noch auf andere Grenzen. Optische Nichtlinearitäten der Faser der verschiedensten Art und ihre Sekundäreffekte (siehe Abschnitt 6.4) machen über die Dispersions- und Dämpfungseffekte hinaus Schwierigkeiten.

Eine sinnvolle Nutzung von optischen Multiplexsystemen auf Fernstrecken ist allerdings erst durch die Entwicklung von optischen Verstärkern möglich geworden (siehe Abschnitt 6.3). Sie erlauben die gleichzeitige Verstärkung von mehreren DWDM-Kanälen, also von Bündeln modulierter optischer Träger.

In der Entwicklung der je Lichtwellenleiter realisierten Übertragungskapazität (Bild 6.5) ist der Einfluss der DWDM-Technik nicht zu übersehen. Nachdem sich eine elektrische Kanalbündelung mit 10 Gbit/s (STM-64-Kanal) und im Testbetrieb auch mit 40 Gbit/s durchgesetzt hat, werden zunehmend diese Bündel im DWDM-Betrieb im C- und L-Band, oft in beiden Richtungen gleichzeitig genutzt und bis zu 3,2 Tbit/s auf einer einzigen Faser erreicht.

Der schon erwähnte optische Kanalabstand von 100 GHz ist in der ITU-Empfehlung G.692 festgelegt. Eine Verringerung auf ein 50 GHz-Raster ist optisch möglich und wurde schon praktiziert, ist allerdings für 40 Gbit/s-Bündel bereits nicht mehr anwendbar. Der Signal-Geräuschabstand wird dann durch Nachbarkanalinterferenz beeinflusst.

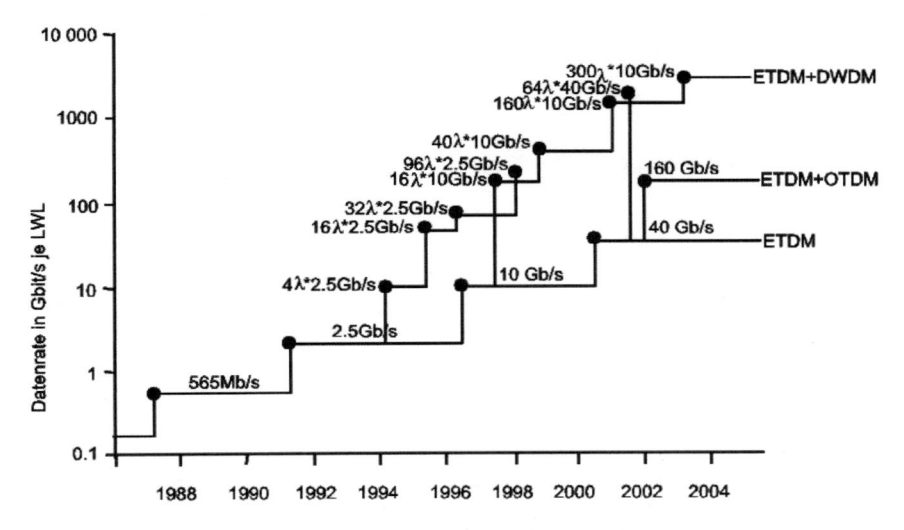

Bild 6.5: Entwicklung der Übertragungskapazität des Lichtwellenleiters (erweitert nach [6.12])

Betrachtet man die reale Situation in großen Nachrichtennetzen, dann wird klar, dass nicht nur die Übertragung maximaler Bündelstärken verlangt wird. Während dieser Gesichtspunkt in langen Fernübertragungsstrecken im Vordergrund steht, ist in stark vermaschten und verzweigten Netzen die Möglichkeit des Ein- und Ausstiegs von Teilbündeln geringerer Breite und die einer schnellen Wegenetzsteuerung von entscheidender Bedeutung [6.26]. Lösungen für effektive Netzstrukturen und ihre Realisierung stehen daher zunehmend im Schwerpunkt des Interesses (siehe Abschnitt 6.2).

Die Flexibilität, einerseits mit breiten STM-Bündeln und relativ geringer optischer Kanalzahl, andererseits mit schmalen ETDM-Bündeln und vielen DWDM-Kanälen arbeiten zu können, erlaubt dann eine optimale Anpassung an die jeweilige Situation.

6.1.4 CWDM-Systeme

Eine der ersten Anwendungen des WDM-Prinzips war die gleichzeitige Nutzung eines Lichtwellenleiters für den Hin- und Rückverkehr auf der gleichen Faser. Dieses Prinzip wurde sehr frühzeitig bereits in den ersten experimentellen LWL-Anwendungen im Teilnehmer-Anschlussbereich genutzt (OPAL-System - Optische Anschlussleitung, Bild 6.6).

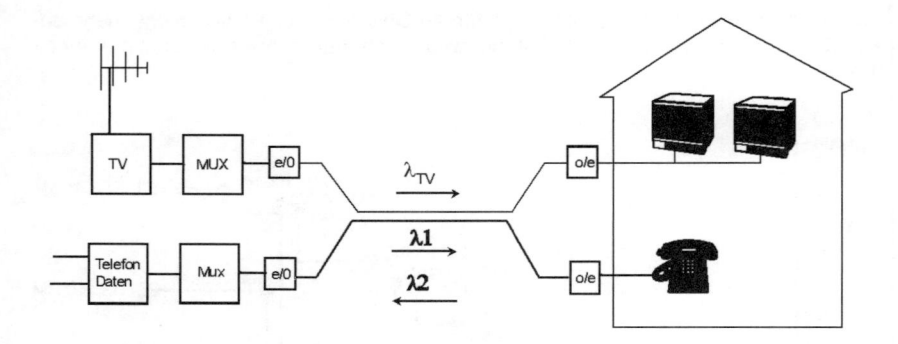

Bild 6.6: Nutzung von zwei Wellenlängen für getrennten Hin- und Rückweg in einem experimentellen Teilnehmeranschlusssystem; die Telefonsignale wurden noch elektrisch zugeführt. (Im zweiten Lichtwellenleiter wird λ_{TV} zur Fernsehverteilung genutzt.)

Die Verlegung von zwei getrennten Fasern zu jedem Teilnehmer (z.B. für Hin- und Rückleitung des Telefonsignals) würde eine beträchtliche Kostenerhöhung der Anlagen verursachen. Prinzipiell gestatten zwar passive LWL-Koppelstrukturen (realisiert als Faserkoppler oder in planarem Aufbau) die Richtungstrennung in einem Lichtwellenleiter auch auf einer einzigen Wellenlänge.

Sie erreichen jedoch nicht die hohen erforderlichen Koppeldämpfungen, die an den Endstellen zwischen dem mit hoher optischer Leistung sendenden Hin-Pfad und dem mit einem sehr empfindlichen Empfänger verbundenen Rück-Pfad eingehalten werden müssen.

Es wurden deshalb zwei getrennte Wellenlängen - eine um 1,3 µm, die andere um 1,55 µm - für die beiden Richtungen eingesetzt. Sendediode, Empfangs-Photodiode und die Kombination von Mehrschichtenfilter und diskretem Koppler waren in einem gemeinsamen Bauelement vereinigt.

Die Nutzung des Lichtwellenleiters im Teilnehmer-Anschlussnetz wurde bereits Mitte der 1980er Jahre untersucht, als sich andeutete, dass zukünftig neben dem schmalbandigen Fernsprechsignal auch breitbandige Dienste vom Teilnehmer genutzt werden würden. Es war damals bereits klar, dass eine optische Verbindung bis zu einer „Informationssteckdose" alle zukünftig absehbaren Anforderungen an Breitbandverbindungen der Teilnehmer absichern könnte.

Eine umfassende Realisierung scheiterte jedoch immer wieder an den Kosten. Im Teilnehmeranschlussbereich ist ja im Gegensatz zu den Fernnetzen zwar eine Multiplexierung der verschiedenen Dienste für einen bestimmten Teilnehmer, nicht mehr aber eine Multiplexierung der Signale der einzelnen Teilnehmersignale möglich - in diesem letzten Teil des Netzes wird jedem Teilnehmer eine eigene Leitung zugestanden.

Deshalb beschränkten sich bisherige Bemühungen darauf, die optische Übertragung der Teilnehmermultiplexbündel so nahe wie möglich an die einzelnen Teilnehmer heranzubringen (FTTC - fiber to the curb).

Das ursprüngliche Konzept des FTTH (fiber to the home), also die Führung des optischen Signals bis unmittelbar an die Anschlusstelle („Informationssteckdosen") des Teilnehmers, ist jedoch inzwischen in Japan und den USA wieder aufgenommen worden und hat dort zur Installation größerer optischer Teilnehmernetze geführt. Der wirtschaftlich aufwändige Teil des Netzes wird dabei als passives optisches Netz (PON; siehe Abschnitt 5.4.8) aufgebaut.

Über diesen speziellen Anwendungsbereich hinaus werden jedoch auch an anderer Stelle zunehmend die Vorteile genutzt, die sich bei Verzicht auf das „dichte" Packen der WDM-Kanäle ergeben, etwa den Einsatz von billigeren LEDs, die Nutzung einfacher statt temperaturgeregelter Laser in den Sendern ebenso wie kostengünstigere (weil in den Selektionsforderungen weniger anspruchsvolle) Filter in den empfängerseitigen Demultiplexern [6.23].

Die ITU hat deshalb in ihrer Empfehlung G.694.2 CWDM-Systeme definiert, die im Wellenlängenbereich von 1270 nm bis 1610 nm ein Wellenlängenraster mit einem Kanalabstand von 20 nm (18 Kanäle) nutzen.

An vielen Stellen wird diese Technik wegen des möglichen Verzichts auf Bündelungs-, Paketisierungs- und Synchronisierungseinheiten als interessante und kostengünstige Alternative zur elektrischen Verbindungstechnik eingesetzt werden.

Diese CWDM-Technik (coarse wavelength division multiplex; „grobes" Wellenlängenmultiplex) ist jedoch nicht auf die genannten Wellenlängenbereiche festgelegt. Neben dem gegenwärtig wesentlichen Einsatz im 1300 nm- und 1550 nm-Bereich verspricht auch die Nutzung im Wellenlängenbereich der (billigen) GaAs-Technik um 800 nm Vorteile.

Im Nahbereich bietet sich darüber hinaus die Anwendung von Polymerfasern für die CWDM-Technik an. Auch für die dort zweckmäßig nutzbaren Wellenlängen im sichtbaren Teil des Lichts (460 nm bis 650 nm) stehen kostengünstige Lumineszenzdioden und Laserdioden zur Verfügung.

Von einer zunehmenden Anzahl von Herstellern werden CWDM-Systeme angeboten, teilweise auch als Mischsysteme (CWDM und DWDM), protokolltransparent, für verstärkerfreie Streckenlängen bis 100 km bei Übertragungsbandbreiten zwischen 100 Mbit/s und 2,5 Gbit/s, und geeignet für den Einsatz in LAN und Fast Ethernet, aber auch STM- und SONET-Systemen.

6.1.5 OTDM-Systeme

Die Grenze der elektrischen Zeitmultiplextechnik wird durch die mikroelektronischen Technologien heute bei 40 Gbit/s festgelegt. Eine nochmalige Steigerung der Bitrate kann deshalb in absehbarer Zeit nur durch die Nutzung der optischen Zeitmultiplextechnik (OTDM) erfolgen.

Das Realisierungsprinzip wurde bereits in Bild 6.3 (b) gezeigt. Um eine weitere Vergrößerung des Bündels um den Faktor 4 zu erreichen, dient z. B. als Pulsquelle ein Laser mit einer Impulsfrequenz von 160 GHz und einer Impulsbreite von (1...2) ps. Durch drei Laufzeitglieder werden daraus vier zeitversetzte Impulsfolgen abgeleitet, die durch die vier anliegenden elektrischen Bündelsignale zu je 40 Gbit/s z.B. in je einem Mach-Zehnder-Modulator (siehe Bild 6.13) intensitätsmoduliert werden. Alle vier Folgen werden anschließend über einen passiven Koppler einem Lichtwellenleiter zugeführt [6.16]. Es entsteht ein RZ-Signal.

Im Empfänger müssen die vier 40 Gbit/s-Signale zunächst optisch wieder aus der 160 Gbit/s-Folge herausgetrennt werden, um dann in Photodioden in elektrische Signale gewandelt und weiter verarbeitet zu werden. Das geschieht durch extrem schnelle optische Schalter. Sie nutzen nichtlineare optische Effekte in einem Interferometer-Aufbau [6.17] oder die Nichtlinearität eines SOA (semiconductor optical amplifier; siehe Abschnitt 6.3.3). Problematisch ist dabei die erforderliche sehr genaue zeitliche Synchronisation der Schaltimpulse mit den ankommenden Signalen.

Auf der Übertragungsstrecke ist es wieder die Dispersion, die eine Optimierung der Wirkungen linearer Dispersion (wie in Gleichung (6.1) beschrieben) und nichtlinearer optischer Effekte (Abschnitt 6.1) notwendig macht und hohe Anforderungen an die verwendeten Kompensationsfasern stellt. Da die Erhöhung der Bitrate mit einer erhöhten Bandbreite und zwangsläufig mit einer höheren Rauschleistung verbunden ist, entstehen auch an dieser Stelle extreme Anforderungen an eingesetzte Verstärker.

Inzwischen sind eine Reihe verschiedener Experimentalstrecken bekannt geworden. Dabei wurden - in der Regel unter Einsatz von Ramanverstärkern, siehe Abschnitt 6.3.2, zwischen 100 km und 150 km Streckenlänge mit einem 160 Gbit/s-OTDM-Signal erreicht.

6.2 Integration von Lichtwellenleiter-Funktionsgruppen

6.2.1 Entwicklung der optischen Signalverarbeitung

Elektronische und optische Verfahren werden nach jetzigen Vorstellungen noch lange Zeit nebeneinander eingesetzt werden, um die jeweiligen Stärken jeder der beiden Technologien optimal nutzen zu können.

Mikroelektronische Technologien haben nach jahrzehntelanger Entwicklung heute hinsichtlich ihrer Arbeitsgeschwindigkeit, ihrer Zuverlässigkeit und ihrem Integrationsgrad ein hohes Niveau erreicht; ihr vollständiger Ersatz durch andersartige Techniken ist nicht absehbar. Bei Übertragungsraten von 100 Gbit/s und höher, die auf Verbindungsleitungen und in hohen Netzebenen bereits aktuell sind, sind elektronische Bauelemente heute jedoch überfordert.

Hier müssen optische und optoelektronische Lösungen gesucht werden. In den angestrebten voll optisch arbeitenden Netzen (AON - all optical networks) sind insbesondere optische Lösungen für die Erkennung der packet header und die Realisierung der für die Wegefindung nötigen Entscheidungen gefragt [6.24].

Zwei wesentliche Funktionsgruppen solcher Netze sind optische Add-Drop-Multiplexer (OADM; Baugruppen, die Ein- und Ausstieg von Teilbündeln in das ankommende und aus dem ankommenden Signal gestatten) und optische Crossconnects (OXC; Baugruppen, die eine beliebige Umsortierung in Raum, Zeit und Frequenz zwischen ankommenden und abgehenden LWL-Bündeln ermöglichen). Dabei müssen nicht nur LWL-Aus- und -Eingänge beliebig miteinander verbunden oder aus- und eingekoppelt werden, sondern auch optische Trägerfrequenzen definiert gewechselt werden.

Auf diese Anwendungen zielen vorwiegend die laufenden Forschungs- und Entwicklungsarbeiten an Funktionselementen der optischen Signalverarbeitung. Es sind zwei Arbeitsrichtungen zu unterscheiden: Das Auffinden von prinzipiellen Verfahren, die solch hohe Bitraten zu verarbeiten gestatten, und die Entwicklung technologischer Lösungen zur Fertigung solcher in der Regel kombiniert optischer und elektronischer Funktionselemente.

In der Elektronik ging die Entwicklung vom Zusammenschalten konventioneller diskreter Bauelemente (Widerstände, Kondensatoren, Transistoren) über deren Miniaturisierung sowie integrierte passive Dick- und Dünnschichtschaltkreise hin zu einer vollständigen Integration passiver und aktiver Elemente auf einem Halbleitersubstrat.

Eine ähnliche Entwicklung ist auch bei den Baugruppen der Optoelektronik zu beobachten. Die ersten Realisierungen von Bauelementen zum Beispiel für den Wellenlängen-Multiplexbetrieb nutzten konventionelle optische Funktionselemente wie Spiegel, Linsen und Gitter, die in ihren Abmessungen verringert und damit der Geometrie der Lichtwellenleiter angepasst wurden. Solche Anordnungen werden als mikrooptische Baugruppen bezeichnet. Bild 6.7 zeigt als typisches Beispiel den Prinzipaufbau eines Laser-Sendeelements.

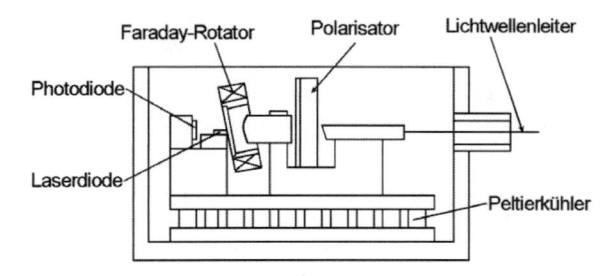

Bild 6.7: Prinzipaufbau eines Lasersenders mit Monitor-Photodiode, optischem Isolator, LWL-Ankopplung und Peltierelement (vergleiche auch Bild 1.44!)

Neben dem eigentlich elektrooptischen Wandlerelement, dem Laserchip, erkennt man als separate miniaturisierte Bauelemente den Faraday-Rotator und ein Polarisationsfilter. Beide bilden einen optischen Isolator [6.2], der reflektiertes Licht vom Laser fernhalten soll. Eine Stablinse (oft mehrere Linsen) fokussiert das den Laser divergent verlassende Licht auf die Frontfläche des Lichtwellenleiters, der ebenfalls Teil des Bauelements ist. Allein seine definierte Justierung ist außerordentlich aufwändig.

Am rückwärtigen Ende des Laserchips trifft die dort ebenfalls austretende Lichtleistung auf ein Photodioden-Chip, über dessen elektrischen Ausgang eine Kontrolle und Leistungsregelung der Lichtleistung des Lasers erfolgen kann. Die Gesamtanordnung wird schließlich von einem Peltierelement auf konstanter Temperatur gehalten.

Die Vielzahl dieser Einzelelemente muss im Fertigungsprozess durch komplizierte Verfahren justiert und fixiert werden; die Gesamtkonstruktion muss die Einhaltung von Stoß- und Temperaturtests (-40 °C...+70 °C) und Langzeitlagerung gewährleisten.

Wellenlängenmultiplexer und -demultiplexer, oft in kombinierten Sende-Empfangs-Bauelementen integriert, erfordern zusätzliche miniaturisierte beschichtete Spiegel oder Linsen-Gitter-Kombinationen. Dieses Beispiel macht die Notwendigkeit deutlich, auch für optische Funktionselemente Wege der technologischen Integration zu suchen.

6.2.2 Integrationstechnologien

Als Vorteile einer integrierten Fertigung von optischen und optoelektronischen Bauelementen gelten:

- Kostensenkung: Vermeidung der Herstellung mechanisch aufwändiger mikrooptischer Einzelelemente und des konstruktiven Aufwandes für Justierarbeiten.
- Reproduzierbarkeit: Definierte Einhaltung geometrischer Toleranzen durch Masken und Fertigungsabläufe, um die Notwendigkeit einer Justierung nach der Fertigung zu vermeiden.
- Größe: Anpassung der Funktionsgruppen an die Größenordnungen der Faser und der erforderlichen elektronischen Bauelemente.

Bild 6.8 gibt einen Überblick über die bisher verwendeten Integrationstechnologien. Bei nahezu allen heute genutzten Verfahren wird eine planare Struktur der Lichtwellenleitung genutzt. Durch verschiedene technologische Verfahren wird auf einem Träger (Substrat) eine dünne Schicht mit gegenüber dem Substrat gering vergrößerter Brechzahl eingebracht oder aufgebracht (Bild 6.8, rechts).

Ist die lichtführende Schicht seitlich begrenzt, spricht man von einem Streifenwellenleiter, sonst von einem Schichtwellenleiter. In dieser einfachen Form können durch Formgebung des Streifenwellenleiters bereits verschiedene passive optische Elemente hergestellt werden, neben einfachen Wellenleitern also auch Verzweigungen und Koppler.

Als Substrat sind spezielle Gläser geeignet, deren Brechzahl durch Ionen-Austauschprozesse maskendefiniert in der gewünschten Weise verändert werden können.

In Glas gelingt es sogar, die Brechzahl nicht nur an der Oberfläche des Substrats, sondern in einer bestimmten Tiefe zu erzeugen („vergrabener Lichtwellenleiter"), und bei einem nahezu runden Querschnitt mit einem Durchmesser, der dem Kerndurchmesser eines Multimode-LWL entspricht (50 µm...60 µm). Allerdings sind die optischen Eigenschaften des Glases durch elektrische Steuersignale praktisch nicht zu beeinflussen. Der Einsatz von Glassubstraten ist also auf wenige passive Funktionselemente begrenzt.

```
                        Integrierte Elemente
                               |
               ┌───────────────┴───────────────┐
    IOC - integrated optical          IOEC - integrated opto-
           circuits                      electronic circuits
           |                                   |
   ┌───────┴────────┐             Passive und aktive opti-
 Passive    Passive und steuer-   sche und elektronische
 Elemente   bare Elemente              Elemente
 Wellenleiter,    Modulatoren,    Wellenleiter, Filter, Verzweiger,
 Verzweigungen,   Schalter        Laserdioden, Fotodioden,
 Koppler                          Transistoren und andere
                                  elektronische Elemente

 Glas       Lithiumniobat         AIII-BV-Materialien
              (LiNbO₃)              (GaAs, InP)

 MM, SM        nur SM                 nur SM
```

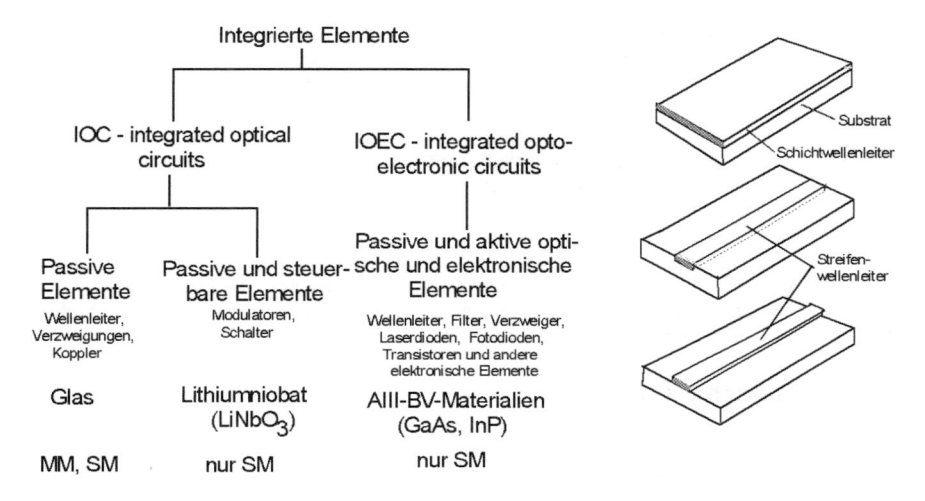

Bild 6.8: Möglichkeiten der Integration optischer und elektrooptischer Bauelemente

Ein in dieser Hinsicht wesentlich flexibleres klassisches Substratmaterial ist Lithiumniobat (LiNbO$_3$, bekannt auch in der Elektronikindustrie als Grundmaterial für elektroakustische Filter).

Dieses Material ändert seine Brechzahl in einem elektrischen Feld (siehe Abschnitt 6.2.4), dadurch gelingt der Aufbau elektrisch steuerbarer optischer Elemente - eine entscheidende Voraussetzung für eine Reihe nützlicher Bauelemente der optischen Signalverarbeitung (Schalter, Modulatoren).

Auch Polymere werden in letzter Zeit zunehmend als Substrate für solche Elemente verwendet. Da ihre Brechzahl temperaturabhängig ist, lassen sich ihre Eigenschaften auch durch kleine aufgebrachte Heizelemente verändern.

Auf den Substraten der integriert-optischen Schaltungen (IOC - integrated optic circuits) ist allerdings eine Integration elektronischer und optoelektronischer Halbleiterbauelemente (Laser und Lumineszenzdioden, Photodioden, elektronische Ansteuer- und Verstärkerelemente) nicht möglich. Diese müssen als diskrete Elemente (Chips) auf- oder angesetzt werden. Damit ergeben sich an diesen Stellen wieder die unerwünschten Justier- und Anpassungsprobleme.

Dieser Nachteil wird bei der zweiten und technologisch kompliziertesten Gruppe der integrierten opto-elektronischen Schaltungen (IOEC - integrated optoelectronic circuits) vermieden. Hier wird Halbleitermaterial der AIIIBV-Gruppe (GaAs, zukünftig zunehmend InP) auf Si-Substrat verwendet. Damit können prinzipiell sowohl passive und aktive (steuerbare) optische Elemente als auch elektronische und optoelektronische Bauelemente monolithisch integriert werden.

Die Schwierigkeiten liegen hier allerdings im Detail. Optische Bauelemente erfordern in der Regel andere Verfahrensschritte und Schichtenfolgen, darüber hinaus aber auch noch andere Größenordnungen der Maskenabmessungen als elektronische Bauelemente.

Die Entwicklung dieser Technik ist deshalb mit erheblichen technologischen Schwierigkeiten verbunden. Sowohl auf $LiNbO_3$ als auch in IOECs sind nur dünne lichtleitende Schichten zu erreichen (Größenordnung 1 μm und geringer), die ausschließlich einmodigen Betrieb zulassen.

Das ist allerdings keine wesentliche Einschränkung, da Multimodenbetrieb heute nur noch für spezielle Kurzstrecken-Verbindungen genutzt wird, für die eine optische Signalverarbeitung ohnehin kaum in Frage kommt.

6.2.3 Grundstrukturen

Die meisten Funktionselemente nutzen einige wenige Grundstrukturen, die im Folgenden kurz beschrieben werden.

Koppler

In Bild 1.19 ist zu erkennen, dass das Feld eines Lichtwellenleiters über die Kerngrenzen hinaus in das umgebende Material hinein übergreift (evaneszentes Feld). Diese Tatsache kann zur gewollten Verkopplung zweier Streifenwellenleiter genutzt werden (Bild 6.9).

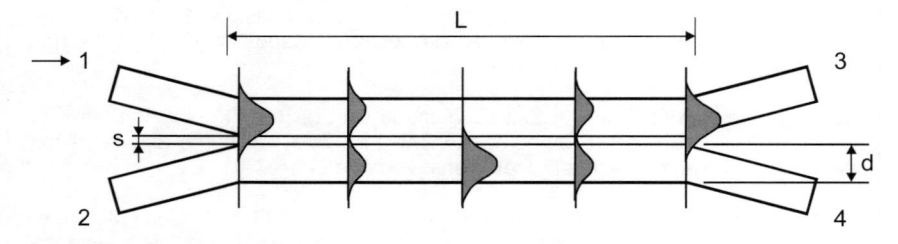

Bild 6.9: Grundstruktur eines Streifenleiter-Kopplers

Es werden dazu zwei Einmoden-Streifenleiter in einem Abstand s von wenigen Mikrometern über eine bestimmte Länge (in Bild 6.9 mit L bezeichnet) parallel zueinander angeordnet. Wird etwa am Eingang 1 des oberen Streifenleiters eine Lichtleistung P_1 eingekoppelt, greift deren Feld teilweise in den unteren Streifenleiter über und erzeugt dort ebenfalls die typische Feldverteilung; das Feld im oberen Lichtwellenleiter wird durch diesen Leistungsverlust geschwächt.

Nach Durchlaufen einer bestimmten Strecke L_2 ist die Lichtleistung vollständig im unteren Streifenleiter konzentriert, und es beginnt auf die gleiche Weise eine Einkopplung in den oberen Lichtwellenleiter. Das setzt sich periodisch fort.

Durch Wahl der Koppellänge kann also sowohl ein 3 dB-Koppler realisiert werden (hier bei einer Länge von L/4; die Eingangsleistung wird gleichmäßig auf die Ausgänge 3 und 4 verteilt), oder die Lichtleistung kann vom Eingang 1 auf den Ausgang 3 (Länge = L) oder den Ausgang 4 (Länge = L/2) gelenkt werden. Allgemein gilt

$$P_3 = (1-\kappa) \cdot P_1 + \kappa \cdot P_2 \tag{6.2}$$
$$P_4 = \kappa \cdot P_1 + (1-\kappa) \cdot P_2 \tag{6.3}$$

wo P - die Ein- bzw. Ausgangsleistungen sind; κ ist ein Koppelfaktor, der von den Brechzahlen von Wellenleiter und Substrat sowie von den Wellenleiterabmessungen bestimmt wird [6.2].

Umwegleitung

Bild 6.10 zeigt eine Struktur, in der ein eingekoppeltes Feld verzweigt und nach Durchlaufen unterschiedlich langer Wege wieder zusammengeführt wird.

Die Ausgangsleistung ist dabei von der durch die Laufzeitdifferenzen verursachten Phasendifferenz $\Delta\varphi$ zwischen beiden Anteilen abhängig. Ist $\Delta\varphi = 2q\pi$, ist $P_2 = P_1$.

Bei einer Phasenverschiebung von 180° ($\Delta\varphi = (2q+1)\cdot\pi$) kompensieren sich beide Felder und es wird $P_2 = 0$ (q = 0, 1, 2,...). Weil

$$\Delta\varphi = 2\pi n_W \frac{L}{\lambda} = 2\pi n_W \frac{Lf}{c} \tag{6.4}$$

ist (n_W - effektive Brechzahl des Lichtwellenleiters, L - Länge des Lichtwellenleiters, λ - Wellenlänge und f - Frequenz des Lichts), lassen sich mit Umwegstrukturen sowohl Modulatoren und Schalter als auch wellenlängenabhängige optische Filter realisieren.

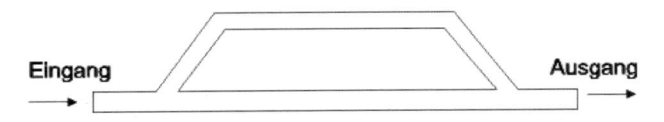

Bild 6.10: Umwegleitung: Ein Teil der Lichtleistung wird abgezweigt und über einen Lichtwellenleiter mit veränderten Übertragungseigenschaften (geänderte Länge, durch Brechzahländerung veränderbare Gruppengeschwindigkeit) wieder zugeführt.

Elektrisch gesteuerte Elemente

Die innere Struktur der Materie wird wesentlich durch elektromagnetische Wirkungen zwischen Atomen und Molekülen bestimmt. Durch ein äußeres elektrisches Feld ist deshalb eine Beeinflussung der Materialeigenschaften, speziell der Brechzahl, möglich. In einem Feld der Feldstärke E ändert sich die Brechzahl n um den Betrag

$$\Delta n = -\frac{1}{2} r_{ij} n^3 E \tag{6.5}$$

Der Faktor r_{ij} heißt elektrooptischer Koeffizient. Er ist in hohem Maße vom Material und seiner Gitterorientierung {ij} abhängig. Für Glas ist r_{ij} so gering, dass eine technische Nutzung ausscheidet; Lichtwellenleiter auf einem Glassubstrat lassen sich deshalb nicht durch elektrische Felder beeinflussen.

Besonders für $LiNbO_3$ ($r_{ij,max}$ = 30·10^{-12} m/V) , aber auch AIIIBV-Halbleiter (GaAs: r_{ij} = 1,2·10^{-12} m/V) nimmt aber der elektrooptische Koeffizient praktisch nutzbare Werte an.

Durch seitlich dicht neben einem Streifenwellenleiter aufgedampfte Elektroden, an denen eine Spannung U angelegt wird, lassen sich damit merkliche Brechzahländerungen im Streifenleiter verursachen.

Sie beeinflussen ihrerseits die Gruppengeschwindigkeit des Lichts im Streifenleiter und damit die Phase des optischen Feldes am LWL-Ausgang.

Die Phasenänderung am Ausgang eines Streifenleiters der Länge L wird dann, wenn der Abstand der Elektroden gleich der Streifenleiterbreite d gesetzt wird, zu

$$\Delta \varphi = 2\pi \frac{\Delta n \cdot L}{\lambda} = \frac{\pi \cdot r_{ij} \cdot n^3}{\lambda} \cdot \frac{L \cdot U}{d} \tag{6.6}$$

Mit einem realistischen Verhältnis d/L = 10 µm/10 mm = 10^{-3} ergibt sich daraus schon bei einer angelegten Spannung Uπ von wenigen Volt eine Phasenänderung von $\Delta \varphi = \pi$ gegenüber dem feldfreien Fall.

Für sehr breitbandige Modulationssignale (> 10 Gbit/s) sind allerdings kompliziertere Elektrodenstrukturen (Wanderwellen-Elektroden) notwendig.

Frequenzselektive Elemente

Wie in elektrischen Schaltungen sind auch in optischen Systemen frequenz(wellenlängen) -selektive Bauelemente wichtig. Dazu können mehrfach beschichtete Glasplatten als frequenzselektive Spiegel oder Filter mit geeigneter Durchlasscharakteristik, vor allem aber auch Gitter verwendet werden.

Zunehmend werden jedoch leichter integrierbare Umwegstrukturen oder periodische Strukturen in Lichtwellenleitern genutzt [6.7].

Frequenzumsetzung

In höheren Netzebenen werden Funktionsgruppen eingesetzt werden, die auf getrennten Lichtwellenleitern ankommende DWDM-Signale an andere LWL-Bündel weitergeben.

Dabei müssen die einzelnen Signale bzw. elektrischen Signalbündel vollkommen neu geordnet werden, das heißt nicht nur an andere (definierte) Fasern weitergegeben werden, sondern im Allgemeinen auch in einer geänderten Zeitlage und auf einer geänderten Wellenlänge.

Um die im letztgenannten Fall aufwändige doppelte Umsetzung zu vermeiden (Signaldemodulation in einer Photodiode, Verstärkung, Modulation einer Laserdiode auf der neuen Wellenlänge) werden dazu im optischen Bereich nichtlinear arbeitende Funktionselemente verwendet, die mit Hilfe eines Mischvorgangs eine direkte Wellenlängenumsetzung ermöglichen. Darauf wird im Abschnitt 6.3.3 eingegangen.

Optischer Überlagerungsempfang

Der optische Überlagerungsempfang [6.2] ist eine systemtheoretisch optimale Lösung. Die Realisierung bietet jedoch erhebliche Schwierigkeiten, weil wegen der vielen erforderlichen optischen und optoelektronischen Bauelemente und ihrer gegenseitigen Justierung ein Aufbau mit diskreten Elementen unzweckmäßig ist, also eine hochentwickelte Integrationstechnologie erfordert (siehe Bild 6.14).

6.2.4 Realisierung von Funktionsgruppen

Bild 6.11 (a) zeigt als Beispiel für einen mikrooptischen Aufbau einen Gitter-Demultiplexer, der die auf einem Eingangs-LWL ankommende Summe von modulierten optischen Frequenzen auf mehrere getrennte Lichtwellenleiter aufteilt.

Dazu wird ein reflektierendes Gitter unter einem sogenannten Braggwinkel schräg mit einer ebenen Welle (mit parallelem Licht) angestrahlt. Das für die Wellenlängenselektion verwendete Maximum der ersten Beugungsordnung wird in diesem Fall in die Einfallsrichtung zurückgebeugt.

Zur Parallelisierung des einfallenden Lichts und der Fokussierung des gebeugten Lichts auf die Ausgangs-LWL kann somit die gleiche Linse verwendet werden.

In der in Bild 6.11 (a) gezeigten Konstruktion ist die Linsenwirkung durch eine Brechzahländerung im Glasblock (ähnlich wie im Gradienten-LWL; „graded index-Linse") realisiert, und das Gitter zur Vermeidung von Fresnel-Reflexionen an freien Linsenflächen am Block selbst aufgebracht. Anordnungen dieser Art sind kompakt und sehr justieraufwändig.

Bild 6.11 (b) zeigt dagegen eine planare Demultiplexer-Struktur. In beiden Armen der Mach-Zehnder-Struktur ist in die Streifenleiter ein Brechzahlgitter eingebracht. Es verursacht für eine bestimmte Wellenlänge eine Reflexion der Lichtleistung; dieses Signal tritt dann an 2 aus.

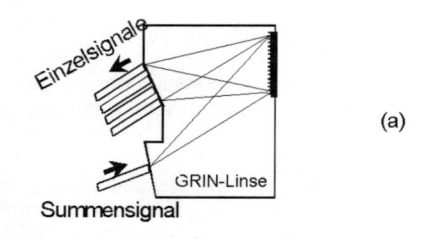

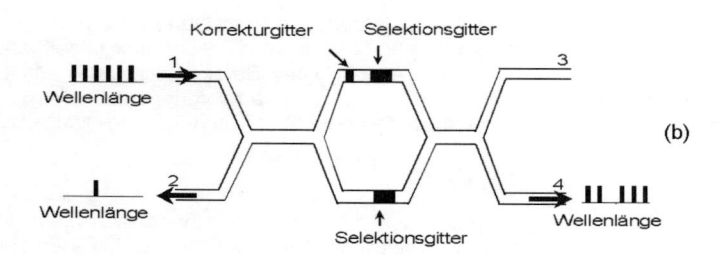

Bild 6.11: Wellenlängen-Demultiplexer als (a) mikrooptischer Aufbau und (b) in planarer Realisierung

Alle anderen Wellenlängen durchlaufen das Gitter unbeeinflusst und erscheinen an 4 (und 3). Durch die Reihenschaltung mehrerer solcher Strukturen lassen sich vollständige Demultiplexer aufbauen.

Ganz wesentlich für die Anwendung in voll optischen Netzen ist die Gruppe der optischen Schalter. Hier steht eine Vielzahl von Realisierungsprinzipien zur Verfügung: optische MEMS, Nutzung thermischer Materialeffekte, Nutzung elektrooptischer Materialien wie $LiNbO_3$, opto-optisches Schalten (Abschnitt 6.3.3), Nutzung akustooptischer Prinzipien.

Obgleich jedes dieser Verfahren eigene Vorteile hat, wird doch den optischen MEMS-Aufbauten eine gewisse Vorzugsstellung eingeräumt, die mit aus der Mikroelektronik bekannten Technologien winzige Spiegel oder Membranen oder auch Lichtwellenleiter bewegt [6.25].

Neuere Lösungen, die dann auch voll integrationsfähig sei werden, kombinieren Gruppen als Schalter funktionierender optischer Halbleiterverstärker (SOAs, siehe Abschnitt 6.3.3) mit Wellenleitergittern.

Dadurch sind mehrere DWDM-Kanäle verlustfrei und mit Schaltzeiten im Nanosekundenbereich anwählbar [6.18].

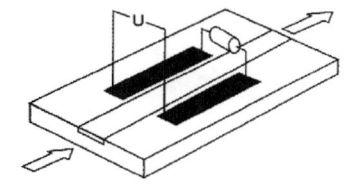

Einfache IOC's auf LiNbO$_3$ werden heute vergleichsweise gut beherrscht. Ein elektrisch gesteuerter Streifenleiter (nebenstehendes Bild) wirkt bereits als optischer Phasenmodulator.

Bild 6.12: Elektrisch gesteuerter optischer Phasenmodulator

Wird in einer Umwegstruktur einer der optischen Wege (oder, wie in Bild 6.13 (a), beide im elektrischen Gegentakt) durch eine angelegte Spannung beeinflusst, wird daraus ein Intensitätsmodulator. Periodisch mit der Größe der angelegten Spannung wechselt die Ausgangsleistung zwischen $P_2 = P_1$ und $P_2 = 0$ ($U = U_\pi$) (Bild 6.13 (b)).

Diese Anordnung wird als Mach-Zehnder-(MZ-)Modulator bezeichnet und vorwiegend in Übertragungssystemen mit sehr hoher Bitrate verwendet („äußere Modulation"). Der Laser selbst schwingt dann bei gleichbleibender Leistung und konstanter optischer Frequenz.

Die belegte Bandbreite wird somit allein durch das entstehende Modulationsband bestimmt und nicht mehr durch die bei einer Änderung der Ausgangsleistung entstehende Frequenzänderung des Lasers. MZ-Modulatoren lassen sich mit Bitraten bis über 40 Gbit/s betreiben, allerdings sind dann kompliziertere Elektrodenstrukturen (Laufzeitanpassung zwischen elektrischer und optischer Welle längs des Lichtwellenleiters erforderlich).

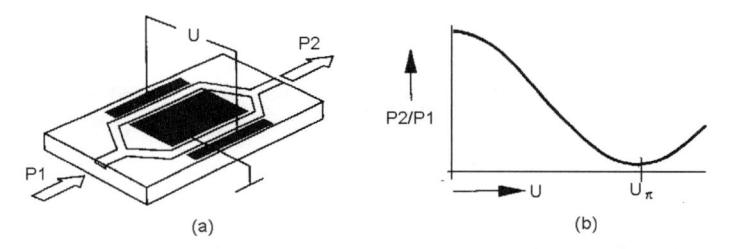

Bild 6.13: (a) Elektrisch gesteuerter Intensitätsmodulator in Mach-Zehnder-Struktur
(b) resultierende Modulationskennlinie

Außer auf LiNbO$_3$ sind Mach-Zehnder-Modulatoren auch auf GaAs realisiert worden. In diesem Fall kann ein DFB-Laser unmittelbar mit der Modulatorstruktur auf einem gemeinsamen Substrat angeordnet werden. Neben der Mach-Zehnder-Struktur ist eine Modulation über einen Absorptionsprozess möglich; auch hier wird getrennt vom eigentlichen Lasermechanismus eines DFB- oder DBR-Lasers auf die abgegebene Lichtleistung zugegriffen. Laser und Modulator sind auf einem gemeinsamen Substrat angeordnet und bilden damit einen einfachen IOEC.

Beide Modulatoren haben eine nichtlineare Modulationskennlinie. Das ist für die heute praktisch ausschließlich angewendeten binären Modulationssignale uninteressant.

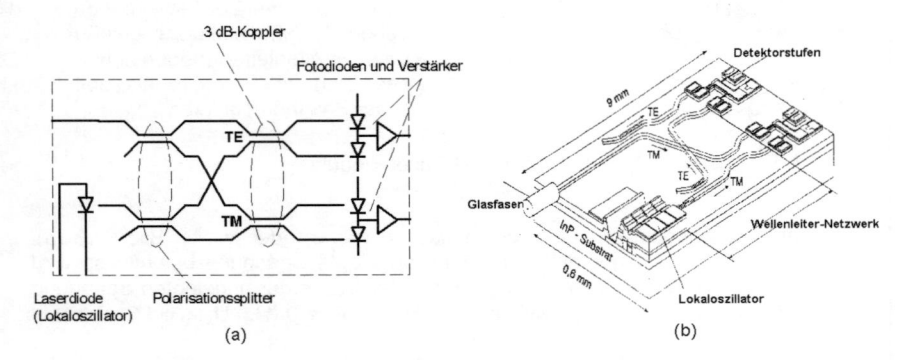

Bild 6.14: (a) Schaltbild und (b) Realisierung eines integrierten Überlagerungsempfängers: Das am Eingangs-LWL ankommende Signal wird in seine beiden orthogonalen Polarisationsrichtungen aufgeteilt und mit den entsprechend orientierten Feldkomponenten eines lokalen Lasers in mehreren Photodioden auf eine im GHz-Bereich liegende Zwischenfrequenz heruntergemischt (nach Veröffentlichungen des Heinrich-Hertz-Instituts in Berlin)

Allerdings wurde der Mach-Zehnder-Modulator auch schon in speziellen hochlinearen Anwendungen (Übertragung von Bündeln analoger Fernsehsignale) eingesetzt. Der Arbeitspunkt liegt dabei in der Mitte der Modulationskennlinie (Wendepunkt des kosinusförmigen Verlaufs), und zusätzlich werden linearisierende Maßnahmen durch eine Rückkopplungsschleife eingesetzt.

Bild 6.14 zeigt eine Lösungsvariante für einen kompletten Überlagerungsempfänger (gleichzeitig vermutlich die komplexeste bisher realisierte optoelektronisch integrierte Schaltung).

Durch den inzwischen möglichen Einsatz optischer Verstärker und die Realisierbarkeit ebenfalls enger Kanalabstände im DWDM-Systemen ist jedoch die Bedeutung des Überlagerungsprinzips für den Signalempfang in den Hintergrund getreten gegenüber seinem Einsatz zur optischen Frequenzverschiebung von Signalbündeln.

6.2.5 Forschungsrichtungen

Die oben beschriebenen Verfahren und Funktionselemente beruhen mehr oder weniger auf Technologien der Mikroelektronik und Halbleitertechnik und verwenden bekannte Gesetze der klassischen Optik.

Ausgehend von einer Grundsatzveröffentlichung von Yablonowitch [6.19] hat sich dagegen inzwischen weltweit ein ganzer Forschungsbereich zu sogenannten photonischen Kristallen (photonic crystals) etabliert, von dem man zukünftig wesentliche Impulse zur Realisierung mikro- und nanooptischer Funktionselemente erwartet.

Allgemein werden als photonische Kristalle periodische Strukturen definiert, deren Abmessungen in der Größenordnung der Wellenlänge des Lichts und darunter liegen. Dabei werden ein-, zwei- und dreidimensionale Strukturen unterschieden.

Als eindimensionaler photonischer Kristall kann bereits der bekannte Mehrschichtenaufbau verstanden werden, der zur Herstellung frequenzselektiver Spiegel und Filter verwendet wird (Bild 6.15 (a)). Dabei werden durch Aufdampfen dünne Schichten bestimmter und wechselnder Brechzahl auf einen transparenten Träger aufgebracht.

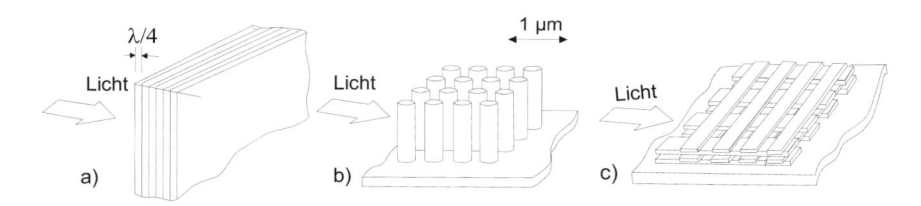

Bild 6.15: Beispiele für photonische Kristallstrukturen: (a) ein-, (b) zwei-, (c) dreidimensionale photonische Kristalle

Diese Technik wird bereits seit langem in optischen Übertragungssystemen genutzt, z. B. in Wellenlängenmultiplexern und -demultiplexern oder als Antireflexbeschichtung wie auf Fotoobjektiven.

Interessanter und Hauptgegenstand der laufenden Forschungen sind zweidimensionale Strukturen, deren Abmessungen teilweise bis in den Nanometerbereich reichen (Bild 6.15 (b)). Auf die Herstellung solcher Strukturen und ihre theoretische Behandlung konzentrieren sich heute die meisten Arbeiten auf diesem Forschungsgebiet.

Neben der dargestellten Stäbchenstruktur werden insbesondere auch analoge Lochstrukturen quer und längs zur Ausbreitungsrichtung des Lichts in optischen Streifenleitern und runden Lichtwellenleitern (photonische Kristallfasern) untersucht.

Die Herstellung dreidimensionaler photonischer Kristalle stellt noch höhere Anforderungen. Diese versprechen zwar noch weiter gehende Möglichkeiten der späteren Nutzung, sind aber viel schwerer zu realisieren und bisher nur vereinzelt bekannt geworden.

Der zukünftige Anwendungsbereich solcher Strukturen ist heute noch kaum übersehbar. Man verspricht sich davon die Herstellung von Laserdioden ohne ausgeprägte Schwelle (die frequenzselektive Kristallstruktur soll das Entstehen von inkohärenter Strahlung vermeiden) und einmodiger Lumineszenzdioden, aber auch einer Vielzahl von Funktionselementen zur optischen Signalverarbeitung (verlustfreie 90°-Wellenleiter-Knicke, Add-drop-Multiplexer, Wellenleiterkreuzungen und andere).

6.3 Optische Verstärkung

6.3.1 Anwendungsgebiete

Leitungsverstärker

Bei der elektrischen Signalübertragung in Koaxialkabeln müssen in kurzen Abständen (2 km und weniger) Zwischenverstärker eingefügt werden, um Leistungsverluste und lineare Verzerrungen des Kabels ausgleichen zu können.

Handelt es sich um digitale Signale, wird zusätzlich eine Impulsregenerierung vorgenommen.

Die optische Übertragungstechnik kann dem gegenüber wegen der erheblich geringeren Leitungsdämpfung und des ebenfalls viel günstigeren Frequenzganges des Lichtwellenleiters mit 80 km bis über 120 km wesentlich größere Verstärkerfeldlängen zulassen.

Allerdings erforderte bei allen bis zur Mitte der neunziger Jahre aufgebauten Übertragungssystemen jede Zwischenverstärkung den Übergang in den elektrischen Signalbereich, das heißt eine optoelektronische Wandlung (Lichtempfänger), einen elektronischen Verstärker mit Impulsregenerator und eine erneute elektrooptische Wandlung (optischer Sender; Bild 6.16 (a), oben).

Diese Technik stößt in Wellenlängenmultiplex-Systemen an ihre Grenzen. In jedem Zwischenverstärker muss dann das WDM-Bündel demultiplexiert werden und jede einzelne Wellenlänge muss getrennt die oben beschriebene Wandlung, Regenerierung und erneute Aussendung in getrennten Baugruppen durchlaufen.

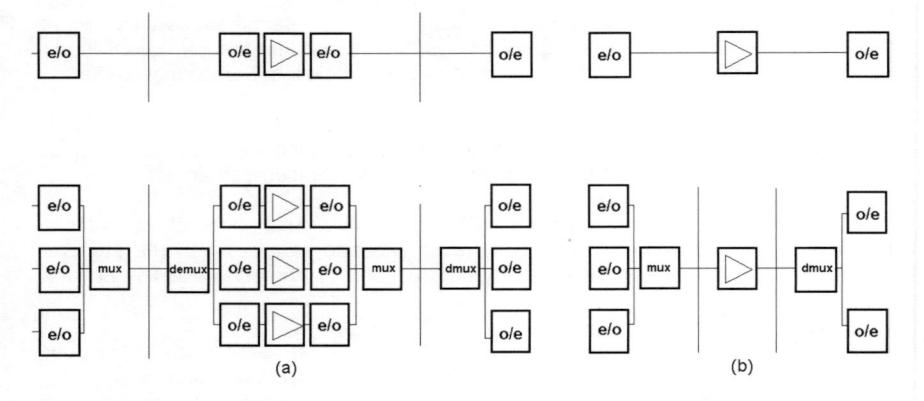

Bild 6.16: (a) Elektrische und (b) optische Verstärkung in LWL-Übertragungssystemen; oben: in Einkanal-Systemen, unten: in WDM-Mehrkanalsystemen

Schließlich müssen alle so gewonnenen Signale erneut in einem Wellenlängenmultiplexer zusammengefasst werden (Bild 16 (a), unten). Dieser Vorgang ist mit wachsender Zahl der WDM-Kanäle nicht nur aufwändig, sondern verschlechtert wegen der zunehmenden Zahl von Multiplexierungs- und Wandlungsvorgängen auch die Geräuschbilanz des Übertragungssystems.

Diese Situation lässt sich nur durch den Einsatz von Verstärkern verändern, die ohne Umsetzung in den elektrischen Signalbereich unmittelbar das optische Signal verstärken (Bild 6.16 (b), oben).

In WDM-Systemen ist außerdem zu fordern, dass - ähnlich einem elektronischem Breitbandverstärker - der optische Verstärker den gesamten von einem WDM-Bündel belegten Wellenlängenbereich erfasst, so dass auch die Demultiplexierung und erneute Multiplexierung vor und nach jedem Verstärker entfällt (Bild 6.16 (b), unten).

Diese Bedingung erfüllt der optische Faserverstärker. Er war die Voraussetzung für die wirtschaftliche Nutzung des dichten Wellenlängenmultiplex auf bereits verlegten und auf neu installierten Kabeln. Er wird heute umfassend in landgebundenen und Unterwasserkabel-Verbindungen eingesetzt.

Seinem Vorteil einer hohen optischen Linearität, ohne die die Breitbandverstärkung eines DWDM-Bündels ohne Kanalnebensprechen gar nicht möglich wäre, steht allerdings entgegen, dass er nicht unmittelbar als (nichtlinearer) Impulsregenerator verwendet werden kann.

Diese Funktion (falls notwendig) muss dann ebenfalls im optischen Bereich entweder durch zusätzliche signalverarbeitende Bauelemente erreicht werden; daran wird derzeitig im Forschungsbereich gearbeitet.

Oder - und dieser Weg wird bisher erfolgreich in der praktischen Anwendung beschritten - die Entzerrung des optischen Frequenzganges des Verstärkers selbst und desjenigen des Lichtwellenleiters (Dispersion) wird durch verschiedene Mittel derartig verbessert, dass eine hohe Zahl von Verstärkerstufen durchlaufen werden können, ehe eine Regenerierung des Binärsignals überhaupt notwendig ist.

In Abschnitt 6.3.2 wird auf die Konstruktion und die Eigenschaften des Faserverstärkers näher eingegangen.

Verstärkung in optischen Funktionsgruppen

In elektronischen Funktionsgruppen ist die letzte elementare Einheit immer der einzelne Transistor - ein in jedem Fall verstärkendes Element. Selbst eine einfache elektronische Schaltmatrix mit mehreren Eingangs- und mehreren Ausgangsleitungen verbindet die Koppelpunkte im einfachsten Fall durch Transistoren (Bild 6.17 (a)). Damit ist bei der Herstellung einer Verbindung zwischen einer bestimmten Eingangsleitung und einer bestimmten Ausgangsleitung automatisch eine Leistungsverstärkung vorhanden. Es ist bei einer solchen Anordnung ohne weiteres möglich, ein Eingangssignal ohne weiteren Leistungsverlust auch auf mehrere Ausgangsleitungen zu verteilen.

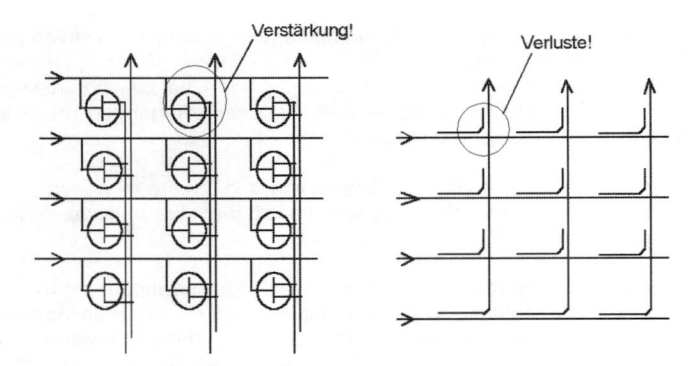

Bild 6.17: Zur prinzipiellen Realisierung (a) einer elektronischen und (b) einer optischen Verteilmatrix

In optischen Verteilsystemen besteht jedoch ein entscheidender Unterschied im Fehlen dieser Verstärkungsfunktion. Die Leistung auf einer Eingangsleitung kann zwar (fast) vollständig auf eine Ausgangsleitung durchgeschaltet werden. Sollen aber N Ausgangsleitungen mit dem Signal einer einzigen Eingangsleitung belegt werden (etwa in einer Verteilmatrix für TV-Signale), steht jeder Ausgangsleitung nur 1/N der Eingangsleistung zur Verfügung.

Neben den langen Übertragungsleitungen sind also auch für die verschiedenartigen Funktionsgruppen der optischen Signalverarbeitung optische Verstärkungselemente unbedingt erforderlich.

Allerdings gelten für sie andere Prämissen. Sie müssen sich den Schnittstellen und den Größenordnungen integrierter optischer Schaltungen anpassen und selbst integrationsfähig sein.

Das trifft für die Faserverstärker nicht zu. Für den Einsatz in der Signalverarbeitung ist deshalb eine andere Art des optischen Verstärkers geeignet: der Halbleiterverstärker. Auf ihn wird im Abschnitt 6.3.3 näher eingegangen.

6.3.2 Faserverstärker

Erbium-dotierter Faserverstärker

Im Faserverstärker wird der gleiche Verstärkungsmechanismus genutzt wie im Halbleiterlaser, jedoch mit zwei Unterschieden. An die Stelle des Halbleitermaterials tritt jetzt ein mit dem Element Erbium hochdotierter Kern eines Singlemode-LWL, und die Pumpenergie wird nicht mehr von einer elektrischen Stromquelle, sondern von einem Leistungslaser als optische Energie zur Verfügung gestellt.

Dotiert man den Kern einer Singlemode-Faser mit $Erbium^+$-Ionen, erhöhen sich die Verluste um Größenordnungen bis auf etwa 1500 dB/km (im undotierten Silikatglas ist der Dämpfungskoeffizient α etwa 0,2 dB/km!). Die Dotierung ist dabei mit 1000 ppm (parts per million) allerdings extrem hoch.

Wird einer solchen Faser optische Pumpleistung bestimmter Frequenz (Wellenlänge) zugeführt, wird diese absorbiert und es tritt der gleiche Effekt wie beim Halbleiterlaser auf:

Das Energieniveau der Elektronen in der äußeren Schale der Dotanden wird auf ein höheres Niveau angehoben. Dieser Energiegewinn kann durch strahlende oder nichtstrahlende Übergänge spontan oder stimuliert wieder abgegeben werden.

Bild 6.18 zeigt ein vereinfachtes Energieschema des Er^+-dotierten Silikatglases. Von mehreren erlaubten Energieniveaus sind die beiden untersten interessant ($^4I_{13,2}$ und $^4I_{11,2}$). Als Pumpwellenlängen kommen danach 1,48 µm und 0,98 µm in Frage, letztere mit einer höheren Verstärkungseffizienz und mit besseren Rauscheigenschaften.

Der Übergang von $^4I_{13,2}$ auf das Grundniveau $^4I_{15,2}$ liefert Photonen der Wellenlänge um 1,55 µm. Nur für diesen hohen Wellenlängenbereich ist der Er^+-Verstärker (EDFA - erbium doped fiber amplifier) einsetzbar.

Die Energieniveaus sind wiederum wie beim Laser zu Bändern verbreitert, in der Regel zusätzlich durch den Einbau von Al_2O_3-Dotanden.

Dadurch wird die Arbeitsbandbreite des Verstärkers vergrößert und das Absorptionsvermögen der Faser für die Pumpleistung weiter erhöht.

Mit Pumpleistungen von einigen 10 mW bis zu mehreren 100 mW und dotierten Faserlängen von (10...40) m lassen sich damit Leistungsverstärkungen um 30 dB erreichen.

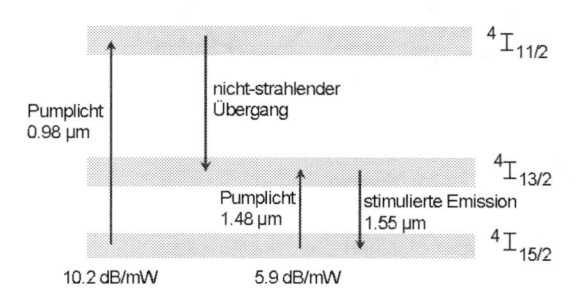

Bild 6.18: Energieschema von Er^+-dotiertem Silikatglas

Die optische Verstärkungsbandbreite ist etwa 35 nm. Im Arbeitsbereich des EDFA von 1530 nm...1565 nm (C-Band) wurde bereits die Übertragung von 80 DWDM-Kanälen mit einem Kanalabstand von 50 GHz realisiert. Aber auch im schon erwähnten L-Band wird der EDFA noch eingesetzt.

In diesem Bereich ist jedoch die Verstärkung geringer und nur mit einer höheren Pumpleistung und längeren Faserstücken (etwa 100 m) zu erreichen. Allerdings ist die Wellenlängenabhängigkeit der Verstärkung geringer als im C-Band.

In einer folgenden Generation wird eine Vergrößerung der Verstärkungsbandbreite der EDFAs auf 50 nm erwartet, und möglicherweise auch die gemeinsame Verstärkung des C- und L-Bandes. Bild 6.19 zeigt den prinzipiellen Aufbau eines EDFA. Über einen wellenlängenselektiven Koppler wird einerseits das zu verstärkende optische Signal, andererseits die Leistung eines Pumplasers eingekoppelt.

Da die Pumpleistung in der hochdotierten Faser zunehmend absorbiert wird und damit zum Ende zu immer geringer wird, wird oft noch das Licht eines zweiten Pumplasers in entgegengesetzter Richtung in die Faser eingekoppelt.

Eingangs- und ausgangsseitig sind Kontroll-Photodioden über weitere Koppler angesetzt. Da der Verstärkungsvorgang von der Signalrichtung unabhängig ist, muss vermieden werden, dass rückreflektierte oder rückgestreute Signalanteile verstärkt werden und damit durch immer weitere Verstärkung in vorangegangenen Verstärkern zu einer unerwünschten Rauschquelle werden. Deshalb sind optische Isolatoren eingeschaltet, die den Signalfluss auf die Vorwärtsrichtung beschränken.

Die Begrenzung des Arbeitsbereiches auf das Gebiet um 1,55 µm ist nachteilig, weil ein großer Bedarf besteht, die in den vergangenen zwei Jahrzehnten verlegten umfangreichen 1,3 µm-LWL-Netze mit Verstärkern nachzurüsten.

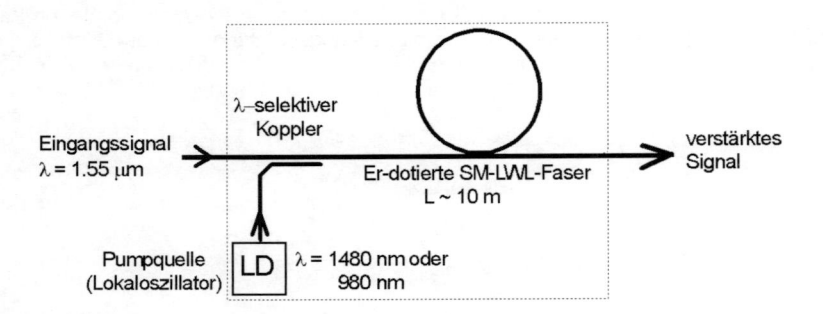

Bild 6.19: Prinzipaufbau eines optischen Faserverstärkers

Ein in diesem Bereich funktionsfähiger Faserverstärker verlangt den Ersatz des Erbium durch eine Dotierung mit Praseodymium (Pr^+-Verstärker). Allerdings ist dieser Verstärkertyp technologisch in vielfacher Hinsicht erheblich schwerer zu beherrschen.

Das Kontinuum der Energiebänder in Bild 6.18 ist vereinfacht. Tatsächlich wird es durch einige zehn diskrete Energieniveaus gebildet. Das ist der Grund für eine ungleichmäßige Verstärkung des EDFA über den Wellenlängenbereich.

Durch eingefügte optische Filter oder Faser-Bragg-Gitter (FBG) kann die Verstärkungsschwankung allerdings bis auf die Größenordnung 1 dB verringert werden. Durch zusätzliche Dotierungen gelingt es in einem eingeschränkten Frequenzband sogar eine Konstanz von etwa ± 0,1 dB zu erreichen.

Da der Frequenzgang jedoch auch von der Eingangsleistung des Signals abhängt, wird in der Regel eine elektronische Verstärkungsregelung durch Variation der optischen Pumpleistung vorgesehen.

Das ist notwendig, weil in komplexen Netzen (im Gegensatz zu einfachen Punkt-zu-Punkt-Verbindungen) mit ständigen Änderungen der momentanen Signalleistung durch die schwankende Verkehrsbelastung gerechnet werden muss.

Die Verstärkung des EDFA wächst zuerst mit steigender Pumpleistung und erreicht dann einen Sättigungswert. Ein nichtlineares Verhalten des Verstärkers tritt infolge der Sättigung jedoch nur bei sehr langsamen Signaländerungen (< 100 kHz) auf, die sich in der Regel vermeiden lassen. (Unterdrückung dieses Teils des Signalspektrums durch geeignete Kodierung.)

Deshalb kann der EDFA als lineares Bauelement angesehen werden. Wie schon erwähnt, ist er selbst in analogen optischen Übertragungssystemen mit extremen Anforderungen an die Linearität (TV-Bündel-Übertragung) schon erfolgreich eingesetzt worden.

Wie jeder reale Verstärker ist auch der EDFA nicht rauschfrei. Sein Rauschfaktor liegt etwa bei (3...8) dB. Wesentliche Störsignalquelle ist der Anteil der spontanen (nicht durch das zu verstärkende Signal stimulierten) Emission (ASE - amplified spontaneous emission), der natürlich genauso wie das Signal selbst durch den EDFA verstärkt wird.

Der Faserverstärker kann sowohl als Sendeverstärker (Endverstärker: unmittelbar nach dem Sendelaser), als Zwischenverstärker (Leitungsverstärker: in der Leitung) oder als Vorverstärker (unmittelbar vor der Empfängerbaugruppe) eingeschaltet werden (Bild 6.20).

Bild 6.20: Einsatzmöglichkeiten eines EDFA als End-, Leitungs- oder Vorverstärker

Raman-Verstärker

Ein weiterer Verstärkungsmechanismus, die sogenannte stimulierte Raman-Streuung, gewinnt zunehmend an praktischer Bedeutung. Die Raman-Streuung funktioniert in normalen, undotierten Singlemode-Lichtwellenleitern. Wieder wird mit Pumplicht hoher Leistung gearbeitet, das in Hin- oder Rückrichtung in die Faser eingespeist wird. Dieses Pumplicht verursacht hier jedoch eine um einen bestimmten Betrag frequenzverschobene Welle (die Stokes-Welle). Eine einfallende optische Signalwelle(-frequenz) kann diese Stokes-Welle synchronisieren und wird damit verstärkt [6.2].

Beim Raman-Verstärker ist - im Unterschied zum EDFA - der Verstärkungseffekt nicht an einer bestimmten Stelle des Übertragungsweges konzentriert, sondern gleichmäßig über die gesamte Leitung verteilt. Wird beispielsweise die Pumpleistung vom Empfänger her, also entgegengesetzt zum Signalfluss, eingespeist, gelingt es, den Signalpegel auf dem letzten Leitungsstück noch einmal anzuheben und so einen beträchtlichen Gewinn an Geräuschabstand zu erreichen [6.21].

Der Abstand zwischen Pumpfrequenz und Stokeswelle, also zu verstärkender Signalfrequenz, beträgt etwa 110 nm. Innerhalb einer gewissen „Bandbreite" von etwa 6000 GHz schwankt jedoch der Verstärkungseffekt. Um trotzdem im WDM-Betrieb einen linearen Frequenzgang der Verstärkung zu erreichen, lassen sich mehrere Laser mit versetzten Frequenzen des Pumplichts anwenden.

Der Vorteil des Raman-Verstärkers ist seine quasi-wellenlängen**un**abhängige Funktion, das heißt die Möglichkeit, ihn mit Pumplasern geeigneter Wellenlängen über einen weiten Frequenzbereich einsetzen zu können, und ein geringeres Eigenrauschen. Nachteilig ist die sehr hohe erforderliche Pumpleistung (um 1 W).

Der Raman-Verstärker wird bereits in Langstreckensystemen eingesetzt. Zusammen mit EDFAs hofft man, zukünftig den gesamten dämpfungsarmen Wellenlängenbereich von (1200...1600) nm für das dichte Wellenlängenmultiplex nutzen zu können.

6.3.3 Halbleiterverstärker

Ein optischer Oszillator realisiert - wie auch jeder elektronische Oszillator - die Elemente Verstärkung, frequenzbestimmendes (resonantes) Element und Rückkopplung. Wenn es gelingt, die letzten beiden Funktionen auszuschalten, bleibt die Funktion eines optischen Verstärkers übrig (SLA: semiconductor laser amplifier oder SOA: semiconductor optical amplifier).

In diesem Sinne kann der optische Verstärker als ein rückkopplungsfreier Laser interpretiert werden, der neben seinem optischen Ausgang am einen Ende der aktiven Schicht und der Kontaktierung zur Zuführung der elektrischen Pumpleistung nun noch einen optischen Eingang am anderen Ende der aktiven Schicht besitzt (Bild 6.21).

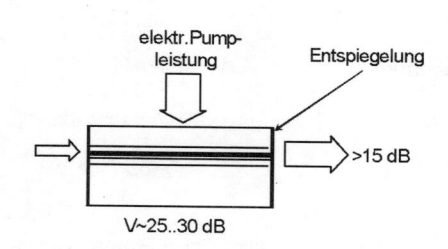

Bild 6.21: Optischer Halbleiterverstärker

Allerdings ist die Eliminierung der Resonanz- und Rückkopplungsfunktion nicht einfach. In einem diskreten FP-Laser wird ja der frequenzbestimmende Resonator allein durch die Bruchkanten des Laserchips realisiert, die bei einem diskret aufgebauten SOA ebenfalls nicht zu vermeiden sind.

Es ist also zunächst davon auszugehen, dass sich die aktive (gepumpte) Schicht des Verstärkers wieder innerhalb zweier reflektierender Flächen befindet. Diese müssen nun zum Beispiel durch wellenlängenselektives Beschichten „entspiegelt" werden.

Diese Schwierigkeiten entfallen bei einer monolithischen Integration. In dieser Form wird deshalb der optische Halbleiterverstärker zunehmend untersucht und in seiner Funktionalität weiterentwickelt. Die Verstärkungs- und Bandbreite-Eigenschaften des Halbleiterverstärkers entsprechen etwa denen des Faserverstärkers.

Im Gegensatz zum EDFA ist der SOA stark nichtlinear. Das ist jedoch gleichzeitig ein ungeheurer Vorteil, der ihm eine Fülle von nützlichen und immer neuen Anwendungsgebieten eröffnet.

Wieder sind es die in zukünftigen hochbitratigen Netzen erforderlichen vielfältigen Signalwandlungsfunktionen, die zur Diskussion stehen. So erfordert die Verschiebung eines Signalspektrums im optischen Bereich (analog zu den bekannten Vorgängen in elektronischen Schaltungen) nichtlineare Operationen.

Bild 6.22 zeigt die Mischung von zwei unmodulierten optischen Pumpleistungen mit den optischen Frequenzen f_0 und $f_{0+275\,GHz}$ mit einem optischen 10-Kanal-DWDM-Signal.

Werden diese drei Signale einem in der Sättigung (im nichtlinearen Bereich) arbeitenden Halbleiterverstärker zugeführt, entstehen an seinem Ausgang eine Vielzahl optischer Kombinationsfrequenzen, aus denen mittels optischer Filter eine gegenüber dem Originalsignal um 275 GHz verschobene Kopie ausgefiltert werden kann [6.8].

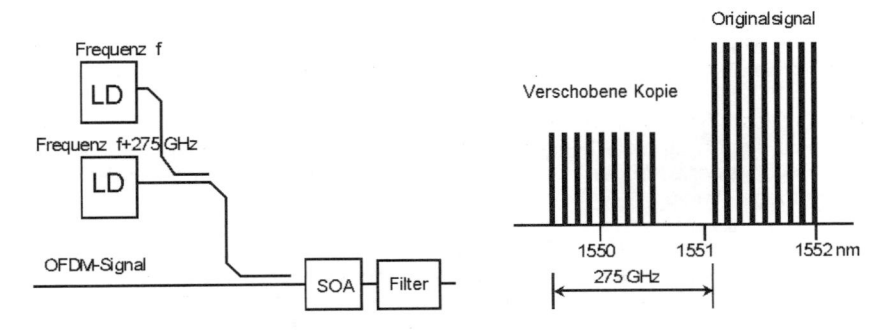

Bild 6.22: Optische Verschiebung eines 10-Kanal-DWDM-Signals durch Mischvorgänge in einem Halbleiterverstärker (nach [6.8])

Eine Vielzahl anderer Anwendungen ergeben sich auf dem Gebiet optisch gesteuerter Schalter. An die Stelle elektrischer Schalt- und Steuersignale, wie in Abschnitt 6.2.4 dargestellt, treten dort optische Signale („rein optische Schaltverfahren").

Dabei lässt sich in vielfältiger Weise das geänderte Reflexions- und Durchlassverhalten eines Halbleiterverstärkers (das außerdem wellenlängenabhängig ist) nutzen, wenn er durch ein optisches Steuersignal in den Sättigungsbereich gefahren wird.

Halbleiterverstärker und Faserverstärker ergänzen sich daher sehr vorteilhaft. Der Faserverstärker hat den sehr großen Vorteil, sich stoßfrei, verlustarm und ohne Polarisationsprobleme in LWL-Strecken einfügen zu lassen.

Halbleiterverstärker sind dort zwar prinzipiell ebenfalls einsetzbar. Allerdings sind dann spezielle mehr quadratische Querschnitte ihrer aktiven Zone erforderlich, um Feld-Fehlanpassung und damit Verluste beim Übergang vom rundem auf den rechteckigen Leiterquerschnitt zu vermeiden.

Auch vertikal strahlende Halbleiterverstärker (VCSOA) wurden schon erprobt und erreichten polarisationsunabhängig Faser-zu-Faser-Verstärkungen von 11 dB [6.22].

Bei einer flachen Leiterstruktur ist außerdem die Verstärkung des Halbleiterverstärkers polarisationsabhängig - zwar in optischen Schaltkreisen eine gelegentlich vorteilhafte, auf LWL-Trassen jedoch unerwünschte Eigenschaft.

Umgekehrt ist der Faserverstärker wegen seiner Größe und Nicht-Integrierbarkeit in optischen Schaltungen nur schwer und in integrierten Schaltungen überhaupt nicht einsetzbar.

6.4 Nichtlineare Optik

6.4.1 Nichtlineare Effekte

Elektronische und optoelektronische Bauelemente werden dann als nichtlinear bezeichnet, wenn ihre Ausgangsparameter (Strom, Spannung, Lichtleistung) in einem bestimmten Bereich sich nicht mehr proportional zu den Eingangswerten verändern.

Der Quotient von Ausgangs- zu Eingangswert (der Übertragungsfaktor, die Verstärkung) ist dann nicht mehr konstant, sondern nimmt mit zunehmender Vergrößerung des Eingangswertes in der Regel ab. Dieser Effekt ruft die bekannten nichtlinearen Verzerrungen hervor.

Sie können unerwünscht sein (Bildung von Oberwellen, Störungen in der Signalübertragung und -wiederherstellung), aber auch als erwünschter Effekt die Voraussetzung für eine Vielzahl von nützlichen Funktionen zur Signalverarbeitung darstellen (Amplitudenbegrenzung, Mischung, Modulation, Frequenzvervielfachung).

Die nichtlinearen Effekte in optischen Elementen, insbesondere im Lichtwellenleiter, beruhen demgegenüber auf einer Beeinflussung von Eigenschaften des lichtleitenden Materials durch sehr hohe innere Leistungsdichten. Bisher als konstant angenommene Materialparameter werden leistungs- und damit signalabhängig.

Die Folgen dieses Effektes sind auch hier wieder zwiespältig. Einerseits treten dadurch bisher nicht betrachtete Störungen auf, etwa Kanalnebensprechen in DWDM-Systemen, andererseits gelingt es unter Zuhilfenahme dieser Effekte die dispersionsbegrenzte Reichweite eines Lichtwellenleiters zu eliminieren (Abschnitt 6.4.2) oder wichtige Signalverarbeitungsfunktionen zu realisieren.

Nichtlineare optische Effekte wurden deshalb in den vergangenen Jahren außerordentlich interessant für die praktische Anwendung in optischen Systemen.

Wie schon bei der Erklärung des optischen Effekts erwähnt, haben äußere Felder einen Einfluss auf Materialeigenschaften.

Im Fall der optischen Nichtlinearitäten geht es dagegen um den Einfluss innerer elektrischer Felder des Lichtwellenleiters.

Insbesondere verursacht das mit der Materie wechselwirkende elektrische Feld **E** der im Lichtwellenleiter vorhandenen optischen Leistung eine Polarisation (Ausrichtung) **P** von Ladungsdipolen im Material. Sie wächst proportional mit der Feldstärke

$$\mathbf{P} = \varepsilon_0 \chi_1 \mathbf{E} \tag{6.7}$$

(ε_0 - Dielektrizitätskonstante, χ_1 - dielektrische Suszeptibilität). Mit zunehmender Feldstärke wird diese Proportionalität jedoch gestört; der Zusammenhang wird nichtlinear und muss nun durch ein quadratisches und kubisches Glied angenähert werden

$$\mathbf{P} = \varepsilon_0 \cdot (\chi_1 \mathbf{E} + \chi_2 \mathbf{EE} + \chi_3 \mathbf{EEE}) \tag{6.8}$$

Die Konstanten χ_i werden durch den strukturellen Aufbau des Materials bestimmt. Zwischen **E** und **P** besteht aber eine Wechselwirkung. Das Wechselfeld des Lichts verursacht eine ebenso schnelle Änderung der Polarisation, und diese wiederum ein elektrisches Wechselfeld.

Wird bei hohen Energiedichten im Material der Zusammenhang zwischen beiden nichtlinear, entstehen Feldstärkefunktionen, die zu Summen- und Differenzfrequenzen führen - die vollständig gleichen mathematischen Vorgänge wie bei der Mischung elektrischer Signale an nichtlinearen Kennlinien.

Bild 6.23 (a) zeigt das bekannte Prinzipschaltbild zur Bildung einer Zwischenfrequenz $f_1 - f_2$ am Ausgang eines nichtlinearen elektronischen Bauelements, zum Beispiel einer Diode, wenn eingangsseitig zwei Signale f_1 und f_2 additiv anliegen.

Die Amplitude mindestens eines der beiden Signale muss dabei so groß sein, dass das Bauelement übersteuert und damit erst nichtlinear wird (weitere entstehende Kombinationsfrequenzen werden in diesem Fall nicht gebraucht und durch elektrische Filter unterdrückt).

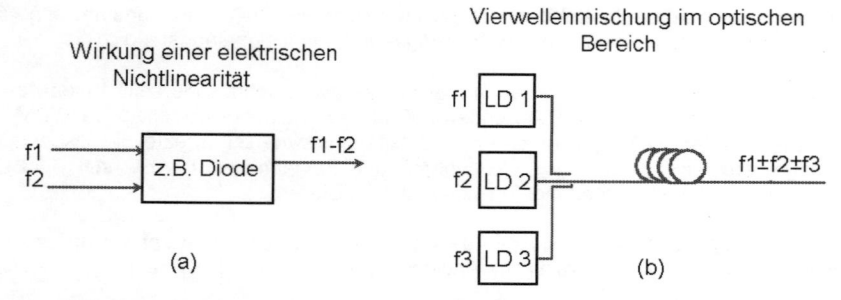

Bild 6.23: Wirkung (a) einer elektrischen Nichtlinearität und (b) einer optischen Nichtlinearität (Vierwellenmischung). In beiden Fällen entstehen Kombinationsfrequenzen der anliegenden Signale.

In Bild 6.23 (b) ist das optische Analogon gezeigt. Mehrere optische Signale, von Laserdioden verschiedener Wellenlängen λ_1, λ_2, λ_3 erzeugt, werden additiv auf einen Lichtwellenleiter gekoppelt. Ist ihre Gesamtleistung ausreichend gering (Größenordnung < 10 mW), erhält man ein konventionelles WDM-Signal.

Ist aber auch nur eine der Lichtleistungen oder ihre Summe so groß, dass der Lichtwellenleiter in den nichtlinearen Bereich gerät, entstehen alle möglichen Kombinationsfrequenzen mit zunehmend größeren Leistungen. Dabei sind insbesondere solche Kombinationen wie $f_1 - f_2 + f_3$ oder $f_1 + f_2 - f_3$ usw. interessant.

Unterscheiden sich nämlich die drei Frequenzen f_1, f_2, f_3 nur wenig (fallen sie beispielsweise alle drei in den 1,55 µm-Bereich), dann werden auch die Kombinationsfrequenzen wieder in diesem Bereich erscheinen und können dann in einem WDM-System als Störfrequenzen auftreten.

Dieser Effekt wird als Vierwellenmischung bezeichnet (drei Frequenzen erzeugen eine störende vierte) und muss bei der Dimensionierung von DWDM-Systemen beachtet werden. Der nichtlineare optische Effekt ist an sich schwach. Er wird jedoch dadurch praktisch wirksam, weil er über viele Kilometer des Lichtwellenleiters wirkt.

Die Voraussetzung dafür ist allerdings, dass die Ausbreitungskonstanten der Erregerfrequenzen und der betreffenden Kombinationsfrequenzen bestimmte Bedingungen erfüllen müssen, ohne die der Mechanismus über lange Strecken „außer Tritt" kommt und sich so nicht verstärken kann.

Von den vielen möglichen Kombinationsfrequenzen werden sich also in der Regel nur wenige deutlich stark bemerkbar machen.

Die Proportionalitätskonstante χ_1 ist mit der relativen Dielektrizitätskonstante ε des lichtleitenden Materials verbunden

$$\varepsilon_r = 1 + \chi_1 \qquad (6.9)$$

und diese wiederum über die Beziehung

$$n = \sqrt{\varepsilon_r} \tag{6.10}$$

mit der Brechzahl n des Materials. Das hat zur Folge, dass die bisher als konstant angenommene Brechzahl n zum Beispiel eines LWL-Kerns im nichtlinearen Betrieb von der Lichtleistung, genauer: von der Lichtleistungsdichte im Kern, abhängig wird. Es gilt dann

$$n' = n + n_{NL} \cdot \frac{P}{A_{eff}} \tag{6.11}$$

(n' - Brechzahl im nichtlinearen Betrieb, P - Lichtleistung im Lichtwellenleiter, A_{eff} - wirksamer Querschnitt des Lichtwellenleiters.) Der Proportionalitätsfaktor n_{NL} hat für Silikatglas den Wert $n_{NL} = 3{,}2 \cdot 10^{-20}$ m^2/W.

Auch hier gilt, dass die Brechzahländerung $n_{NL} \sim P/A_{eff}$ sehr klein ist, aber durch die große Länge L des Lichtwellenleiters ihre Wirkung aufaddiert wird. Damit ist letztlich das Produkt $L \cdot P/A_{eff}$ ein Maß für die Effektivität des nichtlinearen Effekts.

Tatsächlich ist die optische Nichtlinearität, obgleich den Physikern seit langem bekannt, erst durch die mit der Lasertechnik möglichen hohen Lichtleistungen, gebündelt in einem Kern eines Singlemode-LWL mit sehr geringem Querschnitt und wirksam in einem viele Kilometer langen Lichtwellenleiter praktisch interessant geworden. In mikrooptischen Bauelementen gelingt es nicht, auch nur annähernd so große Werte für $L \cdot P/A_{eff}$ zu erreichen.

Diese von der (momentanen!) Lichtleistung abhängige Brechzahländerung hat einen weiteren als Selbstphasenmodulation (SPM - self phase modulation) bezeichneten Effekt zur Folge. Wird ein Lichtimpuls auf einen Lichtwellenleiter gegeben (Bild 6.24 (a)), ändert sich mit dem Ansteigen und dem Abfallen der Lichtleistung P(t) auch die Ausbreitungskonstante β; es wird jetzt

$$\beta' = k \cdot (n + n_{NL} \cdot \frac{P}{A_{eff}}) = \beta + \Delta\beta \tag{6.12}$$

Die Änderung $\Delta\beta$ verursacht nach Durchlaufen einer LWL-Länge L eine der Impulsleistung P(t) proportionale Phasenverschiebung $\Delta\varphi$ der optischen Frequenz des Impulses

$$\Delta\varphi\,(L) = k n_{NL} \cdot \frac{P}{A_{eff}} \cdot L_{eff} \tag{6.13}$$

mit $k = 2\pi/\lambda$. (Für sehr lange Leitungen ist die wirksame Länge L_{eff} kleiner als die tatsächliche Länge L [6.2]; darauf soll hier nicht näher eingegangen werden). Diese entstehende Phasenverschiebung gegenüber dem linearen Betrieb ist wiederum klein und unmittelbar meist vernachlässigbar.

Ein anderer Einfluss ist jedoch wirksam und sofort erkennbar, wenn man bedenkt, dass jede zeitabhängige Phasenänderung mit einer Frequenzänderung verbunden ist; in diesem Fall ergibt sich also eine Frequenzänderung des Lichtimpulses gegenüber seiner Ruhefrequenz von

$$\Delta\omega(t) = \frac{d}{dt}(\Delta\varphi(t)) = L_{eff} \cdot \frac{kn_{NL}}{A_{eff}} \cdot \frac{dP(t)}{dt}$$ (6.14)

(Bild 6.24 (a) und (b)). Diese Frequenzmodulation des Impulses bedeutet eine Verbreiterung seines Spektrums und damit eine Vergrößerung der entstehenden Dispersion.

6.4.2 Das Soliton

Der Signalübertragung über extrem lange Strecken stehen zwei begrenzende Faktoren entgegen: die Dämpfung (Leistungsverluste) des Lichtwellenleiters und seine Dispersion (vergleiche Abschnitt 5.1). Durch eingefügte Faserverstärker lassen sich die Dämpfungsverluste ausgleichen. Die Verringerung der unvermeidbaren Dispersion macht jedoch vor allem bei der hochbitratigen Übertragung Schwierigkeiten. Hier könnte in den nächsten Jahren die Signalübertragung mit Hilfe von Solitonen einspringen.

Als Soliton werden spezielle Zustände von Lichtimpulsen bezeichnet, die sich - bei Einhaltung bestimmter Relationen zwischen Impulsform, Impulsbreite und Impulssendeleistung - über theoretisch unbegrenzte Strecken hinweg ohne Dispersion auf normalen, einmodigen Lichtwellenleitern ausbreiten können.

Der Solitoneffekt wurde bereits 1834 an Wasserwellen in einem Kanal entdeckt; die theoretische Voraussage der Existenz von Solitonen auf Lichtwellenleitern erfolgte 1973, der experimentelle Nachweis 1980. Zu Beginn der neunziger Jahre wurden zunehmend Solitonen über mehrere tausend Kilometer langen LWL-Strecken nachgewiesen.

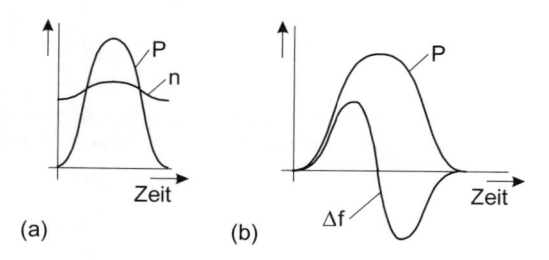

Bild 6.24: (a) Leistungsverlauf P(t) eines Impulses und daraus resultierende Brechzahländerung n(t) im Lichtwellenleiter. (b) Durch n(t) verursachte SPM des optischen Trägers gegenüber dem Originalimpuls am Leitungsanfang. Die ursprünglich konstante Lichtfrequenz ((b) links) wird entsprechend (a) am Impulsanfang erhöht und am Impulsende verringert ((b) rechts).

Die prinzipiellen Vorgänge bei der Bildung und Erhaltung eines Solitons lassen sich am Einfluss zweier Wirkungen plausibel machen (Bild 6.25). Die gestrichelten Pfeile deuten die Verbreiterung eines Impulses durch die Dispersion an. Andererseits erfährt der Impuls durch die Selbstphasenmodulation, wie in Bild 6.24 dargestellt, eine interne Frequenzmodulation, wobei an aufsteigender und abfallender Impulsflanke Frequenzänderungen mit gegensätzlichem Vorzeichen auftreten.

Relativ wird deshalb beispielsweise die linke Flanke schneller laufen, die rechte dagegen zurückbleiben (ausgezogene Pfeile in Bild 6.25). Bei geeigneter Dimensionierung ist damit auch anschaulich vorstellbar, dass sich beide Wirkungen aufheben und damit eine dispersionsfreie Ausbreitung des Impulses zur Folge haben können.

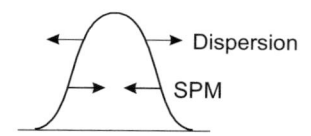

Bild 6.25: Wirkung der Dispersion und der Selbstphasenmodulation (SPM) an einem Lichtimpuls in einem nichtlinearen Material

Die mathematisch aufwändige Ableitung der Voraussetzungen für die Existenz solcher dispersionsfreier Impulse (Solitonen) führt zu zwei Bedingungen:

1. Es muss eine bestimmte Relation zwischen Impulsleistung P_S und Impulslänge T_0 eingehalten werden; es muss gelten

$$P_S = \frac{\beta_2}{\gamma \cdot T_0^2} \tag{6.15}$$

Darin beschreibt $\beta_2 = D_{CHROM} \, \lambda^2/(2\pi c)$ das Verhalten infolge der chromatischen Dispersion und $\gamma = k n_{NL}/A_{eff}$ den Einfluss der optischen Nichtlinearität. Bei einer Impulsbreite von 5 ns ergibt sich daraus eine notwendige Impulsleistung von einigen 10 mW.

2. Die Impulsform muss einen sech^2-Verlauf haben:

$$P(t) = P_S \cdot \text{sech}^2\left(\frac{t}{T_0}\right) = P_S \cdot \left(\frac{2}{e^{t/T_0} + e^{-t/T_0}}\right)^2 \tag{6.16}$$

Bild 6.26 zeigt die geforderte Impulsform. Sind diese Bedingungen erfüllt, dann ist zu erwarten, dass selbst über beliebig lange Übertragungsstrecken keine Impulsdispersion auftritt. Das setzt allerdings voraus, dass durch optische Verstärker die unvermeidbaren Verluste des Lichtwellenleiters ständig kompensiert werden.

Geringe Abweichungen von der Leistungsbedingung nach Gleichung (6.15) sind dabei ebenso erlaubt wie geringe Abweichungen der Sendeimpulsform nach Gleichung (6.16); der Impuls regeneriert sich dann automatisch selbst. Dadurch ist es ausreichend, optische Verstärker in Abständen von einigen 10 km einzufügen. Allerdings gibt es auch die Möglichkeit, durch Nutzung der Raman-Verstärkung (Abschnitt 6.3.2) eine kontinuierliche Verstärkung über den gesamten Lichtwellenleiter zu erreichen.

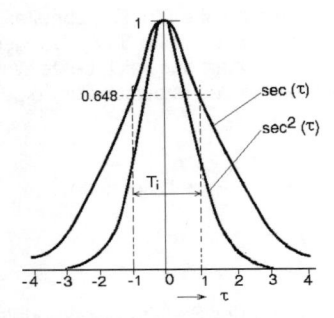

Bild 6.26: Feldstärke und Leistungsverlauf des Solitons

6.4.3 Soliton-Anwendung

Zur Erreichung des Soliton-Effekts wird eine Impulsform nach Gleichung (6.16) gefordert, die schnell nach beiden Seiten hin abklingt (Bild 6.26). Das Soliton ist demnach als ein einziger kurzer Wellenzug definiert.

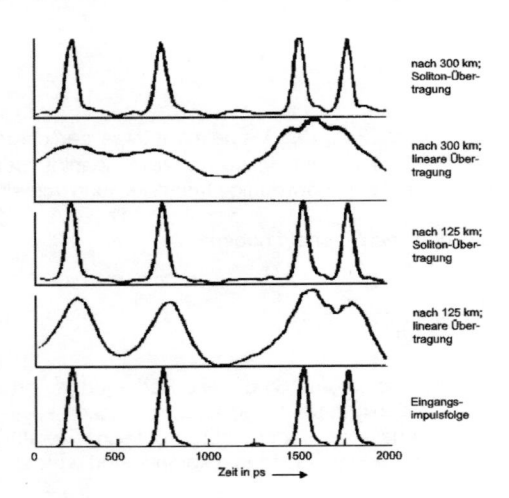

Bild.6.27: Vergleich einer Solitonübertragung und einer Übertragung im linearen Betrieb (nach [6.13])

Wenn Solitonen zur Informationsübertragung verwendet werden sollen, müssen sie also als Folge getrennter Impulse mit ausreichendem Zwischenraum zwischen ihnen übertragen werden (RZ-Folge).

Ist ihr Abstand zu klein, dann besteht die Gefahr einer nicht erwünschten Wechselwirkung zwischen aufeinander folgenden Impulsen.

Bild 6.27 zeigt Diagramme eine der ersten experimentellen Solitonübertragungen und im Vergleich dazu die Impulsform, wie sie sich nach einer linearen Übertragung über gleiche Streckenlängen ergab [6.13].

Nach 125 km würde die lineare Übertragung gerade noch eine Rückgewinnung der Impulse erlauben; nach 300 km wäre sie unmöglich. Demgegenüber hat sich die Impulsform der Solitonen auch bei dieser Entfernung praktisch noch nicht verändert.

Bereits 1997 begannen im Rahmen des ESTHER-Programms (Exploitation of Soliton Transmission Highways in the European Ring) umfangreiche Streckenversuche mit dem Ziel, vorhandene Kabel im europäischen Ringnetz aufzurüsten.

Diese Experimente sind inzwischen über erheblich größere Entfernungen wiederholt worden und haben die praktische Anwendbarkeit dieses Verfahren bestätigt.

Dazu wurden Versuchsaufbauten verwendet, in denen LWL-Schleifen mit eingeschalteten optischen Verstärkern und teilweise auch optischen Regeneratoren immer wieder durchlaufen wurden (Bild 6.28). Mit einer 10 Gbit/s-Übertragung wurde dabei die Übertragung über Streckenlängen von $180 \cdot 10^6$ km demonstriert [6.9].

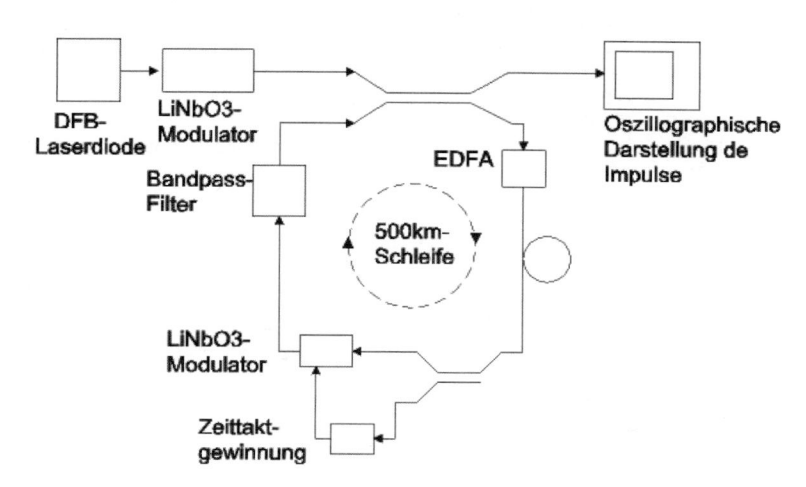

Bild 6.28: Prinzipaufbau eines Solitonexperiments für eine Übertragung über $180 \cdot 10^6$ km Singlemode-LWL (vereinfacht nach [6.9])

Eine Vielzahl von Firmen hat seit mehreren Jahren Experimentalstrecken in Betrieb, um den industriellen Einsatz der Soliton-Übertragung vorzubereiten. Ein erstes Solitongestütztes Langstreckensystem wurde bereits 2002 in Australien in Betrieb genommen. Es verbindet über 2900 km die Städte Perth und Adelaide mit einem auf 40 DWDM-Kanäle ausgelegten System zu je 10 Gbit/s; eine Impulsregenerierung findet auf der gesamten Strecke nicht statt.

6.5 Literatur

[6.1] B. Strebel, B. Kuhlow: Application of Wavelength Multiplexers in WDM Networks. www.hhi.de
[6.2] W. Glaser: Photonik für Ingenieure. Verlag Technik GmbH Berlin 1997
[6.3] H.-G. Bach, D. Hofmann, H. Weber: Progress in 40 Gb/s TDM Techniques. www.hhi.de
[6.4] R. Heidemann: Netztechnologien für das Breitband-Internet: Das Kernnetz. Kongressvortrag Münchner Kreis "Das Internet von Morgen", 19.-20.11.1998, München
[6.5] R. Castelli, T. Krause: Markttrends und Weiterentwicklung optischer Übertragungssysteme. Alcatel Telecom Rdsch., 3.Quartal 1998, 165-175
[6.6] A. Gladisch, N. Hanik, G. Lehr: Netze mit optischem Frequenzmultiplex. Der Fernmelde-Ingenieur (1997) 6-8, 1-88
[6.7] R. Kashyap: Optical Fiber Bragg Gratings in Telecommunications. Proc.ECOC, Vol.1 (1995), 23-26
[6.8] R. Schnabel: Polarisation Insensitive Frequency Conversion of a 10 Channel OFDM-Signal. Proc.ECOC (1993), ThP 12.4
[6.9] M. Nakazawa: Soliton Data Transmission over unlimited distances. Electr.lett. 29(1993)9, 729-730
[6.10] Th. Pfeiffer et al.: Optisches Multiplexverfahren für robuste und kostengünstige Zugangsnetze. ITG Fachtagung Photonische Netze, Dresden 1996
[6.11] M. I. O'Mahony: Optical Multiplexing in Fiber Networks: Progress in WDM and OTDM. IEEE Comm.Mag.(1995)12, 82-88
[6.12] B. Flanigan: Carriers Choose WDM to Surf the Data Wave. Fibre Systems (1998)9, 17-19
[6.13] B. Christensen: Soliton Communication on Standard Non-Dispersion-Shifted Fiber. Proc.ECOC 1993, Vol.1, 27-33
[6.14] -:French Researchers aim to Commercialize Terabit Technologies. Fibre Systems 3(1999)4, 13
[6.15] M. H. Jaafar: All-Optical Wavelength Conversion: Technologies and Applikations in DWDM Networks. IEEE Comm.Mag. 38(2000)3, 86-93
[6.16] B. Schmauß: 160 Gbit/s-Übertragung. Vortrag anlässlich der 8. ITG-Fachtagung Dezember 2001, 41-47.
[6.17] S. Dietz et al.: 160 Gbit/s All-optical Demultiplexing Using a Gain-transparent Ultrafast Nonlinear Interferometer.OAA2000, paper PD9
[6.18] G. Chrétien: Optische Komponenten für das neue Jahrtausend. Alcatel Telecom Rdsch. 2000(3), 221-229
[6.19] E. Yablonowitch, Phys.Rev.Lett.58(1987)2059
[6.20] Photonic Band Gap Links; http://www.pbglink.com
[6.21] S. Bigo, W. Idler: MultiTerabit/s-Übertragung über TeraLight-Fasern von Alcatel. Alcatel Telecom Rdsch. 2000(4), 288-296

[6.22] L. Beurden: VCSOA Intensifies Receiver Sensitivity; FibreSystems Europe, 2000(1), 13
[6.23] Fraunhofer IIS - Optische Kommunikation - Warum CWDM? www.iis.fraunhofer.de/ec/oc/range/why_d.html
[6.24] Al.E.Willner et al.: All Optical Adress Recognition for Optical-assisted Routing in Next General Networks. IEEE Opt.Comm, May 2003, S. 38-44
[6.25] X. Ha et al.: Optical Switching: Technology Comparison. IEEE Comm.Mag., Nov.2003, S. 16-21
[6.26] F.Xue et al.: High-Capacity Multiservice Optical Label Switching for the Next-Generation Internet. IEEE Opt.Comm., May 2004, S. 16-22

7 Anhang
Dieter Eberlein

7.1 Abkürzungen

ATM	Asynchronous Transfer Mode
AWG	Arrayed Waveguide Grating
AON	all optical network
APC	Angled Physical Contact
APD	Avalanche-Photodiode
ASE	Amplified Spontaneous Emission: spontane Emission im optischen Verstärker
BER	Bitfehlerrate, Bitfehlerhäufigkeit
C-Band	konventionelles Übertragungsband (1530 nm bis 1565 nm)
C & C	Crimp & Cleave
CATV	Cable Television: Kabelfernsehen
CDM	Code Division Multiplex: Codemultiplex
CWDM	Coarse Wavelength Division Multiplex: Grobes Wellenlängenmultiplex
DBR	Distributed Bragg Reflector
DFB	Distributed Feedback Bragg (Reflector)
DGD	Differential Group Delay: Gruppenlaufzeitdifferenz
DMD	Differential Mode Delay: Modenlaufzeitdifferenz
DSF	Dispersion-shifted fiber: Dispersionsverschobener Lichtwellenleiter
DWDM	Dense Wavelength Division Multiplex: Dichtes Wellenlängenmultiplex
EDFA	Erbium Doped Fiber Amplifier: Erbium-dotierter Faserverstärker
EMD	Equilibrium Mode Distribution: Modengleichgewichtsverteilung
ETDM	Electrical time division multiplex
FBG	Faser-Bragg-Gitter
FC	Fibre Connector
FDM	Frequency division Multiplex: Frequenzmultiplex
FP	Fabry-Perot
FTTC	Fiber to the Curb
FTTH	Fiber to the Home
FWM	Four Wave Mixing: Vierwellenmischung
Ge	Germanium
GGL	gewinngeführter Laser
HCS	Hard Clad Silica (Markenname)
HRL	High Return Loss
HWB	Halbwertsbreite
IGL	indexgeführter Laser
InGaAs	Indium-Gallium-Arsenid
InGaAsP	Indium-Gallium-Arsenid-Phosphit
IOC	Integrated Optic Circuit: integriert-optische Schaltung

IOEC	Integrated Optoelectronic Circuit: integrierte optoelektronische Schaltung
IPA	Iso-Propanol-Alkohol
ISDN	Integrated Services Digital Network
IVD	Inside Vapor Deposition
K-LWL	Kunststoff-Lichtwellenleiter
LAN	Local Area Network
L-Band	erweitertes Übertragungsband (1565 nm bis 1625 nm)
LD	Laserdiode
LEAF	Large Effective Area Fiber
LED	Light Emitting Diode: Lumineszenzdiode
LID	Light Injection and Detection
LSA	least-squares averaging: Anpassung nach der Methode der kleinsten Quadrate
LWL	Lichtwellenleiter
LWP	Low Water Peak
MAN	Metropolitan Area Network
Mbits/s	Maßeinheit für die Bitrate
MCVD	Modified Chemical Vapor Deposition
MEMS	microelectromechanical systems
MFD	Modenfelddurchmesser
MM	Multimode
MMF	Multimodefaser
MOST	Media Oriented Systems Transport
MZ	Mach-Zehnder
NZDSF	Non-zero dispersion shifted fiber
OADM	Optischer Add-Drop-Multiplexer
OC	Optical Carrier
OCDM	Optical Code Division Multiplex: Optisches Codemultiplex
ODFM	Optical Frequency Division Multiplex: Optischer Frequenzmultiplex
OFL	overfilled launch: überfüllte Anregung
OLT	Optical Line Termination
OPAL	Optische Abschlussleitung
ORL	Optical Return Loss: optische Rückflussdämpfung
OSA	Optischer Spektrumanalysator
OTDM	Optical Time Division Multiplex: Optisches Zeitmultiplex
OTDR	Optical Time Domain Reflectometer: Rückstreumessgerät
OVD	Outside Vapor Deposition
OXC	Optischer Crossconnect
PAS	Profile Aligning System
PC	Physical Contact: physikalischer Kontakt
PCF	Polymer Cladding Fiber
PCM	Pulse Code Modulation
PCVD	Plasma Activated Chemical Vapor Deposition
PDH	Plesiochrone Digitale Hierarchie
PMD	Polarisationsmodendispersion
PMMA	Polymethylmethacrylat
POF	Plastic Optical Fiber
PON	passive optical network: Passives Optisches Netz
PS	Polystyrol

RZ	Return to Zero
SDH	Synchrone Digitale Hierarchie
SDM	Space Division Multiplex: Raummultiplex
SERCOS	Serial Realtime Communication System
Si	Silizium
SLA	Semiconductor Laser Amplifier
SM	Singlemode
SMF	Singlemodefaser
SOA	Semiconductor Optical Amplifier
SONET	Sychronous Optical Network
SPM	Self Phase Modulation: Selbstphasenmodulation
STM	Sychrones Transport Modul
STS	Synchronous Transport Signal
TDM	Time Division Multiplex: Zeitmultiplex
UMD	Uniform Mode Distribution: Modengleichverteilung
VAD	Vapor Axial Deposition
VCSEL	Vertical Cavity Surface Emitting Laser
VCSOA	vertical strahlender Halbleiterverstärker
WAN	Wide Area Network
WDM	Wavelength Division Multiplex: Wellenlängenmultiplex
WWDM	Wideband Wavelength Division Multiplex

7.2 Formelzeichen und Maßeinheiten

a	Dämpfung
$\bar{a}$	Mittelwert der Dämpfungen in Vor- und Rückrichtung
A_{eff}	wirksamer Querschnitt des Lichtwellenleiters; effektive Fläche
Δa	Differenz der Dämpfungen in Vor- und Rückrichtung
$a_{Koppler}$	Dämpfung des Kopplers
a_r	Reflexionsdämpfung
a_s	Rückstreudämpfung
$a_{Spleiß}$	Spleißdämpfung
$a_{Stecker}$	Steckerdämpfung
a_{St}	Streckendämpfung
a_{zul}^{max}	maximal zulässige Streckendämpfung
B	Bandbreite
B_{CHROM}	durch chromatische Dispersion begrenzte Bandbreite
$B_{Empfänger}$	Bandbreite des Empfängers
B_{LWL}	Bandbreite des Lichtwellenleiters
B_{MAT}	durch Materialdispersion begrenzte Bandbreite
B_{MOD}	durch Modendispersion begrenzte Bandbreite
B_{Sender}	Bandbreite des Senders
B_{System}	Bandbreite des Systems
BLP	Bandbreite-Längen-Produkt
BLP_{CHROM}	Bandbreite-Längen-Produkt begrenzt durch chromatische Dispersion
BLP_{LWL}	Bandbreite-Längen-Produkt begrenzt durch Überlagerung von Materialdispersion und Modendispersion
BLP_{MAT}	Bandbreite-Längen-Produkt begrenzt durch Materialdispersion

BLP_{MOD}	Bandbreite-Längen-Produkt begrenzt durch Modendispersion
c	Lichtgeschwindigkeit im Vakuum
d	radialer Versatz
D	Dynamik des Empfängers in Dezibel
D_{CHROM}	Koeffizient der chromatischen Dispersion
D_S	Rückstreufaktor
D_{MAT}	Koeffizient der Materialdispersion
D_{WEL}	Koeffizient der Wellenleiterdispersion
dB	Dezibel
dBm	logarithmisches Leistungsmaß, bezogen auf 1 mW
dB/km	Maßeinheit für den Dämpfungskoeffizienten
E_g	Bandabstand
E_L	Energie des Leitungsbandes
E_V	Energie des Valenzbandes
EMB	effektive modale Bandbreite, Laserbandbreite
F	Kraft
F_r	Kraft des Meißels
F_r	Ausfallwahrscheinlichkeit (Wahrscheinlichkeit für den Faserbruch)
f_S, f_E	Brennweite der Sendeoptik bzw. der Empfangsoptik
f	Frequenz
Δf	Frequenzbereich
FIT	erwartete Anzahl der Ausfälle während 10^9 Stunden Betriebsdauer; Maßeinheit für die Fehlerrate
FHWM	Halbwertsbreite der Nahfeldintensität
g	Profilexponent
Gbit/s	Maßeinheit für die Bitrate = 10^9 bit/s
GHz	Maßeinheit für die Bandbreite = 10^9 Hz
GPa	Gigapascal = 1 GN/m² = 1000 N/mm²
h	Plancksches Wirkungsquantum
H	Übertragungsfunktion
Hz	Hertz
K	Kelvin
kbit/s	Maßeinheit für die Bitrate = 10^3 bit/s
KPSI	Kilopound force per square inch
I_{ph}	Photostrom
I_S	Schwellstrom
IL	Insertion Loss: Einfügedämpfung
L	LWL-Länge
M	Multiplikationsfaktor der Lawinen-Photodiode
m	Weibull-Exponent
Mbit/s	Maßeinheit für die Bitrate = 10^6 bit/s
MHz	Maßeinheit für die Bandbreite = 10^6 Hz
mrad	Millirad
mW	Milliwatt
N	Newton
n	Brechzahl
n	Spannungskorrosionsempfindlichkeit
n'	Brechzahl im nichtlinearen Betrieb
n_0	Brechzahl außerhalb des Lichtwellenleiters

n_1	Brechzahl des LWL-Kerns
n_2	Brechzahl des LWL-Mantels
n_{gr}	Gruppenbrechzahl
n_{ph}	Phasenbrechzahl
N_p	Ausfallwahrscheinlichkeit während des Durchlauftests
NA	numerische Apertur
P_0	einfallende Leistung
P_R^{max}	maximale Leistung, die der Sender verarbeiten kann (Sättigungsleistung)
P_R^{min}	minimale Leistung, die der Sender benötigt (Empfängerempfindlichkeit)
P_S	rückgestreute Leistung
P_S	Impulsleistung
P_T^{max}	maximale Leistung, die der Sender in die Faser koppelt
P_T^{min}	minimale Leistung, die der Sender in die Faser koppelt
P_{opt}	optische Leistung
Pa	Pascal
$ps/\sqrt{km}$	Maßeinheit des PMD-Koeffizienten
PMD_1	PMD-Koeffizient 1. Ordnung
PMD_Q	PMD Link Design Value
POF	Polymer Optical Fiber (Kunststoff-LWL)
ppm	parts per million
q	Ladung des Elektrons
r	Radius
r_K	Kernradius
r_M	Mantelradius
R	Reflexion
R	Bitrate
R_K	Krümmungsradius
rad	Radiant: 1 rad = 57,29578 °
s	axialer Versatz
$S(\lambda)$	spektrale Empfindlichkeit
S_0	Anstieg des Koeffizienten der chromatischen Dispersion bei der Nulldispersionswellenlänge λ_0
Si	Silizium
T_0	Impulslänge
t	Zeit
t_p	Zeit für den Durchlauftest
t_s	erwartete Lebensdauer
ΔT	Impulsverbreiterung
T_{bit}	Breite des digitalen Impulses, Bitbreite
Tbit/s	Maßeinheit für die Bitrate = 10^{12}bit/s
v	Ausbreitungsgeschwindigkeit in einem Medium
V	normierte Frequenz
V_C	normierte Grenzfrequenz
v_{gr}	Gruppengeschwindigkeit
v_{ph}	Phasengeschwindigkeit
w	Modenfeldradius
W	Watt
W_{Ph}	äquivalente Photonenenergie

α	Dämpfungskoeffizient
α	linearer Temperaturausdehnungskoeffizient
α_{Res}	Dämpfungskoeffizient der Systemreserve
α_1	Einfallswinkel
α_2	Reflexionswinkel
β	Ausbreitungskonstante
χ_1	dielektrische Suszebtibilität
δ	Abstand zwischen Rückstreukurve und Spitze der Reflexion
Δ	relative Brechzahl
ε_0	Dielektrizitätskonstante
γ	Längenexponent
γ	Winkelfehler
η	Quantenwirkungsgrad
η	Koppelwirkungsgrad
η	Viskosität
λ	Wellenlänge
λ_0	Nulldispersionswellenlänge
λ_C	Grenzwellenlänge
$\delta\lambda$	Breite einer einzelnen Linie
$\Delta\lambda$	Linienabstand
θ	Einfallswinkel auf die LWL-Stirnfläche
σ	Festigkeit
σ_p	Spannung während des Durchlauftests
σ_s	Spannung während des Betriebes
σ_{th}	theoretische Festigkeit
$\langle\Delta\tau\rangle$	PMD-Verzögerung, mittlere Gruppenlaufzeitdifferenz

7.3 Fachbegriffe

Abschneidemethode: Siehe Rückschneidemethode.

Absorption (absorption): Schwächung von Strahlung beim Durchgang durch Materie infolge Wandlung in andere Energieformen, beispielsweise in Wärmeenergie. Bei Photodioden ist die Absorption der Vorgang, bei dem ein eintreffendes Photon vernichtet und mit seiner Energie ein Elektron vom Valenzband in das Leitungsband angehoben wird.

Add-Drop-Multiplexer (add-drop-multiplexer): Funktionsgruppe, die das Aus- und Einblenden von Teilsignalen aus einem und in ein Multiplexsignal ermöglicht.

Äußere Modulation (external modulation): Modulation eines Lichtträgers außerhalb der eigentlichen Lichtquelle (z. B. des Lasers) mit Hilfe eines speziellen Modulators (z. B. Mach-Zehnder-Modulator), während die Lichtquelle selbst vom Signal unbeeinflusst und deshalb in Frequenz und Leistung konstant bleibt bzw. unabhängig vom modulierten Signal geregelt werden kann.

Akzeptanzwinkel (acceptance angle): Größtmöglicher Winkel unter dem das Licht im Bereich des LWL-Kerns auf die Stirnfläche einfallen kann, so dass es noch im LWL-Kern geführt wird.

Anschlussfaser (pigtail): Kurzes Stück eines Lichtwellenleiters zur Kopplung optischer Bauelemente (z. B. einer Laserdiode) mit einem Stecker. Es ist meistens fest mit dem Bauelement verbunden.

Auflösungsvermögen (resolution): Abstand zwischen zwei Ereignissen, bei welchem das Rückstreumessgerät das zweite Ereignis noch exakt erkennen und deren Dämpfung messen kann. Das erste Ereignis ist stets reflektierend, und das zweite Ereignis kann reflektierend oder nicht reflektierend sein.

Avalanche-Photodiode (avalanche photodiode): Siehe Lawinenphotodiode.

Bandabstand (band gap): Energetischer Abstand zwischen Valenzband und Leitungsband eines Halbleiters. Der Bandabstand ist maßgebend für die Betriebswellenlänge des Halbleiterlasers.

Bandbreite (bandwidth): Die Frequenz, bei welcher der Betrag der Übertragungsfunktion (bezogen auf die Lichtleistung) eines Lichtwellenleiters auf die Hälfte seines Wertes bei der Frequenz Null abgefallen ist.

Bandbreite-Längen-Produkt (bandwidth length product): Die Bandbreite des Lichtwellenleiters ist bei vernachlässigbaren Modenmischungs- und -wandlungsprozessen annähernd umgekehrt proportional zu seiner Länge, somit ist das Produkt von Bandbreite und Länge annähernd konstant. Das Bandbreite-Längen-Produkt ist ein wichtiger Parameter zur Charakterisierung der Übertragungseigenschaften von Multimode-LWL. Bei größeren Streckenlängen verringert sich die Bandbreite infolge von Modenmischungs- und -wandlungsprozessen weniger. Dann gilt eine modifizierte Relation für das Bandbreite-Längen-Produkt, indem ein Längenexponent eingeführt wird.

Beschichtung (primary coating): Ist die bei der Herstellung des LWL im direkten Kontakt mit der Manteloberfläche aufgebrachte Schicht. Diese kann auch aus mehreren Schichten bestehen. Dadurch wird die Unversehrtheit der Oberfläche erhalten.

Biege-Radius (bend radius): Zwei unterschiedliche Definitionen:
1. Minimaler Krümmungsradius, um den eine Faser gebogen werden kann, ohne zu brechen.
2. Minimaler Krümmungsradius, um den eine Faser gebogen werden kann, ohne einen bestimmten festgelegten Dämpfungswert zu überschreiten.

Biege-Verlust (bend loss): Zusätzliche Dämpfung, die durch Mikro- oder Makrobiegungen entsteht. Ein erhöhter Biegeverlust kann durch Kabelherstellung oder schlechte Kabelführung verursacht werden.

Bit (bit): Grundeinheit für die Information in digitalen Übertragungssystemen. Das Bit ist gleichbedeutend mit der Entscheidung zwischen zwei Zuständen 1 bzw. 0. Bits werden durch Impulse dargestellt. Eine Gruppe von acht Bits entspricht einem Byte.

Bitfehlerrate (bit error rate): Das Verhältnis der Anzahl der bei digitaler Signalübertragung in einem längeren Zeitraum im Mittel auftretenden Bitfehler zu der in diesem Zeitraum übertragenen Anzahl von Bits. Die Bitfehlerrate ist eine systemspezifische Kennzahl der Fehlerwahrscheinlichkeit. Die Standardforderung lautet BER $< 10^{-9}$. In modernen SDH-Systemen fordert man BER $< 10^{-12}$. Mittels Fehlerkorrekturverfahren (FEC) kann die Bitfehlerrate reduziert werden.

Bitrate (bit-rate): Übertragungsgeschwindigkeit eines Binärsignals, auch Bitfolgefrequenz genannt.

Brechung (refraction): Richtungsänderung, die ein Strahl (Welle) erfährt, wenn er aus einem Stoff in einen anderen übertritt und die Brechzahlen in den beiden Stoffen verschieden groß sind.

Brechungsgesetz (Snell's law): Beschreibt den Zusammenhang zwischen Eintrittswinkel und Austrittswinkel bei der Brechung.

Brechzahl, Brechungsindex (refractive index, index of refraction): Verhältnis von Vakuum-Lichtgeschwindigkeit zur Ausbreitungsgeschwindigkeit in dem betreffenden Medium. Die Brechzahl hängt vom Material und der Wellenlänge ab.

Brechzahldifferenz (refractive index difference): Unterschied zwischen der größten im Kern eines Lichtwellenleiters auftretenden Brechzahl und der Brechzahl im Mantel. Die Brechzahldifferenz ist maßgebend für die Größe der numerischen Apertur des Lichtwellenleiters.

Brechzahlprofil (refractive index profile): Verlauf der Brechzahl über der Querschnittsfläche des LWL-Kerns.

Chirp: Frequenzänderung (Wellenlängenänderung) der Laserdiode infolge Modulation über den Laserstrom.

Chromatische Dispersion (chromatic dispersion): Impulsverbreiterung im Lichtwellenleiter, die durch unterschiedliche Geschwindigkeiten der einzelnen Wellenlängenanteile des Lichtsignals hervorgerufen wird. Ist die im Singlemode-LWL maßgebende Dispersionsart und setzt sich aus der Materialdispersion und der Wellenleiterdispersion zusammen.

Dämpfung (attenuation): Verminderung der optischen Signalleistung im Lichtwellenleiter durch Streuung, Absorption oder Modenkonversion oder an einer Koppelstelle (Stecker, Spleiß). Die Dämpfung ist eine dimensionslose Größe und wird meist in Dezibel angegeben.

Dämpfungsbegrenzung (attenuation-limited operation): Begrenzung der realisierbaren Übertragungsstrecke durch Dämpfungseffekte.

Dämpfungskoeffizient, Dämpfungsbelag (attenuation coefficient): Ist die auf die LWL-Länge bezogene Dämpfung. Der Dämpfungskoeffizient wird in dB/km angegeben und ist ein wichtiger Parameter zur Charakterisierung des Lichtwellenleiters.

Dämpfungs-Totzone: Minimaler Abstand von einem reflektierenden Ereignis, um die Dämpfung eines nachfolgenden Ereignisses messen zu können (OTDR-Messung).

Dezibel (decibel): Logarithmisches Leistungsverhältnis zweier Signale.

DFB-Laser (distributed feedback Bragg laser): Laserdiode mit einer sehr geringen spektralen Halbwertsbreite, bei der mittels einer periodischen Brechzahlstruktur auf dem Halbleitersubstrat nur ganz bestimmte Lichtwellenlängen reflektiert werden und eine einzige Resonanzwellenlänge verstärkt wird.

Dichtes Wellenlängenmultiplex (dense wavelength division multiplex): Wellenlängenmultiplexverfahren mit sehr geringem Kanalabstand (typischer Wert: 0,8 nm).

Differential Mode Delay (DMD), Modenlaufzeitdifferenz: Laufzeitunterschiede zwischen den Modengruppen im Multimode-LWL.

Dispersion (dispersion): Streuung der Gruppenlaufzeit in einem Lichtwellenleiter. Infolge der Dispersion erfahren die Lichtimpulse eine zeitliche Verbreiterung und begrenzen dadurch die Bitrate bzw. die Streckenlänge.

Dispersionsbegrenzung (dispersion-limited operation): Begrenzung der realisierbaren Übertragungsstrecke durch Dispersionseffekte.

Dispersionsverschobener Lichtwellenleiter (dispersion-shifted fiber: DSF): Singlemode-LWL mit verschobenem Nulldurchgang des Koeffizienten der chromatischen Dispersion (G.653). Dieser Lichtwellenleiter hat bei 1550 nm sowohl eine minimale chromatische Dispersion als auch eine minimale Dämpfung.

Doppelheterostruktur (double heterostructure): Schichtenfolge in einem optoelektronischen Halbleiterbauelement, bei der die aktive Halbleiterschicht von zwei Mantelschichten mit höherem Bandabstand begrenzt wird. Bei Laserdioden bewirkt die Doppelheterostruktur eine Eingrenzung der Ladungsträger und eine Lichtwellenleitung in der aktiven Zone.

Dotierung (doping): Definiertes Hinzufügen von geringen Mengen eines anderen Stoffes in eine reine Substanz, um deren Eigenschaften geringfügig zu verändern. So wird die erhöhte Brechzahl des LWL-Kerns durch Dotierung der Grundsubstanz (Siliziumdioxid) mit Germaniumdioxid erreicht.

Dotierungsstoffe (dopant): Material, mit dem die Brechzahl verändert werden kann.

Einfügemethode (insertion loss technique): Methode zur Dämpfungsmessung, bei der das Messobjekt in eine Referenzstrecke eingefügt wird.

Einkoppelwirkungsgrad (launch efficiency): Gibt an, wie wirkungsvoll ein optischer Sender an einen Lichtwellenleiter angekoppelt werden kann. Der Einkoppelwirkungsgrad ist das Verhältnis der vom Lichtwellenleiter geführten Lichtleistung zu der vom Sender abgegebenen Lichtleistung.

Einmoden-LWL: Siehe Singlemode-LWL.

Elektrolumineszenz (electroluminescence): Die direkte Umwandlung von elektrischer Energie in Licht.

Elektromagnetische Welle (electromagnetic wave): Periodische Zustandsänderungen des elektromagnetischen Feldes. Im Bereich optischer Frequenzen werden sie Lichtwellen genannt.

Elektro-optischer Wandler (emitter): Halbleiterbauelement, in dem ein eingeprägter elektrischer Strom eine Strahlung im sichtbaren oder nahen infraroten Bereich des Lichts erzeugt. Man unterscheidet Kanten- und Oberflächenemitter.

Empfänger (receiver): Eine Baugruppe (Teil eines Endgerätes) in der optischen Nachrichtentechnik zum Umwandeln optischer Signale in elektrische. Sie besteht aus einer Empfangsdiode (PIN-Photodiode oder Lawinen-Photodiode) mit Koppelmöglichkeit an einen Lichtwellenleiter, einem rauscharmen Verstärker und elektronischen Schaltungen zur Signalaufbereitung.

Empfängerempfindlichkeit, Grenzempfindlichkeit (receiver sensitivity): Die vom Empfänger für eine störungsarme Signalübertragung benötigte minimale Lichtleistung. Bei der digitalen Signalübertragung wird meist die mittlere Lichtleistung in mW oder dBm angegeben, mit der eine bestimmte Bitfehlerrate, beispielsweise 10^{-9}, erreicht wird.

Er^+-Fasern: Lichtwellenleiter mit einem mit Erbium dotierten Kern zur Verwendung in optischen Verstärkern.

Ereignis-Totzone: Minimaler Abstand zwischen zwei reflektierenden Ereignissen, um den Ort des zweiten Ereignisses messen zu können.

Ethernet: Von Intel, DEC und Xerox entwickeltes LAN-Protokoll. Dieses wurde mit kleinen Abweichungen von IEEE unter 802.3 standardisiert.

Faraday-Effekt (Faraday effect): Die Schwingungsebene linear polarisierten Lichts wird gedreht, wenn ein Magnetfeld in Lichtrichtung angelegt wird. Die Proportionalitätskonstante zwischen Magnetfeld H und dem Drehwinkel je durchlaufener Lichtstrecke im Feld ist die Verdet-Konstante V.

Faser (fibre, fiber): Aus dem englischen Sprachraum übernommene Bezeichnung für den runden Lichtwellenleiter.

Faserbändchen (ribbon fiber): Verbund von mehreren Fasern mit Primärcoating, die über einen weiteren gemeinsamen Mantel zusammengehalten werden (ähnlich Flachbandkabel).

Faserhülle (fibre buffer): Besteht aus einem oder mehreren Materialien, die als Schutz der Einzelfaser vor Beschädigung verwendet werden und für mechanische Isolierung und/oder mechanischen Schutz sorgen.

Faserverstärker (fiber amplifier): Nutzt einen Laser-ähnlichen Verstärkungseffekt in einer Faser, deren Kern z.B. mit Erbium hochdotiert und mit einer optischen Pumpleistung bestimmter Wellenlänge angeregt wird.

Felddurchmesser: Siehe Modenfelddurchmesser.

Ferrule (ferule): Führungsstift bei LWL-Steckverbindern, in den der Lichtwellenleiter fixiert wird. Materialien, aus denen Ferrulen gefertigt werden, sind korrosionsstabil, abriebfest und lassen sich mit hoher Präzision bearbeiten. Vorrangig kamen in der Vergangenheit Arcap oder Wolframkarbid, heute Zinkoxid-Keramiken zum Einsatz. Kunststoffe haben sich nur für einfache Anwendungen durchgesetzt.

Fibercurl: Eigenkrümmung der Faser.

Fiber-to-the-Home: Installation des Lichtwellenleiters bis in das Haus.

Fiber-to-the-Desk: Installation des Lichtwellenleiters bis zum Arbeitsplatz.

Fiber-to-the-Mast: Installation des Lichtwellenleiters im CATV-Bereich bis zum Antennenmast.

Fresnelreflexion (Fresnel reflection): Reflexion infolge eines Brechzahlsprungs.

Fresnelverluste (Fresnel reflection loss): Dämpfung infolge Fresnelreflexion.

Geisterreflexionen (ghosts): Störungen im Rückstreudiagramm infolge von Mehrfachreflexionen auf der LWL-Strecke.

Geräte-Totzone: Abstand vom Fußpunkt bis zum Ende der Abfallflanke am Anfang der zu messenden Strecke.

Germaniumdioxid GeO_2 (germanium dioxide): Eine chemische Verbindung, die bei der Herstellung von Lichtwellenleitern am häufigsten als Stoff zur Dotierung des Kerns benutzt wird.

Gradientenfaser (graded index optical waveguide): Ist ein Lichtwellenleiter mit Gradientenprofil.

Gradientenprofil (graded index profile): Brechzahlprofil eines Lichtwellenleiters, das über der Querschnittsfläche des LWL-Kerns stetig, meistens parabelförmig, von innen nach außen abnimmt.

Grenzwellenlänge (cutoff wavelength): Zwei verschiedene Bedeutungen:
1. Die kürzeste Wellenlänge, bei der die Grundmode des Lichtwellenleiters als einzige ausbreitungsfähig ist. Um den Einmodenbetrieb zu erzielen, muss die Grenzwellenlänge kleiner sein, als die Wellenlänge des zu übertragenden Lichts.
2. Wellenlänge oberhalb der die Empfindlichkeit der Empfängerdiode abrupt abfällt.

Grenzwinkel (critical angle): Der Einfallswinkel eines Lichtstrahles beim Übergang aus einem Stoff mit höherer Brechzahl in einen Stoff mit niedrigerer Brechzahl, wobei der Brechungswinkel 90 ° ist. Der Grenzwinkel trennt den Bereich der total reflektierten Strahlen von dem Bereich der gebrochenen Strahlen, also den Bereich der im Lichtwellenleiter geführten Strahlen, von den nicht geführten Strahlen.

GRIN-Linse: Glasstab von einigen Millimetern Durchmesser, der einen Brechzahlverlauf wie ein Parabelprofil-LWL (Profilexponent $\approx$ 2) besitzt. Das Licht breitet sich annähernd sinusförmig aus. GRIN-Linsen kommen in der LWL-Technik als abbildende Elemente oder in Strahlteilern zum Einsatz.

Grobes Wellenlängenmultiplex (CWDM): Preiswertes Wellenlängenmultiplex-Verfahren mit Kanalabständen von 20 nm.

Grundmode (fundamental mode): Die Mode niedrigster Ordnung in einem Lichtwellenleiter mit annähernd gaußförmiger Feldverteilung.

Gruppenbrechzahl (group index): Quotient aus Vakuumlichtgeschwindigkeit und Ausbreitungsgeschwindigkeit einer Wellengruppe (Gruppengeschwindigkeit) beispielsweise eines Lichtimpulses in einem Medium.

Gruppengeschwindigkeit (group velocity): Ausbreitungsgeschwindigkeit einer Wellengruppe beispielsweise eines Lichtimpulses, die sich aus einzelnen Wellen unterschiedlicher Wellenlängen zusammensetzt.

Hertz (hertz): Maßeinheit für die Frequenz oder Bandbreite; entspricht einer Schwingung pro Sekunde.

Immersion (immersion): Medium mit einer der Brechzahl des Lichtwellenleiters annähernd angepassten Flüssigkeit. Die Immersion ist geeignet, Reflexionen zu reduzieren.

Infrarote Strahlung (infrared radiation): Bereich des Spektrums der elektromagnetischen Wellen von 750 nm bis 1 mm (nahes Infrarot: 0,75 µm bis 3 µm, mittleres Infrarot: 3 µm bis 30 µm, fernes Infrarot: 30 µm bis 1000 µm). Die infrarote Strahlung ist unsichtbar für das menschliche Auge. Im nahen Infrarot liegen die Wellenlängen der optischen Nachrichtentechnik (0,85 µm, 1,3 µm, 1,55 µm).

Inhouse: Installation innerhalb eines Gebäudes.

ISDN (Integrated Services Digital Network): Diensteintegrierendes digitales Netz. Ist ein digitales öffentliches Fernmeldenetz, das unter einer Rufnummer auf einer Leitung die gleichzeitige Übertragung von Sprache, Daten, Text, Bildern usw. ermöglicht.

Isolator: Siehe Optischer Isolator.

Kern (core): Zentraler Bereich eines Lichtwellenleiters, der zur Wellenführung dient.

Kern-Mantel-Exzentrizität: Parameter bei Lichtwellenleitern der aussagt, wieweit die Mitte des Faserkerns von der Mitte der gesamten Faser abweicht.

Kohärente Lichtquelle (coherent light source): Lichtquelle, die kohärente Wellen aussendet.

Kohärenz (coherence): Eigenschaft des Lichts, in unterschiedlichen Raum- und Zeitpunkten feste Phasen- und Amplitudenbeziehungen zu haben. Man unterscheidet räumliche und zeitliche Kohärenz.

Koppellänge: LWL-Länge, die erforderlich ist, um eine Modengleichgewichtsverteilung zu realisieren. Sie kann einige Hundert bis einige Tausend Meter betragen.

Koppelverlust (coupling loss): Verlust, der bei der Verbindung zweier Lichtwellenleiter entsteht. Man unterscheidet zwischen faserbedingten (intrinsischen) Koppelverlusten, die durch unterschiedliche Faserparameter zustande kommen, und mechanisch bedingten (extrinsischen Verlusten, die von der Verbindungstechnik herrühren.

Koppelwirkungsgrad (coupling efficienty): Ist das Verhältnis der optischen Leistung nach einer Koppelstelle zur Leistung vor dieser Koppelstelle.

Kunststoff-Lichtwellenleiter (Plastic Optical Fiber): Lichtwellenleiter bestehend aus einem Kunststoff-Kern und -Mantel mit vergleichsweise großem Kerndurchmesser und großer numerischer Apertur. Preiswerte Alternative zum Glas-LWL für Anwendungen mit geringeren Anforderungen bezüglich Streckenlänge und Bandbreite.

Längenexponent (gamma-factor): Beschreibt den Zusammenhang zwischen Bandbreite und überbrückbarer Streckenlänge.

LAN (Local Area Network): Ein lokales Netz für bitserielle Übertragung, das voneinander abhängige Rechner und Peripheriegeräte verbinden kann. Es erstreckt sich nur über geringe Entfernungen.

Laserdiode (laser diode, LD): Sendediode, die oberhalb eines Schwellstromes kohärentes Licht emittiert (stimulierte Emission).

Lawinen-Photodiode: Empfangsbauelement, das auf dem Lawineneffekt basiert, das heißt, der Photostrom wird durch Trägermultiplikation verstärkt.

Lichtwellenleiter, LWL (optical waveguide, OWG, fibre, fiber): Dielektrischer Wellenleiter, dessen Kern aus optisch transparentem Material geringer Dämpfung und dessen Mantel aus optisch transparentem Material mit niedrigerer Brechzahl als die des Kerns besteht. Er dient zur Übertragung von Signalen mit Hilfe elektromagnetischer Wellen im Bereich der optischen Frequenzen.

Light injection and detection (LID): System zum Justieren von Lichtwellenleitern in Spleißgeräten unter Verwendung von Biegekopplern.

Low-Water-Peak-Faser: Singlemode-LWL mit kleinem Dämpfungskoeffizienten im Wellenlängenbereich zwischen dem zweiten und dritten optischen Fenster durch Reduktion des OH-Peaks bei der Wellenlänge 1383 nm.

Lumineszenzdiode (light emitting diode, LED): Ein Halbleiterbauelement, das durch spontane Emission inkohärentes Licht aussendet.

LWL-Schweißverbindung (fused fibre splice): Ist eine Verbindung von zwei Lichtwellenleitern, die durch Verschmelzen der Enden entsteht.

Makrokrümmungen (macrobending): Makroskopische axiale Abweichungen eines Lichtwellenleiters von einer geraden Linie (beispielsweise auf einer Lieferspule).

MAN (Metropolitian Area Network): Sammelbegriff für ein geländeübergreifendes öffentliches oder privates Datennetz, das auf ein Stadtgebiet begrenzt ist.

Mantel (cladding): Das gesamte optisch transparente Material eines Lichtwellenleiters, außer dem Kern.

Materialdispersion (material dispersion): Dispersion, die durch die Wellenlängenabhängigkeit der Brechzahl des Kernglases entsteht.

Methode des begrenzten Phasenraumes: Methode zur Verringerung des Phasenraumvolumens im Multimode-LWL mit dem Ziel der Realisierung einer angenäherten Modengleichgewichtsverteilung.

Moden (modes): Lösungen der Maxwellschen Gleichungen unter Berücksichtigung der Randbedingungen des Wellenleiters.

Modendispersion (modal dispersion): Die durch Überlagerung von Moden mit verschiedener Laufzeit bei gleicher Wellenlänge hervorgerufene Dispersion in einem Lichtwellenleiter. Dominierende Dispersionsart im Multimode-LWL.

Modenfelddurchmesser (mode field diameter): Maß für die Breite der annähend gaußförmigen Lichtverteilung im Singlemode-LWL. Er ist der Abstand zwischen den Punkten, bei denen die Feldverteilung auf den Wert $1/e \approx 37\,\%$ gefallen ist. Da das Auge die Intensität des Lichts registriert, entspricht der Modenfelddurchmesser einem Intensitätsabfall bezüglich des Maximalwertes auf $1/e^2 \approx 13,5\,\%$.

Modenfilter (mode filter): Bauelement zur Realisierung einer angenäherten Modengleichgewichtsverteilung. Es bewirkt eine Abstrahlung der Moden höherer Ordnung.

Modengleichgewichtsverteilung (equilibrium mode distribution): Energieverteilung im Multimode-LWL, die sich nach dem Durchlaufen einer hinreichenden Länge (Koppellänge) einstellt und unabhängig von der ursprünglichen Modenverteilung am Ort der Einkopplung ist. Dabei tragen Moden höherer Ordnung eine vergleichsweise geringere Leistung als Moden niederer Ordnung. Nur wenn im Multimode-LWL eine Modengleichgewichtsverteilung vorliegt, sind reproduzierbare Dämpfungsmessungen möglich.

Modengleichverteilung (uniform mode distribution): Modenverteilung, bei der die Leistung auf alle Moden gleich verteilt ist.

Modulation (modulation): Eine gezielte Veränderung eines Parameters (Amplitude, Phase oder Frequenz) eines harmonischen oder diskontinuierlichen (Impulsmodulation) Trägers, um damit eine Nachricht zu übertragen.

Monomode-LWL: Siehe Singlemode-LWL.

Multimode-LWL (multimode fiber): Lichtwellenleiter, dessen Kerndurchmesser groß im Vergleich zur Wellenlänge des Lichts ist. In ihm können sich eine große Anzahl von Moden ausbreiten.

Nachlauf-LWL, Nachlauffaser: Hinter den zu messenden Lichtwellenleiter nachgeschalteter Lichtwellenleiter.

Non-zero dispersion shifted Lichtwellenleiter (NZDS fiber): Lichtwellenleiter mit kleinem aber von Null verschiedenem Koeffizienten der chromatischen Dispersion im Wellenlängenbereich des dritten optischen Fensters. Dieser Lichtwellenleiter kommt in vielkanaligen (DWDM-) Systemen zum Einsatz und ist geeignet, den Effekt der Vierwellenmischung zu reduzieren.

Normierte Frequenz (V-number): Dimensionsloser Parameter, der vom Kernradius, der numerischen Apertur und der Wellenlänge des Lichts abhängt. Durch die normierte Frequenz wird die Anzahl der geführten Moden festgelegt.

Numerische Apertur (numerical aperture): Der Sinus des Akzeptanzwinkels eines Lichtwellenleiters. Die numerische Apertur hängt von der Brechzahl des Kerns und des Mantels ab. Wichtiger Parameter zur Charakterisierung des Lichtwellenleiters.

Optische Achse (optical axis): Symmetrieachse eines optischen Systems.

Optische Modulationsbandbreite (optical modulation bandwidth): Bandbreite, die das optische Signal auf der Frequenz- bzw. Wellenlängenachse einnimmt. Sie ist abhängig von der Bandbreite des modulierten elektrischen Signals und dem Modulationsverfahren.

Optische Nachrichtentechnik (optical communication): Technik zur Übermittlung von Nachrichten mit Hilfe von Licht.

Optische Nichtlinearität (nonlinear optical effect): Bei hoher Energiedichte im Kern von Lichtwellenleitern (allgemein: in einem starken elektromagnetischen Feld) ändern sich die dielektrischen Materialeigenschaften. Die an sich schwachen Wirkungen verstärken sich durch die in der Regel langen Strecken, die die optischen Signale in Lichtwellenleitern zurücklegen.

Optische Polymerfaser: Siehe Kunststoff-Lichtwellenleiter.

Optischer Isolator (optical isolator): Optisches Funktionselement, das mit Hilfe des Faraday-Effektes und Polarisationsfiltern Licht nur in einer Richtung durchlässt und in der anderen mit hoher Dämpfung sperrt.

Optische Rückflussdämpfung (optical return loss): Verhältnis der einfallenden Lichtleistung zur rückfließenden Lichtleistung (reflektiertes und gestreutes Licht), die durch eine bestimmte Länge eines LWL-Abschnittes hervorgerufen wird (meist Angabe in Dezibel: positive Werte). Manchmal wird unter rückfließender Lichtleistung nur das reflektierte Licht verstanden.

Optisches Rückstreumessgerät (optical time domain reflectometer): Ein Messgerät, welches im Lichtwellenleiter rückgestreutes und rückreflektiertes Licht misst und damit Aussagen über die Eigenschaften der installierten Strecke liefert. Das optische Rückstreumessgerät ermöglicht die Messung von Dämpfungen, Dämpfungskoeffizienten, Störstellen (Stecker, Spleiße, Unterbrechungen), deren Dämpfungen und Reflexionsdämpfungen sowie deren Orte auf dem Lichtwellenleiter.

Optische Übertragungssysteme (optical transmission systems): Systeme, die in der optischen Nachrichtentechnik zur Übertragung von Nachrichten verwendet werden.

Optoelektronischer Schaltkreis (optoelectronic integrated circuit, OEIC): Funktionsgruppe, die elektronische, optische und optoelektronische Bauelemente technologisch auf einem gemeinsamen Substrat (GaAs, InP) vereinigt.

PCM (Pulse Code Modulation): Eine Modulation, bei der Nachrichtensignale in Form von Impulsen übertragen werden.

PCM-30-System: System zur Übertragung von 30 Fernsprechkanälen mit je 64 kbit/s.

PDH-System: Digitale Hierarchie auf der Basis von 2 Mbit/s-Signalen, deren Bitrate sich von Hierarchiestufe zu Hierarchiestufe um den Faktor 4 erhöht. Die Grundstufe der Hierarchie ergibt sich aus dem PCM30-System.

Photodiode (photodiode): Diode aus Halbleitermaterial, die Licht absorbiert und dabei frei werdende Ladungsträger als Photostrom einem äußeren Stromkreis zuführt. Man unterscheidet PIN-Photodioden und Lawinen-Photodioden.

Photonische Kristalle (Photonic-crystals): Periodische Strukturen, die Abmessungen in der Größenordnung der Wellenlänge des Lichts oder darunter besitzen. Forschungsgebiet der (Nano-)Optik, von dem wesentliche Impulse für die Entwicklung zukünftiger signalverarbeitender Funktionselemente erwartet werden.

Pigtail (pigtail): Kurzes Stück eines Lichtwellenleiters zur Kopplung optischer Bauelemente an die Übertragungsstrecke.

PIN-Photodiode (PIN photodiode): Empfangsdiode mit vorwiegender Absorption in einer Raumladungszone (i-Zone) innerhalb ihres pn-Überganges. Eine solche Diode hat einen hohen Quantenwirkungsgrad, aber im Gegensatz zur Lawinen-Photodiode keine innere Stromverstärkung.

Planarer (Streifen-)Wellenleiter (planar (strip) optical waveguide): Lichtwellenleitende Struktur, die auf oder an der Oberfläche von Trägermaterialien (Substraten) erzeugt wird.

Polarisation (polarization): Eigenschaft einer transversalen Welle, bestimmte Schwingungszustände zu enthalten. Die Polarisation ist ein Beweis für den transversalen Charakter der elektromagnetischen Welle. Man unterscheidet linear polarisiertes Licht, partiell linear polarisiertes Licht, zirkular polarisiertes Licht und elliptisch polarisiertes Licht.

Polarisationsmodendispersion (polarization mode dispersion): Dispersion infolge von Laufzeitunterschieden der beiden orthogonal zueinander schwingenden Moden. Die Polarisationsmodendispersion tritt generell nur im Singlemode-LWL auf. Sie spielt erst bei hohen Bitraten und bei starker Reduktion der chromatischen Dispersion eine Rolle.

Potenzprofil (power-law index profile): Brechzahlprofil, dessen radialer Verlauf als Potenzfunktion des Radius beschrieben werden.

Primärbeschichtung (Primärcoating): Mantelmaterial mit einem Durchmesser von 250 µm, das während des Ziehprozesses der Faser direkt auf das Glas aufgespritzt wird. Es besteht meist aus Acrylat oder Silicon.

Profile aligning system (PAS): System zum Justieren von Lichtwellenleitern in Spleißgeräten mit Hilfe einer Abbildung der Faserstruktur auf eine CCD-Zeile.

Profilexponent (profile exponent): Parameter, mit dem bei Potenzprofilen die Form des Profils definiert ist. Für die Praxis besonders wichtig sind die Profilexponenten $g \approx 2$ (Parabelprofil-LWL) und $g \to \infty$ (Stufenprofil-LWL).

Profildispersion (profile dispersion): Dispersion infolge nicht optimaler Anpassung des Profilexponenten des Parabelprofil-LWL an die spektralen Eigenschaften des optischen Senders.

Protokoll: Satz von Regeln für den Austausch von Informationen zwischen Kommunikationspartnern.

Quantenwirkungsgrad (quantum efficiency): In einer Senderdiode das Verhältnis der Anzahl emittierender Photonen zur Anzahl der über den pn-Übergang transportierten Ladungsträger. In einer Empfängerdiode das Verhältnis der Anzahl der erzeugten Elektron-Loch-Paare zur Anzahl der einfallenden Photonen.

Quarzglas (fused silica glass): Eine in amorpher Form glasig erstarrte Schmelze aus Siliziumdioxid (SiO_2). Basismaterial für den Glas-LWL.

Raman-Verstärker, -Verstärkung (Raman amplifier, -amplification): Nutzt einen Verstärkungseffekt, der bei Einkopplung einer verhältnismäßig hohen Pump-Lichtleistung (einige 100 mW) in einem langen Lichtwellenleiter entsteht. Die dadurch verstärkte Signalwelle und die Frequenz der Pumpwelle unterscheiden sich dabei durch die Stokes-Frequenz. Im Gegensatz zu optischen Faserverstärkern und Halbleiterverstärkern ist die Raman-Verstärkung nicht an einen bestimmten optischen Frequenzbereich gebunden.

Rayleighstreuung (Rayleigh scattering): Streuung, die durch Dichtefluktuationen (Inhomogenitäten) im Lichtwellenleiter verursacht werden, deren Abmessungen kleiner als die Wellenlänge des Lichts sind. Die Rayleighstreuung bewirkt den Hauptanteil der Dämpfung des Lichtwellenleiters und sie nimmt mit der vierten Potenz der Wellenlänge ab.

Receptacle: Verbindungselement von aktivem optischen Bauelement und LWL-Steckverbinder. Die Aufnahme des Bauelements erfolgt in einer rotationssymmetrischen Führung. Der Strahlengang kann durch eine Optik geführt werden. Die Zentrierung der Ferrule des Steckers wird durch eine Hülse erreicht, die auf die optisch aktive Fläche des Bauelements ausgerichtet wird. Das Gehäuse wird durch den Verschlussmechanismus des Steckers gebildet.

Reflektometer-Verfahren (backscattering technique): Verfahren zur ortsaufgelösten Messung von Leistungsrückflüssen, siehe Optisches Rückstreumessgerät.

Reflexion (reflexion): Zurückwerfen von Strahlen (Wellen) an der Grenzfläche zwischen zwei Medien mit unterschiedlichen Brechzahlen, wobei der Einfallswinkel gleich dem Reflexionswinkel ist.

Reflexionsdämpfung: Verhältnis aus einfallender Lichtleistung zur reflektierten Lichtleistung; meist Angabe in Dezibel (positive Werte).

Regenerator (optical-electronic regenerator): Zwischenverstärker in LWL-Strecken, der nach optoelektronischer Wandlung das Signal in der Zeitlage, in der Impulsform und der Amplitude regeneriert und wieder in ein optisches Signal umsetzt (3R-Regenerator: Retiming, Reshaping, Reamplification).

Rückflussdämpfung: Verhältnis der einfallenden Lichtleistung zur rückfließenden Lichtleistung (reflektiertes und gestreutes Licht), die durch eine bestimmte Länge eines LWL-Abschnittes hervorgerufen wird (meist Angabe in Dezibel: positive Werte). Manchmal wird unter der rückfließenden Leistung nur das reflektierte Licht verstanden.

Rückschneidemethode (cut-back technique): Methode zur Dämpfungsmessung bei dem der zu messende Lichtwellenleiter zurückgeschnitten wird.

Rückstreudämpfung: Verhältnis der einfallenden Lichtleistung zu der im LWL gestreuten Lichtleistung, die in rückwärtiger Richtung ausbreitungsfähig ist; meist Angabe in Dezibel (positive Werte).

Schwellstrom (threshold current): Stromstärke, oberhalb der die Verstärkung der Lichtwelle in einer Laserdiode größer als die optischen Verluste wird, so dass die stimulierte Emission einsetzt. Der Schwellstrom ist stark temperaturabhängig.

SDH-System: Digitale Hierarchie auf der Basis von 155,52 Mbit/s-Signalen, deren Bitrate sich von Hierarchiestufe zu Hierarchiestufe um den Faktor 4 erhöht. Die Grundstufe der Hierarchie ergibt sich aus dem OC-3-System.

Selbstphasenmodulation (self-phase modulation): Effekt, der durch die optische Nichtlinearität in einem Lichtwellenleiter mit hoher Energiedichte im Kern auftritt. Ein Lichtimpuls mit ursprünglich konstanter Frequenz (Wellenlänge) erfährt dadurch eine seiner momentanen Intensität proportionale Phasenmodulation.

Sender (transmitter): Eine Baugruppe in der optischen Nachrichtentechnik zum Umwandeln elektrischer Signale in optische. Der Sender besteht aus einer Sendediode (Laserdiode oder Lumineszenzdiode), einem Verstärker, sowie weiteren elektronischen Schaltungen. Insbesondere ist bei Laserdioden eine Monitorphotodiode mit Regelverstärker zum Überwachen und Stabilisieren der Ausgangsleistung erforderlich. Oft erfolgt mit Hilfe eines Thermistors und einer Peltierkühlung eine Stabilisierung der Betriebstemperatur.

Singlemode-LWL (single-mode fibre): Lichtwellenleiter, in dem bei der Betriebswellenlänge nur eine einzige Mode, die Grundmode, ausbreitungsfähig ist.

Soliton (soliton): Schwingungszustand einer singulären Welle in einem nichtlinearen Medium, der trotz dispersiver Eigenschaften des Mediums während der Ausbreitung unverändert bleibt. Impulsleistung, Impulsform und Dispersionseigenschaft des Übertragungsmediums müssen dazu in einer bestimmten Relation stehen.

Spleiß (splice): Stoffschlüssige Verbindung von Lichtwellenleitern.

Spleißverbindung (splicing): Verkleben oder Verspleißen zweier LWL-Enden.

Stimulierte Emission (stimulated emission): Sie entsteht, wenn in einem Halbleiter befindliche Photonen vorhandene Überschussladungsträger zur strahlenden Rekombination, das heißt zum Aussenden von Photonen, anregen. Das emittierte Licht ist in Wellenlänge und Phase identisch mit dem einfallenden Licht, es ist kohärent.

Streuung (scattering): Hauptsächliche Ursache für die Dämpfung eines Lichtwellenleiters. Sie entsteht durch mikroskopische Dichtefluktuationen im Glas, die einen Teil des geführten Lichts in seiner Richtung so verändern, dass es nicht mehr im Akzeptanzbereich des Lichtwellenleiters in Vorwärtsrichtung liegt und damit dem Signal verloren geht. Der Hauptbeitrag zur Streuung bringt die Rayleighstreuung.

Stufenprofil (step index profile): Brechzahlprofil eines Lichtwellenleiters, das durch eine konstante Brechzahl innerhalb des Kerns und durch einen stufenförmigen Abfall an der Kern-Mantel-Grenze gekennzeichnet ist.

Substitutionsmethode: Methode zur Dämpfungsmessung, bei der ein Referenz-LWL in einer Messstrecke durch das Messobjekt ersetzt wird.

Systembandbreite (system bandwidth): Bandbreite eines LWL-Streckenabschnittes, gemessen vom Sender bis zum Empfänger.

Systemreserve (safety margin): Dämpfung oder Dämpfungskoeffizient, der bei der Planung von LWL-Systemen berücksichtigt werden muss. Die Systemreserve ist wegen einer möglichen Erhöhung der Dämpfung der Übertragungsstrecke während des Betriebes durch Alterung der Bauelemente oder durch Reparaturen erforderlich.

Taper (taper): Optisches Anpassglied, das von einem optischen Wellenleiter zu einem anderen einen allmählichen Übergang herstellt.

Totalreflexion (total internal reflection): Reflexion an der Grenzfläche zwischen einem optisch dichteren Medium und einem optisch dünneren Medium, wobei sich das Licht im optisch dichteren Medium ausbreitet. Der Einfallswinkel auf die Grenzfläche muss größer als der Grenzwinkel der Totalreflexion sein.

Überlagerungsempfang (heterodyne demodulation): Optische Mischung eines ankommenden optischen Sendesignals auf kohärentem Träger mit dem unmodulierten Signal eines optischen Lokaloszillators in einer Photodiode. Es entsteht eine Zwischenfrequenz (Frequenzdifferenz zwischen Sendesignal und Lokaloszillatorsignal) im GHz-Bereich.

Vierwellenmischung (four-wave mixing): Bildung von Kombinationsfrequenzen (Summen, Differenzen) von optischen Signalen an optischen Nichtlinearitäten. Tritt als Störung in Lichtwellenleitern auf (Folge: nichtlineares Nebensprechen in DWDM-Systemen) und wird zur Frequenzverschiebung optischer Signale genutzt.

Vorform (preform): Glasstab, der aus Kern- und Mantelglas besteht und zu einem Lichtwellenleiter ausgezogen werden kann.

Vorlauf-LWL (launching fiber): Vor den zu messenden Lichtwellenleiter vorgeschalteter Lichtwellenleiter.

WAN (Wide Area Network): Sammelbegriff für öffentliche und private Netze, die zum Teil weltumspannend organisiert sind.

Wasserpeak (water peak): Anwachsen der Dämpfung des Lichtwellenleiters in der Umgebung der Wellenlänge 1383 nm durch Verunreinigungen des Glases mit Hydroxyl-Ionen.

Wellenlänge (wavelength): Räumliche Periode einer ebenen Welle, das heißt die Länge einer vollen Schwingung. In der optischen Nachrichtentechnik werden Wellenlängen im Bereich 650 nm bis 1625 nm verwendet.

Wellenleiter (waveguide): Ein dielektrisches oder leitendes Medium, auf dem sich elektromagnetische Wellen ausbreiten können.

Wellenleiterdispersion (waveguide dispersion): Typische Dispersionsart des Singlemode-LWL. Sie wird durch die Wellenlängenabhängigkeit der Lichtverteilung der Grundmode auf das Kern- und Mantelglas verursacht.

Stichwortverzeichnis

3-Achsen-Gerät	139, 141	Biege-Radius	326
10 Gigabit-Ethernet	260	Biege-Verlust	326
A		Bit	326
Abkürzungen	320	Bitfehlerrate	232, 242, 327
Ablageverfahren	91	Bitlänge	46
Abnahmevorschriften	221	Bitrate	46, 327
Abschneidemethode	325	Brechen	136, 137, 142
absetzen	134, 152	Brechung	327
Absorption	59, 325	Brechungsgesetz	6, 327
Abstrippen	134	Brechungsindex	327
Add-Drop-Multiplexer	291, 325	Brechwinkel	136
äußere Modulation	299, 325	Brechzahl	5, 6, 19, 32, 114
Akzeptanzkegel	7, 22	Brechzahländerung durch optische	
Akzeptanzwinkel	30, 326	Nichtlinearität	313
AllWave	39, 189	Brechzahlbeeinflussung	296
Alterung	50	Brechzahldifferenz	20, 327
Anschlussfaser	326	Brechzahleinbruch	21, 24
Anstieg der Dispersion	37	Brechzahlprofil	15, 19, 31, 119, 327
APC-Stecker	107, 217	Brillouinstreuung	12
Aufbau Lasersender	291	Bündeladler	120
Auflösungsvermögen	204, 326	Bündelungsverfahren	281
Ausbreitungsgeschwindigkeit	19, 188	**C**	
Ausfallwahrscheinlichkeit	52	C-Band	38, 43
außermittige Einkopplung	24	Chirp	66, 327
Avalanche-Photodiode	74, 326	chromatische Dispersion	
AWG-Filter	284		29, 31, 32, 286, 327
axialer Versatz	84	Citynetz	277
B		Codemultiplex	281, 284
Bändchen-Technologie	154	Crimp & Cleave-Technologie	118
Bandabstand	60, 326	Crossconnect	291
Bandbreite	16, 27, 242, 326	Cut-off-shifted-Lichtwellenleiter	40
- effektive modale	265	Cutoff-Wellenlänge	35
- modale	266	CWDM	287
Bandbreite-Längen-Produkt		Cyanacrylat	116
	16, 23, 28, 34, 261, 326	**D**	
- modifiziertes	240	Dämpfung	8, 23, 327
- theoretisch	263, 264	Dämpfungsbegrenzung	2, 238, 327
Bauart 5 und 6	104	Dämpfungsbelag	8
Beckesche Linie	149	Dämpfungsbudget	235
Beschichtung	326	Dämpfungskoeffizient	
bidirektional	192, 194, 214, 314		8, 9, 11, 12, 180, 237, 254, 327
Biegekoppler	142	- mittlerer	194, 200

Dämpfungsmessung	167, 191	Energieschema	59, 305
Dämpfungs-Totzone	207, 328	Entspiegelung	309
Definitionen	201	Epoxy-Kleber	116
Dezibel	8, 328	Ereignistabelle	170
DFB-Laser	299, 328	Ereignis-Totzone	207, 329
DFO	39	Er$^+$-Fasern	305, 329
dichtes Wellenlängenmultiplex	231, 284, 328	E-SMF	39
Differential Mode Delay	261, 328	Ethernet	259, 329
Diffusion	149	evaneszentes Feld	294
DIN-Stecker	112	Exzentrizität	94
Dip	129	**F**	
Dispersion	14, 20, 328	Fachbegriffe	325
Dispersionsbegrenzung	2, 238, 328	Faraday-Effekt	329
Dispersionskompensation	286	Faser	329
Dispersionsmessung	232	Faserbändchen	154, 329
dispersionsverschobener LWL	39, 328	Faserdehnung	51, 53
Doppelbrechung	45	Faserhülle	329
Doppelheterostruktur	328	Faserspannung	51, 54
Doppeltiegelverfahren	125	Fasergitter	284
Dotierung	22, 40, 50, 328	Faserhülle	329
Dotierungsstoffe	124, 328	Faserstirnfläche	136
Dunkelfasermessung	218	Faserverstärker	304, 306, 329
Durchlauftest	51	Faservorbereitung	134
DWDM-Systeme	231, 284	Faserüberwachung	228
Dynamik	183, 201	Faserziehen	129
- des Empfängers	236	Fast Ethernet	246, 259
E		FC-Stecker	112
E-2000-Stecker	112, 113	Fehlanpassung	216
E-Band	38	Fehler	138, 220
EDFA	306	Felddurchmesser	329
effektive Fläche	42	Fernfeld	68
Einfügedämpfung	104	Ferrule	329
Einfügemethode	169, 328	Festader	130
Einkoppelwirkungsgrad	328	Festigkeit	50
Einkopplung	261	Fibercur!	330
- außermittig	262	Fiber-to-the-Home	276, 289, 330
- überfüllt	265	Fiber-to-the-Desk	330
Einwirkungsdauer	54	Fiber-to-the-Mast	330
Elektrolumineszenz	329	Filter	284, 296
elektromagnetisches Spektrum	3, 4	Filtereffekt	255
elektromagnetische Welle	329	FIT	56, 57
elektronisches Zeitmultiplex	284, 289	FJ-Stecker	114
Elektron-Loch-Paar	72	Formelzeichen	322
elektro-optischer Koeffizient	296	FreeLight	158, 189
elektro-optischer Wandler	296, 329	Frequenzmodulation	315
Empfänger	58, 71, 329	Frequenzmultiplex	281
Empfängerempfindlichkeit	236, 239, 329	Frequenzumsetzung	297
Endverstärker	307	Fresnelreflexion	177, 186, 330
		Fresnelverluste	330

FullBright	39
Fusionsspleißen	132
Fusionstechnologie	120

G

Ge-Diode	73
Geisterbilder	211
Geisterreflexion	211, 330
Geräte-Totzone	206, 330
Germaniumdioxid	22, 330
geschlitzte Keramikhülse	98
Gigabit-Ethernet	24, 161, 259
GigaLine	25
Gitter-Demultiplexer	297
Glas als Substrat	292
GLight	189
Glimmentladung	131
Gradientenfaser	330
Gradientenprofil	330
Gradientenprofil-LWL	18, 19, 20
Grenzfrequenz	35
Grenzwellenlänge	35, 38, 72, 330
Grenzwinkel	7, 331
GRIN-Linse	331
Grobes Wellenlängenmultiplex	287, 331
Grundmode	32, 331
Gruppenbrechzahl	25, 26, 42, 190, 331
Gruppengeschwindigkeit	25, 188, 331
Gruppenlaufzeitdifferenz	45

H

Halbleiterverstärker	308
Halbwertsbreite	27, 66
HCP-LWL	18
HCS-LWL	18
HCR-LWL	18
Hertz	331
HiCap	25
High strength	135, 152
Hohlader	130
Hot-Plate-Verfahren	256
HRL-Stecker	217

I

Immersion	331
Impulslänge	185, 204, 205
Impulsverbreiterung	16, 26, 27, 28, 31, 34, 261
Impulswiederholrate	203
InfiniCor	25, 188
infrarote Strahlung	331
Infrarot-Fasern	123

InGaAs-Diode	73
Inhouse	331
Installationsmangel	13
Integration	290, 292
Integrationstechnologien	292
Intensitätsmodulator	299
Integration	290, 292
Interbus	253
IOC	293
IOEC	293
ISDN	331
Isolator	291, 331
Isopropanol	136
IVD-Verfahren	127

J

Justage	139

K

Kanalabstand	286, 289
Kanalnebensprechen	311
Kenngrößen	102
Kerb-Zieh-Verfahren	137, 138
Kern	5, 331
Kernbrechzahl	190, 209
Kerndurchmesser	30, 31
Kern-Mantel-Exzentrizität	91, 140, 332
Kernzentrierverfahren	92
Kieselglas	123
Klassifikation	20, 22, 37, 266
Kleber	115
Klebetechnologie	115
Koeffizient der chromatischen Dispersion	33, 38
Koeffizient der Materialdispersion	27
kohärente Lichtquelle	332
Kohärenz	332
kollabieren	128
konvex	98
Koppellänge	332
Koppelstellen	79
Koppelverluste	80...84, 196, 197, 332
Koppelwirkungsgrad	85, 332
Koppler	294
Krimpspleißschutz	153
Krümmung der Faser	141
Krümmungsempfindlichkeit	36
Krümmungsradien	55
Kunststoff-Lichtwellenleiter	18, 124, 253, 332
- deuteriert	258

- mit reduzierter NA	258
- perfluoriert	258
Kurvenauswertung	214
L	
Längenexponent	240, 241, 332
Längenmessung	188
Lambertstrahler	61
LAN	332
Laserbandbreite	265
Laserdiode	62, 332
- DFB	64, 67
- Fabry-Perot	64, 67
- gewinngeführt	64
- indexgeführt	64
- VCSEL	65, 260
Lasermodul	70, 291
Laserschutzklasse	208
LaserWave	25, 189
Lawinen-Photodiode	74, 332
L-Band	38, 43, 73
LC-Stecker	114
LEAF	158, 188
Lebensdauer	50, 53, 56, 71
LED-Bandbreite	265
Leistungsmessung	142, 165
Leitungsband	59, 72
Leitungsverstärker	307
Lichtgeschwindigkeit	19
Lichtwellenleiter	332
- Gradientenprofil	18
- Grundstruktur	5
- HCS	18
- Kunststoff	18, 240, 253
- Singlemode	29
- Nachlauf-	210
- PCF	17
- Stufenprofil	14
- Vorlauf-	210
LID-System	55, 142, 332
Liga-Technologie	101
Linsenstecker	98
Lithiumniobat	293, 299
Low-Water-Peak-Faser	13, 38, 39, 333
LSA-Methode	175, 191
LSA-Stecker	112
Lumineszenzdiode	60, 333
LWL-Schweißverbindung	333
M	
Mach-Zehnder-Struktur	299

Makrokrümmungen	13, 36, 333
Makrokrümmungsverluste	12
MAN	333
Mantel	5, 333
Mantelbrechzahl	190
Manteldurchmesser	30, 140
Mantelmodenabstreifer	105
Maßeinheiten	322
Materialdispersion	24, 25, 26, 333
Materialeigenschaften	50
MaxCap	25
MCVD-Verfahren	128
mechanischer Spleiß	101
Mehrfasersysteme	99
Mehrkomponentenglas	123
Mehrstrahl-Übertragungs-System	259
MEMS	298
Messpunktdichte	205
Messung	
- aktive Faser	230
- chromatische Dispersion	233
- Dispersion	232
- Dunkelfaser	229
- Reflexionen	224
- spektrale	231
Messzeit	183
Methode des begrenzten Phasenraums	164, 333
Methode 6 und 7	104, 169
MetroCor	188
mikroelektronische Technologien	292
Mikrokrümmungsverluste	13
Mittelung	179, 200
Moden	15, 333
Modendispersion	14, 15, 17, 333
Modenfelddurchmesser	30, 31, 36, 42, 196, 333
Modenfeldradius	30, 35
Modenfilter	164, 333
Modengleichgewichtsverteilung	163, 165, 333
Modengleichverteilung	165, 334
modenkonditionierendes Patchkabel	262
Modenlaufzeitdifferenz	265
Modulation	334
Modulationsbandbreite	285
Monitordiode	69
Montagetechnologie	115

MOST	253
MT-Ferrule	100
MT-RJ-Stecker	114
Multimode-LWL	15, 79, 82, 334
- laseroptimiert	264
Multiplikator	74
Multiplexverfahren	281
MU-Stecker	114

N

Nachbarkanalinterferenz	287
Nachprägung	93
Nachlauf-LWL	210, 334
Nahfeld	68
Neper	8
nichtlineare Effekte	310
nichtlineare Modulationskennlinie	300
nichtlineare Optik	310
Non-zero dispersion shifted LWL	41, 334
normierte Frequenz	35, 36, 37, 334
normierte Grenzfrequenz	35
Normung	17, 22, 36
Nulldispersionswellenlänge	37
numerische Apertur	7, 8, 21, 334
NZDS-LWL	132, 137, 143, 159

O

Oberflächenspannung	147
OFDM	283
OH-Absorption	11, 13
OPAL-System	287
Optimierung des Brechzahlprofils	24
optische Achse	334
optische Fenster	11, 263
optische Freiraumübertragung	267
optische Modulationsbandbreite	334
optische Mischung	309, 312
optische Nachrichtentechnik	334
optische Nichtlinearität	313, 334
optischer Isolator	335
optischer Kanalabstand	286
optischer Parameter	103
optischer Phasenmodulator	299
optischer Resonator	63
optische Rückflussdämpfung	335
optischer Verstärker	278
optisches Frequenzmultiplex	283
optisches Rückstreumessgerät	175, 335
optisches Zeitmultiplex	283, 284
optische Übertragungssysteme	335
optische Verstärkung	302
Optoclip	120
optoelektronischer Schaltkreis	335
OTDM-Systeme	289
OVD-Verfahren	126

P

Parabelprofil-LWL	20, 24
Parameter	201, 208
Passives Optisches Netz	276
PAS-System	143
PCF-LWL	17
PCM	273, 335
PCM-30-System	273, 335
PCF-LWL	17
PCVD-Verfahren	126
PDH-System	273, 335
Pegeldiagramm	237
Peltierelement	69
periodische Strukturen	296
Phasenbrechzahl	25
Phasengeschwindigkeit	25
Phasenmodulator	299
Photodiode	335
Photon	59
photonische Kristalle	300, 301, 335
photonische Kristallfasern	301
physikalischer Kontakt	218
Pigtail	335
PIN-Photodiode	71, 317
planarer Demultiplexer	297
planarer Wellenleiter	336
Plancksches Wirkungsquantum	72
Plesiochrone Digitale Hierarchie	273
PMD-Koeffizient	45, 46, 47
PMD-Messung	233
PMD-Verzögerung	45
Polarisation	301, 336
Polarisationsmodendispersion	31, 43, 336
Polymere	293
Polymethylmethacrylat	125, 254
Potenzprofil	19, 20, 336
Prägung	92
Praseodymium-Verstärker	306
Primärbeschichtung	5, 130, 336
PROFIBUS	253
Profildispersion	18
Profile aligning system	336

Profilexponent	20, 336
Profildispersion	18, 336
Protokoll	336
Pumpleistung	306
PureGuide	158, 189

Q

Q-Faktor-Messung	232
Qualitätsklassen	95
Quantenwirkungsgrad	72, 336
Quarzglas	123, 124, 336

R

radialer Versatz	82
Ramanstreuung	12, 307
Raman-Verstärker	307, 308, 336
Raummultiplex	260, 281, 282
Rauschbandbreite	285
Rauscheffekte	70, 74, 234
Rayleighstreudämpfungskoeffizient	185
Rayleighstreuung	12, 22, 178, 184, 337
Receptacle	86, 337
Recoating	143
Referenzstecker	105, 108
Reflektometer-Verfahren	337
Reflexion	106, 184, 227, 228, 337
Reflexionsdämpfung	81, 186, 225, 337
Reflexionsmessung	108, 225
Regenerator	337
Reinigungslichtbogen	129
relative Brechzahldifferenz	7, 20
Resonator	63, 81
Restexzentrizität	94
Ribbon fiber	155
Richtfunktechnik	267, 258
Richtungstrennung	288
Risswachstum	51
Rückflussdämpfung	224, 337
Rückschneidemethode	169, 337
Rückstreudämpfung	185, 187, 195, 225, 226, 337
Rückstreudiagramm	183
Rückstreukurve	176, 179, 180, 188, 198, 212, 219
Rückstreumessung	142, 177

S

S-Band	38, 43
SC-DC-Stecker	114
Schalter	310
Schaltmatrix	303
Schichtwellenleiter	292
Schielwinkel	94
Schmelztemperatur	146
Schrägschliff	106
Schrumpfofen	154
Schwellstrom	69, 337
SC-Stecker	112
SDH	274
SDH-System	338
Selbstphasenmodulation	313, 315, 338
Selbstjustageeffekt	147
Sender	58, 338
SERCOS	252
Si-Diode	73
Signal-Rausch-Verhältnis	234, 249
Singlemode-LWL	29, 81, 84, 338
- dämpfungsminimiert	37, 40
- dispersionsunverschoben	37
- dispersionsverschoben	37, 39
- mit reduziertem Wasserpeak	38
- Non-zero dispersion shifted	37, 41, 43
SMA-Stecker	112
SMF 1528	189
SMF-28e	39, 188
SOA	308
Soliton	314, 338
- Impulsform des	315
SONET	274
Spannungskorrosionsempfindlichkeit	52, 54
spektrale Empfindlichkeit	72, 73
spektrale Messungen	231
Spleiß	338
Spleißdämpfung	132, 149, 157, 222, 223
spleißen	139, 152
Spleißfehler	150
Spleißgerät	155
Spleißschutz	152, 153
Spleißverbindung	338
Spleißvorbereitung	133
spontane Emission	59
Sprödbruch	137
Standardisierung	276
Stift-Hülse-Prinzip	96
stimulierte Emission	59, 338
Stokes-Welle	308
Strahlaufweitung	268
Streckenlänge	47, 286
Streifenwellenleiter	292

Streuung	338
Stufen	196, 197
Stufenprofil	14, 15, 338
Stufenprofil-LWL	14
Submarine SMF-LS	188
Substitutionsmethode	338
Synchrone Digitale Hierarchie	274
System	
- analog	249
- digital	244
- mit Multimode-LWL	245, 246, 247
- mit Singlemode-LWL	247, 248
Systembandbreite	339
Systemplanung	234, 238
Systemreserve	237, 339

T

Taper	339
Teilnehmeranschlussnetz	288
Temperaturausdehnungskoeffizient	
- linearer	51
TeraLight	158, 189
thermischer Abstripper	135, 156
Thermistor	69
Toleranz	208
Topologie	250
Totalreflexion	5, 6, 8, 339
Totzone	206
- Dämpfungs-	207
- Ereignis-	207
- Geräte-	206
trennen	137
TrueWave	136, 158, 159, 189

U

Überlagerungsempfänger	300
Überlagerungsempfang	297, 339
Überlagerungsprinzip	284
Übertragungsfunktion	242
Übertragungskapazität	287
Übertragungsstrecke	122, 171
Überwachungssystem	217
Umgebungsbedingungen	146
Umwegleitung	295
UV-Kleber	116

V

VAD-Verfahren	127
Vakuum-Lichtgeschwindigkeit	19
Valenzband	59, 72
Verbindung	255
- lösbare	96, 102
- nichtlösbare	96
- quasilösbare	96, 101
Verfügbarkeit	271
Verkabelungsstrecke	171
Verkippung	83
Verluste	
- extrinsische	89, 133
- intrinsische	88, 131
VERNEUIL-Verfahren	123
verschmelzen	144
Verschmelzungstemperatur	146
Verseilzuschlag	190
Verstärker-Feldlänge	302
Verstärkungsfaktor	74
Verteilmatrix	304
VF-45-System	113, 114
Vierwellenmischung	312, 339
Viskosität	150
V-Nut	141
V-Nut-Gerät	133, 139, 140
Vorform	339
Vorlauf-LWL	210
vorschmelzen	144
Vorverstärker	307

W

WAN	339
Wasserpeak	38, 339
Weibull-Diagramm	52
Weibullexponent	52
Weitverkehrsnetz	277
Wellenlänge	339
Wellenlängen-Demultiplexer	298
Wellenlängenmultiplex	285
Wellenleiter	292, 339
Wellenleiterdispersion	32, 339
Wetter	271
Wiedereinkopplungswirkungsgrad	185
Winkelfehler	84, 90

Z

Zeitmultiplex	281
Zugangsnetz	275
Zugfestigkeit	150
Zugspannung	52
Zugtest	151

Autorenverzeichnis

Dr. rer. nat. Dieter Eberlein
Lichtwellenleiter-Technik
Dresden

Prof. Dr.-Ing. habil. Wolfgang Glaser
Dresden

Dipl.-Ing. Christian Kutza
FOC GmbH
Berlin

Dr. sc. techn. Jürgen Labs
Rostock

Dr.-Ing. Christina Manzke
LASER 2000 GmbH
Berlin

expert verlag
Erlesene Weiterbildung®

Prof. Dipl.-Ing. Roland Kiefer, Dipl.-Ing. Marc-Aurel Reif

VoIP-Projekte in Lokalen Netzen
Migration zu Voice over IP verstehen, bewerten und umsetzen

2006, 188 S., 78 Abb., € 38,80, CHF 66,50
(Reihe Technik)
ISBN 3-8169-2561-8

Voice-over-IP (VoIP) hebt die klassische Trennung zwischen Telefonie- und Datennetzen auf und überzeugt zudem durch innovative Applikationen und Kostenvorteile. Der Weg zu VoIP ist entgegen den Beteuerungen der Systemanbieter jedoch nicht ohne Risiko begehbar und mit Stolpersteinen gepflastert.
Das Buch konzentriert sich auf VoIP in Lokalen Netzen (»LAN-Telefonie«) und versteht sich als herstellerneutraler Helfer und Ratgeber. Alle im Zusammenhang mit einem VoIP-Projekt stehenden Fragen werden praxisnah beantwortet, VoIP-Alternativen sorgfältig untersucht und gegeneinander abgegrenzt. Auch der Betrieb von VoIP-LAN-Netzen findet gebührende Beachtung. Die komplexen theoretischen Grundlagen von VoIP vermittelt das das Werk anschaulich und ohne unnötigen Ballast; es schließt damit eine oft beklagte Lücke zwischen theoretischem Verständnis und praktischer Umsetzung.
Es ist damit einerseits ein Buch für alle, die kleinere oder größere Projekte in die Praxis umsetzen und dabei sichergehen wollen, keine wesentlichen Aspekte zu vergessen und kritische Parameter rechtzeitig zu erkennen; andererseits ein Buch für alle, die sich in die Thematik schnell und erfolgreich einarbeiten wollen und sich dabei nicht mit einer Darstellung von Normen und Protokollen begnügen. Das Buch zeichnet sich nicht zuletzt durch den Mut zur Lücke aus und ist ein sinnvoller Leitfaden, die VoIP-Fachtermini praxisgerecht zu verstehen und Projekte kritisch zu hinterfragen und zu bewerten.

Inhalt:
Einführung in die Thematik – VoIP-Tutorium – VoIP in Unternehmensnetzen (Ausschreibung, Kosten-/Nutzen-Betrachtung, Chancen/Risiken, Vor- und Nachteile, Migration, Security, Beispielprojekte)

Die Interessenten:
Das Buch wendet sich an IT-Entscheider, Projektverantwortliche und -mitarbeiter, die ihre Kommunikationsnetze zu VoIP migrieren wollen und die wirklich wesentlichen Grundlagen kennen müssen. Auch Techniker und alle an der Thematik Interessierten, die sich in VoIP kompakt und praxisnah einarbeiten wollen, werden von diesem Buch sehr profitieren.

Fordern Sie unser Verlagsverzeichnis auf CD-ROM an!
Telefon: (0 71 59) 92 65-0, Telefax: (0 71 59) 92 65-20
E-Mail: expert@expertverlag.de
Internet: www.expertverlag.de

expert verlag GmbH · Postfach 2020 · D-71268 Renningen

expert verlag®
Erlesene Weiterbildung®

Dipl.-Ing. Siegfried Banda

Lichttechnische Berechnungen

Grundlagen – Verfahren – Eigenschaften

2002, 142 S., 58 Abb., 10 Taf., € 26,00, CHF 45,60
(Reihe Technik)
ISBN 3-8169-2128-0

Das Buch beschreibt Grundlagen und Lösungswege für die Ermittlung lichttechnischer Zusammenhänge mit Hilfe komplexer Berechnungen.
Zur vorteilhaften Durchführung lichttechnischer Berechnungen werden Regeln der Vektoralgebra und Feldlehre angewendet. Die ausführlich abgeleiteten und beschriebenen Gesetzmäßigkeiten sind mit Beispielen, Bildern, Diagrammen und Tabellen belegt. Die angegebenen Gleichungen ermöglichen nach Umsetzung in Rechenprogramme schnelle Problemlösungen.

Inhalt:
Definition und Beschreibung von vektoriellen geometrischen Größen, die für die Lichttechnik relevant sind – Komplexe Darstellung von lichttechnischen Größen und Feldern in vektorieller Form – Modifikation und Anwendung des Photometrischen Grundgesetzes für ideal diffus und flächenhomogen strahlende Flächenlichtquellen – Von Flächenlichtquellen erzeugte Beleuchtungsstärkefelder – Anhang: Beschreibung mathematischer Hilfsmittel für lichttechnische Berechnungen

Die Interessenten:
– Studierende technisch-physikalischer Fachrichtungen
– Projektanten von Beleuchtungsanlagen
– Beschäftigte in der Licht- und Beleuchtungstechnik

Fordern Sie unser Verlagsverzeichnis auf CD-ROM an!
Telefon: (0 71 59) 92 65-0, Telefax: (0 71 59) 92 65-20
E-Mail: expert@expertverlag.de
Internet: www.expertverlag.de

expert verlag GmbH · Postfach 2020 · D-71268 Renningen

expert verlag
Erlesene Weiterbildung

Dipl.-Ing. Oliver Rosenbaum

expert Praxislexikon Übertragungstechnik (ADSL/T-DSL)

2002, 302 S., € 39,00, CHF 68,00
expert Lexikon
ISBN 3-8169-2129-9

Die Deutsche Telekom und andere Internet-Provider werben verstärkt mit High-Speed-Internet-Zugängen. Die Technik, die dahinter steckt, ist ADSL. T-DSL ist der Produktname der Deutschen Telekom hierfür. Bei nur geringeren Mehrkosten für einen T-DSL-Anschluss sind Datenübertragungsraten möglich, die weit jenseits von analogen Modems und ISDN-Anschlüssen liegen. Damit rücken völlig neue multimediale Möglichkeiten der Internetnutzung auch für Privatanwender in greifbare Nähe.
Bei DSL handelt es sich um eine digitale Übertragungstechnik über die analogen Zweidraht-Leitungen (Kupferadern) des Fernsprechvermittlungsnetzes. DSL-Systeme befriedigen den Wunsch nach breitbandigen Anwendungen ohne spezielles Übertragungsmedium: Die analogen symmetrischen Kupferdoppeladern des vorhandenen Fernsprechleitungsnetzes reichen aus. Ausgangspunkt für die Entwicklung von DSL waren die ungenutzten Kapazitäten der vorhandenen Kupferdoppeladern. Diese ungenutzten Reserven lassen sich durch eine spektrale Aufteilung des Frequenzbereichs verfügbar machen. Unterschieden wird zwischen den folgenden Standards: ADSL, ADSL-light, HDSL, RADSL, SDSL, T-DSL, UADSL, UDSL, VDSL.
Um in den Genuss dieser Hochgeschwindigkeitstechnologie zu gelangen, sind einige technische Voraussetzungen zu erfüllen. Dabei hilft dieses Buch durch Klärung der Begriffe und Unterstützung bei der Konfiguration und Verkabelung des DSL-Anschlusses.

Die Interessenten:
Internetnutzer, die diese neue Technik nutzen und verstehen wollen, sowie alle Interessierten an der Telekommunikation. Das Buch bringt auch Technikern und Studenten einen Nutzen, die sich mit Hochgeschwindigkeitstechnologien beschäftigen.

Fordern Sie unser Verlagsverzeichnis auf CD-ROM an!
Telefon: (0 71 59) 92 65-0, Telefax: (0 71 59) 92 65-20
E-Mail: expert@expertverlag.de
Internet: www.expertverlag.de

expert verlag GmbH · Postfach 2020 · D-71268 Renningen